国家示范性高职院校建设项目成果
高等职业教育教学改革系列规划教材

电工与电子技术

高亮彰　常志文　主　编
金瑞　李瑞锋　王震婷　高　佼　副主编
周　遐　主　审

電子工業出版社
Publishing House of Electronics Industry
北京 • BEIJING

内 容 简 介

本书根据教育部高职高专培养目标和其对课程及教学模式改变的要求，跟踪当前电工与电子技术的新发展，按照加强实践性环节的需要编写而成。本书采用项目教学形式，全面、系统、深入地讲述了电工技术和电子技术的基本知识和技能培养。具体内容包括：电路分析基础、正弦交流电路、三相交流电路、磁路与变压器、电动机及其控制、二极管及整流电路、三极管及基本放大电路、集成运算放大器、组合逻辑电路、触发器和时序逻辑电路等。书中详细介绍了常用电工、电子元器件的分类、命名、检测及应用，注重初学者基本知识和技能的培养。

本书具有内容新，理论深度适当，实用性、实践性强等特点，可作为高职高专非电类专业的教材，也可作为广大无线电爱好者和相关专业的工程技术人员的参考书。

图书在版编目（CIP）数据

电工与电子技术 / 高亮彰，常志文主编. 一北京：电子工业出版社，2013.8
高等职业教育教学改革系列规划教材
ISBN 978-7-121-20505-7

Ⅰ. ①电… Ⅱ. ①高… ②常… Ⅲ. ①电工技术—高等职业教育—教材②电子技术—高等职业教育—教材
Ⅳ. ①TM②TN

中国版本图书馆 CIP 数据核字（2013）第 109297 号

策划编辑：王艳萍
责任编辑：陈健德
印　　刷：北京七彩京通数码快印有限公司
装　　订：北京七彩京通数码快印有限公司
出版发行：电子工业出版社
　　　　　北京市海淀区万寿路 173 信箱　邮编　100036
开　　本：787×1 092　1/16　印张：17.25　字数：441.6 千字
版　　次：2013 年 8 月第 1 版
印　　次：2024 年 4 月第 11 次印刷
定　　价：34.00 元

凡所购买电子工业出版社图书有缺损问题，请向购买书店调换。若书店售缺，请与本社发行部联系，联系及邮购电话：（010）88254888，88258888。

质量投诉请发邮件至 zlts@phei.com.cn，盗版侵权举报请发邮件至 dbqq@phei.com.cn。

本书咨询联系方式：（010）88254574，wangyp@phei.com.cn。

前　言

本书是高等职业教育教学改革系列规划教材，根据教育部高职高专培养目标和其对课程及教学模式改变的要求，跟踪当前电工电子技术的新发展，按照加强实践性环节的需要编写而成的。本书的编写宗旨是通俗易懂、实用好用，指导初学者快速入门、步步提高、逐渐精通。本书理论与实践紧密结合，理论知识采用“必需、够用”的原则进行处理，突出基本技能训练，注重方法和思路，注重技能与操作，由具有丰富教学经验和实践经验的教师编写而成，并经过系列教材编委会审定。

本书参考学时为 90 学时，主要内容包括：

项目 1，电路分析基础；项目 2，正弦交流电路；项目 3，三相交流电路；项目 4，磁路与变压器；项目 5，电动机及其控制；项目 6，二极管及整流电路；项目 7，三极管及基本放大电路；项目 8，集成运算放大器；项目 9，组合逻辑电路；项目 10，触发器和时序逻辑电路；附录 A，常用电工测量仪表；附录 B，三极管的型号及命名方法。各个项目分别介绍了电工电子技术的基本知识。为了巩固所学的知识，本书较深入地讲解了基本知识的应用及基本技能的培养。

本书具有以下几个特点：

（1）注重传统内容与新技术及其发展趋势的结合，紧随新技术的发展，适应社会对电工电子基本知识及技能的需求。

（2）体现教学的适用性与合理性，注重学生对电工电子技术知识的了解、掌握，以及技能的养成教育。

（3）全书以基本知识和基本技能为重点，培养学生对电工电子技术基本知识的掌握及基本技能的训练，能较好地体现“一体化”教学模式。

（4）各项目均有“知识扩展”部分，作为相关项目基础知识的应用，视学习者掌握基础知识的情况讲授，前面标“*”的内容可选学。

本书可作为高等职业院校非电类专业教材，也可作为广大无线电爱好者和相关专业的工程技术人员的参考书。

参与编写本书的有昆明冶金高等专科学校的常志文、高亮彰、金瑞、李瑞锋、王震婷、李杨、钟思佳、李秀萍，云南省宣威市第一职业技术学校的高佼。其中，项目 1、8 由常志文编写，项目 2、9 由王震婷编写，项目 3 由李杨编写，项目 4 由钟思佳编写，项目 5 由金瑞编写，项目 6、10 由李瑞锋、高佼编写，项目 7 由高亮彰编写，附录由李秀萍编写。全书由常志文教授、高亮彰老师统稿，由昆明冶金高等专科学校周遐教授审稿。

本书配有免费的电子教学课件及习题答案，请有需要的教师登录华信教育资源网（www.hxedu.com.cn）免费注册后进行下载，如有问题请在网站留言或与电子工业出版社联系（E-mail:hxedu@phei.com.cn）。

由于编者水平有限，经验不足，书中错误之处难免，恳请广大读者批评指正。

编　者

2013 年 5 月

目录

模块一　电工应用技术

模块二 电子技术应用

模块一　电工应用技术

项目 1　电路分析基础

【学习目标】　通过本项目的学习，了解电路的组成及各部分的作用，理解描述电路的基本物理量的含义，掌握分析电路的基本方法。

【能力目标】　通过本项目的学习，学生应掌握分析电路的基本方法，能判断电路所处的状态以及组成电路的基本元件性能的好坏。

任务 1.1　认识电路的组成

【工作任务及任务要求】　了解实际电路及元器件，掌握电路的组成及作用，能简化实际电路，以便进行电路分析。

知识摘要：

- 认识简单实际电路及元器件
- 电路及电路模型
- 电路的常见基本元器件

任务目标：

- 掌握电路的组成及作用
- 掌握电路模型常用基本符号

1.1.1　认识简单实际电路及元器件

如图 1.1 所示为手电筒和常见电阻、电容、电感元件的实物图。

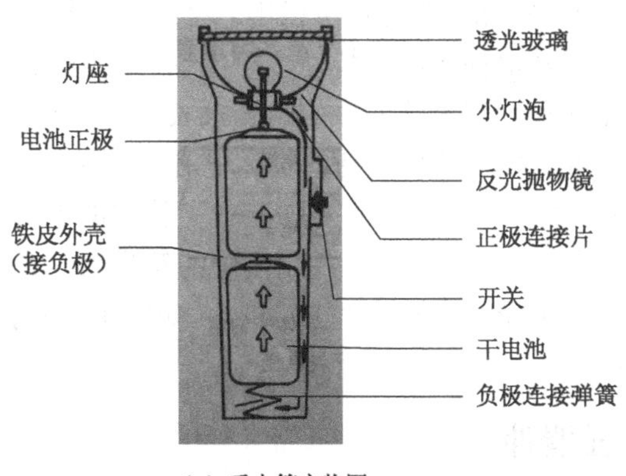

（a）手电筒实物图

图 1.1　手电筒和常见电阻、电容、电感元件的实物图

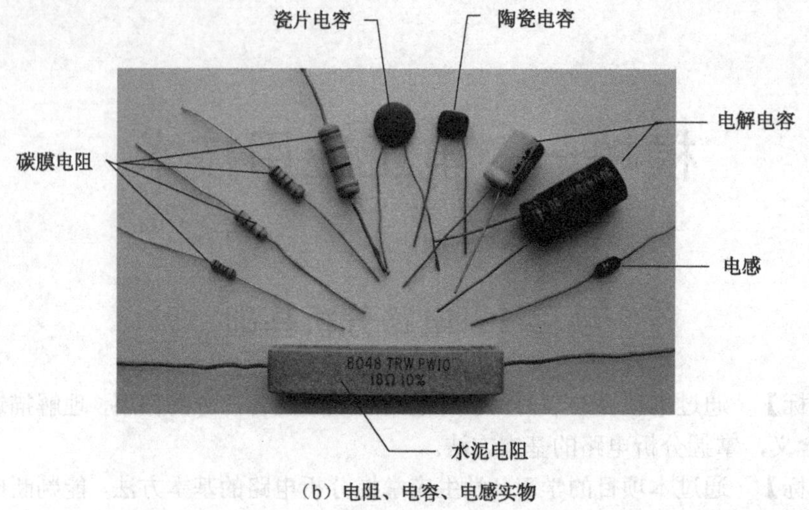

（b）电阻、电容、电感实物

图 1.1　手电筒和常见电阻、电容、电感元件的实物图（续）

1.1.2　电路及电路模型

（1）电路的组成及作用

电路也称电网络，是电流通过的路径。电路一般由电源、负载和必要的中间环节三个基本部分组成。

电源是提供电能的设备（电池、发动机等），它将其他形式的能转换为电能。负载是使用电能的设备（白炽灯、电炉、电动机等），它把电能转换为其他形式的能。中间环节把电源和负载连接起来，通常是一些连接导线、开关、接触器等辅助设备，其中导线把电源、开关、接触器、负载等连接成回路，使电源电能传输或分配到负载；开关、接触器起着控制电路接通与断开的作用。

（2）电路模型

电路中的器件或设备统称为“电路元件”，实际电路的结构按其所实现的任务不同而多种多样，组成电路的器件也不尽相同，为了简化分析，只能用一些简单但却能表征它们主要电磁特性的理想元件来代替。一种实际电路元件可以用一种或几种理想电路元件的组合来表示。例如：滑线变阻器，若只考虑其消耗电能的特性，可用理想电阻元件来表示；若需要考虑磁场效应，则可用理想电阻元件和理想电感元件的组合来表示。最基本的理想电路元件有纯电阻、纯电感和纯电容，它们可以表示各种复杂的实际电路负载元件。

用理想导线（电阻为零）将理想电路元件连接起来而构成的电路称为“电路模型”，今后我们研究的电路都是电路模型。理想的电路元件用规定的符号表示，实际电路元件模型化后，用理想的电路元件符号绘制的实际电路简称“电路图”。如图 1.1 所示的手电筒实际电路，可简化为如图 1.2 所示的电路图。

1.1.3　电路的常见基本元器件

一般的理想元件都有两个与外部电路相连接的端子，故称为二端元件（电阻、电容、电感、电池等）。也有的理想元件具有三个、四个或多个与外部相连的端子，分别称为三端元件、四端元件或多端元件（晶体三极管、理想变压器和运算放大器等）。常用电路元件符号如表 1.1

所示，未在表中列出的电路元件，以后会在相应项目中介绍。

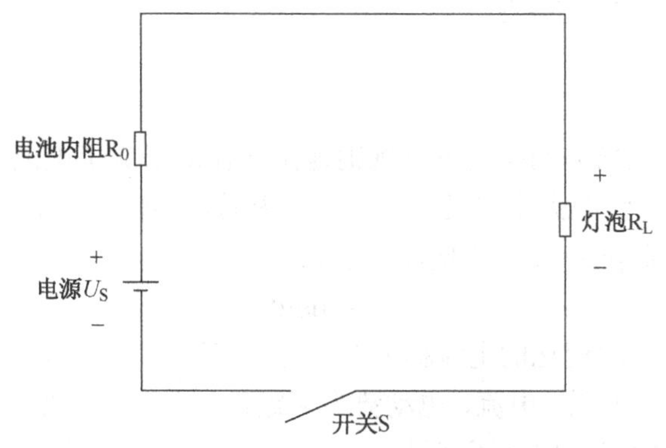

图 1.2　手电筒电路模型

表 1.1　常用电路元件符号

开关 S	拨动开关 SX	固定（无极性）电容 C	电解（有极性）电容 C	固定电阻 R
直流电源 E 或 U_S	可变电阻 RP	可变电容 C	电灯/指示灯 EL	热敏电阻 RT
空芯电感 L	铁芯电感 L	带抽头的铁芯电感 L	磁芯电感 L	晶体振荡器 B
熔断器 FU	电压源 U_S	电流源 I_S	电压表 PV	电流表 PA
			V	A

任务 1.2　电路的基本物理量

【工作任务及任务要求】　了解电路的基本物理量，掌握电流、电位、电压、电动势、电能和电功率的计算以及电流、电压、电动势的方向。

知识摘要：

- 电流
- 电位
- 电压
- 电动势
- 电能和电功率

任务目标：

- 掌握电流、电位、电压、电动势、电能和电功率的定义和应用在分析电路时，经常用到电路中的基本物理量，包括电流、电位、电压、电动势、电能和电功率等，下面进行分析和阐述。

1.2.1 电流

在电场中，电荷在电场力的作用下有规则地定向移动形成了电流。规定正电荷的运动方向为电流的实际方向。电流的大小定义为单位时间内通过导体横截面的总电荷量，即在 dt 时间内通过导体截面的电荷量为 dq，则电流表示为

$$i = \mathrm{d}q/\mathrm{d}t \tag{1.1}$$

大小和方向都不随时间变化的电流称为“恒定电流”，简称“直流”。后面为了描述方便，用大写字母 U、I、E 表示电压、电流、电动势为恒定量，不随时间变化，常称为“直流电压”、“直流电流”、“直流电动势”。用小写字母 u、i、e 表示电压、电流、电动势随时间而变化，常称为“交流电压”、“交流电流”、“交流电动势”。

电流的单位是安［培］（A），它表示 1 秒（s）内通过某一导体截面的电荷为 1 库仑（C），即

$$1\ \mathrm{A} = 1\mathrm{C}/1\mathrm{s}$$

电流的单位还有千安（kA）、毫安（mA）和微安（μA）等。在应用时，注意它们的换算关系，如表 1.2 所示。

表 1.2 单位换算关系

中文名称	太	吉	兆	千	百	十	分	厘	毫	微	纳	皮
国际代号	T	G	M	k	h	da	d	c	m	μ	n	p
倍乘数	10^{12}	10^{9}	10^{6}	10^{3}	10^{2}	10	10^{-1}	10^{-2}	10^{-3}	10^{-6}	10^{-9}	10^{-12}

如图 1.3 所示的导体中，负电荷由 b 通过截面向 a 移动，则电流的方向为由 a 到 b。电路中的电流可以用安培表、毫安表和微安表等进行测量，在表盘上分别有相应的 A、mA、μA 标识符。

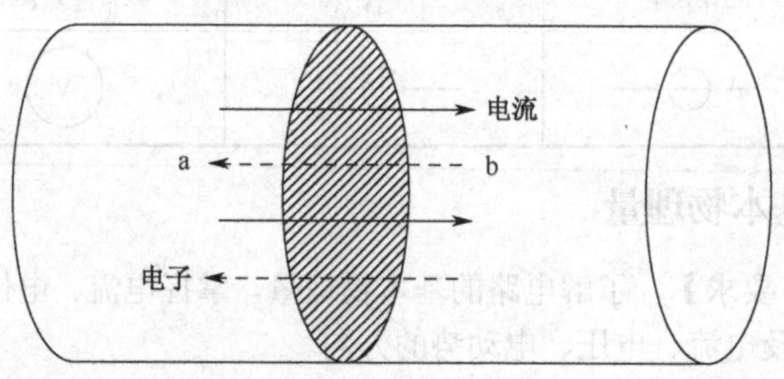

图 1.3 导体中的电子与电流

在进行复杂电路分析时，电流的实际方向则很难确定，在这种情况下，可以任意选定一个“假定方向”来分析计算。如果计算出来的电流是正值，说明电流的真实方向与假定方向相同；如果计算出来的电流是负值，说明电流的真实方向与假定方向相反。这个“假定方向”通常称为电流的“参考方向”，电流的参考方向可以任意选取。

电流的参考方向在图上用实线箭头表示，实际方向用虚线箭头表示，也可以用双下标表示。如图 1.4 所示，I_{ab} 表示支路 ab 上电流的参考方向选定为从 a 指向 b。

（a）$I_{ab}>0$　　（b）$I_{ab}<0$

图 1.4　电流的参考方向与实际方向

1.2.2　电位

电位也称"电势"，是用来表征电场中给定点的性质的物理量，用符号 V_a 表示 a 点的电位。电场中某点的电位，在数值等于单位正电荷从该点经过任意的路径移动到无穷远处时电场力所做的功。在静电学中，任意两点 a 和 b 的电位之差，称为"电位差"，在电路中两点的电位差也称为"电压"。

在研究电位时，可以把任何一点的电位看做是零电位（该点也称为参考点）。在工程中，通常取地球的电位为量度电位的起点，所以电气设备机壳接地点常设为零电位点；在电路中，可以选择一条由多个元件汇集并与机壳相连的公共线为零电位点，习惯上也称为地线。零电位点在电路图中用符号"⊥"表示，又称为"接地"。

1.2.3　电压

由上述可知，电路中两点的电位差也称为"电压"，用符号 U_{ab} 表示 a、b 两点的电压。那么，电压和电位的关系为

$$U_{ab} = V_a - V_b \tag{1.2}$$

由上式可知，在电路中若选 b 点为参考点（$V_b = 0$ V），a 点到参考点 b 的电压 U_{ab} 就等于该点的电位 V_a。参考点一经选取，通常电压用电压表直接测量或通过部分电路的欧姆定律计算得到，这样也就可以得到电路中其他各点的电位。

注意： 参考点不同，电路中同一点的电位也会不同，但是任意两点的电压不随参考点的不同而改变；另外，电位是标量，而电压是有方向的量（实际方向由高电位指向低电位），电流也是有方向的量（实际方向由高电位流向低电位）。今后，如无特别说明，电路图中所标电流、电压的方向都是指参考方向。

电位、电压的单位是伏［特］，用符号 V 表示。电压的单位除了伏［特］外，还有千伏（kV）、毫伏（mV）和微伏（μV）等。

与电流的参考方向相同，分析电路时，电压也需要选定参考方向，电压的参考方向有三种表达方式：一种用双下标表示（U_{ab} 表示电压参考方向由 a 点指向 b 点）；另一种用符号"+"表示高电位、符号"−"表示低电位（电压参考方向由高电位指向低电位）；第三种用实线箭头表示。

电压的实际方向与参考方向的关系：当电压参考方向与实际方向一致时，电压为正，即 $U_{ab}>0$；当电压参考方向与实际方向相反时，电压为负，即 $U_{ab}<0$，如图 1.5（a）、（b）所示。在实际应用中，一般将某一元件上的电流参考方向和电压参考方向选取一致，此时称它们为"关联参考方向"，如图 1.5（c）所示；反之，称它们为"非关联参考方向"。

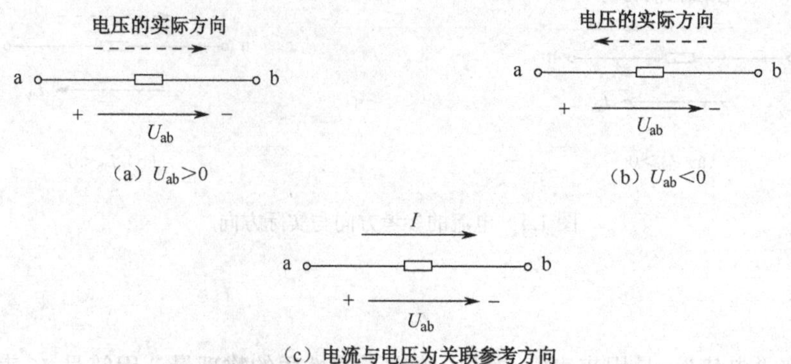

图 1.5 电压的参考方向及电流与电压的关联参考方向

1.2.4 电动势

如图 1.6 所示，外电路正电荷在电场力 f 的作用下，随着正电荷不断向极板 b 移动，极板 a 上的正电荷和极板 b 上的负电荷都会越来越少（原因是正、负电荷的中和）。相应的，通过电路中的电流也会越来越小，最后为零。这样，电灯将不能持续发光。如果能使极板 a 上的正电荷在 a、b 板之间循环运动，则能维持 a、b 板间的电压，从而得到持续不断的电流。但是，要使正电荷在 a、b 板间逆着电场的方向返回正极板，必须要有外力做功。这种外力称为“非电场力（F）”，如干电池中的化学力。

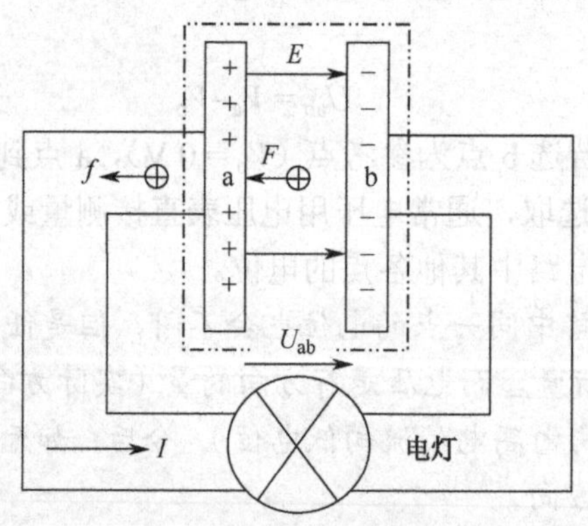

图 1.6 电源电路

为了衡量非电场力做功的能力，引入“电动势”这一物理量（E_{ba}）。电动势 E_{ba} 在数值上等于非电场力（F）将单位正电荷从电源的低电位端 b 经电源内部移到高电位端 a 所做的功 W_{ba}，记为

$$E_{ba} = W_{ba}/q \tag{1.3}$$

电动势与电压单位相同，但它们的概念既有联系又有区别。电压是指外电路中两点的电位之差，表示电场力 f 推动正电荷做功的能力；电动势表示在电源内部非电场力 F 推动正电荷做功的能力。电源两端的电压从正极指向负极，即从高电位指向低电位；电动势的方向从负极指向正极，即从低电位指向高电位。因此，当参考方向选定时，就有

$$U_{ab} = -E_{ba} \tag{1.4}$$

1.2.5　电能和电功率

电路的工作过程实际上是将电能转换为其他形式能的过程，电场力做的功常常说成是电流做的功，简称“电功”。在直流电路中，电压 U 为恒值，在时间 t 内电流做的功 W（电路消耗的电能）为

$$W = f \times s = E \times q \times s = UIt \tag{1.5}$$

通常用“电功率（P）”来衡量用电设备和电路转换能量的快慢，电功率简称为“功率”，记为

$$P = W/t = UI \tag{1.6}$$

在 SI（国际标准单位制）中，能量的单位为焦[耳]，用符号 J 表示；功率的单位为瓦[特]，用符号 W 表示。功率的单位还有千瓦（kW）、毫瓦（mW），工程中常用千瓦（kW）作为单位；电能的单位常用“千瓦·时（kWh）”，即“度”表示，1 度 $= 1\ \text{kWh} = 3.6 \times 10^6\ \text{J}$。

【例 1.1】 有一个灯泡的端电压为 220 V，在电路中正常工作，流过它的电流为 0.455 A，问灯泡的功率为多少？当电价为 0.48 元/度时，20 个相同的灯泡连续工作 10 小时，电费为多少？

解：灯泡是耗能元件，其功率为

$$P = UI = 220 \times 0.455 = 100\ \text{W}$$

20 个灯泡工作 10 小时消耗的电能为

$$W = P_{总} t = 20 \times 100 \times 10 = 20\,000\ \text{Wh} = 20\ \text{kWh}$$

电费为

$$0.48 \times 20 = 9.6\ \text{元}$$

任务 1.3　分析简单电路

【工作任务及任务要求】　了解电路的几种状态，熟悉电路处于通路、开路和短路时电源端电压和回路电流的特征，掌握欧姆定律的应用方法及电压源、电流源等效变换的方法。

知识摘要：

- 电路的几种状态
- 欧姆定律
- 电压源、电流源及其等效变换

任务目标：

- 掌握判断电路处于通路、开路和短路的方法
- 掌握欧姆定律的应用方法
- 掌握电压源、电流源等效变换的方法

1.3.1　电路的几种状态

电路状态有三种：通路、开路和短路。

（1）通路状态

如图 1.7 所示，当开关 S 闭合时，电路中就有电流和能量的输送与转换，电路处于通路状态。图中 U_S 为电源电动势，R_0 为电源内阻，R_L 为负载电阻，其中：

回路电流：

$$I = U_S/(R_0 + R_L) \tag{1.7}$$

电源端电压（或负载电压）：$U_L = R_L I$ (1.8)

负载消耗功率：$P = R_L I^2$ (1.9)

电路中所接的负载常常是变动的，并联的用电设备增多时，负载的等效电阻减小，电源输出的电流和功率将随之增大，这种情况称为电路的负载增大；并联的用电设备减少时，负载的等效电阻增大，电源输出的电流和功率将随之减小，这种情况称为电路的负载减小。

对于电动势 U_S 恒定的电源来说，负载电流不能无限制地增大，否则将会由于电流过大而把电源烧毁，也会将用电设备烧毁。因此，各种电气设备和电路元器件的电流、电压和功率等都有规定值，这些规定值就是各自的额定值（即额定电流 I_N、额定电压 U_N 和额定功率 P_N）。

额定电流是指电气设备在长期运行时所允许通过的最大电流；额定电压是指电气设备在正常运行时所加的电压；额定功率是指电气设备在 U_N、I_N 下的输入功率或输出功率（即 $P_N = U_N \times I_N$）。额定值通常标明在铭牌上或打印在外壳上，如灯泡"220 V，60 W"、电阻器"3 kΩ，1 W"等，使用时必须注意其实际值不能超过额定值。但是，如果实际值低于额定值，也不能充分利用电气设备的能力或不能正常合理地工作，如 60 W 的灯泡因电压过低或电流过小而发暗（只有 40 W 的灯泡正常发光亮度或更暗）；荧光灯电压太低不能点亮。电气设备工作在额定值的情况称做"额定工作状态"或"满载工作状态"，超过额定值称为"超载（或过载）工作状态"，低于额定值称为"轻载（或欠载）工作状态"。

用电设备在额定工作状态下工作，是最经济合理和安全可靠的，并能保证有效使用寿命。在使用电气设备和电路元器件之前，必须看清它们的额定电压是否与电源电压相同，如果电源电压高于额定电压，切不可能把它们直接接入电路，否则它们可能会被烧毁。

【例 1.2】 一只标有"220 V，60 W"的灯泡，试分析在下列情况下的工作状态：

① 电源电压为 220 V；② 电源电压为 110 V；③ 电源电压为 380 V。

解：由铭牌知灯泡的额定电压为 220 V，额定功率为 60 W。

额定电流则为

$$I_N = P_N/U_N = 60/220 = 0.273\ \text{A}$$

灯泡的电阻 R 为

$$R = U_N^2/P_N = 220^2/60 = 807\ \Omega$$

① 电源电压与额定电压一致，灯泡处于满载运行状态，发光正常，使用安全，保证了有效使用寿命。

② 当电源电压为 110 V 时，灯泡的工作电流、消耗功率分别为

$$I = U/R = 110/807 = 0.136\ \text{A}$$

$$P = U^2/R = 110^2/807 = 15\ \text{W}$$

工作值低于额定值时，灯泡处于欠载运行状态，发光过暗，效能不能被充分发挥。

③ 当电源电压为 380 V 时，灯泡的工作电流、消耗功率分别为

$$I = U/R = 380/807 = 0.471\ \text{A}$$

$$P = U^2/R = 380^2/807 = 179\ \text{W}$$

工作值超过额定值时，灯泡处于超载运行状态，发光过亮，将可能导致钨丝烧断而损坏，灯泡使用寿命大大缩短。

（2）开路状态

将图 1.7 中的开关 S 断开，如图 1.8 所示，电路中没有电流流通，电源处于空载状态，电源不输出功率，电路处于开路状态。此时，负载上的电流、电压和功率均为零。

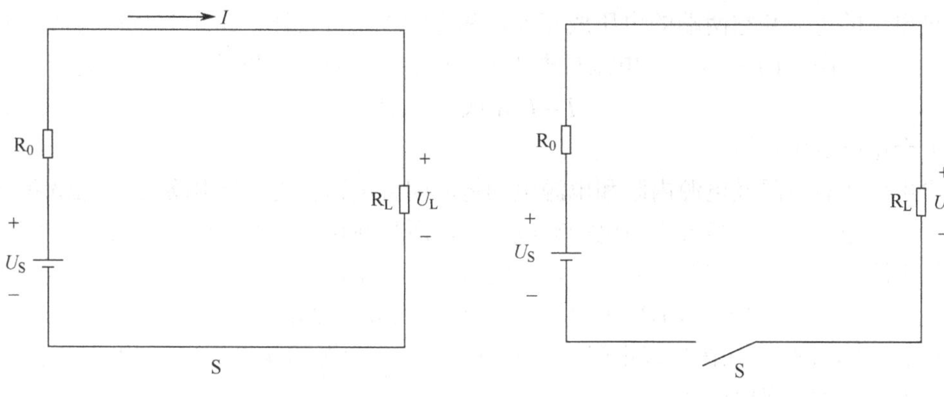

图 1.7　电路的通路状态　　　　图 1.8　电路的开路状态

（3）短路状态

当电源两端被电阻接近于零的导体接通（如连接电源两端的导线的绝缘层损坏，使电源两端被导线直接连通）时，这种情况称做电源被短路。此时，电路处于短路运行状态，如图 1.9 所示。

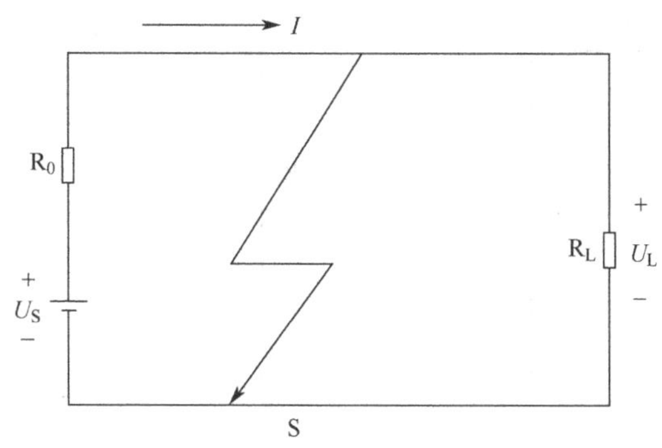

图 1.9　电路的短路状态

电源短路时，电流从短接线（或短接点）流过，不再流过负载。此时，在电流的回路中仅有很小的电源内阻值 R_0，电路中的电流会达到很大的值，这个电流称做“短路电流”，用 I_S 表示。其中：

回路电流：　$I_S = U_S/R_0$　（1.10）

电源端电压（或负载电压）：　$U_L = U_S - I_S R_0 = 0\ \text{V}$（或 $U_L = R_L I = 0\ \text{V}$）　（1.11）

电源消耗功率：　$P_{Us} = I_S^2 R_0$　（1.12）

负载消耗功率：　$P = R_L I^2 = 0\ \text{W}$　（1.13）

电源短路时，负载上的电压、功率均为零，电源所产生的功率全部消耗在内阻上。因此，电源短路会造成严重后果，甚至烧毁供电设备并引起火灾。为了防止电源短路，在电路中应接入熔断器、低压断路器等短路保护装置。

1.3.2　欧姆定律

（1）部分（或一段）电路的欧姆定律

所谓“部分电路”，是指闭合电路中的一段不含电动势、只有电阻的电路，如图 1.10 所示。流过电阻的电流和它两端的电压成正比，和它的电阻成反比，这一关系称为部分电路的“欧姆定律”。如图 1.10 所示，当电流与电压为关联参考方向时，欧姆定律表示为

$$I=U/R \text{ 或 } U=RI \tag{1.14}$$

（2）全电路欧姆定律

包含电路所有电阻及电源内阻和电源电动势的闭合电路称为“全电路”。全电路欧姆定律的内容：回路中的电流，其大小与电动势成正比，而与回路的全部电阻值成反比。如图 1.11 所示，当电流与电压为关联参考方向时，全电路欧姆定律表示为

$$I=U_S/(R_L+R_0) \quad \text{或} \quad U_S=IR_0+IR_L \tag{1.15}$$

在式（1.15）中，IR_L 是加在负载电阻两端的电压，等于电源的端电压 U；IR_0 是电源内阻上的电压降 U_0。其值分别为

$$U=U_L=IR_L \tag{1.16}$$

$$U_0=IR_0 \tag{1.17}$$

所以，式（1.15）又可以表示为

$$I=(U_S-U)/R_0 \tag{1.18}$$

上述部分欧姆定律和全电路欧姆定律，应根据已知条件在具体应用中正确使用。

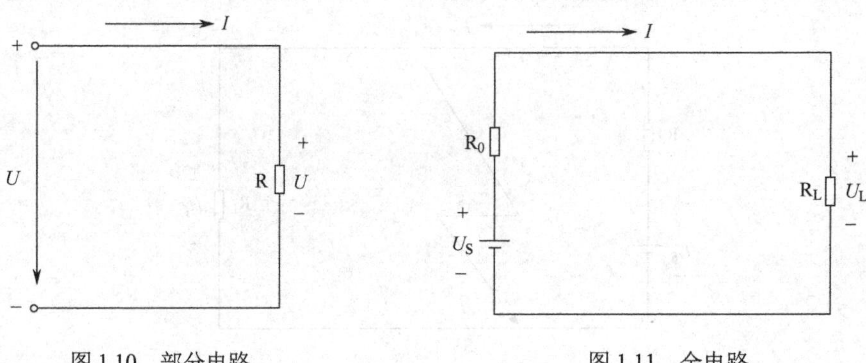

图 1.10　部分电路　　　　图 1.11　全电路

【例 1.3】 如图 1.12 所示，已知 $R_1=50\ \Omega$, $R_2=20\ \Omega$, $R_3=30\ \Omega$, $U_{S1}=20$ V，$U_{S2}=10$ V。闭合开关 S 时，求：①回路电流；②电路中 a、b、c、d 各点的电位；③电阻 R_1、R_2、R_3 各自的功率；④电源 U_{S1}、U_{S2} 各自输出的功率。

解：① 由图知，当开关 S 闭合时，R_1、R_2、R_3、U_{S1} 共同组成闭合电路，由全电路欧姆定律得回路电流为

$$\begin{aligned} I &= U_{S1}/(R_1+R_2+R_3) \\ &= 20/(50+20+30) \\ &= 0.2\ \text{A} \end{aligned}$$

② 如图 1.12 所示，参考点为 O 点，则 $V_O=0$ V，$V_c=10$ V。由电位与电压的关系和部分电路欧姆定律得

$V_c-V_d=U_{cd}=IR_1=0.2\times50=10$ V，则 $V_d=0$ V

$V_b-V_c=U_{bc}=IR_2=0.2\times20=4$ V，则 $V_b=14$ V

$V_a-V_b=U_{ab}=IR_3=0.2\times30=6$ V，则 $V_a=20$ V

③ 设 P_1、P_2、P_3 分别为 R_1、R_2、R_3 的消耗功率，根据功率定义得

$P_1=R_1I^2=50\times0.2^2=2$ W；$P_2=R_2I^2=20\times0.2^2=0.8$ W；$P_3=R_3I^2=30\times0.2^2=1.2$ W

④ 设 P_{01}、P_{02} 分别为电源 U_{S1}、U_{S2} 的输出功率，根据功率定义得

$P_{01} = IU_{S1} = 0.2 \times 20 = 4$ W

$P_{02} = 0$ W（电源 U_{S2} 没有输出电流，也没有输入电流）

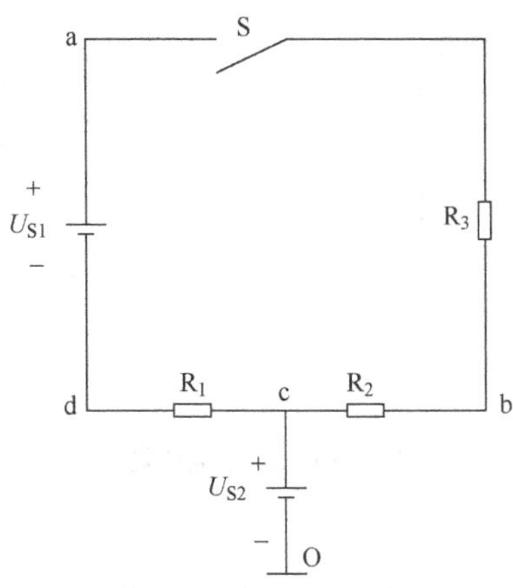

图 1.12　例题 1.3 图

1.3.3　电压源、电流源及其等效变换

在实际应用中，电源的种类较多，如干电池、蓄电池、发动机、信号源等，其共同的特点是向负载提供电能、输出电压和电流。电压源和电流源是从实际电源抽象得到的电路模型，它们是二端有源元件。

（1）电压源

电压源按其内阻是否考虑可分为两类，一类是忽略内阻或内阻为零的电压源，称为“理想电压源”或“恒压源”；另一类是考虑内阻或内阻不为零的电压源，称为“实际电压源”。

① 理想电压源。

如图 1.13（a）所示是理想电压源 U_S 与负载 R_L 连接的电路，理想电压源给负载提供一个恒定的电压 U_S，输出的电流 I 由负载 R_L 决定，其伏安特性如图 1.13（b）所示，I 值为

$$I = U_S/R_L \tag{1.19}$$

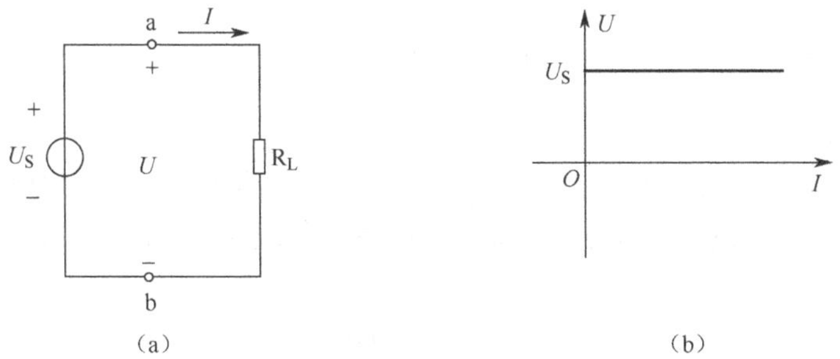

（a）　　（b）

图 1.13　理想电压源

② 实际电压源。

理想电压源实际上是不存在的。一个实际电源总是有内阻的，当电源有电流通过时，存在着能量损耗。一个实际电压源可等效成一个理想电压源 U_S 与内阻 R_0 串联的模型。如图 1.14（a）

所示是一个实际电压源与负载 R_L 连接的电路，负载 R_L 上的电压与电流的关系为

$$U = U_S - IR_0 \tag{1.20}$$

其伏安特性如图 1.14（b）所示，U 随 I 的增大而线性减小。

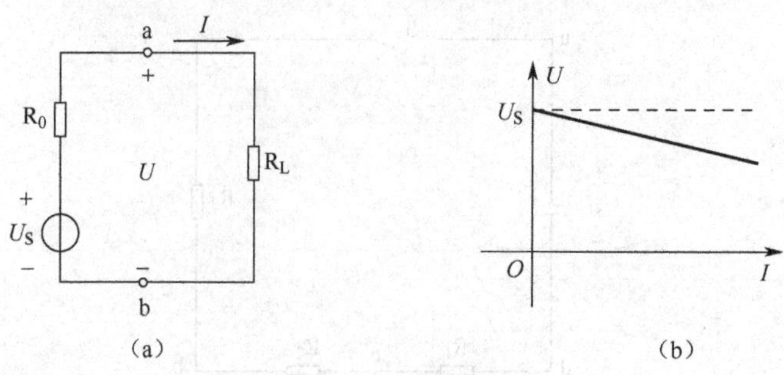

图 1.14 实际电压源

（2）电流源

电流源按其内阻是否考虑也分为两类，一类是忽略内阻或内阻为无穷大的电流源，称为“理想电流源”或“恒流源”；另一类是考虑内阻且内阻不为无穷大的电流源，称为“实际电流源”。

① 理想电流源。

如图 1.15（a）所示是理想电流源 I_S 与负载 R_L 连接的电路，理想电流源给负载提供一个恒定的电流 I_S，输出的电流 U 由负载 R_L 决定，其伏安特性如图 1.15（b）所示，U 值为

$$U = R_L I_S \tag{1.21}$$

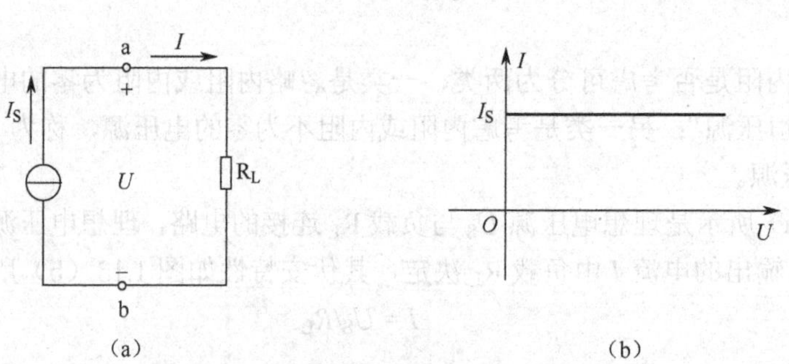

图 1.15 理想电流源

② 实际电流源。

理想电流源实际上也是不存在的。一个实际电流源可等效成一个理想电流源 I_S 与内阻 R_S 并联的模型。如图 1.16（a）所示是一个实际电流源与负载 R_L 连接的电路，负载 R_L 上的电流与电压的关系为

$$I = I_S - U/R_S \tag{1.22}$$

其伏安特性如图 1.16（b）所示，I 随 U 的增大而线性减小。

（3）电压源与电流源的等效变换

当负载 R_L 分别连接到电压源和电流源上时，如果流过负载 R_L 的电流 I 及其两端的电压 U 相同，这时称“电压源和电流源等效”。这里电压源和电流源的等效是指对外部的作用效果，表现在两者对外呈现相同的外特性，即电压、电流关系相同。但是，两个电路内部显然是不

等效的。由上可知：

对于电压源有： $U = U_S - IR_0$

对于电流源有： $U = I_SR_S - IR_S$

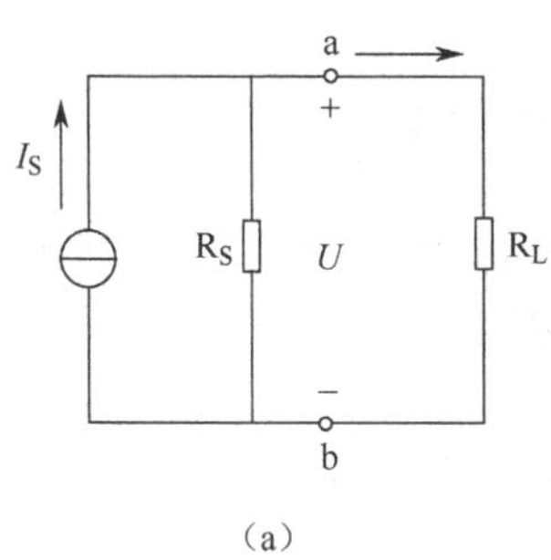

（a）

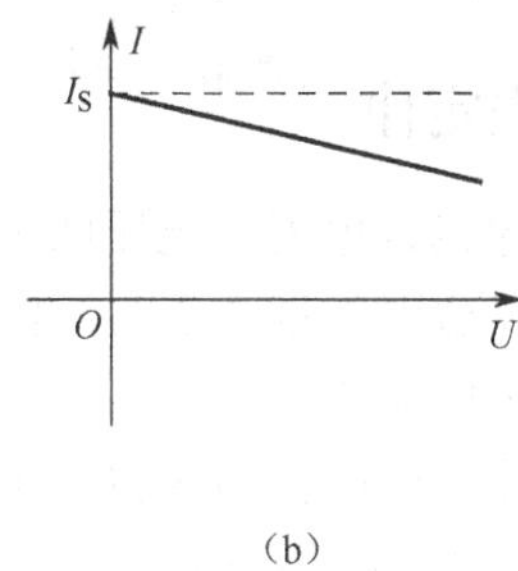

（b）

图 1.16 实际电流源

比较两式，则电压源和电流源等效转换的条件为

$$U_S = I_SR_S \tag{1.23}$$

$$R_0 = R_S \tag{1.24}$$

任务 1.4 分析复杂电路

【工作任务及任务要求】 了解支路、节点、回路和网孔等基本概念，熟悉基尔霍夫定律的物理含义，掌握支路电流法和戴维南定理的应用。

知识摘要：

- 支路、节点、回路和网孔
- 基尔霍夫定律
- 支路电流法
- 戴维南定理

任务目标：

- 掌握基尔霍夫定律的物理含义
- 掌握支路电流法和戴维南定理的应用

电路中只有一个电源的电路，可以用电阻的串、并联以及全电路欧姆定律求解相应电阻两端的电压和通过的电流。但是电路中有两个及以上的电源和多条支路时，欧姆定律无法直接求解。1847 年德国物理学家基尔霍夫研究并总结出了复杂电路中电压和电流的关系，即基尔霍夫定律，用来分析求解复杂电路。

1.4.1 支路、节点、回路和网孔

（1）支路

在电路中，由一个或 *n* 个元件串接而成流过同一电流的一段电路，称为“一条支路”。如图 1.17 所示，电路包含三条支路：ACDB、AEFB 及 AB 各组成三条不同的支路。

（2）节点

三条或三条以上支路的连接点称为“节点”。如图 1.17 所示，电路有 A、B 两个节点。

（3）回路

在电路中，任一闭合路径称为“回路”。如图 1.17 所示，电路包含三个回路：ACDBA、

AEFBA 及 ACDBFEA。

（4）网孔

在电路中，不含交叉支路的回路称为“网孔”。如图 1.17 所示，电路包含两个网孔：ACDBA、AEFBA。

1.4.2 基尔霍夫定律

基尔霍夫定律包含电流和电压两个定律，电流定律应用于节点，电压定律应用于回路。基尔霍夫定律不仅适用于复杂电路，也适用于简单电路。

（1）基尔霍夫电流定律

基尔霍夫电流定律简称为 KCL。其内容表述为：在任何时刻，任一节点所有支路电流的代数和等于零。KCL 可表示为

$$\sum I = 0 \tag{1.25}$$

通常流入节点和流出节点的电流参考方向是任意假设的，若流入节点的电流规定为正，则流出节点的电流规定为负，如图 1.17 所示。KCL 具体表示为

$$I_1 + I_2 - I_3 = 0$$

即

$$I_1 + I_2 = I_3 \tag{1.26}$$

由式（1.26）知，KCL 又可表述为：在任何时刻，任一节点所有支路流入电流的代数和等于流出电流的代数和，即

$$\sum I_{入} = \sum I_{出} \tag{1.27}$$

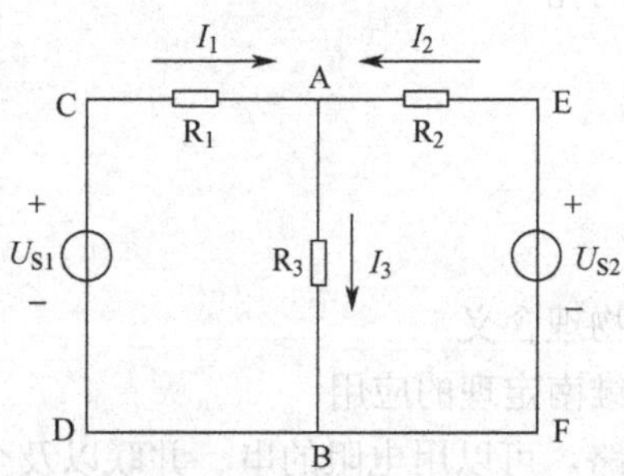

图 1.17 复杂电路示意图

（2）基尔霍夫电压定律

基尔霍夫电压定律简称为 KVL。其内容表述为：在任何时刻，沿任一闭合回路各元件上的电压代数和等于零。KVL 可表示为

$$\sum U = 0 \tag{1.28}$$

通常回路的绕行方向是任意假设的，若元件上的电压方向与绕行方向一致时取正，相反时取负。如图 1.18 所示，对于回路Ⅰ、Ⅱ，KVL 具体表示为

$$I_1R_1 + I_3R_3 - U_{S1} = 0 \tag{1.29}$$

$$I_2R_2 + I_3R_3 - U_{S2} = 0 \tag{1.30}$$

即

$$I_1R_1 + I_3R_3 = U_{S1} \tag{1.31}$$

$$I_2R_2 + I_3R_3 = U_{S2} \qquad (1.32)$$

由式（1.31）和式（1.32）知，KVL 又可表述为：在任何时刻，沿任一闭合回路除电压源外各元件上的电压代数和等于回路电源电动势的代数和，即

$$\sum U = \sum U_S \qquad (1.33)$$

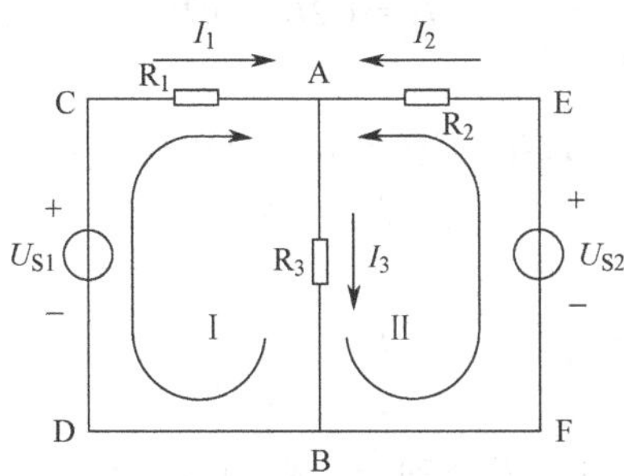

图 1.18 基尔霍夫电压定律示意图

对于 ACDBFEA 回路，若取回路的绕行方向为顺时针方向，KVL 具体表示为

$$I_1R_1 - I_2R_2 = U_{S1} - U_{S2} \qquad (1.34)$$

注意： 若电路有 n 个节点，根据 KCL 可以列出（n–1）个独立的电流方程；若电路有 m 个网孔，根据 KVL 可以列出 m 个独立的电压方程（或者，若电路有 b 条支路，根据 KVL 可以列出（b–n + 1）个独立的电压方程）。

1.4.3 支路电流法

支路电流法是以电路中每条支路的电流为未知量，应用基尔霍夫定律列出相应的方程，从而求解支路电流的方法。具体求解步骤如下：

① 假定各支路电流的参考方向和网孔回路的绕行方向，并在电路图中标定。

② 根据基尔霍夫电流定律，列出独立的电流方程（如果有 n 个节点，则有（n–1）个节点是独立的）。

③ 根据基尔霍夫电压定律，列出独立的电压方程（如果有 m 个网孔，则可列 m 个独立的回路电压方程）。

④ 联立求解方程组，得出各支路电流。

【例 1.4】 如图 1.18 所示，已知 $R_1 = 12\ \Omega$，$R_2 = 10\ \Omega$，$R_3 = 3\ \Omega$，$U_{S1} = 18$ V，$U_{S2} = 16$ V。求各支路的电流。

解： ① 选取如图 1.18 所示各支路电流的参考方向和网孔回路的绕行方向。

② 电路有两个节点（A 和 B），只列一个独立的电流方程。对于 A 节点，根据基尔霍夫电流定律（$\sum I_{入} = \sum I_{出}$）有

$$I_1 + I_2 = I_3 \qquad (1)$$

③ 电路有两个网孔，可以列两个独立的电压方程。对于网孔回路 I，根据基尔霍夫电压定律（$\sum U = \sum U_S$）有

$$I_1R_1 + I_3R_3 = U_{S1}$$

对于网孔回路 II，根据基尔霍夫电压定律（$\sum U = \sum U_S$）有

$$I_2R_2 + I_3R_3 = U_{S2}$$

④ 根据已知条件得

$$12I_1 + 3I_3 = 18 \qquad (2)$$

$$10I_2 + 3I_3 = 16 \qquad (3)$$

式（2）-（3）得

$$12I_1 - 10I_2 = 2$$

$$I_2 = 1.2I_1 - 0.2 \qquad (4)$$

将式（1）、（4）代入式（2）得

$$12I_1 + 3(I_1 + 1.2I_1 - 0.2) = 18$$

$$I_1 = 1\ \text{A}$$

由式（4）、（1）得

$$I_2 = 1\ \text{A}$$

$$I_3 = 2\ \text{A}$$

答：电路中各支路电流 I_1、I_2、I_3 分别为 1 A、1 A、2 A。

1.4.4 戴维南定理

前面讨论了基尔霍夫定律及其应用——支路电流法，这是求解电路最常用、最基本的方法。在电路分析中，有时候遇到只需要计算电路中某一条支路的电流或电压。在图 1.18 所示电路中，电阻 R_3 上的电流 I_3 实际上是两个电压源共同作用的结果，能否将两个电压源用一个电压源来等效呢？如能，则计算 I_3 就方便多了。

戴维南定理能将含有电源的二端网络等效成一个电压源，从而使电路的计算简化。首先熟悉几个概念：具有二个端的网络称为“二端网络”，含有电源的二端线性网络称为“有源二端线性网络”；不含电源的二端线性网络称为“无源二端线性网络”，如图 1.19 所示电路为有源二端线性网络。

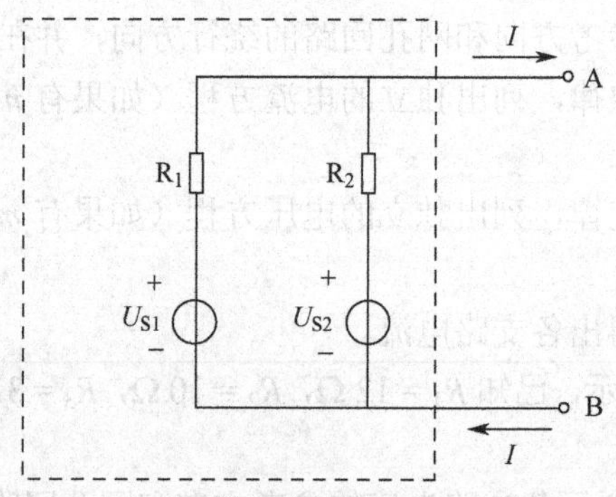

图 1.19　有源二端线性网络示意图

戴维南定理表述为：任何一个有源二端线性网络，从对负载的作用来看，都可以用一个电压源来等效。其中电压源的电压等于二端网络两个端之间的开路电压；内阻等于二端网络变为无源二端网络（电压源短路，电流源开路）后，从两个端看进去的等效电阻，如图 1.20、图 1.21 所示。

【例 1.5】　利用戴维南定理，求解例 1.4 中图 1.18 所示流过电阻 R_3 的电流 I_3。

解：根据戴维南定理得以下计算过程。

① U_S 为图 1.22（a）所示电路中 A、B 两端的开路电压 U_{AB}，即

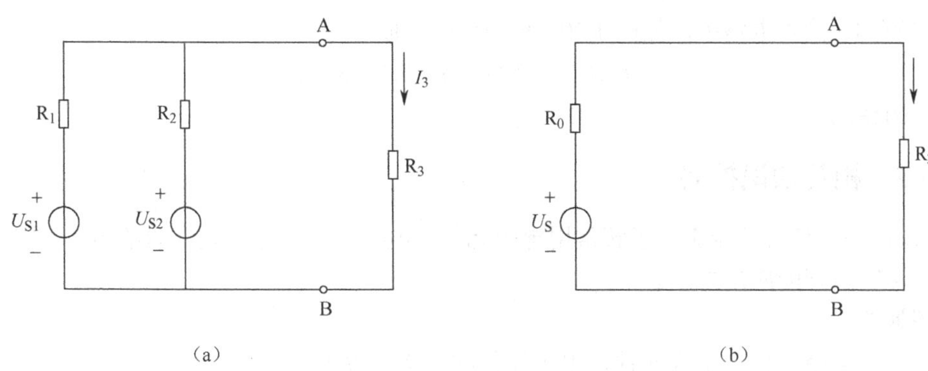

图 1.20　戴维南定理示意图

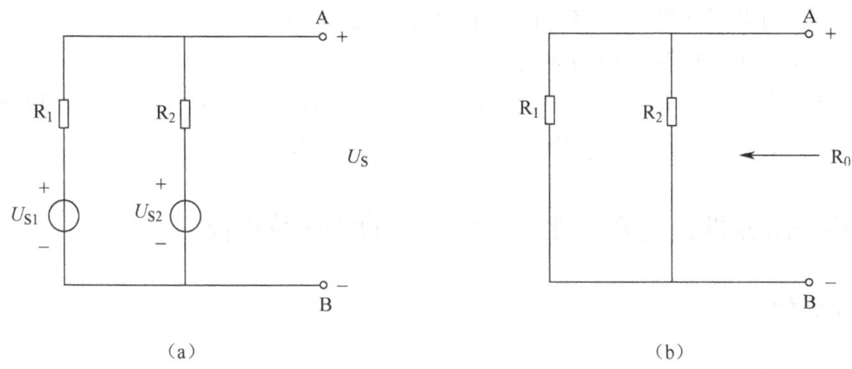

图 1.21　戴维南定理等效变换示意图

$$
\begin{aligned}
U_S = U_{AB} &= IR_2 + U_{S2} \\
&= R_2(U_{S1} - U_{S2})/(R_1 + R_2) + U_{S2} \\
&= 10(18-16)/(12 + 10) + 16 \\
&= 16.9\ \text{V}
\end{aligned}
$$

② R_0为图 1.22（b）所示电路中，从 A、B 两端看进去的等效电阻，即

$$R_0 = R_1R_2/(R_1 + R_2) = 5.45\ \Omega$$

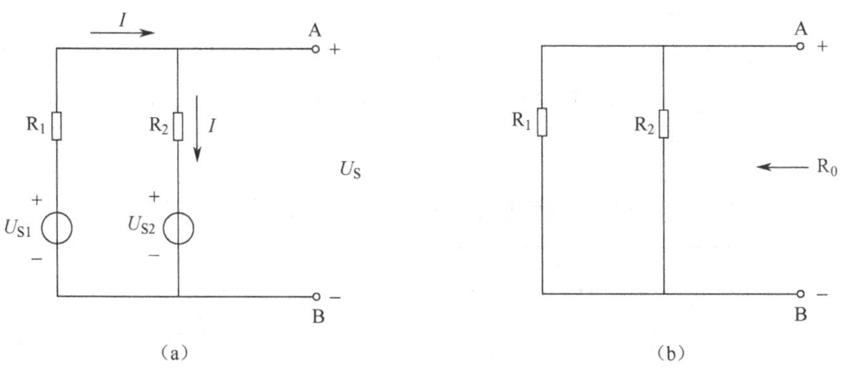

图 1.22　例 1.5 图

③ 当有 R_3 接入电路中，如图 1.20（b）所示，则

$$I_3 = U_S/(R_0 + R_3) = 16.9/5.45+3 = 2\ \text{A}$$

结果与上例相同。

*任务 1.5　相关知识扩展

【工作任务及任务要求】　了解常用电阻元件、电容元件、电感元件的结构及性能，掌握最大功率传输定理的应用方法。

知识摘要：

- 常用电阻元件、电容元件、电感元件的结构及性能
- 最大功率传输定理

任务目标：

- 掌握常用电阻元件、电容元件、电感元件的结构及性能
- 掌握最大功率传输定理的应用

在实际电路中，各种元器件琳琅满目，对初学者来说，会感到无法记忆和判别。下面首先来认识电路中常用的电阻元件、电容元件、电感元件的结构和性能。

1.5.1　常用电阻元件、电容元件、电感元件的结构及性能

1. 电阻元件

（1）电阻的定义

前面讲过，物体阻止电流通过的本领称为“电阻”。实验发现，任何物体都具有电阻，在温度不变时导体的电阻 R 和它的长度 L 和导体的电阻率ρ成正比，和它的横截面积 S 成反比，这就是电阻定律，即

$$R = \rho L/S \tag{1.35}$$

式中ρ的单位为欧·米（Ω·m），L 的单位为米（m），S 的单位为平方米（m^2）。

导体的电阻还与温度有关，任意 t℃时的电阻为

$$R_t = R_0\left[1 + \alpha(t-t_0)\right] \tag{1.36}$$

在式（1.36）中，R_t表示 t℃时的电阻，R_0表示 20℃时的电阻，α表示电阻的温度系数，t_0表示温度为 20℃，t 表示温度为 t℃。

物体按导电能力可分为三类：导体（$\rho<10^{-5}\ \Omega\cdot\text{m}$）、半导体（$10^{-4}\ \Omega\cdot\text{m}<\rho<10^{9}\ \Omega\cdot\text{m}$）、绝缘体（$\rho>10^{10}\ \Omega\cdot\text{m}$）。电阻率的大小是由导体的材料决定的，表 1.3 给出了几种常见材料在 20℃时的电阻率和相应电阻温度系数参考值。

表 1.3　几种常见材料的电阻率及电阻温度系数参考值（20℃）

材料	电阻率/Ω·m	电阻温度系数	材料	电阻率/Ω·m	电阻温度系数
银	1.59×10^{-8}	3.8×10^{-3}	铅	2.2×10^{-7}	3.9×10^{-3}
铜	1.7×10^{-8}	3.9×10^{-3}	康铜	4.9×10^{-7}	4.0×10^{-5}
金	2.44×10^{-8}	3.4×10^{-3}	汞	9.8×10^{-7}	9.0×10^{-4}
铝	2.82×10^{-8}	3.9×10^{-3}	镍铬合金	1.50×10^{-6}	4.0×10^{-4}

续表

材料	电阻率/Ω·m	电阻温度系数	材料	电阻率/Ω·m	电阻温度系数
钨	5.6×10^{-8}	4.5×10^{-3}	碳	3.5×10^{-5}	-5.0×10^{-4}
黄铜	8×10^{-8}	1.5×10^{-3}	锗	4.6×10^{-1}	-4.8×10^{-2}
铁	1.0×10^{-7}	5.0×10^{-3}	硅	6.40×10^{2}	-7.5×10^{-2}
铂	1.1×10^{-7}	3.92×10^{-3}	玻璃	$10^{10}\sim10^{14}$	无

由表可知，金属导体的电阻随温度的升高而增加，半导体的电阻随温度的升高而减小。有些金属和合金，在温度降低到 4.2 K（−269℃）时，电阻会突然消失，这种现象称做“超导”。处于超导状态的导体称做超导体，超导体完全排斥磁场，这一特征称为“抗磁性”。超导体具有的“零电阻”和“抗磁性”成为它被广泛应用的两个基本特性。超导现象的应用原来一直受到低温条件的限制，现在随着高温超导材料的不断发现，超导技术在工业、能源、交通、医疗等许多领域得到越来越广泛的应用。例如：磁悬浮列车的工作原理，就是在超导状态下，在超导体两端加上一定电压，在超导体中形成很大电流，产生强大的电磁斥力将列车与钢轨分离，即“磁悬浮”，列车克服空气阻力即可高速行驶（速度可达 600 km/h）。

（2）电阻器

① 电阻器的分类。

电阻器是利用不同导体材料对电流产生阻碍的特性制成的，它是工程技术中应用最多的器件之一（如白炽灯、电炉、电烙铁等），在电子线路中，电阻占元器件总数的 40%左右。

电阻器的种类很多，按照阻值、功率、材料、用途等分类，主要有以下几种：

按照电阻阻值是否可调分为固定电阻和可变电阻。固定电阻有圆柱形、长方体形和片形等，主要用于阻值无须变动的电路中，起降压、限流、分流、阻抗匹配和负载等作用。可变电阻可分为可调电阻、微调电阻和电位器等，主要用于阻值需变动的电路中。

按照电阻功率分为 1/16 W、1/8 W、1/4 W、1/2 W、1 W、2 W、3 W 等。

按照电阻材料分为碳膜电阻、金属膜电阻、金属氧化膜电阻、金属线绕电阻和水泥电阻等。

按照电阻用途分为普通型、精密型、高阻型、高电压型、高功率型、高频型、熔断型和敏感型等。

敏感型电阻包括热敏电阻、压敏电阻、光敏电阻、磁敏电阻、湿敏电阻、力敏电阻和气敏电阻等，它们的电阻值分别对温度、电压、光照、磁场、湿度、压力和气体的变换特别敏感，这些特性被广泛地应用于工程技术的各个领域，现在市场上出现的日新月异的各种传感器，就是敏感型电阻的具体应用。

② 电阻器的命名。

根据部颁标准（SJ-73）规定，电阻器、电位器的名称由下列四部分组成：第一部分（主称）；第二部分（材料）；第三部分（分类特征）；第四部分（序号）。它们的型号命名法如表 1.4 所示。

表 1.4　电阻器的型号命名法（不适用于敏感型电阻）

第一部分		第二部分		第三部分		第四部分
用字母表示主称		用字母表示材料		用数字或字母表示特征		序号
符号	意义	符号	意义	符号	意义	
R	电阻器	T	碳膜	1，2	普通	包括：
RP	电位器	P	硼碳膜	3 或 C	超高频	额定功率、
		U	硅碳膜	4	高阻	阻值、
		C	沉积膜	5	高温	允许误差、
		F	复合膜	6	高湿	精度等级
		H	合成碳膜	7 或 J	精密	
		I	玻璃釉膜	8	电阻：高压；电位器：特殊	
		J	金属膜	9	特殊	
		O	玻璃膜	G	高功率	
		Y	氧化膜	T	可调	
		S	有机实芯	X	电阻：小型	
		N	无机实芯	L	电阻：测量用	
		X	线绕	W	电位器：微调	
		R	热敏	D	电位器：多圈	
		G	光敏	I	被漆	
		M	压敏			

如 RJ71-0.125-5.1k Ⅰ型电阻的名称含义：R 代表电阻器；J 代表金属膜；7 代表精密；1 代表序号；0.125 代表额定功率；5.1k 代表标称阻值；Ⅰ代表误差 5%。

贴片电阻的型号命名法如表 1.5 所示。

表 1.5　贴片电阻的型号命名法

型号	外形尺寸/mm		额定功率/W
	长（L）	宽（W）	
1005	1.00	0.50	1/16
1608	1.60	0.80	1/16
2012	2.00	1.25	1/10
3216	3.20	1.60	1/8
3225	3.20	2.50	1/4
4532	4.50	3.20	1/2
6432	6.40	3.20	1

③ 电阻器的标志方法。

电阻器的标志方法一般有直标法、文字符号法、色标法、三位数码法（适用于贴片电阻）。

直标法：直接识读，不需解释。

文字符号法：用阿拉伯数字和文字符号两者有规律地组合起来表示阻值和允许偏差的标

志方法，如 RJ71-0.125-5.1k Ⅰ型电阻。允许误差等级如表 1.6 所示。

色标法：色标法中的色环法是现在最常用的标志方法，应该熟练掌握，色环电阻器分五环、四环和三环三种。其中，五环法的前三环表示前三位有效数字，第四环表示应乘以的倍率即把前三位有效数字乘以 10 的几次方，第五环表示允许偏差；四环法的前两环表示前两位有效数字，没有第三位有效数字，第三环表示应乘以的倍率即把前两位有效数字乘以 10 的几次方，第四环表示允许偏差；三环法与四环法相同，只是没有第四环，表示允许偏差是±20%。色环电阻表示方法的含义如表 1.7、图 1.23 和图 1.24 所示。

表 1.6　允许误差等级

级别	005	01	02	Ⅰ	Ⅱ	Ⅲ
允许误差	0.5%	1%	2%	5%	10%	20%

表 1.7　色环颜色所代表的数字或意义

色别	第一色环	第二色环	第三色环	第四色环
	第一位有效数字	第二位有效数字	应乘的倍数	误差
棕	1	1	10	
红	2	2	100	
橙	3	3	1 000	
黄	4	4	10 000	
绿	5	5	100 000	
蓝	6	6	1 000 000	
紫	7	7	10 000 000	
灰	8	8	100 000 000	
白	9	9	1 000 000 000	
黑	0	0	1	
金			0.1	±5%
银			0.01	±10%
无色				±20%

三位数码法：用三位数码表示贴片电阻的阻值，其中前两位表示有效数字，第三位表示应乘以的倍率即把前两位数乘以 10 的几次方，阻值小于 100 Ω时直接用两位数标志。如 101 不是 101 Ω而是 10 乘以 10 的 1 次方等于 100 Ω；103 不是 103 Ω而是 10 乘以 10 的 3 次方等于 10 kΩ；56 表示 56 Ω等。

例如：在电阻体的表面上标以彩色环，电阻的色环是依次排列的，图 1.23 所示的电阻为 27 000 Ω ± 0.5%；精密电阻器的色环标志用五个色环表示，第一至第三色环表示电阻的有效数字，第四色环表示倍乘数，第五色环表示允许偏差，图 1.24 所示的电阻为 17.5 Ω ± 1%。

④ 几种常用电阻的结构和特点。

碳膜电阻：气态碳氢化合物在高温和真空中分解，碳沉积在瓷棒或者瓷管上，形成一层结晶碳膜。改变碳膜厚度和用刻槽的方法变更碳膜的长度，可以得到不同的阻值。碳膜电阻成本较低，性能一般。

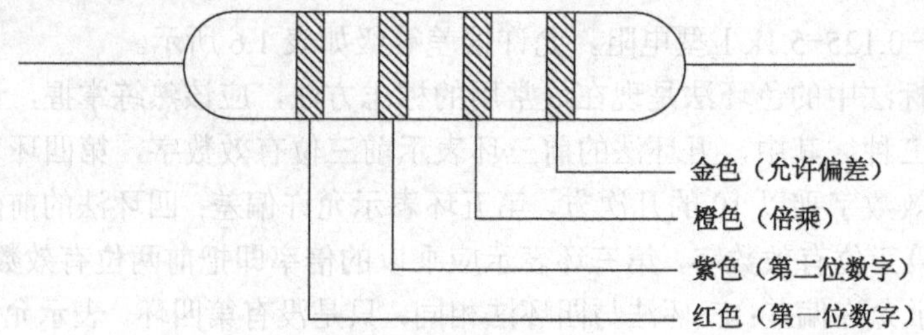

图 1.23　四色环电阻示意图

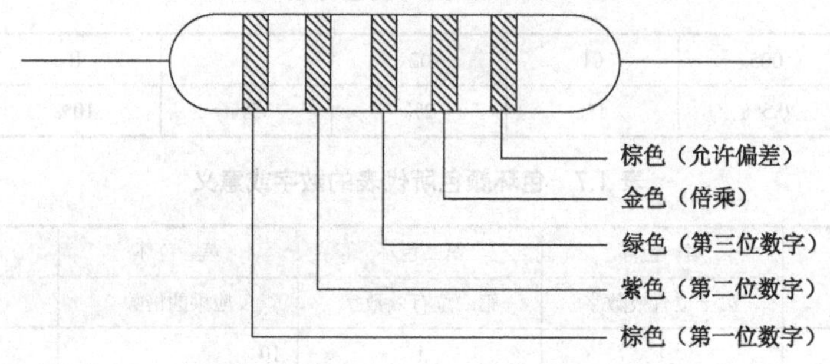

图 1.24　五色环电阻示意图

金属膜电阻：在真空中加热合金，合金蒸发，在瓷棒表面形成一层导电金属膜。刻槽和改变金属膜厚度可以控制阻值。和碳膜电阻相比，它体积小、噪声低、稳定性好，但成本较高。

碳质电阻：是把碳黑、树脂、粘土等混合物压制后，经过热处理制成。在电阻上用色环表示它的阻值，这种电阻成本低，阻值范围宽，但性能差，很少采用。

线绕电阻：是用康铜或者镍铬合金电阻丝，在陶瓷骨架上绕制而成。这种电阻分固定和可变两种。它的特点是工作稳定，耐热性能好，误差范围小，适用于大功率的场合，额定功率一般在 1 W 以上。

碳膜电位器：它的电阻体是在马蹄形的纸胶板上涂上一层碳膜制成。它的阻值变化和中间触头位置的关系有直线式、对数式和指数式三种。碳膜电位器有大型、小型、微型几种，有的和开关一起组成带开关电位器。还有一种直滑式碳膜电位器，它是靠滑动杆在碳膜上滑动来改变阻值的，这种电位器调节方便。

线绕电位器：是用电阻丝在环状骨架上绕制成。它的特点是阻值范围小，功率较大。

（3）电阻器的检测

① 固定电阻器的检测。将两表笔（不分正负）分别与电阻的两端引脚相接，即可测出实际电阻值。为了提高测量精度，应根据被测电阻标称值的大小来选择量程。由于欧姆挡刻度的非线性关系，它的中间一段分度较为精细，因此应使指针指示值尽可能落到刻度的中段位置，即全刻度起始的 20%～80%弧度范围内，以使测量更准确。根据电阻误差等级不同，读数与标称阻值之间分别允许有±5%、±10%或±20%的误差。如不相符，超出误差范围，则说明该电阻值变值了。

注意：测试时，特别是在测几万欧姆以上阻值的电阻时，手不要触及表笔和电阻的导电部分；被检测的电阻从电路中焊下来，至少要焊开一个头，以免电路中的其他元件对测试产生影响，造成测量误差；色环电阻的阻值虽然能以色环标志来确定，但在使用时最好还是要用万用表测试一下其实际阻值。

② 水泥电阻的检测。检测水泥电阻的方法及注意事项与检测普通固定电阻完全相同。

③ 熔断电阻器的检测。在电路中，当熔断电阻器熔断开路后，可根据经验做出判断：若发现熔断电阻器表面发黑或烧焦，可断定其负荷过重，通过它的电流超过额定值很多倍所致；如果其表面无任何痕迹而开路，则表明流过的电流刚好等于或稍大于其额定熔断值。对于表面无任何痕迹的熔断电阻器好坏的判断，可借助万用表 $R\times1$ 挡来测量，为保证测量准确，应将熔断电阻器一端从电路上焊下。若测得的阻值为无穷大，则说明此熔断电阻器已失效开路，若测得的阻值与标称值相差甚远，表明电阻变值，也不宜再使用。在维修实践中发现，也有少数熔断电阻器在电路中被击穿短路，检测时也应予以注意。

④ 电位器的检测。检查电位器时，首先要转动旋柄，看看旋柄转动是否平滑，开关是否灵活，开关通、断时“喀哒”声是否清脆，并听一听电位器内部接触点和电阻体摩擦的声音，如有“沙沙”声，说明质量不好。用万用表测试时，先根据被测电位器阻值的大小，选择万用表的合适电阻挡位，然后可按下述方法进行检测：首先，用万用表的欧姆挡测“1”、“2”两端，其读数应为电位器的标称阻值，如万用表的指针不动或阻值相差很多，则表明该电位器已损坏。然后，检测电位器的活动臂与电阻片的接触是否良好。用万用表的欧姆挡测“1”、“3”（或“2”、“3”）两端，将电位器的转轴按逆时针方向旋至接近“关”的位置，这时电阻值越小越好。再顺时针慢慢旋转轴柄，电阻值应逐渐增大，表头中的指针应平稳移动。当轴柄旋至极端位置“3”时，阻值应接近电位器的标称值。如万用表的指针在电位器的轴柄转动过程中有跳动现象，说明活动触点有接触不良的故障。

⑤ 正温度系数热敏电阻（PTC）的检测。用万用表 $R\times1$ 挡检测，具体可分两步操作：首先常温检测（室内温度接近25℃），将两表笔接触PTC热敏电阻的两引脚测出其实际阻值，并与标称阻值对比，二者相差在±2 Ω内即为正常。实际阻值若与标称阻值相差过大，则说明其性能不良或已损坏。然后加温检测，在常温测试正常的基础上，即可进行第二步测试（加温检测），将一热源（如电烙铁）靠近PTC热敏电阻对其加热，同时用万用表监测其电阻值是否随温度的升高而增大，如是，说明热敏电阻正常，若阻值无变化，说明其性能变差，不能继续使用。注意不要使热源与PTC热敏电阻靠得过近或直接接触热敏电阻，以防止其被烫坏。

⑥ 负温度系数热敏电阻（NTC）的检测。用万用表测量NTC热敏电阻的方法与测量普通固定电阻的方法相同，即根据NTC热敏电阻的标称阻值选择合适的电阻挡可直接测出 R_t 的实际值。但因NTC热敏电阻对温度很敏感，故测试时应注意以下几点：R_t 是生产厂家在环境温度为25℃时所测得的，所以用万用表测量 R_t 时，也应在环境温度接近25℃时进行，以保证测试的可信度。另外，测量功率不得超过规定值，以防止电流热效应引起测量误差。测试时，不要用手捏住热敏电阻体，以防止人体温度对测试产生影响。

⑦ 压敏电阻的检测。用万用表的 $R\times1$ k 挡测量压敏电阻两引脚之间的正、反向绝缘电阻，应均为无穷大，否则说明漏电流大。若所测电阻很小，说明压敏电阻已损坏，不能使用。

⑧ 光敏电阻的检测。首先用一黑纸片将光敏电阻的透光窗口遮住，此时万用表的指针基本保持不动，阻值接近无穷大，此值越大说明光敏电阻性能越好。若此值很小或接近零，说明光敏电阻已烧穿损坏，不能再继续使用。然后将一光源对准光敏电阻的透光窗口，此时万用表的指针应有较大幅度的摆动，阻值明显减小，此值越小说明光敏电阻性能越好。若此值很大甚至无穷大，表明光敏电阻内部开路损坏，也不能再继续使用。另外，将光敏电阻透光窗口对准入射光线，用小黑纸片在光敏电阻的遮光窗上部晃动，使其间断受光，此时万用表指针应随黑纸片的晃动而左右摆动。如果万用表指针始终停在某一位置不随纸片晃动而摆动，

说明光敏电阻的光敏材料已经损坏。

2. 电容元件

(1) 电容的定义

电容器是用来储存电荷和电能的器件。通常用“电容量”来衡量电容器储存电荷和电能的能力，简称“电容”，用符号C表示。电容的大小等于电容器储存的电荷量与两极板间电压的比值，即

$$C = Q/U \tag{1.37}$$

在式（1.37）中，Q 表示电容器每个极板上储存的电荷量，U 表示两极板间的电压。在国际单位制中，电容的单位为法拉，简称法，用符号F表示；实际电容器的容量都不大，也常用微法（μF）和皮法（pF）作为单位。

当电容C是与电压无关的常数时，这种电容称为线性电容。线性电容的大小与电容器的形状、尺寸及电介质有关，如平行板电容器的电容为

$$C = \varepsilon S/d \tag{1.38}$$

在式（1.38）中，ε表示电介质的介电常数，S 表示两极板间的正对面积，d 表示两平行极板间的距离。

(2) 电容器

① 电容器的分类。

在电子技术中，常用电容器来实现选频、滤波、耦合、移相、旁路、能量转换等功能。电容器的种类很多，可按照如下方法进行分类：

按照电容量是否可调分为固定电容、可变电容和半可变电容（也称微调电容器）。

按照电容器的介质材料分为纸介电容器、云母电容器、陶瓷电容器、油质电容器、电解电容器和有机薄膜电容器等。

② 电容器的主要性能指标。

标称容量和允许误差：电容器储存电荷的能力称为容量，常用的单位是F、μF、pF。电容器上标有的电容数是电容器的标称容量。电容器的标称容量和它的实际容量会有误差，常用固定电容的允许误差等级如表1.8和表1.9所示。

耐压值（也称为额定工作电压）：在规定的工作温度范围内，电容长期可靠地工作，它能承受的最大直流电压就是电容的耐压值，也称做电容的直流工作电压。如果是在交流电路中，要注意所加的交流电压最大值不能超过电容的直流工作电压值。不同电容有着不同的耐压值，大多在6.3～16 V之间。

耐温值：耐温值表示电容所能承受的最高工作温度。一般的电容耐温值为85℃或105℃，而CPU供电电路旁边的电容耐温值多为105℃。

绝缘电阻：由于电容两极之间的介质不是绝对的绝缘体，它的电阻不是无限大，而是一个有限的数值，一般在1 000 MΩ以上，电容两极之间的电阻称做绝缘电阻（或者称做漏电电阻），大小是额定工作电压下的直流电压与通过电容的漏电流的比值。漏电电阻越小，漏电越严重。电容漏电会引起能量损耗，这种损耗不仅影响电容的寿命，而且会影响电路的工作，因此漏电电阻越大越好。

介质损耗：电容器在电场作用下消耗的能量，通常用损耗功率和电容器的无功功率之比，即损耗角的正切值表示。损耗角越大，电容器的损耗越大，损耗角大的电容不适于在高频情

况下工作。

其他指标：ESR 是 Equivalent Series Resistance 的缩写，即"等效串联电阻"。理想的电容自身不会有任何能量损失，但实际上因为制造电容的材料有电阻，所以电容的绝缘介质有损耗。这个损耗在外部表现就像一个电阻跟电容串联在一起，所以称为"等效串联电阻"。有的电容上还有一条金色的带状线，上面印有一个空心"I"，它表示该电容属于 LOWESR 低损耗电容。有的电容还会标出 ESR（等效电阻）值，ESR 越低，损耗越小，输出电流就越大，低 ESR 的电容品质都较好。ESR 值与纹波电压的关系可以用公式 $u = R$（ESR）$\times i$ 表示。公式中的 u 表示纹波电压，而 R 表示电容的 ESR，i 表示电流。可以看出，当电流增大的时候，即使在 ESR 保持不变的情况下，纹波电压也会成倍提高，因此采用更低 ESR 值的电容是势在必行的。另外，串联等效电阻的单位是毫欧（mΩ）。通常钽电容的 ESR 都在 100 mΩ以下，而铝电解电容则高于这个数值，有些种类电容的 ESR 甚至会高达数欧姆。ESR 的高低与电容器的容量、电压、频率及温度都有关系，当额定电压固定时，容量越大 ESR 越低。同样当容量固定时，选用高的额定电压也能降低 ESR，故选用耐压高的电容确实有许多好处。低频时 ESR 高，高频时 ESR 低；高温也会造成 ESR 的升高。

③ 电容器的标志方法。

电容器的标志方法与电阻器的标志方法类似，一般分为直标法、色标法和数标法三种。

直标法：直标法是将电容量直接标注在电容器外表上，容量单位有 F（法拉）、μF（微法）、nF（纳法）、pF（皮法）。例如：10 μF/16 V，4n7 表示 4.7 nF。

色标法：其中的色码表示法与电阻器的色环表示法类似，颜色涂于电容器的一端或从顶端向引线排列。色码一般只有三种颜色，前两环为有效数字，第三环为倍率，单位为 pF。有时色环较宽，例如：红红橙，两个红色环涂成一个宽的表示 22 000 pF。

数标法：一般用三位数字来表示容量的大小，单位为 pF。前两位为有效数字，后一位表示倍率，即乘以 10^m，m 为第三位数字，数码后缀（Ⅰ、Ⅱ、Ⅲ…）代表误差等级，例如：101 表示 100 pF；223 Ⅰ 代表 22×10^3 pF = 22 000 pF = 0.22 μF，允许误差±5%。另外，有时用大于 1 的两位以上的数字表示单位为 pF 的电容，如 51 表示 51 pF；用小于 1 的数字表示单位为 μF 的电容，如 0.1 表示 0.1 μF。

注意： 进口电容的标志有所不同，其基本单位为 pF，辅助单位有 G，M，N。换算关系为 1 G = 1000 μF；1 M = 1 μF = 1000 nF；1 N = 1000 pF。标注通常不是小数点，而是用单位整数将小数部分隔开，如 6G8 = 6.8 G = 6800 μF；2P2 = 2.2 pF；M33 = 0.33 μF；68N = 0.068 μF。数码后缀（J、K、M）代表误差等级，如 223J 代表 22×10^3 pF = 22000 pF = 0.22 μF，允许误差为±5%。这种表示方法最为常见，国产电容器的允许误差等级如表 1.8 所示，进口电容器的允许误差等级如表 1.9 所示。应特别注意不要将 J、K、M 与我国电阻器标志相混，更不要把电容器误认为电阻器。

表 1.8 国产常用固定电容的允许误差等级

级　别	0.2	Ⅰ	Ⅱ	Ⅲ	Ⅳ	Ⅴ	Ⅵ
允许误差	±2%	±5%	±10%	±20%	−30%～+20%	−20%～+50%	−10%～+100%

表 1.9 进口常用固定电容的允许误差等级

符　号	F	G	J	K	L	M
允许误差	±1%	±2%	±5%	±10%	±15%	±20%

④ 电容器的命名。

根据部颁标准（SJ-73）规定，电容器的名称由下列四部分组成：第一部分（主称）；第二部分（材料）；第三部分（分类特征）；第四部分（序号）。它们的型号及意义如表 1.10、表 1.11 所示。

表 1.10 电容器的命名方法（不适用于压敏、可变、真空电容器）

第一部分		第二部分		第三部分		第四部分
用字母表示主称		用字母表示材料		用数字或字母表示特征		序号
符号	意义	符号	意义	符号	意义	
C	电容器	C	瓷介	T	铁电	包括：品种、尺寸、代号、温度特性、直流工作电压、标称值、允许误差、标准代号
		I	玻璃釉	W	微调	
		O	玻璃膜	J	金属化	
		Y	云母	X	小型	
		V	云母纸	S	独石	
		Z	纸介	D	低压	
		J	金属化纸	M	密封	
		B	聚苯乙烯	Y	高压	
		F	聚四氟乙烯	C	穿心式	
		L	涤纶（聚酯）			
		S	聚碳酸酯			
		Q	漆膜			
		H	纸膜复合			
		D	铝电解			
		A	钽电解			
		G	金属电解			
		N	铌电解			
		T	钛电解			
		M	压敏			
		E	其他材料			

表 1.11 第三部分是数字时所代表的意义

符号（数字）	特征（型号的第三部分）的意义			
	瓷介电容器	云母电容器	有机电容器	电解电容器
1	圆片		非密封	箔式
2	管型	非密封	非密封	箔式
3	迭片	密封	密封	烧结粉液体
4	独石	密封	密封	烧结粉固体
5	穿心		穿心	
6				
7				无极性
8	高压	高压	高压	
9			特殊	特殊

如 CD13 型电容的命名含义：C 代表电容器；D 代表铝电解；1 代表箔式；3 代表序号。即箔式铝电解电容器。

⑤ 几种常用电容器的结构和特点。

铝电解电容：由铝圆筒做负极，里面装有液体电解质，插入一片弯曲的铝带做正极制成，还需要经过直流电压处理，使正极片上形成一层氧化膜做介质。它的特点是容量大，但是漏电大，误差大，稳定性差，常用做交流旁路和滤波，在要求不高时也用于信号耦合。电解电容有正、负极之分，使用时不能接反。

纸介电容：用两片金属箔做电极，夹在极薄的电容纸中，卷成圆柱形或者扁柱形芯子，然后密封在金属壳或者绝缘材料（如火漆、陶瓷、玻璃釉等）壳中制成。它的特点是体积较小，容量可以做得较大，但是固有电感和损耗都比较大，用于低频比较合适。

金属化纸介电容：结构和纸介电容基本相同。它是在电容器纸上覆上一层金属膜来代替金属箔，体积小，容量较大，一般用在低频电路中。

油浸纸介电容：它是把纸介电容浸在经过特别处理的油里制成的，能增强耐压。它的特点是电容量大、耐压高，但是体积较大。

玻璃釉电容：以玻璃釉做介质，具有瓷介电容器的优点，且体积更小，耐高温。

陶瓷电容：用陶瓷做介质，在陶瓷基体两面喷涂银层，然后烧成银质薄膜做极板制成。它的特点是体积小、耐热性好、损耗小、绝缘电阻高，但容量小，适用于高频电路。铁电陶瓷电容容量较大，但是损耗和温度系数较大，适用于低频电路。

薄膜电容：结构和纸介电容相同，介质是涤纶或者聚苯乙烯。涤纶薄膜电容介电常数较高，体积小，容量大，稳定性较好，适宜做旁路电容。聚苯乙烯薄膜电容介质损耗小，绝缘电阻高，但是温度系数大，可用于高频电路。

云母电容：用金属箔或者在云母片上喷涂银层做电极板，极板和云母一层一层叠合后，再压铸在胶木粉或封固在环氧树脂中制成。它的特点是介质损耗小、绝缘电阻大、温度系数小，适用于高频电路。

钽、铌电解电容：用金属钽或者铌做正极，用稀硫酸等配液做负极，用钽或铌表面生成的氧化膜做介质制成。它的特点是体积小、容量大、性能稳定、寿命长、绝缘电阻大、温度特性好，用在要求较高的设备中。

半可变电容（也称做微调电容）：由两片或者两组小型金属弹片，中间夹着介质制成，调节可通过改变两片之间的距离或者面积实现。它的介质有空气、陶瓷、云母、薄膜等。

可变电容：由一组定片和一组动片组成，容量随着动片的转动可以连续改变。将两组可变电容装在一起同轴转动，称做双连。可变电容的介质有空气和聚苯乙烯两种。空气介质可变电容体积大，损耗小，多用在电子管收音机中。聚苯乙烯介质可变电容可做成密封式，体积小，多用在晶体管收音机中。

（3）电容器的检测

① 固定电容器的检测。

a．检测 10 pF 以下的小电容。因 10 pF 以下的固定电容器容量太小，用万用表进行测量只能定性检查其是否漏电，以及是否有内部短路或击穿现象。测量时，可选用万用表 R×10 k 挡，用两表笔分别任意接电容的两个引脚，阻值应为无穷大。若测出阻值（指针向右摆动）为零，则说明电容漏电损坏或内部击穿。

b．检测 10 pF～0.01 μF 固定电容器是否有充电现象，进而判断其好坏。万用表选用 R×1 k 挡。两只三极管的β值均为 100 以上，且穿透电流要小，可选用 3DG6 等型号硅三极管组成复合管。万用表的红和黑表笔分别与复合管的发射极 e 和集电极 c 相接，由于复合三极管的放大作用，被测电容的充放电过程将予以放大，万用表指针摆幅加大，从而便于观察。应注意的是在测试时，特别是在测较小容量的电容时，要反复调换被测电容引脚接触基极、发射极两点，才能明显地看到万用表指针的摆动。

c．对于 0.01 μF 以上的固定电容，可用万用表的 R×10 k 挡直接测试电容器有无充电过程及有无内部短路或漏电，并可根据指针向右摆动的幅度大小估计出电容器的容量。

② 电解电容器的检测。

a．电解电容的容量较一般固定电容大得多，测量时，应针对不同容量选用合适的量程。根据经验，在一般情况下 1～47 μF 间的电容可用 R×1 k 挡测量；大于 47 μF 的电容可用 R×100 挡测量。

b．将万用表红表笔接负极，黑表笔接正极，在刚接触的瞬间，万用表指针即向右偏转较大幅度（对于同一电阻挡，容量越大，摆幅越大），接着逐渐向左回转，直到停在某一位置。此时的阻值便是电解电容的正向漏电阻，此值略大于反向漏电阻。实际使用经验表明，电解电容的漏电阻一般应在几百 kΩ以上，否则将不能正常工作。在测试中若正向、反向均无充电的现象，即表针不动，则说明容量消失或内部断路；如果所测阻值很小或为零，说明电容漏电大或已击穿损坏，不能再使用。

c．对于正、负极标志不明的电解电容器，可利用上述测量漏电阻的方法加以判别。即先任意测一下漏电阻，记住其大小，然后交换表笔再测出一个阻值。两次测量中，阻值大的那一次便是正向接法，即黑表笔接的是正极，红表笔接的是负极。

d．使用万用表电阻挡，采用给电解电容进行正、反向充电的方法，根据指针向右摆动幅度的大小可估测出电解电容的容量。

③ 可变电容器的检测。

a．用手轻轻旋动转轴，应感觉十分平滑，不应感觉时松时紧甚至有卡滞现象。将载轴向前、后、上、下、左、右等各个方向推动时，转轴不应有松动的现象。

b．用一只手旋动转轴，另一只手轻摸动片组的外缘，不应感觉有任何松脱现象。转轴与动片之间接触不良的可变电容器是不能再继续使用的。

c．将万用表置于 R×10 k 挡，一只手将两个表笔分别接可变电容器的动片和定片的引出端，另一只手将转轴缓缓旋动几个来回，万用表指针都应在无穷大位置不动。在旋动转轴的过程中，如果指针有时指向零，说明动片和定片之间存在短路点；如果转到某一角度，万用表读数不为无穷大而是出现一定阻值，说明可变电容器动片与定片之间存在漏电现象。

3. 电感元件

（1）电感的定义

能产生电感作用的元件统称为电感元件，常常直接简称为“电感”。它是利用电磁感应的原理进行工作的，其作用是阻交流通直流，阻高频通低频（滤波），也就是说高频信号通过电感线圈时会遇到很大的阻力，很难通过，而低频信号通过它时所呈现的阻力则比较小，即低频信号可以较容易地通过它；电感线圈对直流电的电阻几乎为零。

为了描述电感元件对各种不同频率信号的作用能力，引入物理量“电感量”，通常简称为“电感”，用符号 L 表示，其单位为亨［利］（H）。实际电感器的电感量都不大，也常用毫亨（mH）和微亨（μH）作为单位。电感的大小等于电感线圈的磁通链和流过线圈电流的比值，即

$$L = \Psi/i \tag{1.39}$$

在式（1.39）中，Ψ称为“磁通链”。假定绕制电感线圈的导线无电阻，线圈有 N 匝，当线圈通以电流 i，在线圈内部将产生磁通Φ，若磁通Φ通过 N 匝线圈（或者说磁通Φ与 N 匝线圈都交链），则磁通链 $\Psi = N\Phi$。

电感量为常数的电感器称为线性电感。线性电感的电感量只与线圈的形状、尺寸和匝数有关，与电流的大小无关。

注意：电阻、电容和电感，这三个名词具有双重含义，可以指元器件的名称，也可以指元件的参数。

（2）电感器

① 电感器的分类。

在电子技术中，常用电感器来实现振荡、调谐、耦合、滤波、延迟、偏转等功能。电感器的种类很多，可按照如下方法进行分类：

按导磁体性质可分为空芯线圈、铁氧体线圈、铁芯线圈、铜芯线圈。

按绕线结构可分为单层线圈、多层线圈、蜂房式线圈；或者分为磁芯线圈、可变电感线圈、色码电感线圈、无磁芯线圈等；还可根据其结构外形和引脚方式分为立式同向引脚电感器、卧式轴向引脚电感器、大中型电感器、小巧玲珑型电感器和片状电感器等。

按电感量是否可调可分为固定电感线圈和可变电感线圈。

按用途可分为天线线圈、振荡线圈、补偿线圈、扼流线圈、陷波线圈、偏转线圈等。另外，常常会根据工作频率和流过电流大小分为高频电感、中频电感、低频电感、功率电感等。

② 电感器的主要性能指标。

电感器的基本参数有电感量、允许误差、品质因数、额定电流和分布电容等。

标称电感量：指电感器上标注的电感量的大小，表示线圈本身固有特性，主要取决于线圈的圈数、结构及绕制方法等，与电流大小无关。反映电感线圈存储磁场能的能力，也反映电感器通过变化电流时产生感应电动势的能力。

允许误差：电感的实际电感量相对于标称值的最大允许偏差范围称为允许误差。一般用于振荡或滤波等电路中的电感器，要求精度较高，允许偏差为±0.2%～±0.5%；而用于耦合、高频阻流等线圈的精度要求不高，允许偏差为±10%～±15%。允许误差等级如表 1.9 所示。

品质因素 Q：表示线圈质量的一个物理量。它是指电感器在某一频率的交流电压下工作时所呈现的感抗与其等效损耗电阻之比。线圈的 Q 值越高，回路的损耗越小。线圈的 Q 值与导线的直流电阻、骨架的介质损耗、屏蔽罩或铁芯引起的损耗、高频趋肤效应的影响等因素有关，线圈的 Q 值通常为几十到一百。

额定电流：指能保证电路正常工作的工作电流。若工作电流超过额定电流，则电感器就会因发热而使性能参数发生改变，甚至还会因过流而烧毁。

分布电容（寄生电容）：指线圈的匝与匝之间，线圈与磁芯之间，线圈与地之间，线圈与金属之间都存在的电容。电感器的分布电容越小，其稳定性越好。分布电容能使等效耗能电阻变大，品质因数变小。减少分布电容常用丝包线或多股漆包线，有时也用蜂窝式绕线法等。

③ 电感器的标志方法。

电感器的标志方法与电阻器、电容器的标志方法类似，一般分为直标法、色标法两种。

直标法：在电感线圈的外壳上直接用数字和文字标出电感线圈的电感量、允许误差及最大工作电流等主要参数，如 100M 即为 10 μH，误差 20%。

色标法：即用色环表示电感量，单位为 μH。第一、二位表示有效数字，第三位表示倍率，第四位为误差。例如：LGA 系列电感器采用超小型结构，外形与 1/2 W 色环电阻器相似，其电感量范围为 0.22～100 μH（用色环标在外壳上），额定电流为 0.09～0.4 A。

④ 电感器的命名。

电感器的名称也由下列四部分组成：

第一部分为元件主称，如字母 L 表示线圈，ZL 表示扼流圈。

第二部分为分类特征，如字母 G 表示高频。

第三部分为型式，如字母 X 表示小型。

第四部分为产品序号，用数字表示。

例如：LGX 为小型高频电感线圈，TTF-3-1 为调幅收音机用磁性瓷芯中频变压器。

⑤ 几种常用电感器的结构和特点。

单层线圈：将绝缘导线一圈挨一圈地绕在纸筒或胶木骨架上，如晶体管收音机中波天线线圈。

蜂房式线圈：如果所绕制的线圈其平面不与旋转面平行，而是相交成一定的角度，这种线圈称为蜂房式线圈。而其旋转一周导线来回弯折的次数常称为折点数。蜂房式绕法的优点是体积小，分布电容小，而且电感量大。蜂房式线圈利用蜂房绕线机来绕制，折点越多，分布电容越小。

铁氧体磁芯和铁粉芯线圈：线圈的电感量大小与有无磁芯有关。在空芯线圈中插入铁氧体磁芯，可增加电感量和提高线圈的品质因数。

铜芯线圈：在超短波范围应用较多，利用旋动铜芯在线圈中的位置来改变电感量，这种调整比较方便、耐用。

色码电感器：是具有固定电感量的电感器，其电感量标志方法同电阻一样采用色环法。

阻流圈（扼流圈）：限制交流电通过的线圈称阻流圈，分高频阻流圈和低频阻流圈。

偏转线圈：是电视机扫描电路输出级的负载，偏转线圈要求偏转灵敏度高、磁场均匀、Q 值高、体积小、价格低。

贴片电感：主要有 4 种类型，即绕线型、叠层型、编织型和薄膜片式。常用的是绕线和叠层两种类型。前者是传统绕线电感器小型化的产物；后者则采用多层印刷技术和叠层生产工艺制作，体积比绕线型片式电感器还要小，是电感元件领域重点开发的产品。

⑥ 电感和磁珠的联系与区别。

a．电感是储能元件，而磁珠是能量转换（消耗）器件。

b．电感多用于电源滤波回路，磁珠多用于信号回路，用于 EMC 对策。

c．磁珠主要用于抑制电磁辐射干扰，而电感则侧重于抑制传导性干扰，两者都可用于处理 EMC、EMI 问题；EMI 的两个途径，即辐射和传导，不同的途径采用不同的抑制方法，前者用磁珠，后者用电感。

d．磁珠用来吸收超高频信号，如一些 RF 电路，PLL，振荡电路，含超高频存储器电路（DDRSDRAM，RAMBUS 等）都需要在电源输入部分加磁珠；而电感是一种蓄能元件，用在 LC 振荡电路，中低频的滤波电路等，其应用频率很少超过 50 MHz。

e．电感一般用在电路的匹配和信号质量的控制上，一般“地”的连接和电源的连接。在模拟“地”和数字“地”结合的地方用磁珠，对信号线也采用磁珠。

磁珠的大小（确切说应该是磁珠的特性曲线）取决于需要磁珠吸收的干扰波的频率。磁

珠阻高频，对直流信号其电阻低；对高频信号其电阻高。因为磁珠的单位是按照它在某一频率产生的阻抗来标称的，阻抗的单位也是欧姆。

（3）电感器的检测

电感测量的两类仪器：RLC 测量（电阻、电感、电容三种都可以测量）和电感测量仪。电感的测量：空载测量（理论值）和在实际电路中的测量（实际值）。由于使用电感的实际电路过多，难以类举，这里针对空载情况下的测量加以解说。

电感量的测量步骤（RLC 测量）：

① 熟悉仪器的操作规则（使用说明）及注意事项。

② 开启电源，预备 15～30 min。

③ 选中 L 挡，选中测量电感量。

④ 将两个夹子互夹并复位清零。

⑤ 将两个夹子分别夹住电感的两端，读数值并记录电感量。

⑥ 重复步骤④和⑤，记录测量值，要有 5～8 个数据。比较几个测量值：若相差不大（0.2 μH）则取其平均值，记为电感的理论值；若相差过大（0.3 μH）则重复步骤②～⑥，直至取到电感的理论值。

好坏判断：

① 将万用表打到蜂鸣二极管挡，把表笔放在两引脚上，看万用表的读数。

② 贴片电感此时的读数应为零，若万用表读数偏大或为无穷大，则表示电感损坏。电感线圈匝数较多，线径较细的线圈读数会达到几十甚至几百，通常情况下线圈的直流电阻只有几欧姆。损坏表现为发烫或电感磁环明显损坏，若电感线圈不是严重损坏，而又无法确定时，可用电感表测量其电感量或用替换法来判断。

1.5.2 最大功率传输定理

最大功率传输定理是关于负载与电源相匹配时，负载能获得最大功率的定理。定理分为直流电路和交流电路两部分，内容如下。

（1）直流电路

如图 1.25（a）所示，含源线性电路单口网络向可变电阻负载 R_L 传输的功率为

$$P = I^2R_L = [U_S/(R_0 + R_L)]^2R_L = U_S^2/[(R_0 - R_L)^2/R_L + 4R_0] \tag{1.40}$$

在式（1.40）中，要使 P 最大，必须 $R_L=R_0$，此时负载电阻 R_L 获得的最大功率为

$$P_{max}=U_S^2/4R_0 \tag{1.41}$$

最大功率传输定理：一个含源二端网络对负载电阻供电，当负载电阻 R_L 与该含源二端网络的等效内阻 R_0 相等时，负载电阻上获得最大功率，且最大功率为 $U_S^2/4R_0$，$R_L=R_0$ 为最大功率匹配条件。

（2）交流电路

工作于正弦稳态的单口网络向一个负载 $Z_L = R_L + jX_L$ 供电，如果该单口网络可用戴维南定理等效电路（其中 $Z_0 = R_0 + jX_0$，$R_0>0$）代替，如图 1.25（b）所示，则在负载阻抗等于含源单口网络输出阻抗的共轭复数（即电阻成份相等 $R_L=R_0$，电抗成份只是数值相等而符号相反 $X_L=-X_0$）时，负载可以获得最大平均功率 $P_{max}=U_S^2/4R_0$。这种匹配称为共轭匹配，在通信和电子设备的设计中，常常要求满足共轭匹配，以使负载得到最大功率。

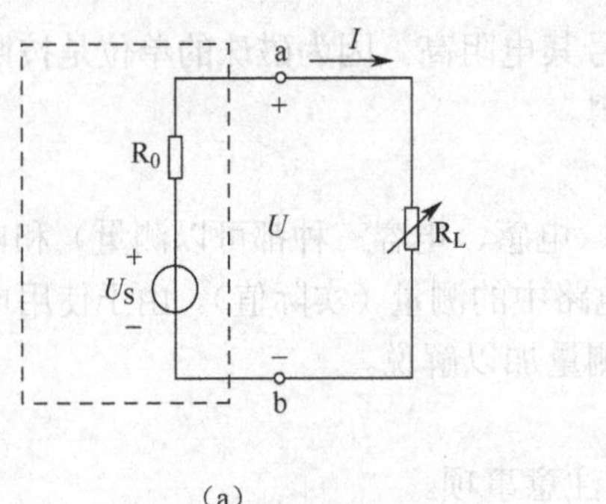

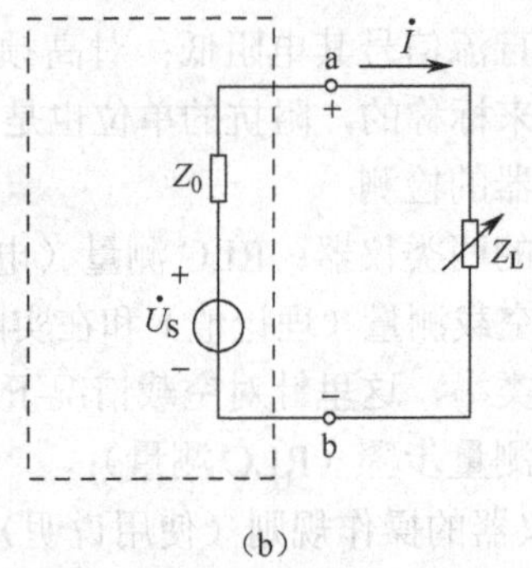

图 1.25　最大功率传输示意图

最大功率传输定理：在负载电阻和电抗都可任意改变的条件下，当负载阻抗等于电源内阻抗的共扼复数时，负载获得的功率最大。

注意：负载与电源匹配是负载获得最大功率的条件。但在此条件下，电路的传输效率仅为 50%。也就是说，电源输出的功率有一半自己浪费了。因此，这时的效率只为 50%。电力系统绝不允许 50%的功率不产生任何效益地消耗掉，因为电力系统中重要的目标是求得最大的效率，而不是最大功率，电力系统要求尽可能提高效率，以便更充分地利用能源，因此不能采用功率匹配条件。但是在测量、电子与信息工程（如雷达、射电望远镜、电子仪器等）中，常常着眼于从微弱信号中获得最大功率，而不看重效率的高低。

（3）实际应用

① 电源方面。最大功率是指电源在单位时间内电路元件上能量的最大变化量，是具有大小及正负的物理量，在这里特指最大输出功率。最大功率越大，电源所能负载的设备也就越多。

② 视听方面。最大输出功率也称瞬间功率，或者峰值功率。对功放来说，最大输出功率是指在一定的谐波失真指标内，给功放（对于 MP3 来说最常见的是耳机）输入足够大的信号，并将音量和音调电位器调到最大时，功放所能输出的最大功率称为“最大输出功率”。对于音箱来说，最大输出功率是指音箱在短时间内所能承受的最大功率。目前，市面上 MP3 的最大输出功率一般为 10 mW、20 mW、40 mW 等。

一般来说，最大输出功率是额定输出功率的 5～8 倍，需要说明的是，设备是不能长时间工作在最大输出功率状态下的，否则会损坏设备。最大输出功率体现产品瞬间超负荷运转的能力，并且可以在一定程度上反映出额定功率。有些厂商为了吸引用户，故意将最大输出功率和额定输出功率混淆，让人误认为产品具有很高的输出功率。因此考虑家庭影院套装的功率时，不能只看功率的数字，还要看它的标注方式。

对于家庭影院套装来说，其功放的功率是以音箱的功率为参考的，以保证正确播放声音且不损坏音箱。根据音乐信号的特性，其峰值因子约为 10～15 dB，扬声器系统要高质量地重放出各种音乐节目，从保证音质这个角度来说，功放应在此动态范围内不发生任何限幅情况，即功放的最大输出功率应是扬声器额定功率的 5～8 倍，实际设计中这个功率配比至少会达到 1.5 倍以上。相反，如果使用功率较小的功放，当输入较大的信号时会出现明显的削峰失真，非常容易损坏扬声器。因此，考虑家庭影院套装的功率时，应当着重考虑音箱的功率。

项目小结

1．电路一般由电源、负载和必要的中间环节三个基本部分组成。用理想导线（电阻为零）将理想电路元件连接起来而构成的电路称为“电路模型”；理想的电路元件用规定的符号表示，实际电路元件模型化后，用理想的电路元件符号绘制的实际电路简称“电路图”。

2．在分析电路时，常使用电流、电位、电压、电动势、电能和电功率等基本物理量。

在电场中，电荷在电场力的作用下有规则地定向移动形成了电流。规定正电荷的运动方向为电流的实际方向；或者说电流的方向由高电位流向低电位。

电位是用来表征电场中给定点的性质的物理量，用符号 V_a 表示 a 点的电位。电场中某点的电位，在数值上等于单位正电荷从该点经过任意路径移动到无穷远处时电场力所做的功。在研究电位时，可以把任何一点的电位看做是零电位（也称为参考点）。在工程中，通常取地球的电位为度量电位的起点，所以通常将电气设备机壳接地点设为“零电位点”。

在静电学中，任意两点 a 和 b 的电位之差称为“电位差”，在电路中两点的电位差也称为“电压”。电压和电位的关系：$U_{ab} = V_a - V_b$，电压的方向从高电位指向低电位。

电动势表示在电源内部非电场力 F 推动电荷做功的能力。电动势的方向从负极指向正极，即从低电位指向高电位。

电路的工作过程实际上是将电能转换为其他形式能的过程，电场力做的功常常说成是电流做的功，简称“电功（W）”。

通常用电功率（P）来衡量用电设备和电路转换能量的快慢，即电功率简称为“功率”。

3．电路状态有三种：通路、开路和短路。

额定电流是指电气设备在长期运行时所允许通过的最大电流；额定电压是指电气设备在正常运行时所加的电压；额定功率是指电气设备在 U_N、I_N 下的输入功率或输出功率 P_N。用电设备在额定工作状态下工作是最经济合理和安全可靠的，并能保证有效使用寿命。

电路中没有电流流通、电源处于空载状态、电源不输出功率，电路处于开路状态。此时，负载上的电流、电压和功率均为零。

电源两端被电阻接近于零的导体接通（如连接电源两端的导线的绝缘层损坏，使电源两端被导线直接连通），这种情况叫做电源被短路。电源短路时，负载上的电压、功率均为零，电源所产生的功率全部消耗在内阻上，电源短路会烧毁供电设备并引起火灾。为了防止电源短路，在电路中应接入熔断器、低压断路器等短路保护装置。

4．所谓“部分电路”就是闭合电路中的一段不含电动势、只有电阻的电路，流过电阻的电流和它两端的电压成正比，和它的电阻成反比，这一关系（$I = U/R$）称为“欧姆定律”。

包含电路所有电阻及电源内阻和电源电动势的闭合电路称为“全电路”。回路中的电流 I 与电动势 U_S 成正比，而与回路的全部全部电阻值$(R_L + R_0)$成反比，即 $I = U_S/(R_L + R_0)$这一关系称为“全电路欧姆定律”。

一个实际电压源可等效成一个理想电压源 U_S 与内阻 R_0 串联的模型。

一个实际电流源可等效成一个理想电流源 I_S 与内阻 R_S 并联的模型。

电压源和电流源等效转换的条件：$U_S = I_S R_S$ 和 $R_0 = R_S$。

5．在电路中，由一个或 n 个元件串接而成流过同一电流的一段电路，称为一条支路。三条或三条以上支路的连接点称为节点。电路中，任一闭合路径称为“回路”。在电路中，不含交叉支路的回路称为“网孔”。

基尔霍夫电流定律：在任何时刻，任一节点所有支路电流的代数和等于零，即$\sum I=0$。其导出式为$\sum I_{入}=\sum I_{出}$。

基尔霍夫电压定律：在任何时刻，沿任一闭合回路各元件上的电压代数和等于零，即$\sum U=0$。其导出式为$\sum U=\sum U_S$。

支路电流法是以电路中每条支路的电流为未知量，应用基尔霍夫定律列出相应的方程，从而求解支路电流的方法。若电路有 n 个节点，根据 KCL 可以列出（$n-1$）个独立的电流方程；若电路有 m 个网孔，根据 KVL 可以列出 m 个独立的电压方程。或者若电路有 b 条支路，根据 KVL 可以列出（$b-n+1$）个独立的电压方程。

戴维南定理能将含有电源的二端网络等效成一个电压源，从而使电路的计算简化。戴维南定理：任何一个有源二端线性网络，从对负载的作用来看，都可以用一个电压源来等效。其中电压源的电压等于二端网络两个端之间的开路电压；内阻等于二端网络变为无源二端网络（电压源短路，电流源开路）后，从两个端看进去的等效电阻。

6. 电阻器的种类很多，常按照阻值、功率、材料、用途等分类：按照电阻阻值是否可调可分为固定电阻和可变电阻；按照电阻功率可分为 1/16 W、1/8 W、1/4 W、1/2 W、1 W、2 W、3 W 等；按照电阻材料可分为碳膜电阻、金属膜电阻、金属氧化膜电阻、金属线绕电阻和水泥电阻等；按照电阻用途可分为普通型、精密型、高阻型、高电压型、高功率型、高频型、熔断型和敏感型等。电阻器性能的检测，根据材料和用途的不同要采取不同方法进行，以保证测量的精度。

根据部颁标准（SJ-73）规定，电阻器、电位器的名称由下列四部分组成：第一部分（主称）；第二部分（材料）；第三部分（分类特征）；第四部分（序号）。

电阻器的标志方法一般有直标法、文字符号法、色标法、三位数码法（适用于贴片电阻）。

7. 电容器的种类也很多，按照电容量是否可调分为固定电容、可变电容和半可变电容（也称微调电容器）；按照电容器的介质材料分为纸介电容器、云母电容器、陶瓷电容器、油质电容器、电解电容器和有机薄膜电容器等。

电容器的主要性能指标：标称容量、允许误差、耐压值、耐温值、绝缘电阻、介质损耗。电容器性能的检测，根据材料和用途的不同要采取不同方法进行，以保证测量的精度。

电容器的标志方法与电阻器的标志方法类似，一般分为直标法、色标法和数标法三种。

电容器的名称由下列四部分组成：第一部分（主称）；第二部分（材料）；第三部分（分类特征）；第四部分（序号）。

8. 电感器的种类也很多，按导磁体性质可分为空芯线圈、铁氧体线圈、铁芯线圈、铜芯线圈；按绕线结构可分为单层线圈、多层线圈、蜂房式线圈；按电感量是否可调可分为固定电感线圈和可变电感线圈；按用途可分为天线线圈、振荡线圈、补偿线圈、扼流线圈、陷波线圈、偏转线圈等；根据工作频率和流过电流大小分为高频电感、中频电感、低频电感、功率电感等。

电感器的基本参数有电感量、允许误差、品质因数、额定电流和分布电容等。

电感器的标志方法与电阻器、电容器的标志方法类似，一般分为直标法、色标法两种。

电感测量的两类仪器：RLC 测量（电阻、电感、电容三种都可以测量）和电感测量仪。电感好坏用万用表进行测量。

电感和磁珠的使用是有区别的，根据不同要求进行选择。

9．最大功率传输定理是关于负载与电源相匹配时，负载能获得最大功率的定理。定理分为直流电路和交流电路两部分。

负载与电源匹配是负载获得最大功率的条件。但在此条件下，电路的传输效率仅为 50%。根据不同的系统和目的，应该综合考虑功率和效率的选取。

思考与练习

1.1　电路由哪几部分组成？其各部分的作用是什么？

1.2　电路如图 1.26 所示，设 $E = 12$ V、$I = 2$ A、$R = 6\ \Omega$，则 U_{ab} =____V。

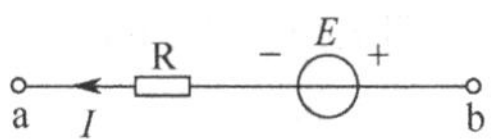

图 1.26　题 1.2 图

1.3　直流电路如图 1.27 所示，R_1 所消耗的功率为 2 W，则 R_2 的阻值应为_____Ω。

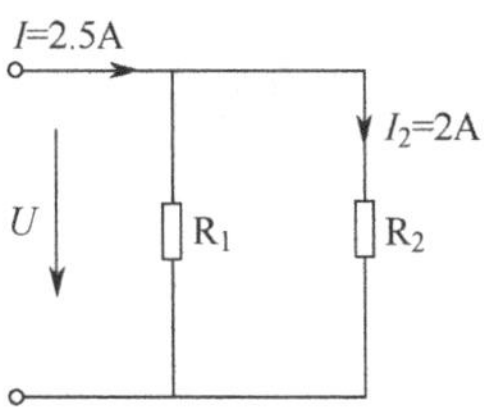

图 1.27　题 1.3 图

1.4　直流电路如图 1.28 所示，以 b 点为参考点时，a 点的电位为 6 V，求电源 E_3 的电动势及其输出的功率。

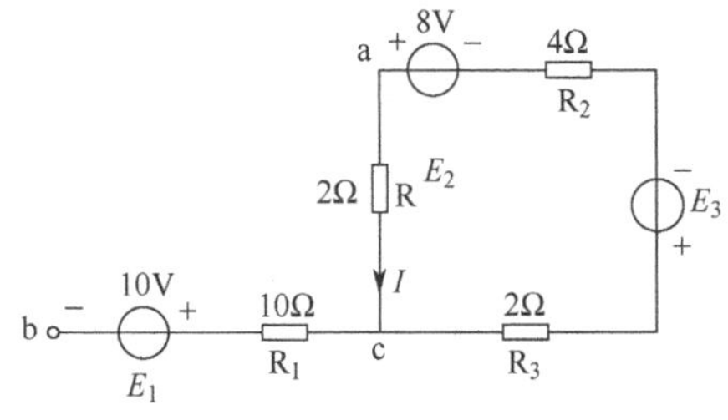

图 1.28　题 1.4 图

1.5　电路如图 1.29 所示，图（b）是图（a）的等效电路，试用电源等效变换方法求 E 及 R_0。

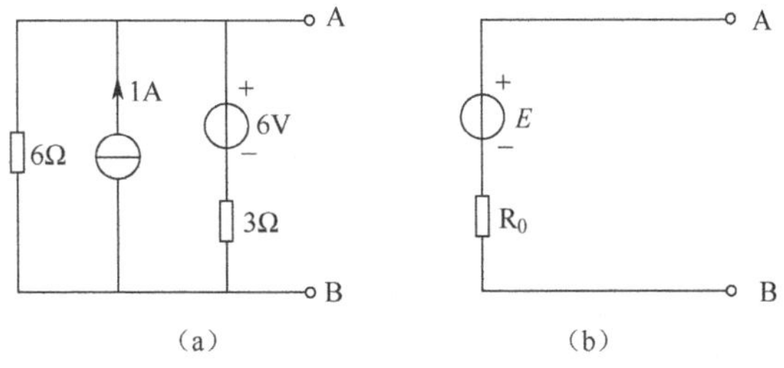

图 1.29　题 1.5 图

1.6 如图 1.30 所示，已知 $R_1 = R_2 = 1\ \Omega$，$R_3 = 4\ \Omega$，$U_{S1} = 12\ V$，$U_{S2} = 6\ V$。求：①试用支路电流法求各支路的电流。②试用戴维南定理求通过 R_3 的电流 I_3。

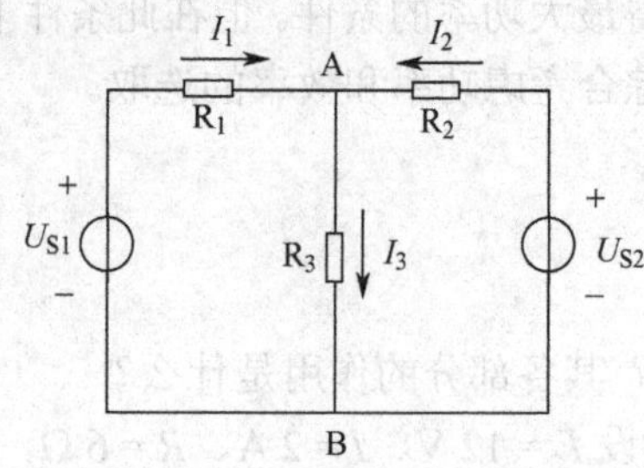

图 1.30 题 1.6 图

1.7 如何检测敏感型电阻的好坏？

1.8 如何检测电解电容器和可变电容器的好坏？

1.9 简述电感和磁珠的使用要求。

1.10 如何检测电感的好坏？

1.11 简述最大功率传输定理，最大功率传输的意义是什么？

项目 2　正弦交流电路

【学习目标】　通过本项目的学习，了解正弦交流电路基本概念、谐振电路的特点，理解正弦三要素、单一参数元件电路中电流和电压关系，掌握正弦的相量表示，以及阻抗串并联电路的计算，掌握提高功率因数的意义及具体方法。

【能力目标】　通过本项目的学习，学生应掌握正弦交流电路的分析方法，能分析、计算简单的正弦交流电路。

任务 2.1　认识正弦交流电

【工作任务及任务要求】　了解正弦交流电路基本概念，掌握正弦量三要素的相关知识。

知识摘要：

- 正弦交流电基本概念
- 正弦量三要素及正弦量有效值

任务目标：

- 掌握正弦量三要素及正弦量有效值的计算方法

2.1.1　正弦交流电基本概念

在现代社会中，人们的日常工作和生产都离不开电，电分为交流电和直流电。电压（电流）波形、大小和方向都不随时间变化而变化的电压（电流）称为“直流电压（电流）”，如图 2.1（a）所示。电压（电流）波形、大小和方向随时间变化而变化，而且变化规律符合正弦函数形式的电压（电流）称为“正弦交流电压（电流）”，如图 2.1（b）所示。

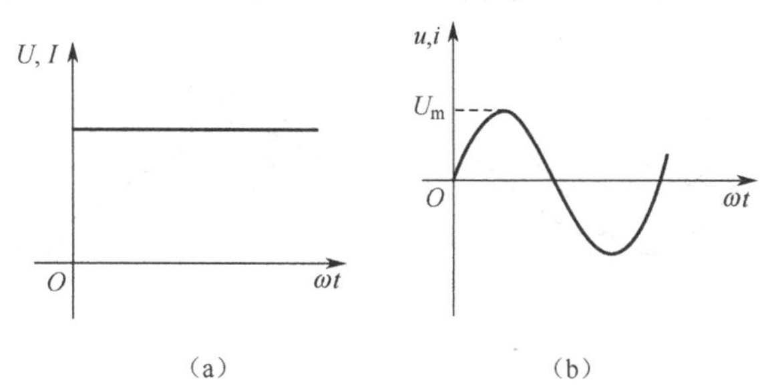

图 2.1　常见电压、电流波形

正弦交流电的表示：

① 用正弦函数的表达式表示。如图 2.1（b）所示波形，可以表示为 $u = U_m\sin(\omega t + \varphi)$V，其中 u、U_m、ω、φ 分别是瞬时值、最大值、角频率、初相位。

瞬时值 u：表示任一时刻正弦交流电压的大小。

最大值 U_m：表示正弦交流电压的最大值。

角频率 ω：表示单位时间正弦量经过的弧度，单位是弧度每秒（rad/s）。

初相位 φ：表示 $t = 0$ 时的相位角，单位是弧度（rad）或度（°）。

② 用波形表示。在直角坐标系中，以 t 或 ωt 为横轴，电压（电流）为纵轴，按照正弦函数的规律得到的曲线，就是正弦交流电的波形图，如图 2.1（b）所示。从波形图上可以直观

地看出各个时刻的状态和变化规律。

③ 用相量表示。若上面的正弦交流电用相量表示，它可以表示为$\dot{U} = U_m\angle\varphi$ 或$\dot{U} = \dot{U}\angle\varphi$ 。相量表示的具体方法后面将做详细介绍。

2.1.2 正弦量三要素及正弦量有效值

由于最大值、角频率、初相位等三个量如果被确定，就唯一确定了一个正弦函数，则称它们为“正弦量的三要素”。

① 最大值。正弦波幅值达最大时所对应的大小称做“最大值”，也称“振幅”。常用大写字母加下标 m 表示，如 U_m、I_m。

由于交流电瞬时值随时间而变化，不容易被测量。所以在测量和计算时，通常用有效值来表示正弦电压和电流。有效值用大写字母表示，如 U、I。最大值和有效值之间的关系为

$$I_m = \sqrt{2}\,I,\ U_m = \sqrt{2}\,U \tag{2.1}$$

② 角频率。正弦量变化一次所需的时间称为“周期”，单位是秒（s）。每秒内变化的次数称为“频率”，单位是赫兹（Hz）。角频率、周期、频率的关系为

$$\omega = 2\pi/T = 2\pi f \tag{2.2}$$

我国和大多数国家的电力系统标准频率为 50 Hz，而美国和日本等国家则采用 60 Hz 的标准频率，这个频率又称为“工频”。

③ 初相位。公式 $u = U_m\sin(\omega t + \varphi)$ V 中$\omega t + \varphi$称为“相位角”，$t = 0$ 时的相位角就称做“初相位”。对于函数形式、频率相同的不同正弦量，为了比较它们间的相位关系，还定义了“相位差（$\Delta\varphi$）”的概念。

相位差：$\Delta\varphi=(\omega t + \varphi_u) - (\omega t + \varphi_i)= \varphi_u- \varphi_i$，即不同正弦量初相之差。

下面讨论函数形式、频率相同的正弦量间的相位关系，如图 2.2 所示。

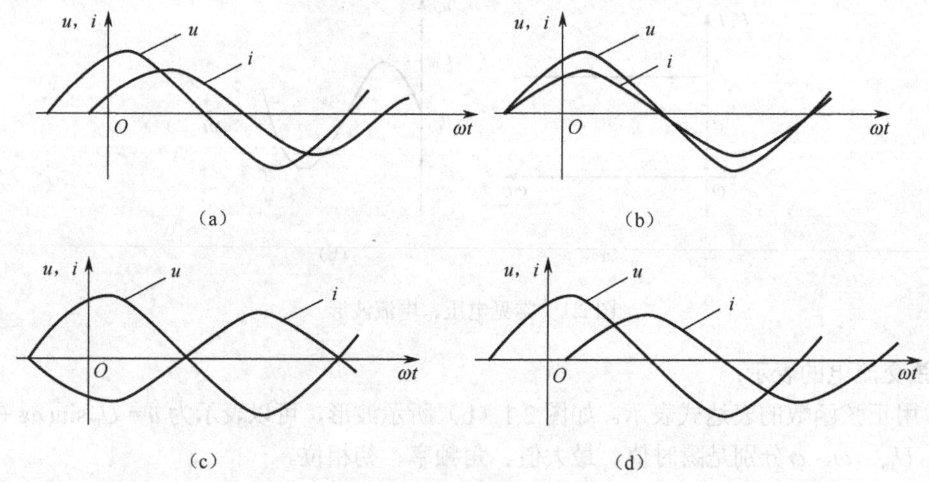

图 2.2 正弦量间相位关系示意图

$\Delta\varphi>0$ 表示 u 比 i 先达到正的最大值，称为“电压超前电流 $\Delta\varphi$”。$\Delta\varphi<0$ 称为“电压滞后电流 $\Delta\varphi$”，如图 2.2（a）所示。

$\Delta\varphi= 0$ 表示 u 和 i 同时达到正的最大值，称为“电压与电流同相”，如图 2.2（b）所示。

$\Delta\varphi=\pi$ 表示 u 与 i 变化规律相反，称为“电压与电流反相”，如图 2.2（c）所示。

$\Delta\varphi=\pi/2$ 称为“电压与电流正交”，如图 2.2（d）所示。

任务 2.2　正弦量的相量表示

【工作任务及任务要求】　了解复数的相关知识，掌握正弦量的相量表示方法。

知识摘要：

- 复数及其表示方法
- 复数的运算
- 正弦量的相量表示

任务目标：

- 掌握正弦量的相量表示及相量的基本运算方法

正弦量若用函数的形式进行计算，需要记住大量的三角函数公式，而且计算量大。因此工程上通常用相量的方法来计算正弦量。相量是复数的一种表示形式，下面先介绍复数的相关知识。

2.2.1　复数及其表示方法

复数可以用以下几种形式表示。

① 代数式。

$$A=a+\mathrm{j}b \tag{2.3}$$

其中，a 为实部，b 为虚部，$\mathrm{j}=\sqrt{-1}$ 为虚部单位（为了与电工中的电流 i 相区分，用 j 表示）。

② 三角函数式。

$$A=|A|(\cos\varphi+\mathrm{j}\sin\varphi) \tag{2.4}$$

③ 指数式。

$$A=|A|\mathrm{e}^{\mathrm{j}\varphi} \tag{2.5}$$

④ 极坐标式。

$$A=|A|\angle\varphi \tag{2.6}$$

其中，$|A|=\sqrt{a^2+b^2}$，$\varphi=\arctan\dfrac{b}{a}$。

复数也可以用复平面上的有向线段表示，如图 2.3 所示。其中，$a=|A|\cos\varphi$，$b=|A|\sin\varphi$。

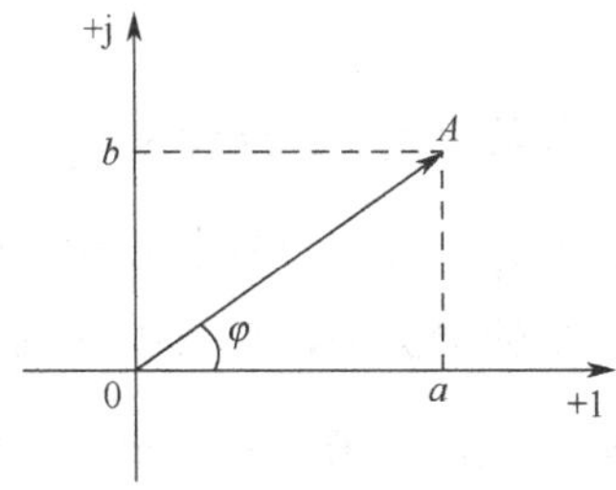

图 2.3　复平面的复数 A

以上几种形式之间可以相互转换，代数式转换成三角函数式、指数式、极坐标式，可采

用的公式为

$$|A| = \sqrt{a^2 + b^2}, \quad \varphi = \arctan\frac{b}{a} \tag{2.7}$$

三角函数式、指数式、极坐标式转换成代数式，可采用的公式为

$$a = |A|\cos\varphi, \quad b = |A|\sin\varphi \tag{2.8}$$

2.2.2 复数的运算

复数的加、减运算通常用代数形式进行。设 $A = a + \mathrm{j}b$，$B = c + \mathrm{j}d$，则

$$A \pm B = (a \pm c) + \mathrm{j}(b \pm d) \tag{2.9}$$

复数的乘、除运算通常用指数式或极坐标式进行。设 $A = |A|\mathrm{e}^{\mathrm{j}\varphi_a} = |A|\angle\varphi_a$，$B = |B|\mathrm{e}^{\mathrm{j}\varphi_b} = |B|\angle\varphi_b$，则

$$AB = |A|\mathrm{e}^{\mathrm{j}\varphi_a} \cdot |B|\mathrm{e}^{\mathrm{j}\varphi_b} = |A||B|\mathrm{e}^{\mathrm{j}(\varphi_a + \varphi_b)} \tag{2.10}$$

或

$$AB = |A|\angle\varphi_a \cdot |B|\angle\varphi_b = |A||B|\angle(\varphi_a + \varphi_b) \tag{2.11}$$

$$\frac{A}{B} = \frac{|A|\mathrm{e}^{\mathrm{j}\varphi_a}}{|B|\mathrm{e}^{\mathrm{j}\varphi_b}} = \frac{|A|}{|B|}\mathrm{e}^{\mathrm{j}(\varphi_a - \varphi_b)} \tag{2.12}$$

或

$$\frac{A}{B} = \frac{|A|\angle\varphi_a}{|B|\angle\varphi_b} = \frac{|A|}{|B|}\angle(\varphi_a - \varphi_b) \tag{2.13}$$

复数的加、减运算也可以在复平面运用平行四边形法则进行，如图 2.4 所示。

复数乘以 j 相当于在复平面转过 $\frac{\pi}{2}$，复数乘以–j 相当于在复平面转过 $-\frac{\pi}{2}$，如图 2.5 所示。因此，j 也称为“旋转因子”。

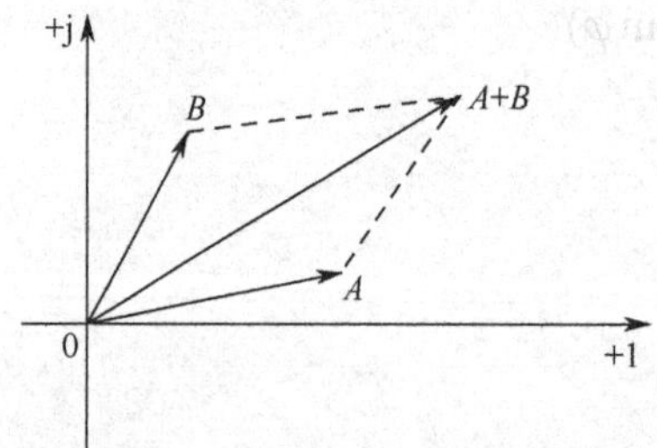

图 2.4 复平面的复数加、减运算示意图

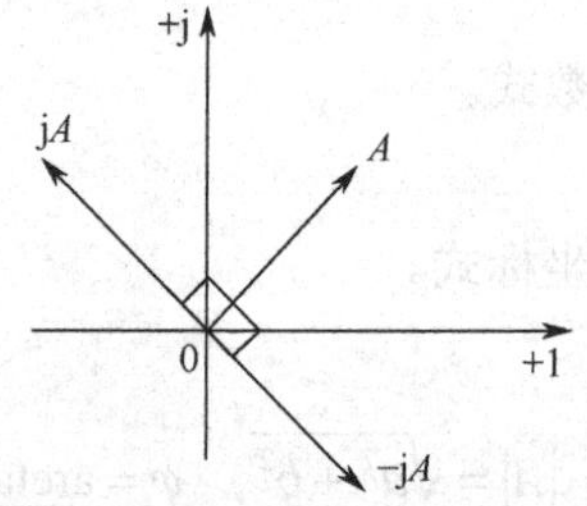

图 2.5 复数乘以旋转因子示意图

2.2.3 正弦量的相量表示

任何一个正弦量都可以用一个复数来表示，这种表示正弦量的特殊复数称为“相量”，通常用大写字母上面加一点来表示，如 $\dot{I}_\mathrm{m}$、$\dot{U}_\mathrm{m}$。在相量中要表示出正弦量的两个要素：最大值和初相位，相量中的模对应正弦量的最大值，相量中的幅角对应正弦量的初相位。如正弦量 $i = I_\mathrm{m}\sin(\omega t + \varphi_\mathrm{i})\mathrm{A}$，$u = U_\mathrm{m}\sin(\omega t + \varphi_\mathrm{u})\mathrm{V}$，若表示成最大值的相量，分别是：$\dot{I}_\mathrm{m} = I_\mathrm{m}\angle\varphi_\mathrm{i}$，$\dot{U}_\mathrm{m} = U_\mathrm{m}\angle\varphi_\mathrm{u}$；若表示成有效值的相量，分别是：$\dot{I} = \frac{I_\mathrm{m}}{\sqrt{2}}\angle\varphi_\mathrm{i} = I\angle\varphi_\mathrm{i}$，$\dot{U} = \frac{U_\mathrm{m}}{\sqrt{2}}\angle\varphi_\mathrm{u} = U\angle\varphi_\mathrm{u}$。

此外，要特别注意正弦量和相量是对应的关系，而不是相等的关系，即 $i = I_m \sin(\omega t + \varphi_i) = \dot{I} = I\angle\varphi_i$ 这种表示形式是错误的。

相量也可以在复平面中表示，相量的长度为有效值或最大值的大小，相量的幅角为其与实轴的夹角，这种表示相量的图形称为“相量图”。

正弦量用相量表示以后，分析计算就转换为复数的计算，下面通过一个例子来说明这种转换。

【例 2.1】　已知两个正弦电流，分别为：$i_1 = 100\sqrt{2}\sin(314t + 135°)$ A，$i_2 = 100\sqrt{2}\sin(314t + 45°)$ A，求：$i_1 + i_2$。

解：计算过程如下所示。

① 将正弦量 i_1、i_2 用相量表示：$\dot{I}_1 = 100\angle 135°$，$\dot{I}_2 = 100\angle 45°$。

② 相量相加得

$$\dot{I} = \dot{I}_1 + \dot{I}_2 = 100\angle 135° + 100\angle 45° = 100(-\frac{\sqrt{2}}{2} + j\frac{\sqrt{2}}{2}) + 100(\frac{\sqrt{2}}{2} + j\frac{\sqrt{2}}{2})$$
$$= j100\sqrt{2} = 100\sqrt{2}\angle 90°$$

③ 将相量再表示成正弦量：$i = i_1 + i_2 = 200\sin(314t + 90°)$ A。

本例题也可以将正弦量表示成最大值相量来计算，结果相同，在此不再详细求解，可以自行练习。

任务 2.3　分析单一参数（电阻、电感、电容）正弦交流电路

【工作任务及任务要求】　了解单一参数元件电路结构，掌握单一参数元件交流电路的计算。

知识摘要：

- 纯电阻正弦交流电路
- 纯电感正弦交流电路
- 纯电容正弦交流电路

任务目标：

- 掌握单一参数元件正弦电路中电流、电压关系和功率的计算及表示方法

日常生活中的灯泡电路等可以看做是纯电阻电路，下面通过一个小实验来了解交流纯电阻电路中电压和电流的关系。

2.3.1　纯电阻正弦交流电路

（1）纯电阻正弦交流电路中电流与电压的关系

实验电路如图 2.6 所示，电源加低频（5～10 Hz）正弦交流电压，交流电压表与电阻并联，交流电流表与电阻串联。当电源电压升高时，可以看到电压表读数变大，电流表读数也按比例相应变大；当电源电压降低时，可以看到电压表读数变小，电流表读数也按比例相应变小。改变频率，结论相同。由此得出结论，纯电阻电路中，电阻两端的电压和电流的有效值满足欧姆定律。此外，它们的最大值和瞬时值也同时满足欧姆定律。即

$$U = RI \tag{2.14}$$

$$U_m = RI_m \tag{2.15}$$

$$u = Ri \tag{2.16}$$

设 $i=I_{\mathrm{m}}\sin(\omega t+\varphi_{\mathrm{i}})$A，代入式（2.16）得 $u=R\,I_{\mathrm{m}}\sin(\omega t+\varphi_{\mathrm{i}})=U_{\mathrm{m}}\sin(\omega t+\varphi_{\mathrm{u}})$ V。由此可以看出，电阻两端的电压和电流是频率相同且相位相等的正弦量，如图 2.7 所示，将它们表示成相量形式为

$$\dot{I}_{\mathrm{m}}=I_{\mathrm{m}}\angle\varphi_{\mathrm{i}}，\dot{U}_{\mathrm{m}}=U_{\mathrm{m}}\angle\varphi_{\mathrm{u}}，U_{\mathrm{m}}=RI_{\mathrm{m}}，U=RI\text{ 且 }\varphi_{\mathrm{i}}=\varphi_{\mathrm{u}}$$

即
$$\dot{U}_{\mathrm{m}}=R\dot{I}_{\mathrm{m}}\quad\text{或}\quad\dot{U}=R\dot{I}\tag{2.17}$$

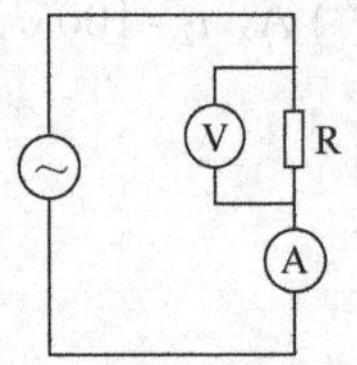

图 2.6　纯电阻正弦交流电路示意图

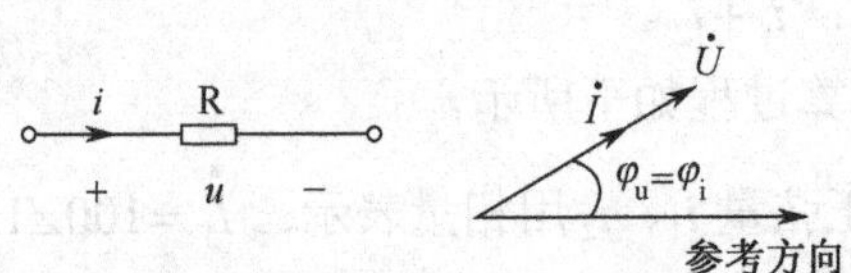

图 2.7　流过电阻元件的电流及其端电压的相量图

（2）纯电阻正弦交流电路的功率

电阻上任一时刻消耗的功率称为“瞬时功率”，而其在一个周期内消耗的瞬时功率的平均值称为“平均功率”或“有功功率”。计算公式如下：

瞬时功率：
$$p=ui\tag{2.18}$$

有功功率：
$$\overline{P}=\frac{1}{T}\int_0^{\mathrm{T}}p\cdot\mathrm{d}t=\frac{1}{T}\int_0^{\mathrm{T}}U_{\mathrm{m}}I_{\mathrm{m}}\sin^2\omega t\mathrm{d}t=UI=I^2R=U^2/R\tag{2.19}$$

2.3.2　纯电感正弦交流电路

（1）纯电感正弦交流电路中电流与电压的关系

设 $i=I_{\mathrm{m}}\sin(\omega t+\varphi_{\mathrm{i}})$A，根据电感两端电压和电流的关系式 $u_{\mathrm{L}}=L\dfrac{\mathrm{d}i_{\mathrm{L}}}{\mathrm{d}t}$ 得

$$\begin{aligned}u&=\omega LI_{\mathrm{m}}\cos(\omega t+\varphi_{\mathrm{i}})\\&=\omega LI_{\mathrm{m}}\sin(\omega t+\varphi_{\mathrm{i}}+\frac{\pi}{2})\end{aligned}\tag{2.20}$$

即
$$u=U_{\mathrm{m}}\sin(\omega t+\varphi_{\mathrm{u}})\tag{2.21}$$

从式（2.20）、式（2.21）中可以看出，电感两端的电压和电流是频率相同，相位相差$\dfrac{\pi}{2}$的正弦量，如图 2.8 所示，将它们表示成相量形式为

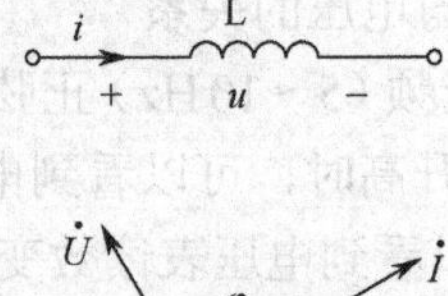
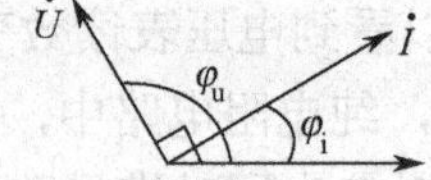

图 2.8　流过电感元件的电流及其端电压的相量图

$$\dot{I}_{\mathrm{m}}=I_{\mathrm{m}}\angle\varphi_{\mathrm{i}}，\dot{U}_{\mathrm{m}}=U_{\mathrm{m}}\angle\varphi_{\mathrm{u}}，U_{\mathrm{m}}=\omega LI_{\mathrm{m}}，U=\omega LI\text{ 且 }\varphi_{\mathrm{u}}=\varphi_{\mathrm{i}}+\frac{\pi}{2}$$

即
$$\dot{U}_{m}=\omega L\mathrm{j}\dot{I}_{m} \quad 或 \quad \dot{U}=\omega L\mathrm{j}\dot{I} \tag{2.22}$$

设 $X_L=\omega L=2\pi fL$，X_L 称为"感抗"。感抗与频率成正比，当 $\omega\to\infty$ 时，$X_L\to\infty$，电感相当于开路；当 $\omega=0$ 时（直流电路中），$X_L=0$，电感相当于短路。即电感具有通低频，阻高频的特性。那么

$$\dot{U}_{m}=\mathrm{j}X_L\dot{I}_{m} \quad 或 \quad \dot{U}=\mathrm{j}X_L\dot{I} \tag{2.23}$$

式（2.23）表明，电感两端的电压超前电流π/2，或者说电感两端的电流滞后电压 π/2。

（2）纯电感正弦交流电路功率

电感的瞬时功率 $p=ui$，电感的平均功率 $\overline{P}=0$，说明电感在一个周期里吸收和释放的能量相等，即电感本身并不消耗能量，它是个存储能量的元件。所以定义电感在一个周期内其瞬时功率的最大值为"无功功率"。无功功率表示电感和电源之间能量交换的速率，无功功率用 Q 表示，单位是乏（var），计算公式为

$$Q=UI=I^2X_L=U^2/X_L \tag{2.24}$$

2.3.3　纯电容正弦交流电路

（1）纯电容正弦交流电路中电流与电压的关系

设 $u=U_m\sin(\omega t+\varphi_u)$V，根据电容两端电压和电流的关系式 $i_C=C\dfrac{\mathrm{d}u_C}{\mathrm{d}t}$ 得

$$\begin{aligned} i&=\omega CU_m\cos(\omega t+\varphi_u)\\ &=\omega CU_m\sin(\omega t+\varphi_u+\frac{\pi}{2}) \end{aligned} \tag{2.25}$$

即
$$i=I_m\sin(\omega t+\varphi_i) \tag{2.26}$$

从式（2.25）、式（2.26）中可以看出，电感两端的电压和电流是频率相同，相位相差 $\dfrac{\pi}{2}$ 的正弦量，如图 2.9 所示，将它们表示成相量形式为

$$\dot{U}_m=U_m\angle\varphi_u，\dot{I}_m=I_m\angle\varphi_i，I_m=\omega CU_m，I=\omega CU 且 \varphi_i=\varphi_u+\frac{\pi}{2}$$

即
$$\dot{I}_m=\omega C\mathrm{j}\dot{U}_m \quad 或 \quad \dot{I}=\omega C\mathrm{j}\dot{U} \tag{2.27}$$

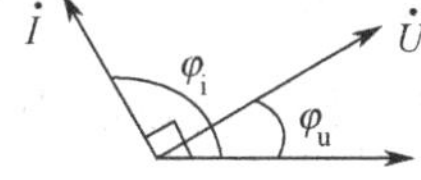

图 2.9　流过电容元件的电流及其端电压的相量图

设 $X_C=\dfrac{1}{\omega C}=\dfrac{1}{2\pi fC}$，$X_C$ 称为"容抗"。容抗与频率成反比，当 $\omega\to\infty$ 时，$X_C\to 0$，电容相当于短路；当 $\omega=0$ 时（直流电路中），$X_C=\infty$，电容相当于开路。即电容具有通高频、阻低频，通交流、隔直流的特性。那么

$$\dot{U}_m = -jX_C\dot{I}_m \quad 或 \quad \dot{U} = -jX_C\dot{I} \tag{2.28}$$

式（2.28）表明，电容两端的电压滞后电流 π/2，或者说电容两端的电流超前电压 π/2。

（2）纯电容正弦交流电路功率

电容的瞬时功率 $p = ui$，电容的平均功率 $\overline{P} = 0$，说明电容在一个周期里吸收和释放的能量相等，即电容本身并不消耗能量，它也是个存储能量的元件。所以定义电容在一个周期内瞬时功率的最大值为无功功率。无功功率表示电容和电源之间能量交换的速率，无功功率用 Q 表示，单位是乏（var），计算公式为

$$Q = -UI = -I^2X_C = -U^2/X_C \tag{2.29}$$

公式中的负号表示电容和电感之间进行相互补偿。

任务 2.4　分析电阻、电感、电容混联的正弦电路

【工作任务及任务要求】　了解电阻、电感、电容混联电路结构，掌握电阻、电感、电容混联的正弦交流电路计算。

知识摘要：

- RLC 串联电路
- 复阻抗的串联和并联

任务目标：

- 掌握 RLC 串联电路端电压、端电流、功率的计算与表示方法
- 掌握复阻抗的串联和并联的计算

2.4.1　RLC 串联电路

当 R、L、C 串联接于交流电源时，电路如图 2.10（a）所示。

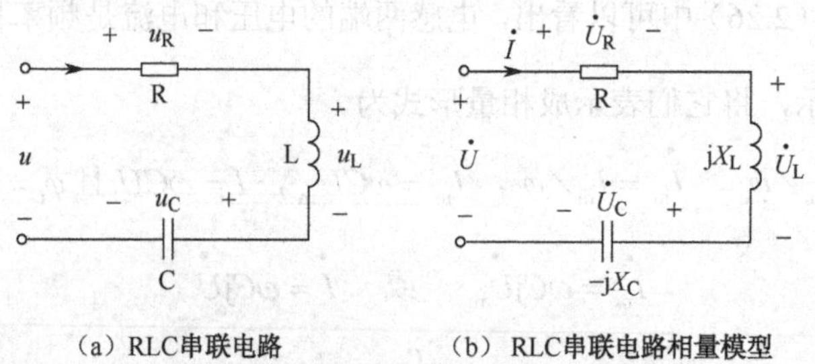

图 2.10　RLC 串联电路及相量模型

根据基尔霍夫电压定律有：$u = u_R + u_L + u_C$。将 R、L、C 的电压分别用相量形式表示：$\dot{U}_R = R\dot{I}$，$\dot{U}_L = jX_L\dot{I}$，$\dot{U}_C = -jX_C\dot{I}$，即它可以用相量模型表示，如图 2.10（b）所示，则总电压的相量形式为

$$\dot{U} = \dot{U}_R + \dot{U}_L + \dot{U}_C$$

$$= [R + j(X_L - X_C)]\dot{I} \tag{2.30}$$

设 $Z = R + \mathrm{j}(X_L - X_C) = R + \mathrm{j}X$，则

$$\dot{U} = Z\dot{I} \tag{2.31}$$

式（2.31）也称为欧姆定律的相量形式，Z 称为“复阻抗”，X 称为“电抗”，单位是欧姆（Ω）。

（1）复阻抗 Z

复阻抗 $Z = R + \mathrm{j}(X_L - X_C) = R + \mathrm{j}X$，其大小为$|Z|$，称为“复阻抗模”，简称“阻抗”。复阻抗可以用阻抗三角形来表示，如图 2.11（a）所示。从三角形结构可以得出

$$|Z| = \sqrt{R^2 + X^2} \tag{2.32}$$

$$\varphi = \arctan\frac{X_L - X_C}{R} = \arctan\frac{X}{R} \tag{2.33}$$

式（2.33）中，φ称为“阻抗角”。

由前可知，电路中各元件上的电压有效值也满足三角形关系，通常称为“电压三角形”，如图 2.11（b）所示。其中，$U_X = U_L - U_C = I(X_L - X_C)$，则

$$U = \sqrt{U_R^2 + (U_L - U_C)^2} = I\sqrt{R^2 + (X_L - X_C)^2} \tag{2.34}$$

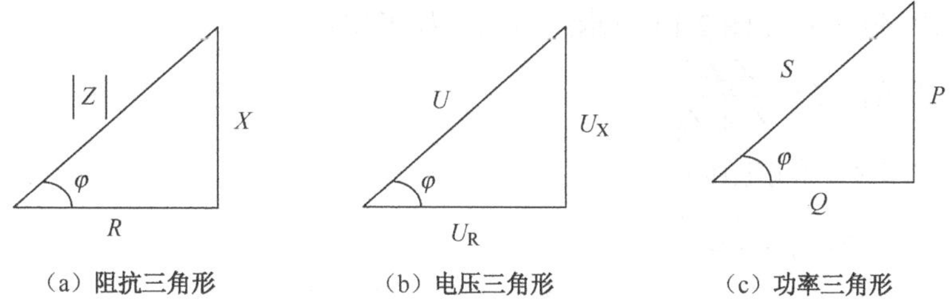

图 2.11　RLC 串联电路阻抗三角形、电压三角形和功率三角形

（2）阻抗角φ的几种情况

① 当$\varphi > 0$，$X > 0$，即$\omega L > \dfrac{1}{\omega C}$时，电压超前电流，电路呈感性，如图 2.12（a）所示。

② 当$\varphi < 0$，$X < 0$，即$\omega L < \dfrac{1}{\omega C}$时，电压滞后电流，电路呈容性，如图 2.12（b）所示。

③ 当$\varphi = 0$，$X = 0$，即$\omega L = \dfrac{1}{\omega C}$时，电压与电流同相，电路呈阻性，如图 2.12（c）所示。

电压相量图与电流相量图如图 2.12 所示。

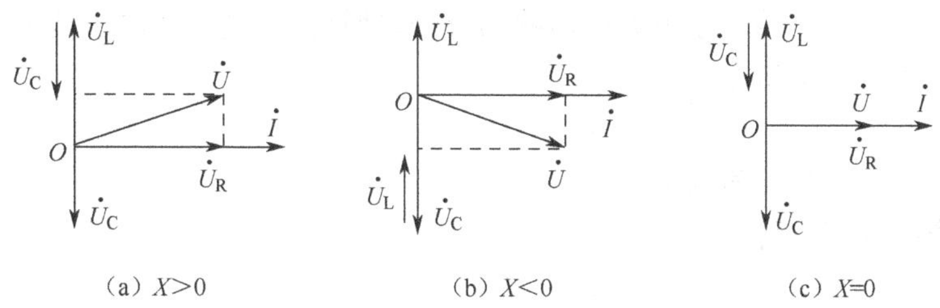

图 2.12　RLC 串联电路电压与电流相量图

（3）RLC 串联电路功率

如图 2.10 所示，电路中各元件上的功率也满足三角形关系，通常称为“功率三角形”，如图 2.11（c）所示。其中，P、Q、S 之间的关系如下所示。

有功功率：$P = UI\cos\varphi$，单位是瓦（W）。其中$\cos\varphi$称为“功率因数”，φ为端电压和电流的相位差。

无功功率：$Q = UI\sin\varphi$，单位是乏（var）。

视在功率：$S = UI$，单位是伏安（V·A）。

$$P^2 + Q^2 = S^2 \tag{2.35}$$

*2.4.2 复阻抗的串联和并联

复阻抗的串联和并联的计算方法与电阻的串联和并联计算方法相同，两个复阻抗串联电路如图 2.13 所示。电路有如下特点：

① 等效复阻抗：$Z = Z_1 + Z_2$。

② 电路中流过Z_1和Z_2的电流相同。

③ 电路中总电压：$\dot{U} = \dot{U}_1 + \dot{U}_2$。

④ 复阻抗的分压公式：$\dot{U}_1 = \dfrac{Z_1}{Z_1 + Z_2}\dot{U}$，$\dot{U}_2 = \dfrac{Z_2}{Z_1 + Z_2}\dot{U}$。

两个复阻抗并联电路如图 2.14 所示。电路有如下特点：

① 等效复阻抗：$Z = \dfrac{Z_1 Z_2}{Z_1 + Z_2}$。

② 电路中Z_1和Z_2两端电压相同。

③ 电路中总电流：$\dot{I} = \dot{I}_1 + \dot{I}_2$。

④ 复阻抗的分流公式：$\dot{I}_1 = \dfrac{Z_2}{Z_1 + Z_2}\dot{I}$，$\dot{I}_2 = \dfrac{Z_1}{Z_1 + Z_2}\dot{I}$。

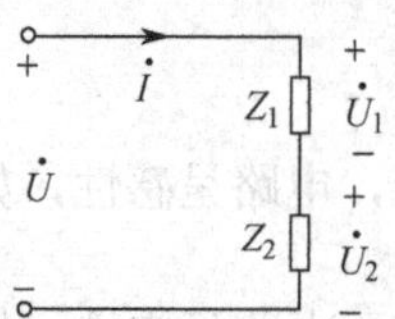

图 2.13 两个复阻抗串联电路

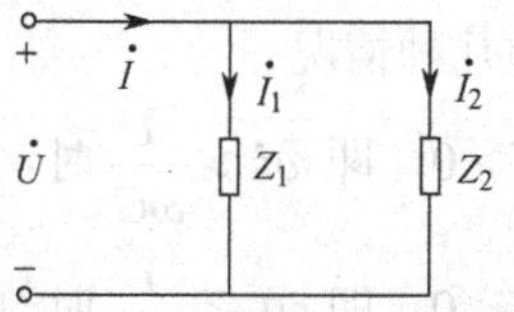

图 2.14 两个复阻抗并联电路

*任务 2.5 相关知识扩展

【工作任务及任务要求】 了解谐振电路的特点，理解谐振电路在电子技术中的具体应用，掌握提高功率因数的意义和方法。

知识摘要：

- 功率因素的提高及其意义
- 谐振电路及其应用

任务目标：

- 掌握提高功率因数的意义和方法

2.5.1 功率因素的提高及意义

在分析 RLC 串联电路时，提出了功率因数的定义，下面来讨论功率因数对功率的影响。

由于电路的有功功率为 $P=UI\cos\varphi$，当 $\cos\varphi=1$ 时，$P=UI$；当 $\cos\varphi=0$ 时，$P=0$。由此可见，当 $\cos\varphi$ 由 0 变化到 1 的过程中，电路的有功功率逐渐增加，即电源设备的容量利用率得到提高。

对于电源设备来说，其端电压 U 是一定的，当负载一定时，其有功功率 P 为恒定值。根据 $I=\dfrac{P}{U\cos\varphi}$ 可知，$\cos\varphi$ 越大，输电线路中的电流 I 越小，则输电线路的损耗越小。另外，输电线路中的电流 I 较小，架设输电线路的导线线径可以细一点，则架设输电线路的成本降低。

提高功率因数是非常重要的。如何提高功率因数？通常提高功率因数最方便和有效的方法是在感性负载两端并联适当电容，具体应用中又有“分散补偿”和“集中补偿”两种。

2.5.2　谐振电路及其应用

在 RLC 电路中，当端电压和端电流相位差为零时，电路呈现电阻性，通常这种情况称为“电路谐振”状态。在 RLC 串联的电路中发生的谐振称为“串联谐振”，在 RLC 并联的电路中发生的谐振称为“并联谐振”。

（1）串联谐振

RLC 串联谐振电路如图 2.15 所示，其复阻抗可以表示为

$$Z=R+\mathrm{j}(\omega L-\frac{1}{\omega C}) \tag{2.36}$$

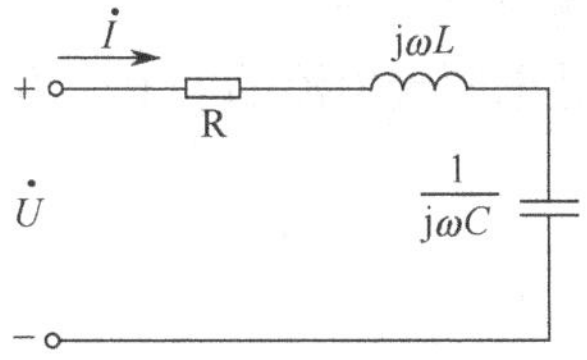

图 2.15　RLC 串联谐振电路

在式（2.36）中，当 $\omega L-\dfrac{1}{\omega C}=0$ 时，$Z=R$，电路呈现电阻性，此时电路为谐振状态。由于 RLC 为串联连接，所以该谐振为串联谐振。谐振频率为

$$f_0=\frac{1}{2\pi\sqrt{LC}} \tag{2.37}$$

串联谐振具有如下特点：

① 复阻抗为最小值 $Z=R$，电流为最大（在输入电压有效值 U 不变的情况下）。

② 电压与电流同相，电路呈现纯电阻性质。

③ 电感和电容上的电压是电源电压的 Q 倍，定义 Q 为

$$Q=U_\mathrm{L}/U_\mathrm{R}=U_\mathrm{C}/U_\mathrm{R}=X_\mathrm{L}/R=X_\mathrm{C}/R=\omega_0 L/R=1/\omega_0 CR \tag{2.38}$$

一般 Q 值可达几十至几百，因此又称串联谐振为“电压谐振”。

谐振电路在生产中有可利用的一面，也有可能产生危害需要预防的一面。在弱电系统中，可以充分利用谐振特性获得有用的信号，如收音机的调谐回路，通过调节可变电容，改变谐振回路频率使其与电台频率一样时即可收听到电台。而在电力系统中，应避免串联谐振，谐振时电感或电容两端电压为电源电压的 Q 倍，这时电感、电容因过压而损坏，这种情况会造成设备损坏。

（2）并联谐振

RLC 并联谐振电路如图 2.16 所示。其复阻抗可以表示为

$$\frac{1}{Z}=\frac{1}{R}+\mathrm{j}(\omega C-\frac{1}{\omega L}) \tag{2.39}$$

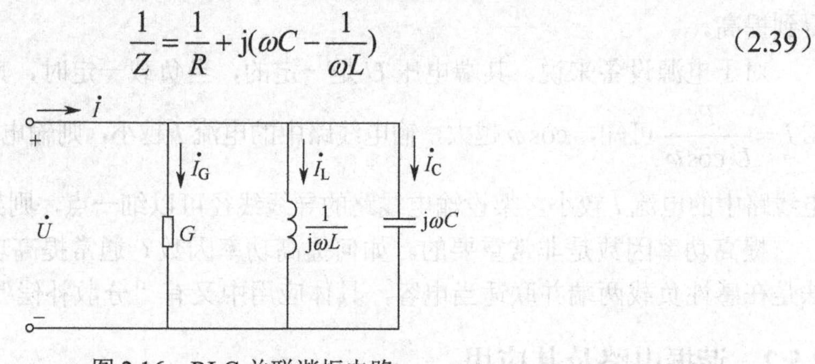

图 2.16　RLC 并联谐振电路

在式（2.39）中，当 $\omega C-\frac{1}{\omega L}=0$ 时，$Z=R$，电路呈现电阻性，此时电路为谐振状态。由于 RLC 为并联连接，所以该谐振为并联谐振。谐振频率为

$$f_0=\frac{1}{2\pi\sqrt{LC}} \tag{2.40}$$

并联谐振具有如下特点：

① 复阻抗为最大值 $Z=R$，电压为最大。

② 电压与电流同相，电路呈现纯电阻性质。

③ 流过电感和电容上的电流是电源端电流的 Q 倍，所以并联谐振又称“电流谐振”。

项目小结

1．正弦量的“三要素”：最大值、角频率、初相位，知道了三要素就可以确定一个正弦量。

2．正弦电路的分析计算，就是把正弦量相量化，利用直流电路的定律和分析方法来解决问题。计算时需按复数运算的法则进行。

3．单一元件参数电路，其电压、电流及功率关系如表 2.1 所示。

表 2.1　单一元件参数电路电压、电流及功率关系

电路参数		R	L	C
电压与电流关系	瞬时值	$u_R=i_R R$	$u_L=L\frac{\mathrm{d}i_L}{\mathrm{d}t}$	$u_C=\frac{1}{C}\int i_C \mathrm{d}t$
	有效值	$U_R=I_R R$	$U_L=I_L\omega L=I_L X_L$	$U_C=I_C\frac{1}{\omega C}=I_C X_C$
	相量式	$\dot{U}_R=R\dot{I}_R$	$\dot{U}_L=\mathrm{j}X_L\dot{I}_L$	$\dot{U}_C=-\mathrm{j}X_C\dot{I}_C$
	相量图	$\dot{I}$　$\dot{U}_R$	$\dot{U}_L$　$\dot{I}$	$\dot{I}$　$\dot{U}_C$
	相位差	$\varphi_u-\varphi_i=0$ $\dot{U}_R$ 和 $\dot{I}_R$ 同相	$\varphi_u-\varphi_i=90°$ $\dot{U}_L$ 超前 $\dot{I}_L$ 90°	$\varphi_u-\varphi_i=-90°$ $\dot{U}_C$ 滞后 $\dot{I}_C$ 90°

续表

电路参数	R	L	C
有功功率	$P_R = U_R I_R = I_R^2 R = \frac{U_R^2}{R}$	0	0
无功功率	0	$Q_L = U_L I = I^2 X_L = \frac{U_L^2}{X_L}$	$Q_C = -U_C I = -I^2 X_C = -\frac{U_C^2}{X_C}$

4．电路的谐振分为串联谐振和并联谐振。当电路谐振时，电路呈现电阻性。在弱电系统中，要充分利用谐振特性，获得想要的有用信号；在电力系统中，要防止电路发生谐振，保护设备安全可靠运行。

5．提高功率因数的目的是提高设备的利用率和减少线路的损耗。对于感性负载的电路，通常可以在感性负载两端并联适当电容来提高功率因数，具体形式有“分散补偿”和“集中补偿”两种。

思考与练习

2.1　指出下列各正弦量的有效值、角频率、频率、初相、相位差，并画出它们的波形。

（1）$i = 20\sin(314t + 60^\circ)$ A；（2）$u = 10\sin(628t - 60^\circ)$ V。

2.2　将下列复数化为极坐标形式。

（1）$100 - j100$；（2）$-4 - j3$；（3）$\frac{1}{2} - j\frac{\sqrt{3}}{2}$。

2.3　将下列复数化为代数形式。

（1）$20\angle 60^\circ$；（2）$45\angle 120^\circ$；（3）$30\angle 90^\circ$。

2.4　写出下列正弦量对应的相量。

（1）$i = 45\sin(314t + 60^\circ)$ A；

（2）$u = 10\sin(314t - 90^\circ)$ V；

（3）$u = 10\sqrt{2}\sin(314t - 45^\circ)$ V。

2.5　写出下列相量对应的正弦量。

（1）$\dot{I} = 100\angle -180^\circ$ A；（2）$\dot{U} = -50 + j86.6$ V；（3）$\dot{I} = 50\angle 45^\circ$ A。

2.6　已知正弦量 $i_1 = 22\sqrt{2}\sin 314t$ A，$i_2 = 22\sqrt{2}\sin(314t - 120^\circ)$ A，试用相量法分别求 $i_1 + i_2$ 和 $i_1 - i_2$。

2.7　电感 $L = 0.2$ H，接到 $u = 220\sqrt{2}\sin(314t + 60^\circ)$ V 的正弦交流电源上，求感抗 X_L 和电流 i。

2.8　电容 $C = 31.8\ \mu F$，接到 $u = 110\sqrt{2}\sin 314t$ V 的正弦交流电源上，求容抗 X_C 和电流 i。

2.9　求下列复阻抗并联后的值。

（1）$Z_1 = 10\angle{-60^\circ}\ \Omega$，$Z_2 = 6\angle 30^\circ\ \Omega$；（2）$Z_1 = 8j\ \Omega$，$Z_2 = 6\ \Omega$。

2.10　RC 串联的电路接到 50 Hz 的正弦交流电源上，已知 $R = 10\ \Omega$，$C = 318\ \mu F$，电源电压 $\dot{U} = 200\angle 0^\circ$ V，求复阻抗 Z、电流 $\dot{I}$ 和电容电压 $\dot{U}_C$，并画出它们的相量图。

2.11　求如图 2.17 所示电路两端的等效复阻抗的值。

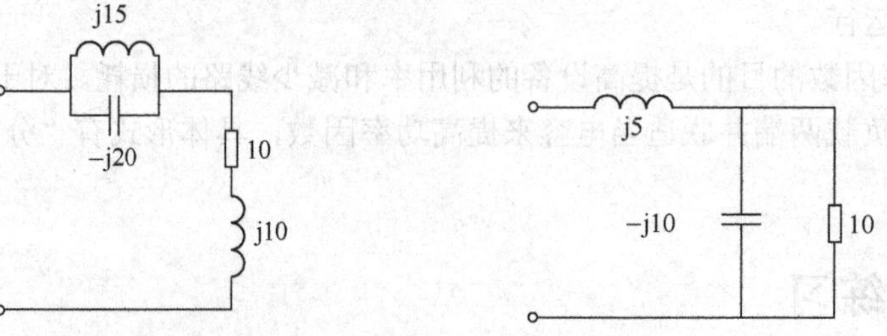

图 2.17　题 2.11 图

项目 3　三相交流电路

【学习目标】　通过本项目的学习，了解三相交流电源的产生和特点，理解三相电路中相、线电压及相、线电流之间的关系，掌握对称三相电路的特点及对称三相电路的分析方法。

【能力目标】　通过本项目的学习，学生应掌握对称三相电路电压、电流和功率的计算方法，能在已知电源电压和负载额定电压的条件下，确定三相负载的连接方式。

任务 3.1　认识三相电源

【工作任务及任务要求】　了解三相四线制供电体系的优越性，掌握三相电源两种连接方式的特点。

知识摘要：

➢　三相交流电动势的产生

➢　三相电源的星形（Y）连接

➢　三相电源的三角形（Δ）连接

任务目标：

➢　掌握三相交流电的概念及其表示方法

➢　掌握三相电源两种连接方式的特点

现代电力系统，普遍采用三相制供电，即由三个幅值相等、频率相同（我国电网频率为 50 Hz），彼此之间相位互差 120° 的正弦电压所组成的供电系统。从“电的一生”来讲，三相制供电比单相制供电优越：①在发电方面，三相交流发电机比相同尺寸的单相交流发电机容量大。②在输电方面，如果以同样电压将同样大小的功率输送到同等距离，三相输电线比单相输电线节省材料。③在用电设备方面，三相交流电动机比单相电动机结构简单、体积小、运行特性好、使用维护方便。因此，三相制供电是目前世界各国的主要供电方式。

3.1.1　三相交流电动势的产生

三相交流电动势是由三相交流发电机产生的，如图 3.1 所示为三相交流发电机的示意图。

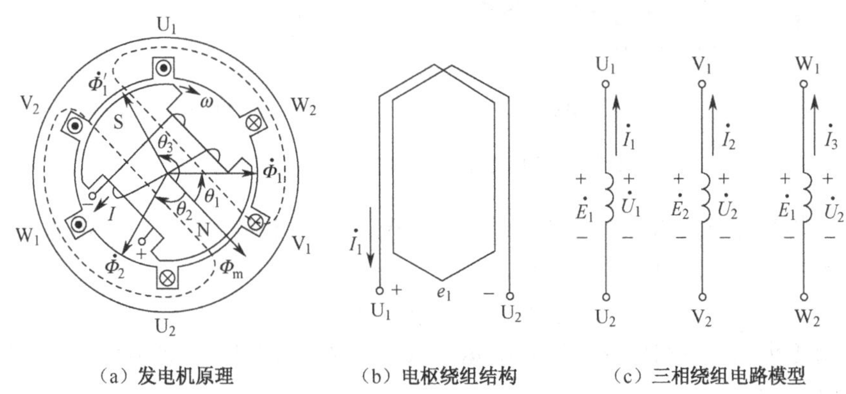

（a）发电机原理　　（b）电枢绕组结构　　（c）三相绕组电路模型

图 3.1　三相交流发电机示意图

三相交流发电机主要由定子（电枢）和转子（磁极）组成。定子由定子铁芯和绕组组成，定子铁芯的内圆周表面冲有凹槽，在凹槽内嵌放有 3 个相同的独立对称线圈 U_1U_2、V_1V_2、

W_1W_2，所谓的“相同和对称”是指 3 个线圈在几何形状、尺寸、匝数和绕法上完全相同，空间上彼此相隔 120° 的定子线圈绕组，三相绕组的首端分别用 U_1、V_1、W_1 表示，末端用 U_2、V_2、W_2 表示，分别称为 U 相绕组、V 相绕组和 W 相绕组，绕组一般分别用黄色、绿色、红色等颜色区分。

转子铁芯上绕有励磁绕组，用于直流励磁，其磁极表面的磁场按正弦规律分布。当转子在原动机（汽轮机、水轮机等）的带动下以角速度ω做顺时针匀速旋转时，定子的每相绕组切割磁力线，产生频率相同、幅值相等的正弦电动势。电动势的参考方向选定为从绕组的末端（U_2、V_2、W_2）指向首端（U_1、V_1、W_1）。

当 N 极的轴线转到 U_1 处时，U 相的电动势达到正的幅值，由于 3 个绕组的空间位置彼此相隔 120°，因此需经过 1/3 周（即 120°）后，N 极的轴线转到 V_1 处，V 相的电动势达到正的幅值，即 U 相电动势超前 V 相电动势 120° 相位；同理，V 相电动势超前 W 相电动势 120° 相位，W 相电动势又超前 U 相电动势 120° 相位。显然，3 个电动势频率相同、幅值相等，只是初相角不同。一般以 U 相电动势的初相为零，则三相电源电动势为

$$e_U = E_m\sin\omega t \tag{3.1}$$

$$e_V = E_m\sin(\omega t-120°) \tag{3.2}$$

$$e_W = E_m\sin(\omega t-240°) = E_m\sin(\omega t + 120°) \tag{3.3}$$

这 3 个幅值、频率相同，相位互差 120° 的正弦电动势称为“对称三相电动势”，它们的波形图和相量图如图 3.2 所示。由图可知，三相对称电源有如下特性。

$$e_U + e_V + e_W = 0 \text{ 或 } \dot{E}_U + \dot{E}_V + \dot{E}_W = 0 \tag{3.4}$$

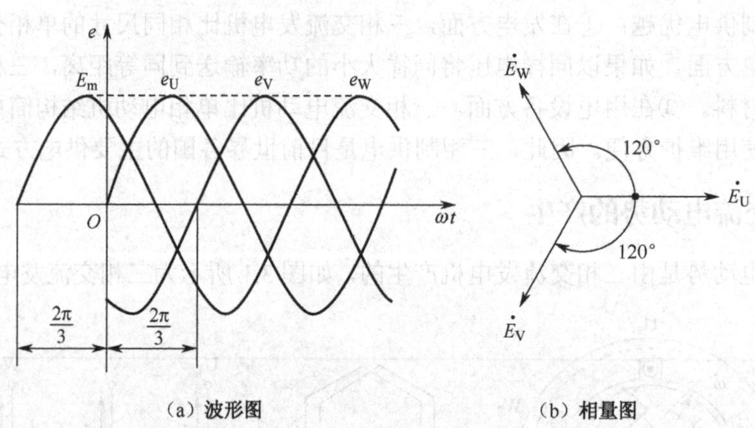

（a）波形图　　（b）相量图

图 3.2　三相交流电动势波形图和相量图

如果电压的参考方向由绕组首端（U_1、V_1、W_1）指向末端（U_2、V_2、W_2），且忽略发电机绕组的阻抗可能产生的电压降，则有

$$u_U = e_U,\ u_V = e_V,\ u_W = e_W \tag{3.5}$$

因此，发电机三个绕组的端电压 u_U、u_V、u_W 是三相对称电压，即幅值相等、频率相同、相位互差 120°。

设每相电压的有效值为 U_P，则三相对称电压可表示为

$$u_U = U_m\sin\omega t \tag{3.6}$$

$$u_V = U_m\sin(\omega t-120°) \tag{3.7}$$

$$u_W = U_m\sin(\omega t-240°) = U_m\sin(\omega t+120°) \tag{3.8}$$

若用相量表示则为

$$\dot{U}_U = U_P\angle 0° \tag{3.9}$$

$$\dot{U}_V = U_P\angle -120° \tag{3.10}$$

$$\dot{U}_W = U_P\angle 120° \tag{3.11}$$

三相交流电出现正幅值（或相应零值）的先后次序称为三相电源的“相序”。上述的三相电压的相序：U 相→V 相→W 相→U 相，这样的相序称为“正序”；与此相反的相序（U 相→W 相→V 相→U 相）称为“逆序”或“反序”。

相序问题是一个不容忽视的问题。为了保证供电系统的可靠性、经济性，提高电源的利用率，各地区的发电厂生产的电能都要并入电网运行。在并入电网时，必须同名相连接。另外，一些电气设备的工作状态与相序有关，例如，三相异步电动机逆相序供电，将反向旋转。我国电力系统常用黄、绿、红三种颜色来区别 U、V、W 三相，在美国、英国及我国香港地区常用红、黑、监三种颜色来标示电源三相。

3.1.2　三相电源的星形（Y）连接

如果把三相电源中的每个电压源分别与负载相连，可以构成三个互不相关的单相供电系统，但需用六根输电线对外供电。为经济合理起见，三相电源按照一定的方式连接之后，再向负载供电，通常把三个电压源接成星形，有时也接成三角形。

在工矿企业的低压供电系统中，三相电压源都是做星形连接的。把三个电压源的末端 U_2、V_2、W_2 连接在一起，由三个电压源的首端 U_1、V_1、W_1 引出做输出线，这种连接方式称为“三相电源的星形连接”，也称 Y 形连接，常用“Y”标记。

连接在一起的 U_2、V_2、W_2 点称为三相电源的中性点或零点，用 N 表示，常用 N 点作为计算的参考点。如果从电压源的首端 U_1、V_1、W_1 及 N 分别引出四根线对外供电，这种供电方式称为“三相四线制”（通常在低压配电系统中采用），如图 3.3 所示。若 N 端无引出线，则称为“三相三线制”（高压输电时采用较多），由首端引出的三根输电线称为“相线”或“端线（俗称火线）”，由中性点 N 引出的输电线称为“中性线”或“零线（俗称地线）”。

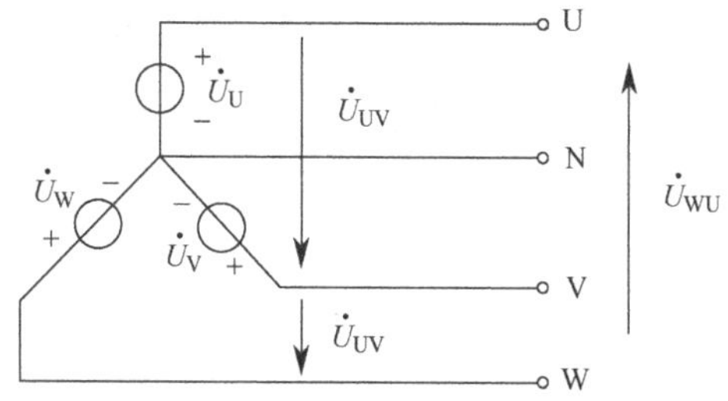

图 3.3　三相电源的星形连接

为了正确使用三相电源，必须了解四根输电线（U_1、V_1、W_1、N）之间的电压关系。每两根输电线之间有一个电压，四根输电线之间共有六个电压。一般把这六个电压分成两类：一类为相线与中性线之间的电压，用 u_{UN}、u_{VN}、u_{WN} 表示，称为“相电压”；另一类为相线与相线之间的电压，分别用 u_{UV}、u_{VW}、u_{WU} 表示，称为“线电压”。

若忽略输电线路的电压降，应用基尔霍夫电压定律，对相电压有

$$u_{UN}=u_U，u_{VN}=u_V，u_{WN}=u_W \tag{3.12}$$

对线电压有

$$u_{UV}=u_U-u_V，u_{VW}=u_V-u_W，u_{WU}=u_W-u_U \tag{3.13}$$

设 u_U 为参考正弦量，则三相相电压的瞬时值表达式可用式（3.6）～式（3.8）表示。

这些电压都是同频率的正弦量，可以用相量表示，相电压相量为

$$\dot{U}_{UN}=\dot{U}_U \tag{3.14}$$

$$\dot{U}_{VN}=\dot{U}_V \tag{3.15}$$

$$\dot{U}_{WN}=\dot{U}_W \tag{3.16}$$

三个线电压相量为

$$\dot{U}_{UV}=\dot{U}_U-\dot{U}_V \tag{3.17}$$

$$\dot{U}_{VW}=\dot{U}_V-\dot{U}_W \tag{3.18}$$

$$\dot{U}_{WU}=\dot{U}_W-\dot{U}_U \tag{3.19}$$

由此可做出相电压和线电压的相量图，如图 3.4 所示。由图可知，三个线电压 u_{UV}、u_{VW}、u_{WU} 也是对称的，且相位上分别超前对应的相电压（u_U、u_V、u_W）30°，即

$$\dot{U}_{UV}=\sqrt{3}\,\dot{U}_U\angle 30^\circ=\sqrt{3}\,\dot{U}_P\angle 30^\circ \tag{3.20}$$

$$\dot{U}_{VW}=\sqrt{3}\,\dot{U}_V\angle 30^\circ=\sqrt{3}\,\dot{U}_P\angle -90^\circ \tag{3.21}$$

$$\dot{U}_{WU}=\sqrt{3}\,\dot{U}_W\angle 30^\circ=\sqrt{3}\,\dot{U}_P\angle 150^\circ \tag{3.22}$$

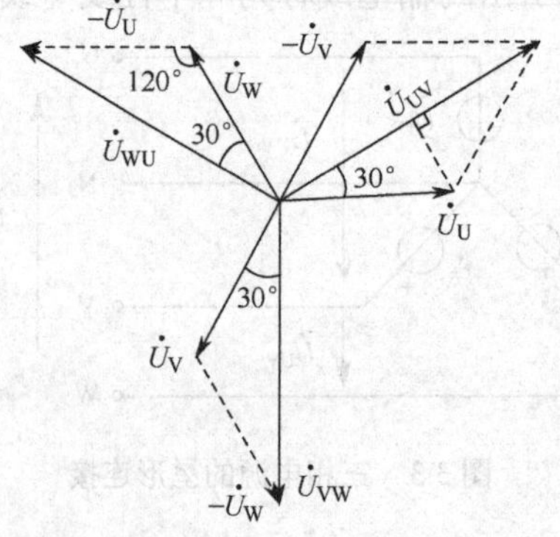

图 3.4　电源星形连接时电压相量图

若线电压有效值用 U_l 表示，则有 $U_{UV}=U_{VW}=U_{WU}=U_l$。

线电压有效值 U_l 与相电压有效值 U_P 的关系由相量图可求得

$$U_{UV}=2U_U\cos30^\circ=\sqrt{3}\,U_U$$

所以有

$$U_l=\sqrt{3}\,U_P \tag{3.23}$$

因此，当三相电源做星形连接时，三个相电压和三个线电压均为三相对称电压（即频率相同、幅值相等、相位相差 120°），各线电压的有效值为相电压有效值的 $\sqrt{3}$ 倍，而且各线电压在相位上比对应的相电压超前 30°（所谓对应，是指电压下标的首字母相同）。

三相四线制的供电系统，可以供给负载两种不同的电压。我国低压供电系统中，相电压 $U_P=220$ V，线电压 $U_l=380$ V。实际生产生活中的四孔插座就是三相四线制电路的典型应用，其中较粗的一孔接中性线，其余较细的三孔分别接 U、V、W 三根相线，那么细孔和粗孔之间的电压就是相电压，细孔之间的电压就是线电压。负载与电源的连接，视负载的额定电压而定。例如：电灯负载额定电压为 220 V，应接于三相电源的相线（火线）与中性线（地线）之间；若有个电焊机，其额定电压为 380 V，则应接于电源的两根相线（火线）之间。需要注意的是，不加说明的三相电源和三相负载的额定电压通常指的是线电压。

【例 3.1】 对称三相电源星形连接，已知 $\dot{U}_{VW}=380\angle0^\circ$ V，求 $\dot{U}_U$、$\dot{U}_{WU}$。

解： 因为电源为三相对称星形连接，则其相电压、线电压均对称，即

$$\dot{U}_{UV}=380\angle120^\circ\text{ V}$$

$$\dot{U}_{WU}=380\angle-120^\circ\text{ V}$$

$$\dot{U}_U=\frac{\dot{U}_{UV}}{\sqrt{3}}\angle-30^\circ=\frac{380}{\sqrt{3}}\angle(120^\circ-30^\circ)=220\angle90^\circ\text{ V}$$

3.1.3　三相电源的三角形（Δ）连接

三相电源的三角形连接如图 3.5 所示。把三个电压源的首末端依次相连，构成一个闭合回路，然后由连接点引出三条供电线，即为“电源的三角形连接”，常用“Δ”标记。三相电源做三角形连接时，只能以三相三线制方式对外供电。电源线电压分别为 $u_{UV}=u_U$，$u_{VW}=u_V$，$u_{WU}=u_W$。

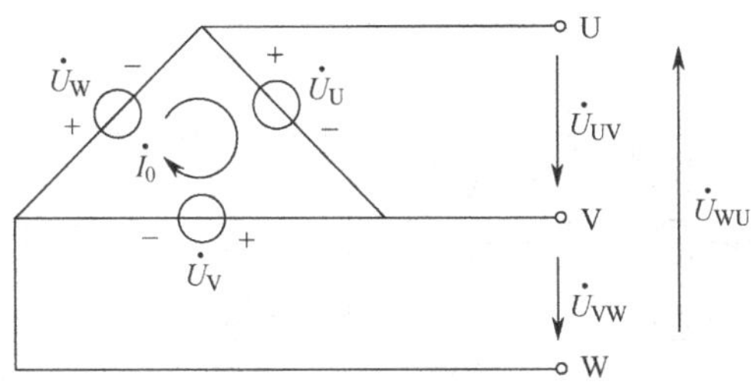

图 3.5　三相电源的三角形连接

三个电压源的电压 u_U、u_V、u_W 是对称的，因此三个线电压也是对称的，且三相电压之和为零，电源内部无环流（图 3.5 中 $\dot{I}_0=0$）。由此可知，三相电源做三角形连接时，对外只供出三个对称的线电压，线电压等于电源的相电压，即 $U_l=U_P$。

需要注意的是，做三角形连接时，电压源的首末端不能接错，否则三相电源回路内的电

压将达到相电压的 2 倍，导致电流过大，烧坏电源绕组。因此，做三角形连接时，要预留一个开口用电压表测量开口电压，如果电压近于零或很小，再闭合开口。否则就要查找哪一相接反了。

在生产实际中，三相发电机和三相配电变压器的二次绕组都可作为负载的三相电源。发电机的绕组很少接成三角形，通常接成星形。而三相电力变压器的二次绕组（输出侧）大多接成三相四线制的星形连接，少数情况下会采用三角形连接。

任务 3.2　认识三相负载

【工作任务及任务要求】　了解线电流、相电流、中线电流的概念，掌握三相负载两种连接方式下线、相电压的关系，线、相电流的关系及中线的作用。

知识摘要：

➢ 负载的星形（Y）连接

➢ 负载的三角形（Δ）连接

任务目标：

➢　掌握三相负载两种连接方式的特点

➢　掌握对称三相电路的分析方法

交流电气设备种类繁多，其中有些设备有三个接线端，必须接到三相电源上才能正常工作，如三相交流电动机、大功率的三相电炉等，这些设备统称为“三相负载”。这种三相负载的各相阻抗总是相等的，是一种对称的三相负载。而另有一些电气设备只有两根引出线，只需单相电源就能正常工作，称为“单相负载”，如各种照明灯具、家用电器、单相电动机等，根据其额定电压值可以接在三相电源的相电压或线电压上，如图 3.6 所示。为保证各个单相负载电压稳定，各单相负载均以并联形式接入电路。在单相负荷较大时，如对大型居民楼供电，可将所有单相负载尽量平均地分为三组，分别接入 U、V、W 三相电路，如图 3.7 所示，尽可能使电源的各相负荷均匀、对称，从而使三相电源趋于平衡（星形连接时 $\dot{I}_N = 0$，三角形连接时 $\dot{I}_0 = 0$），提高安全供电质量及供电效率。

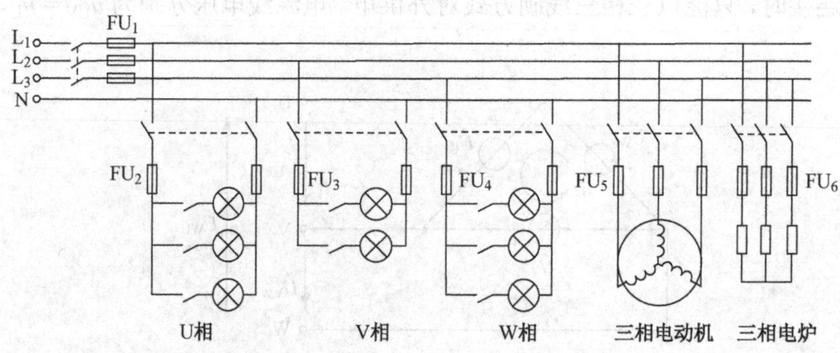

图 3.6　三相、单相负载

对于三相电源来说，大批量的单相负载在总体上也可看成三相负载，但在实际运行时往往不能保证各相负载的阻抗相等，也就是说这种三相负载往往是不对称的，称为“不对称三相负载”。

三相负载的连接方式和电源一样，也有两种：星形连接和三角形连接。采用哪种连接方式取决于三相电源的电压值和每相负载的额定电压，应遵守两个原则：一是加于负载的电压必须等于负载的额定电压；二是应尽可能使电源的各相负荷均匀、对称，从而使三相电源趋于平衡。

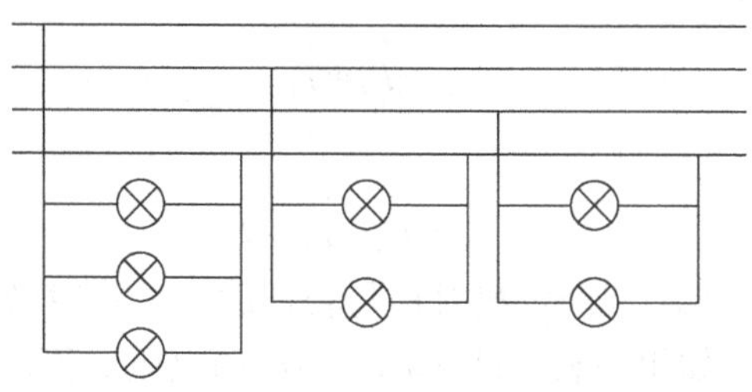

图 3.7　大量单相负载的连接

负载对称的定义：各相负载的复阻抗相同，也就是阻抗模相等、阻抗角相同，即

$$Z_U = Z_V = Z_W = Z \tag{3.24}$$

也可以表示为

$$|Z_U| = |Z_V| = |Z_W| \text{且} \varphi_U = \varphi_V = \varphi_W \tag{3.25}$$

3.2.1　负载的星形连接

将负载 Z_U、Z_V、Z_W 的一端连在一起，各相负载的另一端分别接于电源的相线（U、V、W），这种连接方式称为负载的“星形（Y）连接”，如图 3.8 所示。有中性线的星形连接常称为 Y_o 形连接，这样的供电系统称为“三相四线制”。负载的公共连接点为 N′，各电压、电流的参考方向如图 3.8 所示。

在负载的星形连接中，相应的电压、电流为：

相电压：每相负载首末端的电压。

相电流：流过每相负载的电流。

线电压：相线之间的电压。

线电流：流过相线的电流。

中性线电流：流过中性线的电流。

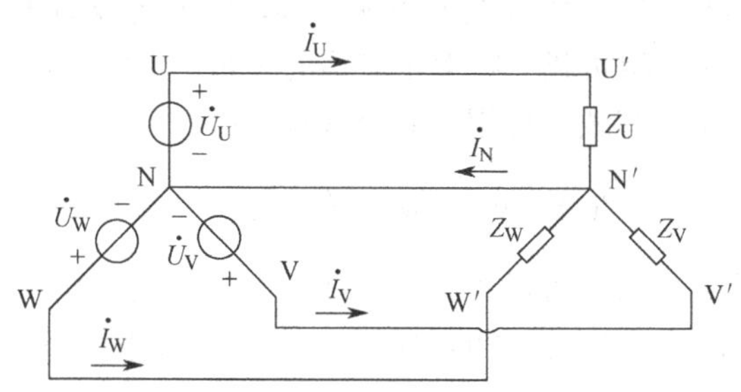

图 3.8　负载的星形连接

由图 3.8 可看出，负载 Y_o 形连接时，各相电压就是电源的相电压，各相电压对称，与负载是否对称无关。电源线电压值为相电压的 $\sqrt{3}$ 倍，相位超前于相应的相电压 30°。负载的相电流等于线电流。三相电路中的每一相都可以看成一个单相电路。因此，各相电流与电压间的关系都可用单相电路的分析计算方法来进行，即

$$\dot{I}_U=\frac{\dot{U}_U}{Z_U},\ \dot{I}_V=\frac{\dot{U}_V}{Z_V},\ \dot{I}_W=\frac{\dot{U}_W}{Z_W}$$

相电流等于线电流，即

$$\dot{I}_P=\dot{I}_1 \tag{3.26}$$

中性线电流为

$$\dot{I}_N=\dot{I}_U+\dot{I}_V+\dot{I}_W \tag{3.27}$$

式（3.27）为一般关系式，不论负载对称与否都成立。负载做星形连接时，其电压、电流的相量图如图 3.9 所示。如果三相负载对称，因电源电压对称，故各相电流也对称，即数值相等，相位互差 120°。因此，只计算出其中一相即可推导出其他两相的电流。负载对称时的中性线电流为

$$\dot{I}_N=\dot{I}_U+\dot{I}_V+\dot{I}_W=0 \tag{3.28}$$

由此可见，当三相电源对称时，若三相对称负载做星形连接，则三个相电流 $\dot{I}_U$、$\dot{I}_V$、$\dot{I}_W$ 必定对称，而中性线电流 $\dot{I}_N$ 为零。

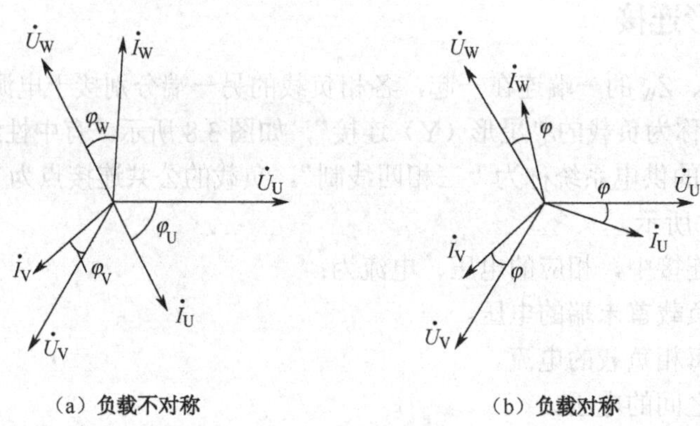

图 3.9　负载做星形连接时，其电压与电流的相量图

由于对称负载做星形连接时，中性线的电流为零，因而可以省去中性线，构成三相三线制电路。因为生产上所用的三相负载一般都是对称的（如三相电动机、三相电炉），使用时可以不接中性线，而每相电流的有效值可用下列公式计算：

$$I_U=I_V=I_W=I=\frac{U_P}{|Z|} \tag{3.29}$$

星形连接的不对称负载是否也可以省去中性线呢？答案是不允许，下面通过例题来论证。

【例 3.2】　在图 3.10 所示星形连接的三相电路中，电源电压对称。设电源线电压 $u_{UV}=380\sqrt{2}\sin(314t+30°)$ V。负载为电灯组，若 $R_U=R_V=R_W=5\ \Omega$，求线电流及中性线电流 I_N；若 $R_U=5\ \Omega$，$R_V=10\ \Omega$，$R_W=20\ \Omega$，求线电流及中性线电流 I_N。

解： 已知 $u_{UV}=380\sqrt{2}\sin(314t+30°)$ V，则 $\dot{U}_{UV}=380\angle 30°$ V，$\dot{U}_U=220\angle 0°$ V。

又因为负载星形连接时，电路的线电流等于相电流。所以有

① 线电流 $\dot{I}_U=\frac{\dot{U}_U}{Z_U}=\frac{\dot{U}_U}{R_U}=\frac{220\angle 0°}{5}=44\angle 0°$ A，又因为 $R_U=R_V=R_W=5\ \Omega$，负载对称，

则电流也对称。所以有

$$\dot{I}_V = 44\angle -120^\circ\ \text{A},\quad \dot{I}_W = 44\angle 120^\circ\ \text{A}$$

中性线电流 $\dot{I}_N = \dot{I}_U + \dot{I}_V + \dot{I}_W = 0\ \text{A}$

② 当三相负载不对称时，则需分别求各线电流为

$$\dot{I}_U = \frac{\dot{U}_U}{Z_U} = \frac{\dot{U}_U}{R_U} = \frac{220\angle 0^\circ}{5} = 44\angle 0^\circ\ \text{A}$$

$$\dot{I}_V = \frac{\dot{U}_V}{Z_V} = \frac{\dot{U}_V}{R_V} = \frac{220\angle -120^\circ}{10} = 22\angle -120^\circ\ \text{A}$$

$$\dot{I}_W = \frac{\dot{U}_W}{Z_W} = \frac{\dot{U}_W}{R_W} = \frac{220\angle 120^\circ}{20} = 11\angle 120^\circ\ \text{A}$$

中性线电流 $\dot{I}_N = \dot{I}_U + \dot{I}_V + \dot{I}_W = 44\angle 0^\circ + 22\angle -120^\circ + 11\angle 120^\circ = 29\angle -19^\circ\ \text{A}$

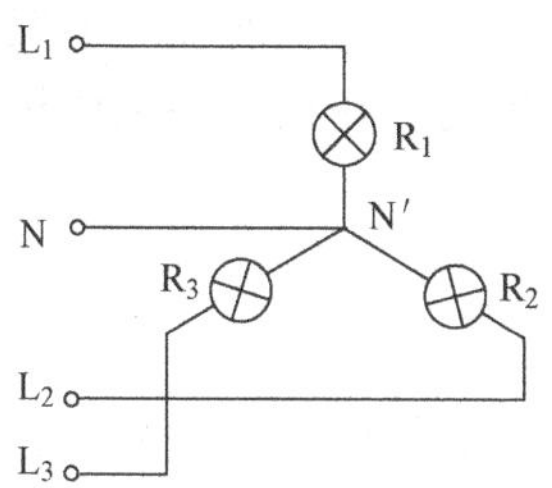

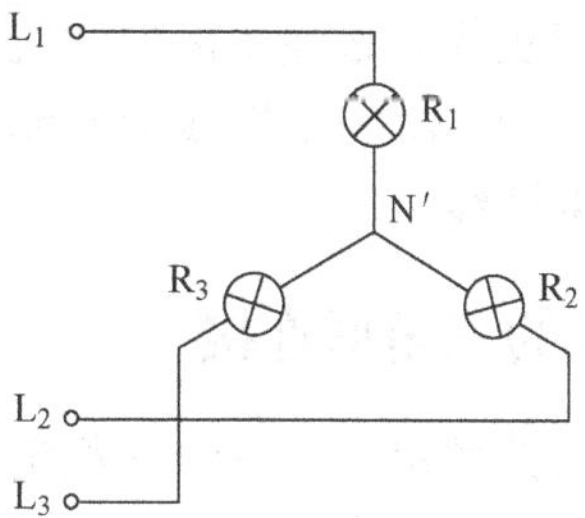

图 3.10　例 3.2 图

【例 3.3】　在例 3.2 中，试改变 $R_U = 5\ \Omega$，$R_V = 10\ \Omega$，$R_W = 20\ \Omega$，分析下列情况：①U 相短路，中性线未断开时，求各相负载电压；中性线断开时，求各相负载电压。②U 相断路，中性线未断开时，求各相负载电压；中性线断开时，求各相负载电压。电路如图 3.11 所示。

解：① U 相短路时，中性线未断开。此时 U 相短路电流很大，将 U 相熔断器熔丝熔断，而 V 相和 W 相未受影响，其相电压仍然是 220 V，各相正常工作。

U 相短路时，中性线断开。此时负载中性点 N′ 变为 U 相线，因此各相负载电压为

$$U'_{UN} = 0\ \text{V},\quad U'_U = 0\ \text{V}$$
$$U'_{VN} = U'_{VU},\quad U'_V = 380\ \text{V}$$
$$U'_{WN} = U'_{WU},\quad U'_W = 380\ \text{V}$$

此时，V 相和 W 相的电灯组由于承受电源线电压 380 V，超过其额定电压 220 V，电灯将会被损坏。

② U 相断路时，中性线未断开。V、W 相仍承受电源相电压 220 V，相应电灯组依然正常工作。

U 相断路时，中性线断开。电路变为单相电路，V、W 两相负载串联接于 V、W 相线间。

$$I = \frac{U_{VW}}{R_V + R_W} = \frac{380}{10+20} = 12.7\ \text{A}$$
$$U'_V = IR_V = 12.7\times 10 = 127\ \text{V}$$

$$U'_W = IR_W = 12.7 \times 20 = 254 \text{ V}$$

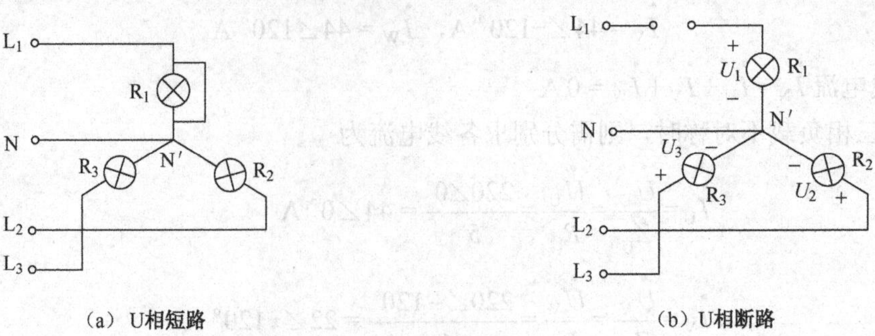

图 3.11　例 3.3 图

从例题可得出结论：如果断开中性线，星形连接三相不对称负载的端电压会出现严重不平衡，有的负载端电压升高，有的负载端电压降低，因而负载不能在额定电压下正常工作，甚至可能引起用电设备的损坏。为确保三相不对称负载各相能正常工作，星形连接的不对称负载（如照明负载）必须要接中性线。中性线断开是一种不希望出现的故障情况，应尽量避免。因此，三相电源的中性线上不允许接入熔断器和闸刀开关，并且还要采用机械强度较高的导线作为中性线。

3.2.2　负载的三角形连接

如果负载的额定电压等于三相电源的线电压，则必须把负载接于两根相线之间。将这类负载分为三组，分别接于相线 U 与 V、V 与 W、W 与 U 之间，就构成了三相负载的三角形（Δ）连接，如图 3.12 所示。

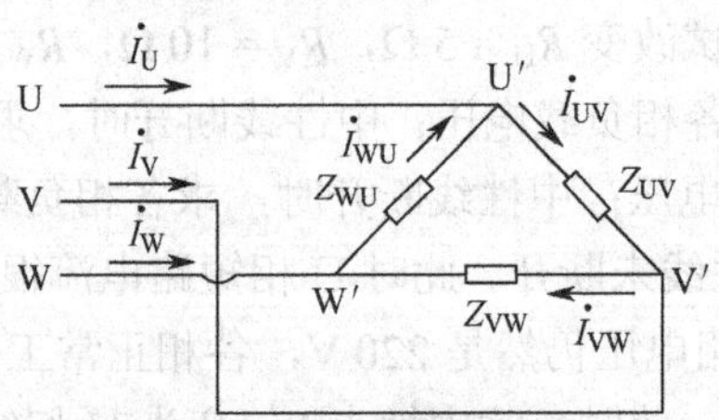

图 3.12　三相负载的三角形连接

负载三角形连接时，只有一种电压，即负载的相电压等于电源的线电压。由于三相电源的线电压是对称的，而每相负载直接接于相线之间，因而各相负载所受的电压（即负载相电压）总是对称的，与负载是否对称无关。三相电路中的每一相，都可以看成一个单相电路。因此各相电流与电压间关系推导都可用单相电路的分析计算方法来进行。

流过每相负载的电流 $\dot{I}_{UV}$、$\dot{I}_{VW}$、$\dot{I}_{WU}$ 称为“负载相电流”，它们的值取决于各相负载的阻抗，即

$$\dot{I}_{UV} = \frac{\dot{U}_{UV}}{Z_U}, \quad \dot{I}_{VW} = \frac{\dot{U}_{VW}}{Z_V}, \quad \dot{I}_{WU} = \frac{\dot{U}_{WU}}{Z_W}$$

流过相线的电流 $\dot{I}_U$、$\dot{I}_V$、$\dot{I}_W$ 称为“负载的线电流”，根据基尔霍夫电流定律可得

$$\dot{I}_U=\dot{I}_{UV}-\dot{I}_{WU}\text{，}\quad \dot{I}_V=\dot{I}_{VW}-\dot{I}_{UV}\text{，}\quad \dot{I}_W=\dot{I}_{WU}-\dot{I}_{VW}$$

上式为一般关系式，不论负载对称与否都成立。负载三角形连接的相量图如图 3.13 所示。如果三相负载对称，即 $Z_U=Z_V=Z_W=|Z|\angle\varphi$，则由相电流公式可知，三个相电流是对称的，它们的相位互差 120°，有效值相等，用 I_P 表示，即 $I_{UV}=I_{VW}=I_{WU}=I_P=U_P/|Z|$，式中 U_P 为每相负载的电压有效值。在负载三角形连接时，各相负载的电压就等于电源的线电压，即 $\dot{U}_P=\dot{U}_l$。由图 3.13 所示相量图可知，线电流 $\dot{I}_U$、$\dot{I}_V$、$\dot{I}_W$ 也是对称的，它们在相位上分别滞后于相应的相电流（$\dot{I}_{UV}$、$\dot{I}_{VW}$、$\dot{I}_{WU}$）30°，三个线电流的有效值相等，用 I_l 表示，有 $I_U=I_V=I_W=I_l$，而且线电流的有效值 I_l 与相电流的有效值 I_P 之间有确定的关系：$I_l=\sqrt{3}I_P$。因此，只计算出其中一相即可推导出其他两相的电流。即

$$\dot{I}_l=\sqrt{3}\,\dot{I}_P\angle-30° \tag{3.30}$$

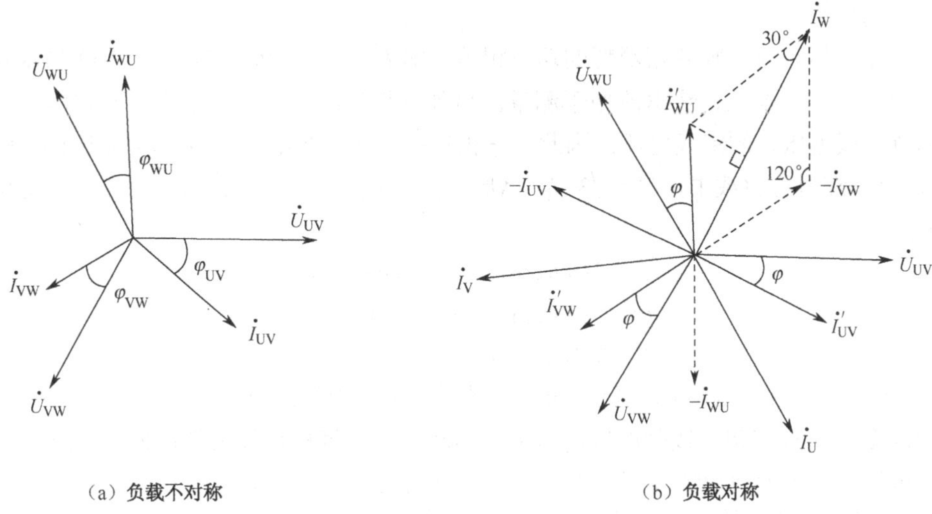

（a）负载不对称　　（b）负载对称

图 3.13　三相负载三角形连接时电压与电流的相量图

*任务 3.3　相关知识扩展

【工作任务及任务要求】　了解供配电概况和安全用电常识，掌握三相电路中有功功率、无功功率、视在功率的概念及计算方法。

知识摘要：

- 三相电路的功率
- 电力系统简介
- 安全用电技术

任务目标：

- 掌握三相电路中功率的计算方法
- 掌握常用的安全用电措施

3.3.1　三相电路的功率

所谓三相功率指的是三相电路的总功率，不论负载对称与否，也不论负载是 Y 形接法还

是Δ形接法，都等于各相功率之和，如下所示。

（1）有功功率 P

$$P = P_U + P_V + P_W = U_{U相}I_{U相}\cos\varphi_{U相} + U_{V相}I_{V相}\cos\varphi_{V相} + U_{W相}I_{W相}\cos\varphi_{W相} \quad (3.31)$$

（2）无功功率 Q

$$Q = Q_U + Q_V + Q_W = U_{U相}I_{U相}\sin\varphi_{U相} + U_{V相}I_{V相}\sin\varphi_{V相} + U_{W相}I_{W相}\sin\varphi_{W相} \quad (3.32)$$

（3）视在功率 S

$$S = \sqrt{P^2 + Q^2} \quad (3.33)$$

式（3.31）、式（3.32）中的电压、电流、功率因数都分别是每相上的电压、电流、功率因数。这里要注意两点：一是负载不对称时 $S \neq S_U + S_V + S_W$，求总的视在功率必须按式（3.33）计算；二是求 Q 值时，对其中的电容性电路的无功功率要取负号，电容性无功功率用于补偿电感性的无功功率。

若为三相对称负载，则各相消耗的功率相等，即 $P_U = P_V = P_W$，也就是 $P = 3U_PI_P\cos\varphi_P$。

实际中，由于线电压、线电流便于测量，另外三相负载的铭牌上给出的额定电压、额定电流均指额定线电压、额定线电流。因此，三相功率一般用线电压、线电流来表示，因Y形连接有 $I_P = I_l$，在对称负载中，$U_l = \sqrt{3}U_P$；Δ形连接有 $U_P = U_l$，$I_l = \sqrt{3}I_P$。所以，无论是哪种连接都有

$$P = 3U_PI_P\cos\varphi = \sqrt{3}U_lI_l\cos\varphi \quad (3.34)$$

$$Q = 3U_PI_P\sin\varphi = \sqrt{3}U_lI_l\sin\varphi \quad (3.35)$$

$$S = 3U_PI_P = \sqrt{3}U_lI_l \quad (3.36)$$

式中，φ是相电压与相电流间的相位差角，也是对称负载的阻抗角。

【例 3.4】 对称三相三线制的线电压 $U_l = 100\sqrt{3}$ V，每相负载阻抗均为 $Z = 10\angle 60°$ Ω，求负载为星形及三角形两种情况下的电流和三相有功功率。

解：① 负载为星形连接时，相电压的有效值为

$$U_P = U_l/\sqrt{3} = 100 \text{ V}$$

设 $\dot{U}_U = 100\angle 0°$ V，各线电流等于相电流，为

$$\dot{I}_U = \frac{\dot{U}_U}{Z} = \frac{100\angle 0°}{10\angle 60°} = 10\angle -60° \text{ A}$$

$$\dot{I}_V = \frac{\dot{U}_V}{Z} = \frac{100\angle -120°}{10\angle 60°} = 10\angle -180° \text{ A}$$

$$\dot{I}_W = \frac{\dot{U}_W}{Z} = \frac{100\angle 120°}{10\angle 60°} = 10\angle 60° \text{ A}$$

三相总功率为

$$P = \sqrt{3}U_lI_l\cos\varphi = \sqrt{3} \times 100\sqrt{3} \times 10 \times \cos 60° = 1500 \text{ W}$$

② 负载为三角形连接时，相电压等于线电压。设 $\dot{U}_{UV} = 100\sqrt{3}\angle 0°$ V，则相电流为

$$\dot{I}_{UV}=\frac{\dot{U}_{UV}}{Z_U}=\frac{100\sqrt{3}\angle 0^\circ}{10\angle 60^\circ}=10\sqrt{3}\angle -60^\circ\ \text{A}$$

$$\dot{I}_{VW}=\frac{\dot{U}_{VW}}{Z_V}=\frac{100\sqrt{3}\angle -120^\circ}{10\angle 60^\circ}=10\sqrt{3}\angle -180^\circ\ \text{A}$$

$$\dot{I}_{WU}=\frac{\dot{U}_{WU}}{Z_W}=\frac{100\sqrt{3}\angle 120^\circ}{10\angle 60^\circ}=10\sqrt{3}\angle 60^\circ\ \text{A}$$

线电流为

$$\dot{I}_U=\sqrt{3}\ \dot{I}_{UV}\angle -30^\circ=\sqrt{3}\times 10\sqrt{3}\angle(-60^\circ-30^\circ)=30\angle -90^\circ\ \text{A}$$

$$\dot{I}_V=\sqrt{3}\ \dot{I}_{VW}\angle -30^\circ=\sqrt{3}\times 10\sqrt{3}\angle(-180^\circ-30^\circ)=30\angle -210^\circ=30\angle 150^\circ\ \text{A}$$

$$\dot{I}_W=\sqrt{3}\ \dot{I}_{WU}\angle -30^\circ=\sqrt{3}\times 10\sqrt{3}\angle(60^\circ-30^\circ)=30\angle 30^\circ\ \text{A}$$

三相总功率为

$$P=\sqrt{3}\,U_l I_l\cos\varphi=\sqrt{3}\times 100\sqrt{3}\times 30\times\cos 60^\circ=4500\ \text{W}$$

由此可知，在电源一定时，同一负载由 Y 形连接改为Δ形连接时，电路的相电流增加到原来的$\sqrt{3}$倍，线电流和功率增加到原来的 3 倍，负载所承受的电压是 Y 形连接时的$\sqrt{3}$倍。若应该 Y 形连接的负载错接成 Δ 形，将因电流、电压和功率都过大而使负载损坏；若应该Δ形连接的负载错接成 Y 形，将因电压、电流和功率都过低而不能正常工作。

3.3.2 电力系统简介

电能是最重要、最方便的能源之一，它具有清洁、无噪声、无污染、易转化（如转化成光能、热能、机械能等）、易传输、易分配、易调节和测试等优点，与人类的生活已密不可分。电力系统是生产、输送、分配和消费电能的各种电气设备连接在一起而组成的整体。

（1）发电

电能是二次能源，是通过其他形式的能量转化而来的，发电厂就是转化的场所。根据发电所用能源的种类，发电厂可分为水力、火力、风力、核能、太阳能、地热等几种。目前，世界各国建造最多的是水力发电厂和火力发电厂。由于风力发电、太阳能发电能满足提高效率和环保标准的可持续发展要求，近些年来也得到较快的发展。

各种发电厂中的发电机几乎都是三相交流发电机。我国电力系统发出电的频率为 50 Hz，电压等级有 3.15 kV、6.3 kV、10.5 kV、18 kV、20 kV 等多种。

（2）电力网

连接发电和用电设备的输配电系统称为“电力网”，其作用是输送、分配电能，一般由变电所和输电线路构成，其中变电所是接受电能、变换电压和分配电能的场所，一般可分为升压变电所和降压变电所两大类。升压变电所是将低电压变换为高电压，一般建在发电厂中；降压变电所是将高电压变换为一个合理、规范的低电压，一般建在靠近负荷中心的地点。

输电线路是电力系统中实施电能远距离传输的环节。当输送的电力（电功率）一定时，电压越高则电流越小，而输电线路上的功率损耗是与其电流平方成正比的。因此，高压输电可大大减少输电线路上的功率损耗；同时，因输电电流较小，可减小输电导线的截面，从而节约导电金属。由于目前电厂的发电机容量越来越大，电力的输送距离越来越远，所以输电线路的电压等级也越来越高，我国目前常用的高压输电电压等级有 10 kV、20 kV、35 kV、

66 kV、110 kV、220 kV、330 kV、500 kV、750 kV 和 1 000 kV 等几种，以及直流 ±800 kV、±1 000 kV 等。

目前采用的输电线路有两种，一种是架空线路，主要由无绝缘的裸导线、避雷线、绝缘子、杆塔和拉线、杆塔基础及接地装置构成；另一种是电力电缆线路，它使用特殊加工制造而成的电缆线，埋在地下或敷设在电缆隧道中。架空线路由于具有结构简单，施工简便，建设速度快，检修方便，成本低等优点，而被大部分配电线路、绝大部分高压输电线路和全部超高压输电线路采用。电力电缆线路由于具有电缆价格昂贵，成本高，检修不便等因素而用于架空线路不便架设的场合。

电力网按其功能可分为输电网和配电网。

输电网是电力系统中最高电压等级的电网，是电力系统中的主要网络，简称“主网”，其作用是将电能输送到各个地区的配电网或直接送到大型工矿企业。电力系统输电线路中最常用的有：大型工厂进线一般为 35 kV；变电所之间输电一般为 35 kV、110 kV、220 kV；地区与地区变电所一般为 220 kV；输电线路电压不绝对，根据实际情况而定。

配电网是在消费电能地区内按一定的方式将电力分配至用户，直接为用户服务的电网。常用的配电电压有 6～10 kV 高压与 220/380 V 低压两种。有些设备，如容量较大的泵、风机等采用高压电动机传动，直接由高压配电供给。大量的低压电气设备需要 220/380 V 电压，由配电变压器进行第二次降压来供给。

为了提高电力系统的稳定性，提高各发电厂的设备利用率，合理调配各发电厂的负载，保证用户的供电质量，提高供电的可靠性和经济性，常常将同一地区的各种发电厂联合起来组成一个强大的电力网。目前，我国设有国家电网和南方电网，其中南方电网管辖广东、广西、云南、贵州和海南，并向我国香港、澳门地区供电；国家电网管辖东北、华北、华中、华东、西北。

3.3.3 安全用电技术

随着电气化的发展，人们在生产和生活中大量使用了电气设备和家用电器，给生产和生活带来了方便，但在使用电能的过程中，如不能正确使用电器，违反电气操作规程或疏忽大意，则可能造成电气事故。电气事故有其特殊性和严重性，发生事故不仅可能损坏用电设备，而且容易引起火灾甚至人身伤亡等严重事故。因此，在使用电能时，必须注意安全用电，以保证人身、设备、电力系统三方面的安全，防止事故的发生。

1. 安全电流与电压

人体因触及高电压的带电体而承受过大的电流，导致死亡或局部受伤的现象称为“触电”。

触电对人体的伤害程度，与流过人体电流的频率、大小、通电时间的长短、电流流过人体的途径，以及触电者本人的情况有关。研究表明，频率为 50～100 Hz 的电流最危险；如果通过人体的电流达到 5 mA，人就会有麻木的感觉；10 mA 为摆脱电流；如果通过人体的电流达到 50 mA，就会使人呼吸困难、肌肉痉挛、中枢神经遭受损害，从而使心脏停止跳动乃至死亡。当然，触电的后果还与触电持续时间有关，触电时间越长则伤害越严重，在通电电流为 50 mA 的情况下，若通电时间不超过 1 s，则不至于有生命危险；电流以任何途径通过人体都可能导致人死亡，电流流过大脑、心脏、中枢神经、呼吸系统时，最容易造成死亡事故。因此，通过人体的电流一般不能超过 7～10 mA。

触电伤人的主要因素是电流，但电流值又决定于作用到人体上的电压和人体的电阻值。通常人体的电阻为 800 欧姆至几万欧姆不等，在皮肤出汗潮湿的情况下，人体电阻将下降。若人体电阻以 800 Ω 计算，当触及 36 V 电源时，通过人体的电流是 45 mA，对人体安全不构成威胁。所以，规定 36 V 以下的电压为安全电压。如果在潮湿的场所，工作电流应取 5 mA 作为安全电流，安全电压通常是 24 V 和 12 V。

2. 几种触电方式

触电可发生在有电线、电器、电设备的任何场所，人体触电的方式多种多样，一般分为“直接触电”和“间接触电”两种，此外还有高压电场、高频电磁场、静电感应、雷击等对人体造成的伤害。

（1）直接触电

人体直接接触带电设备而引起的触电事故称为“直接触电”。直接触电又可分为单相触电和两相触电。

① 单相触电。人体的某部分在地面或其他接地导体上，另一部分触及三相导线的任何一相而引起的触电事故称为“单相触电”，如图 3.14 所示。这时触电的危险程度与电压的高低、电网中性点接地方式等有关。一般情况下，中性点接地电网的单相触电比不接地电网的危险性大。

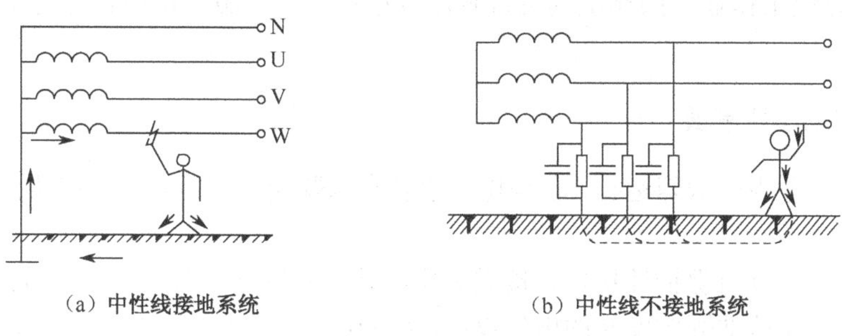

（a）中性线接地系统　　（b）中性线不接地系统

图 3.14　单相触电示意图

② 两相触电。两相触电也称相间触电，是指在人体与大地绝缘的情况下，人体的不同部分同时分别触及同一电源的任何两相导线或人体同时触及电气设备的两个不同相的带电部位，如图 3.15 所示。这时，电流从一根相线经过人体流至另一根相线，人体承受电源的线电压，这种触电形式比单相触电更危险。

（2）间接触电及其防护

人体接触故障情况下带电的导电体，如电气设备的金属外壳、框架等，在发生漏电、故障时产生接触电压，称为“间接触电”。间接触电主要有“跨步电压触电”和“接触电压触电”两种。

① 跨步电压触电。当电线落地（如架空导线的一根断落在地上）或大电流从接地装置流入大地时，在地面上以接地点为中心形成不同的电位，人在接地点周围，两脚之间出现的电位差即为“跨步电压”，如图 3.16 所示。由跨步电压引起的人体触电称为“跨步电压触电”。而落地点的电位即为高压输电线的电位，离落地点越远，电位越低。根据实际测量，在离导线落地点 20 m 以外的地方，由于入地电流非常小，地面的电位近似等于零。

当发现跨步电压威胁时，应赶快把双脚并拢在一起，或赶快用单脚跳离危险区。否则，触电时间一长，会导致触电死亡。

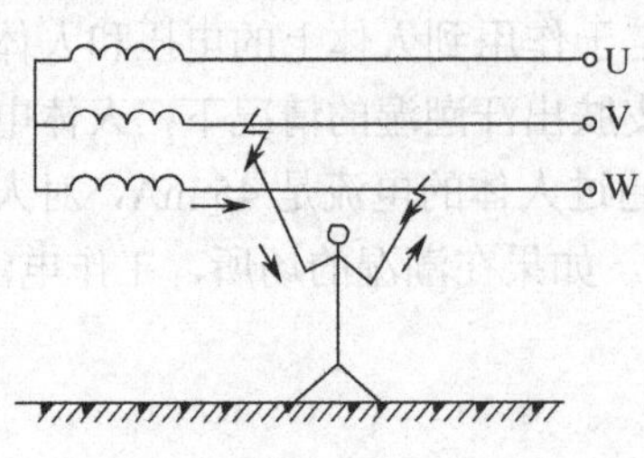

图 3.15　两相触电

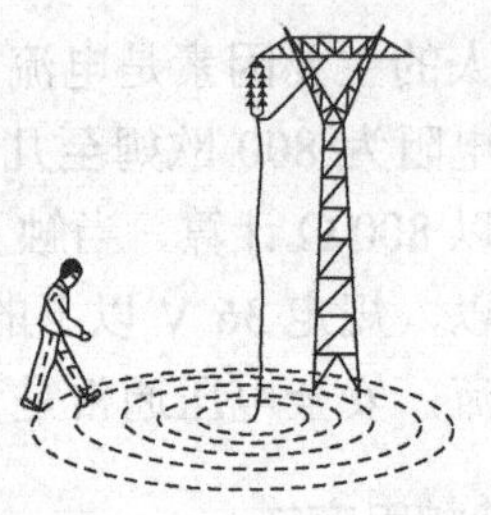

图 3.16　跨步电压触电

② 接触电压触电。运行中的电气设备，由于绝缘损坏或其他原因而发生接地短路故障时，接地电流通过接地点向大地流散，形成以接地故障点为中心、20 m 为半径的分布电位。当人站在发生接地短路故障设备旁边时，手接触设备外露可导电部分，手、脚之间所承受的电压称为“接触电压”。由接触电压引起的触电称为“接触电压触电”。接触电压的大小随人体站立点的位置而定，通常人体距短路故障点越远，接触电压越大，当人体站在接地故障点与故障设备的外壳接触时，接触电压为零。

接触电压触电防护的基本措施，是对电气设备采取“保护接地”或“保护接零”。由于触电者穿的鞋和站立的地板都有一定的电阻，所以可以减小所承受的接触电压。因此严禁裸臂、赤脚进行电工作业，操作电气设备时，应穿长袖工作服，使用合格的安全工具，并有专人监护。

3. 安全用电注意事项

① 电气设备不得带故障运行，任何电气设备在未验明无电之前，一律认为有电，不要盲目接触。

② 电气设备必须有保护性接地、接零装置，并经常进行检查，测试连接的牢固性。

③ 需要移动某些非固定安装的电气设备，如照明灯、电焊机等时，必须先切断电源再移动；移动中，要防止导线被拉断。

④ 停电后必须切断电源总开关。

⑤ 电气设备的清洁，必须在确认断电后再进行。

⑥ 不要用潮湿的手、抹布或其他物体接触任何电气设备。

⑦ 严禁不用插头而直接将电线末端线头插在插座里。

⑧ 使用的闸刀、空气断路器等应完好无损，严禁用铜丝或其他金属丝代替熔丝。

⑨ 严禁使用破损、老化的电缆；电缆要尽量避免中间接头，如不可避免，应保证接头处的抗拉和绝缘性能良好。

4. 常用安全用电的措施

安全用电的基本方针是“安全第一，预防为主”。为了使电气设备能正常运行，防止触电事故的发生，必须采取有效的保护措施，主要有以下几项：

① 建立健全各种安全操作规程和安全管理制度，宣传和普及安全用电的基本知识。

② 绝缘保护。绝缘保护是用绝缘材料将带电体隔离起来，以防止触电事故的发生，常见的有外壳绝缘、场地绝缘等方法。外壳绝缘是为防止人体触及带电部位，电气设备的外壳常装有防护罩，有些电动工具和家用电器，除了工作电路有绝缘保护外，还有塑料外壳作为绝

缘。场地绝缘是将人体站立的地方用绝缘层垫起来，使人体与大地隔离，可以防止单相触电，常用的有绝缘台、绝缘地毯、绝缘胶鞋等。

③ 设置漏电保护器。漏电保护器又称漏电保护开关，它是一种在规定条件下电路中漏电电流（mA 级）值达到或超过其额定漏电动作电流时，能自动断开电路或发出报警的装置。漏电保护器动作灵敏、切断电源时间短，因此只要能够合理选用和正确安装、使用漏电保护器，除了保护人身安全外，还有防止电气设备损坏及预防火灾的作用。

家庭中的漏电保护器，一般接在电能表和断路器或胶盖闸刀后，是安全用电的重要保障。

④ 保护接地。将电气设备不带电的金属外壳与接地装置之间做可靠的电气连接称为“保护接地”，如图 3.17（a）所示。保护接地适用于三相电源的中性点不接地系统，它的作用是当电气设备的金属外壳带电时，如果人体触及此处外壳，就与接地装置的接地电阻并联，由于人体的电阻远大于接地装置电阻（一般不大于 4 Ω），则大部分电流经接地装置流入大地，流经人体的电流很小，从而减少触电事故发生。

⑤ 保护接零。在电源中性点直接接地的低压电力系统中，将用电设备的金属外壳与供电系统中的零线或专用零线直接做电气连接，称为“保护接零”，如图 3.17（b）所示。它的作用是当电气设备电线一相碰壳时，该相就通过金属外壳与零线形成闭合电路，使其变成单相对地短路故障，因零线的阻抗很小，所以短路电流很大，一般大于额定电流的几倍甚至几十倍，这样大的单相短路电流将使保护装置迅速而准确地动作，切断事故电源，保证人身安全。

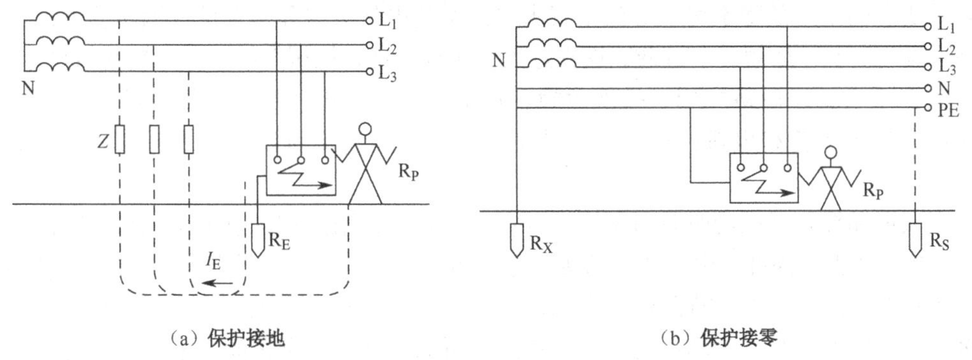

（a）保护接地　　（b）保护接零

图 3.17　保护接地与保护接零

家用电器都采用单相电路，目前许多家电使用带保护接地的“三脚插头”，要求配套的电源三孔插座按标准接法连接，电源插座左边为中线（标志是 N），即电源零线；右边为火线（标志是 L）；上边中心为地线（标志是 E），即保护接地，如图 3.18 所示。正确的接法是将电气设备的外壳用导线接在中间比其他两个粗或长的插脚上，并通过插座与保护接零或保护接地线相连，以防止金属外壳的用电器的外壳带电。

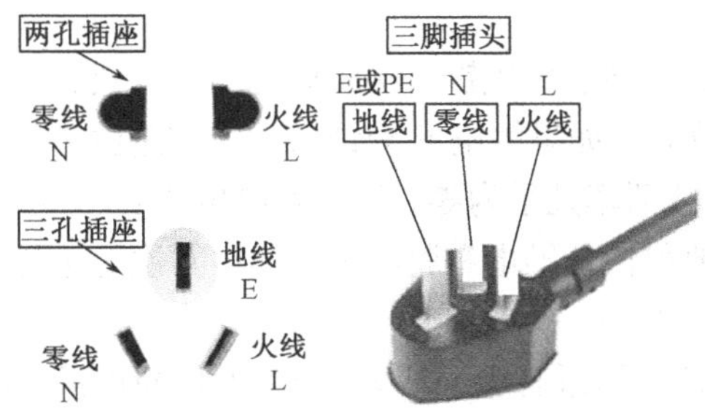

图 3.18　标准三孔插座接线示意图

5. 防雷和电气防火防爆

大气中带电的云对地放电的现象称为“雷电”。雷电发生时，将产生强大的电压和电流，电压可高达数十万伏至数百万伏，电流可达几千安培，虽然经过的时间非常短暂，但足以对各种建筑物、电子电气设备和人体造成巨大的危害。常见的防雷措施有安装避雷针、避雷线、避雷网，设备外壳可靠接地等。

雷电来临时，应注意人身安全，采取一定的防雷措施。一般要做到以下几点：

① 最好不要外出，如果外出最好乘坐具有完整金属车厢的车辆，不要骑自行车或摩托车。

② 关好室内门窗，在室外的人应躲入有防雷设施的建筑物内。

没有掩蔽场所时，不要停留在山顶等高处，应远离树木，不要待在开阔的水域和小船上，不要靠近铁轨、长金属栏杆和其他庞大的金属物体。

③ 如找不到合适的避雷场所，应尽量降低重心和减少人体与地面的接触面积，可双脚并拢蹲下，千万不要躺在地上、壕沟或土坑里。

④ 不要使用设有外接天线的收音机或电视机，不要接打电话和手机，不要使用水龙头。

电气火灾和爆炸与其他原因导致的火灾和爆炸相比，具有更大的灾难性。因为电气火灾和爆炸除造成财产损坏、建筑物破坏、人员伤亡外，还将造成大范围、长时间的停电；同时，由于存在触电的危险，电气火灾和爆炸的扑救更加困难。

几乎所有的电气故障都可能导致电气火灾。引起电气火灾和爆炸的原因主要有：一是电气线路或设备过热，如短路、过载、铁损过大、接触不良、机械摩擦、通风散热条件恶化等；二是电火花或电弧，短路故障、接地故障、接头松脱、过电压放电、熔体熔断、开关操作等都可能产生电火花和电弧；三是静电放电；四是电热和照明设备在使用时不注意安全要求。

发生火灾和爆炸必须同时具备两个条件：一是有足够数量和浓度的可燃易爆物；二是有引燃或引爆的能源。因此，电气防火防爆的主要措施有：排除可燃易爆物，如保持良好通风、加强易燃易爆物品的管理；排除电气火源，如将正常运行时会产生火花、电弧和危险高温的非防爆电气装置安装在危险场所之外，在危险场所如矿井、化学车间等采用防爆电器；加强电气设备自身的防火防爆措施，如导线的安全载流量要合适，保持绝缘良好，防止误操作；通过接地、增湿、屏蔽、中和等措施消除或防止静电。

出现电气火灾时，首先应切断电源，注意拉闸时最好用绝缘工具；其次，来不及切断电源或在不能断电的场合，可采用不导电的灭火剂带电灭火，注意泡沫灭火剂是导电的，不能使用。

6. 触电急救

触电的现场急救是抢救触电者的关键。实验研究与统计资料表明，触电 1 分钟后开始实施急救措施，90%有良好效果；如果触电 6 分钟后才实施急救措施，则救活率仅为 10%；而从触电 12 分钟后抢救，则救活率几乎为零。发生触电事故后，切不可惊慌失措，在保证救护者本身安全的同时，首先要尽快使触电者脱离带电体，其次是进行现场有效救护。

（1）迅速脱离带电体的方法

① 拉闸断电。如触电地点附近有电源开关，应立即切断电源。如触电地点距离电源较远，可采用绝缘钳或木柄利器（如斧头、木柄刀具等）将电源线切断，此时还应注意切断的电源

线仍然带电，需要采取措施防止其他人员触电。

② 使用绝缘物体使触电者与电源脱离。当没有条件采取上述方法切断电源时，可利用干燥的木棒、竹杆、扁担、塑料制品、橡胶制品、皮制品挑开触电者的电源，或用干燥的绝缘棉衣、棉被将触电者推离带电设备，使触电者迅速脱离电源。

（2）现场有效救护方法

当触电者脱离电源后，应立即检查伤员全身情况，特别是呼吸和心跳，发现呼吸、心跳停止时，应立即就地抢救。

① 轻症者，即神志清醒、呼吸心跳均自主者，使伤员就地平卧，严密观察，暂时不要使其站立或走动，防止继发休克或心衰。

② 呼吸停止、心搏存在者，使其就地平卧解松衣扣，通畅气道，立即口对口人工呼吸，有条件的可用氧气管插管，加压氧气人工呼吸。

③ 心搏停止、呼吸存在者，应立即做胸外心脏按压。

④ 呼吸心跳均停止者，则应在人工呼吸的同时施行胸外心脏按压，以建立呼吸和循环，恢复全身器官的氧供应。现场抢救最好能两人分别施行口对口人工呼吸及胸外心脏按压，以1:5 的比例进行，即人工呼吸 1 次，心脏按压 5 次。如现场抢救仅有 1 人，用 15:2 的比例进行胸外心脏按压和人工呼吸，即先做胸外心脏按压 15 次，再口对口人工呼吸 2 次，如此交替进行，抢救一定要坚持到底。

现场抢救中，不要随意移动触电者，若确需移动时，抢救中断时间不应超过 30s。移动触电者或将其送医院时，除应使触电者平躺在担架上并在背部垫以平硬木板外，应继续抢救，心跳呼吸停止者要继续人工呼吸和胸外心脏按压，在医院医务人员未接替前救治不能中止。

项目小结

1．由三相电源供电的电路称为三相交流电路。如果三相交流电源的最大值相等、频率相同、相位互差 120°，则称为“三相对称电源”，其线电压与相电压的关系为

$$\dot{U}_1=\sqrt{3}\,\dot{U}_P\angle 30^\circ$$

实际的三相发电机提供的都是对称三相电源。在日常生活和工农业生产中，多数用户的电压等级为

$$U_P=220\text{ V},\quad U_l=380\text{ V}$$

2．三相负载的连接方式有两种：星形连接和三角形连接。对于任何一个电气设备，都要求其每相负载所承受的电压等于它的额定电压。所以，当负载的额定电压为三相电源的线电压的 $1/\sqrt{3}$ 时，负载应采用星形连接；当负载的额定电压等于三相电源的线电压时，负载应采用三角形连接。

3．当三相负载对称时，则不论它是星形连接，还是三角形连接，负载的三相电流、电压均对称。所以，三相电路的计算可归结为单相电路的计算，但要注意对称三相电路的线电压、相电压以及线电流、相电流之间有效值及相位的关系。

4．当三相负载不对称时，各相电压、电流要单独计算。

5．三相正弦交流电路小结如下。

	星形连接	三角形连接
电源	$\dot{U}_l = \sqrt{3}\,\dot{U}_P \angle 30°$	$\dot{U}_l = \dot{U}_P$
对称负载	$\dot{U}_l = \sqrt{3}\,\dot{U}_P \angle 30°$ $\dot{I}_l = \dot{I}_P$	$\dot{U}_l = \dot{U}_P$ $\dot{I}_l = \sqrt{3}\,\dot{I}_P \angle -30°$

6．在负载做星形连接时，若三相负载对称，则中性线电流为零，可采用三相三线制供电；若三相负载不对称，则中性线电流不等于零，只能采用三相四线制供电。这时要特别注意中性线上不能安装开关和熔断器，并且中性线要有足够的机械强度。如果中性线断开，将造成各相负载两端电压不对称，负载不能正常工作，甚至产生烧毁负载的严重事故。同时，在连接三相负载时，应尽量使其对称以减小中性线电流。

7．三相对称电路的功率为

$$P = 3U_PI_P\cos\varphi = \sqrt{3}\,U_lI_l\cos\varphi;\quad Q = 3U_PI_P\sin\varphi = \sqrt{3}\,U_lI_l\sin\varphi;\quad S = 3U_PI_P = \sqrt{3}\,U_lI_l = \sqrt{P^2+Q^2}$$

式中，每相负载的功率因数角为$\varphi=\arctan\dfrac{X}{R}$。

在相同的线电压下，负载做三角形连接的有功功率是星形连接的有功功率的三倍，这是因为三角形连接时的线电流是星形连接时的线电流的三倍。

8．人体触电的方式一般可分为直接触电和间接触电。为了防止触电事故的发生，必须采取有效的保护措施，主要有使用安全电压、绝缘保护、使用漏电保护器及采取保护接地或保护接零等。

思考与练习

3.1　已知某三相电源的相电压是 3 kV，如果接成星形，它的线电压是多大？如果已知$u_U = U_m\sin\omega t$ kV，写出所有的相电压的解析式。

3.2　有一星形连接的三相对称负载，每相电阻$R = 6\ \Omega$，感抗$X_L = 8\ \Omega$，接在$U_l = 380$ V的三相电源上，试求相电压、相电流和线电流的有效值。

3.3　做三角形连接的对称负载，接于三相三线制的对称电源上。已知电源的线电压$U_l =$ 220 V，每相负载的电阻为6 Ω，感抗为8 Ω，求相电压、相电流和线电流的有效值。

3.4　三相对称负载做星形连接，接入三相四线制对称电源，电源线电压为380 V，每相负载的电阻为30 Ω，感抗为40 Ω，求负载的相电压、相电流和线电流。

3.5　某工厂有3个车间，每个工作车间的照明分别由三相电源的一相供电，三相电源为三相四线制，线电压为380 V。每个工作车间各安装220 V、100 W的白炽灯10盏。求：（1）画出电灯接入电源的线路图；（2）全部满载时的线电流和中性线电流。

3.6　工业上用的电阻炉，经常用改变电阻丝的接法来改变其功率的大小，以达到调节炉内温度的目的。现有一台三相电阻炉，每相电阻为$R = 10\ \Omega$，接在线电压为380 V的三相电源上。分别求电阻炉在星形和三角形两种接法下，从电网上取用的功率。

3.7　已知对称三相电源的线电压$U_l = 380$ V，对称三相负载的每相电阻为32 Ω，电抗为24 Ω，在负载做星形连接和三角形连接两种情况下接上电源，试求负载所吸收的有功功率、无功功率和视在功率。

3.8　什么是触电？常见的触电方式和原因有哪几种？如何防止触电？

项目 4 磁路与变压器

【学习目标】 通过本项目的学习，了解磁路的基本物理量、基本概念及磁路的基本分析方法，理解磁路的基本定律，掌握磁路的分析方法，并且会分析电感性设备的工作原理。

【能力目标】 通过本项目的学习，学生应掌握变压器的基本工作原理，能分析、检测变压器常见的故障，并且能处理其典型故障。

任务 4.1 认识磁路

【工作任务及任务要求】 了解磁性材料的基本知识及磁路的基本定律，掌握分析、计算交流铁芯线圈电路的方法。

知识摘要：

➢ 磁路的基本物理量及性质

➢ 磁路定律

➢ 直流磁路

➢ 交流磁路

任务目标：

➢ 掌握磁路的基本概念

➢ 掌握磁路的基本分析方法

4.1.1 磁路的基本物理量及性质

（1）磁感应强度

磁感应强度是用来描述磁场中某点磁场的强弱和方向的物理量，它是一个矢量。磁场的方向与电流（产生磁场的电流）方向之间满足“右手螺旋定则”，其大小可用通电导体在磁场中某点受到的电磁力（ΔF）与导体中的电流和导体的有效长度（ΔL）的乘积的比值来表示，并称其为该点的“磁感应强度 $\boldsymbol{B}$”。即该点的磁感应强度 $\boldsymbol{B}$ 的大小为

$$\boldsymbol{B}=\frac{\Delta F}{I\Delta L} \tag{4.1}$$

该点磁感应强度 $\boldsymbol{B}$ 的方向就是放置在该点的小磁针静止时 N 极所指向的方向，即磁场方向。在国际单位制中，$\boldsymbol{B}$ 的单位是“特斯拉”，简称特（T）。

如果磁场内各点磁感应强度 $\boldsymbol{B}$ 的大小相等、方向相同，则称为“均匀磁场”。在均匀磁场中，$\boldsymbol{B}$ 的大小可用通过垂直于磁场方向的单位截面上的磁力线条数来表示。

磁场的大小和方向也可以用磁感应线（磁力线）条数来描述。用磁感应线的疏密程度来表示磁感应强度的大小，磁感应强度越大的地方磁感应线越密，反之则疏；在磁感应线上的某一点的磁感应强度的方向就是该点的切线方向。由于磁场中的每一点只有一个磁感应强度，所以磁感应线是互不相交的。

（2）磁通及磁通的连续性原理

① 磁通。磁感应强度 $\boldsymbol{B}$ 与垂直于磁场方向的面积 S 的乘积称为“该面积的磁通$\boldsymbol{\Phi}$”，即

$$\boldsymbol{\Phi}=\int_{S}\mathrm{d}\phi=\int_{S}\boldsymbol{B}\cdot\mathrm{d}S \tag{4.2}$$

式(4.2)中，$\mathrm{d}S$ 的方向为该面积的法线 n 的方向，如图 4.1(a)所示。该图中，$\mathrm{d}\phi = \boldsymbol{B}\mathrm{d}S\cos\theta$。如果磁场均匀且磁场方向垂直于 S 面，则 $\boldsymbol{\Phi} = \boldsymbol{B} \cdot S$。

在国际单位制中，$\boldsymbol{\Phi}$的单位是韦伯，简称韦（Wb）。

由磁通的定义可见，磁感应强度的值等于与之垂直的单位面积上的磁通，所以磁感应强度又称为“磁通密度”。

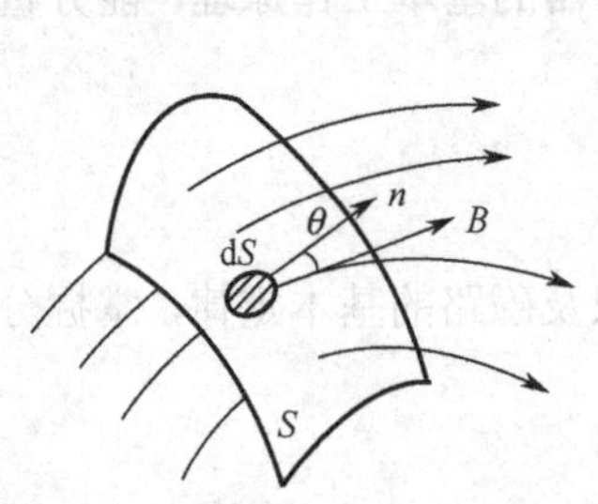

（a）穿过任意面积的磁通量

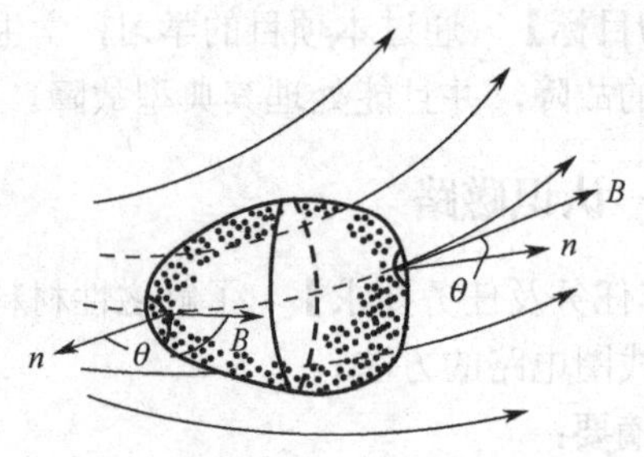

（b）穿过一封闭曲面的磁通量

图 4.1　磁通量

② 磁通的连续性定理。在磁场中穿出任一闭合面的磁通之和恒为零，即

$$\oint_S \boldsymbol{B} \cdot \mathrm{d}S = 0 \tag{4.3}$$

上式表明：在磁场中任取一闭合面，如图 4.1（b）所示，若在其某些面上确有磁通穿入，则在此闭合面的其余部分面上，必有与穿入的磁通等量的磁通穿出，这一结论称为“磁通连续性定理”。按照磁通连续性定理，磁感应线总是闭合的曲线。

（3）磁导率

磁导率 μ是用来表示物质导磁能力强弱的物理量。磁场中某处的磁感应强度 $\boldsymbol{B}$ 的大小，不仅与产生这个磁场的电流等因素有关，而且还与磁场中媒介的性质有关。在导体中通以同样大小的电流，如果周围媒介不同，μ就不同，则磁场中同一点的磁感应强度 $\boldsymbol{B}$ 的大小也就不同。“无限长的直电流（即导线长度远大于导线到 P 点的垂直距离 R，简称长直电流）”在某点所激发的磁感应强度 $\boldsymbol{B}$ 与磁导率 μ的关系为

$$\boldsymbol{B} = \frac{\mu I}{2\pi R} \tag{4.4}$$

式（4.4）中，I 是长直导体中的电流强度，R 是某点到长直导体的距离。

磁导率是衡量物质导磁能力的物理量，单位是亨/米（H/m）。

真空的磁导率为

$$\mu_0 = 4\pi \times 10^{-7}\ \mathrm{H/m} \tag{4.5}$$

物质按其导磁性能可分为非磁性材料和磁性材料（也称为铁磁材料）两大类。非磁性材料的导磁能力较差，其磁导率$\mu \approx \mu_0$，磁导率是一常数，则该物质材料称为非磁性材料，如氢、氮、氧、空气、铝、铅、铜等。而磁性材料则有很强的导磁性能，如铁、镍、钴、硅钢、坡莫合金等，在电工设备上广泛采用，其磁导率比μ_0大数百甚至数万倍。为了便于比较，工程上常采用物质的磁导率 μ与μ_0的比值 μ_r来表示各种物质的导磁性能，即

$$\mu_r = \frac{\mu}{\mu_0} \tag{4.6}$$

非铁磁物质$\mu_r \approx 1$，铁磁物质$\mu_r \gg 1$。

（4）磁场强度及安培环路定律

① 磁场强度。它是描述磁场源强弱的物理量，与励磁电流成正比，磁场强度只与产生磁场的电流以及这些电流的分布有关，与磁介质无关。磁场强度的单位是安/米（A/m），是为了简化计算而引入的辅助物理量，即

$$\boldsymbol{H}=\frac{\boldsymbol{B}}{\mu} \tag{4.7}$$

② 安培环路定律。安培环路定律指出：磁场强度矢量沿任一闭合路径的线积分等于该闭合路径所包围的全部电流的代数和。表达式为

$$\oint_1 \vec{H}\cdot \mathrm{d}\vec{l}=\Sigma I \tag{4.8}$$

式（4.8）中，电流 I 的方向与闭合路径方向符合右手螺旋定时取正，反之则取负。

（5）铁磁材料性质

铁磁材料的磁导率很高，在外磁场作用下，其内部的磁感应强度大大增强，即被磁化，称为铁磁材料的“磁化现象”。为什么磁性物质具有可被磁化的特性呢？因为磁性物质不同于其他物质，有其内部特殊性。电流产生磁场，在物质的分子中，由于电子环绕原子核运动和本身自转运动而形成分子电流，分子电流也要产生磁场，每个分子相当于一个基本的小磁场。同时，在磁性物质内部还分成许多小区域；由于磁性物质的分子间有一种特殊的作用力而使每一区域的分子磁铁都排列整齐而显示磁性，这些小区域称为“磁畴”。在没有外磁场的作用时，各个磁畴排列混乱，磁场相互抵消，对外就显示不出磁性来。在有外磁场作用下（如在铁芯线圈中的励磁电流所产生的磁场的作用下），其中磁畴的磁化方向就顺外磁场方向转向，显示出磁性来。随着外磁场的增强（或励磁电流的增大），磁畴的磁化方向就逐渐转到与外磁场相同的方向上。这样，便产生了一个很强的与外磁场同方向的磁化磁场，而使磁性物质内的磁感应强度大大增加，这就是说磁性物质被强烈地磁化了。

非磁性材料没有“磁畴”结构，所以不具有磁化的特性。

① 磁饱和性。对磁性物质来说，由于磁化所产生的磁化磁场不会随着外磁场的增强而无限增强，当外磁场（或励磁电流）增大到一定值时，全部磁畴的磁场方向都转向与外磁场的方向一致，这时磁化磁场的磁感应强度达到饱和值，也就是说铁磁物质达到磁饱和状态，如图 4.2 所示。

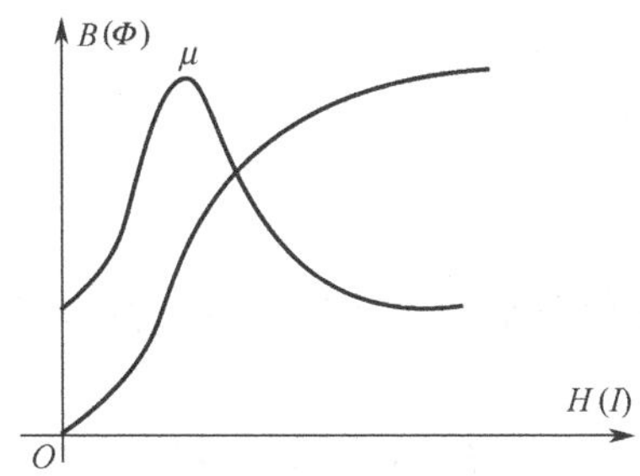

图 4.2　**B—H** 磁化曲线

当有磁性物质存在时，**B** 与 **H** 不成正比，所以磁性物质的磁导率（$\mu=\boldsymbol{B}/\boldsymbol{H}$）不是一个常数，是随 **H** 而变的，如图 4.3 所示。

对于非磁性材料来说，**B**（**Φ**）正比于 **H**（I），无磁饱和现象；$\mu=\boldsymbol{B}/\boldsymbol{H}=\tan\alpha$ 为一常数，μ 不随 **H**（I）的变化而变化。

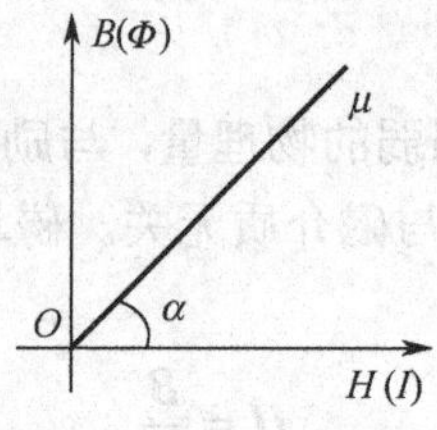

图 4.3　**B** 与 **H** 关系

② 磁滞性。**B** 的变化滞后于 **H** 的变化，故名“磁滞”特性，如图 4.4 所示。

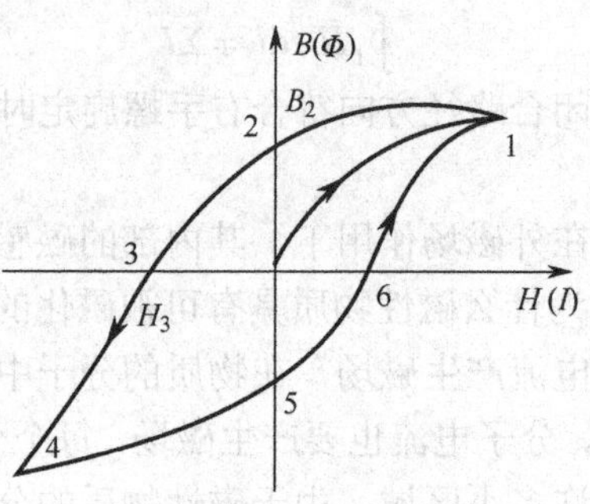

图 4.4　磁滞曲线

当铁芯由铁磁材料构成，线圈通有交变电流时，铁芯受到交变磁化，一个周期内的 **B**—**H**（**Φ**—*I*）曲线如图 4.4 所示。其特点为：

a．当电流 $I=0$（$\boldsymbol{H}=0$），即铁芯中外磁场为零时，仍保留部分磁性，将此时的 B_2 称为“剩磁”。

b．若使 $\boldsymbol{B}=0$，则应继续加反向电流（反向磁场）到达 3 点，此时将使 $\boldsymbol{B}=0$ 的 H_3 值称为“矫顽力”。

c．表示 **B** 与 **H** 的变化关系的闭合曲线称为“磁滞回线”，即 **B** 的变化滞后于 **H** 的变化。

d．磁滞的作用。首先，铁芯反复磁化所具有的磁滞现象将产生热量，并耗散掉，称为“磁滞损耗”，其大小与磁滞回线的面积成正比。其次，根据磁滞回线面积的大小，又可继续将磁性材料分为三类：软磁材料（磁滞回线呈窄长形）、硬磁材料（磁滞回线呈宽胖形）、矩磁材料（磁滞回线呈矩形）。

4.1.2　磁路定律

（1）磁路欧姆定律

设一段磁路长为 l，横截面积为 S 的环形线圈，磁力线均匀分布于横截面上，这时 **B**、**H** 与 μ 之间的关系为

$$\boldsymbol{H}=\boldsymbol{B}/\mu,\ \boldsymbol{B}=\boldsymbol{\Phi}/S \tag{4.9}$$

则有

$$\boldsymbol{H}l=\boldsymbol{B}l/\mu=\boldsymbol{\Phi}l/\mu S$$

由此可得

$$\boldsymbol{\Phi}=\frac{\boldsymbol{H}l}{\dfrac{l}{\mu S}}=\frac{\boldsymbol{F}}{R_{\rm m}} \tag{4.10}$$

式（4.10）中，$\boldsymbol{F}=\boldsymbol{H}l$ 称为“磁动势”，单位为安（A）；$R_m=l/\mu S$ 称为磁路的“磁阻”，是表示磁路对磁通具有阻碍作用的物理量，它与磁路的几何尺寸、磁介质的磁导率有关，单位为每亨（H^{-1}）。式（4.10）与电路的欧姆定律在形式上相似，所以称为“磁路的欧姆定律”，它是磁路进行分析与计算所要遵循的基本定律。

因为铁磁材料的磁导率 μ 不是常数，它随励磁电流变化而变化，所以铁磁材料的磁阻是非线性的，数值很小；空气隙的磁导率 μ_0 很小，而且是常数，所以空气隙中的磁阻是线性的，数值很大。由于铁磁材料的磁阻是非线性的，因此不能直接用式（4.10）进行定量分析，而只能进行定性分析。

（2）磁路的基尔霍夫第一定律

根据磁通的连续性原理，在忽略漏磁通的情况下，磁路的一个分支中有相同的磁通。对于有分支的磁路，其分支汇合处称为“磁路的节点”，如图 4.5 所示。根据磁通连续性原理可得

$$\boldsymbol{\Phi}_1+\boldsymbol{\Phi}_2-\boldsymbol{\Phi}_3=0 \tag{4.11}$$

即

$$\sum\boldsymbol{\Phi}=0 \tag{4.12}$$

由式（4.12）可知，磁路的任一节点所连接的各分支磁通的代数和等于零，这称为“磁路的基尔霍夫第一定律”。

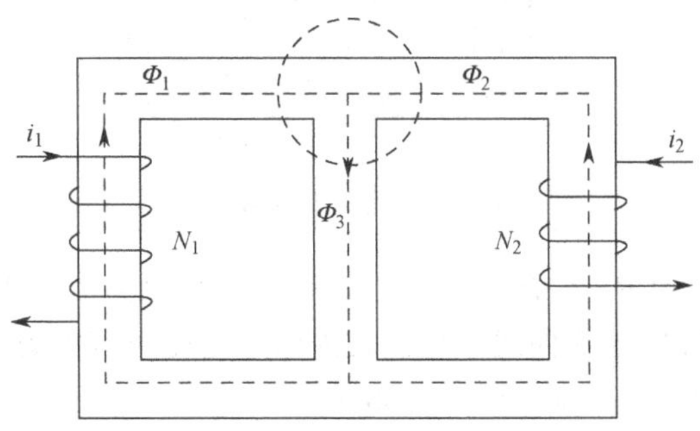

图 4.5　磁路的基尔霍夫第一定律

（3）磁路的基尔霍夫第二定律

若一段磁路的材料相同，横截面也相同，则它就是“均匀磁路”，否则称为“不均匀磁路”。均匀磁路中磁场强度 $\boldsymbol{H}$ 处处相等，磁场方向与磁路的中心线平行。

在磁路中，任何一个闭合的路径均称为回路。但在回路中不一定都是均匀的磁路，应用安培环路定律时，需将该回路分段，使每段都为均匀磁路，具有相同的 $\boldsymbol{H}$ 值。根据安培环路定律可得

$$\sum(\boldsymbol{H}l)=\sum(IN) \tag{4.13}$$

式（4.13）中，$\boldsymbol{H}l$ 称为各段磁路的“磁压降”，IN 是磁路中产生磁通的激励源，称为“磁动势”。式（4.13）表明：在磁路的任一回路中，各段磁压降的代数和等于各磁动势的代数和，这称为“磁路的基尔霍夫第二定律”。

*4.1.3　直流磁路

线圈中的励磁电流为直流时，所产生的磁路称为“直流磁路”。直流磁路所产生的磁通不随时间变化而变化，是一个恒定的磁通。

研究磁路的目的在于找出磁通与磁动势的相互关系。一般直流磁路的计算分为两大类：一类是已知磁通求磁动势，另一类是已知磁动势求磁通。

已知磁通求磁动势，分析计算这类问题的步骤如下：

① 将磁路分段。按照材料不同来分段，这是由于材料不同磁导率不同。

② 根据给定的磁路几何尺寸计算各段磁路的长度 l，一般取磁路的中心线计算。

③ 计算各段磁路的截面积 S。

④ 由已知的磁通及各段磁路的截面积，计算各段磁路的磁感应强度 $\boldsymbol{B}$。

⑤ 由各段磁路的磁感应强度 $\boldsymbol{B}$，求出各段磁路的磁场强度 $\boldsymbol{H}$。

⑥ 按照磁路的基尔霍夫第二定律，求磁动势。

【例 4.1】 在图 4.6 中，铁芯用 DR530 叠成，它的截面积 $S = 2 \times 4 \times 10^{-4}\ \mathrm{m}^2$，铁芯的平均长度 $l_{\mathrm{Fe}} = 0.3\ \mathrm{m}$，空气隙长度 $\delta = 5 \times 10^{-4}\ \mathrm{m}$，线圈的匝数 $N = 3$。试求：产生磁通 $\boldsymbol{\Phi} = 10.4 \times 10^{-4}$ Wb 时，所需要的励磁磁动势 IN 和励磁电流 I。考虑到气隙磁场的边缘效应，在计算气隙有效面积时，通常在长、宽方向各增加一个 δ 值。

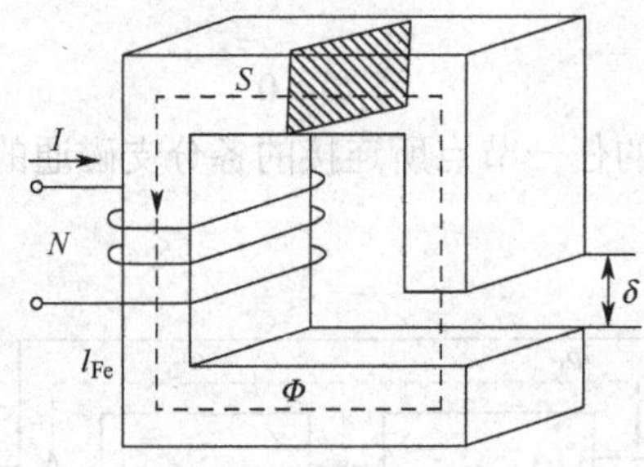

图 4.6 简单串联磁路

解：铁芯内磁通密度为 $\boldsymbol{B}_{\mathrm{Fe}} = \boldsymbol{\Phi}/S = 10.4 \times 10^{-4}/(2 \times 4 \times 10^{-4}) = 1.3\ \mathrm{T}$

从工具书中查 DR530 的磁化曲线，与铁芯内磁通密度对应的 $\boldsymbol{H}_{\mathrm{Fe}} = 800\ \mathrm{A/m}$。

铁芯段的磁压降：$\boldsymbol{H}_{\mathrm{Fe}} l_{\mathrm{Fe}} = 800 \times 0.3 = 240\ \mathrm{A}$

空气隙的磁通密度：$\boldsymbol{B}_{\delta} = \boldsymbol{\Phi}/S_{\delta} = 10.4 \times 10^{-4}/(2.05 \times 4.05 \times 10^{-4}) = 1.253\ \mathrm{T}$

空气隙的磁场强度：$\boldsymbol{H}_{\delta} = \boldsymbol{B}_{\delta}/\mu_0 = 1.253/(4\pi \times 10^{-7}) = 9.973 \times 10^5\ \mathrm{A/m}$

空气隙的磁压降：$\boldsymbol{H}_{\delta} l_{\delta} = 9.973 \times 10^5 \times 5 \times 10^{-4} = 498.6\ \mathrm{A}$

励磁磁动势：$\boldsymbol{F} = \sum(\boldsymbol{H}l) = \boldsymbol{H}_{\delta} l_{\delta} + \boldsymbol{H}_{\mathrm{Fe}} l_{\mathrm{Fe}} = 498.6 + 240 = 738.6\ \mathrm{A}$

励磁电流：$I = \boldsymbol{F}/N = 738.6/3 = 246.2\ \mathrm{A}$

在无分支的均匀磁路中，计算并不复杂。但是如果磁路不均匀，就不能直接计算，这种情况一般采用试探法。由于磁性材料的磁导率是非线性的，所以不论哪一类问题的求解都必须借助于材料的标准磁化曲线。

*4.1.4 交流磁路

线圈中的励磁电流为交流时，所产生的磁路称为“交流磁路”。交流磁路所产生的磁通随时间变化而变化，是一个交变的磁通。由于交流磁路中的磁通是交变的时间函数，因此分析交流磁路要比分析直流磁路复杂。

（1）交流铁芯线圈电路

交流磁路中的交变磁通$\boldsymbol{\Phi}(t)$是由交变电流 $i(t)$所产生的。在交变磁通的作用下，磁路中将会产生一个感应电压 $N(\mathrm{d}\boldsymbol{\Phi}/\mathrm{d}t)$。若忽略漏磁通，则励磁电路的电压方程为

$$u(t)= Ri(t)+ N(\mathrm{d}\boldsymbol{\Phi}/\mathrm{d}t) \tag{4.14}$$

式（4.14）中，R 为线圈中的电阻。通常情况下，$Ri(t)$比 $N(\mathrm{d}\boldsymbol{\Phi}/\mathrm{d}t)$小得多，因此可得

$$u(t)\approx N(\mathrm{d}\boldsymbol{\Phi}/\mathrm{d}t) \tag{4.15}$$

因为u是一个正弦交流电压，$\boldsymbol{\Phi}$也必是同频率同周期的正弦函数，设$\boldsymbol{\Phi}(t)=\boldsymbol{\Phi}_{\mathrm{m}}\sin\omega t$，则

$$u(t)\approx N(\mathrm{d}\boldsymbol{\Phi}/\mathrm{d}t) = N\omega\boldsymbol{\Phi}_{\mathrm{m}}\sin(\omega t + 90^\circ)$$

$$U = N\boldsymbol{\Phi}_{\mathrm{m}}2\pi f/\sqrt{2} = 4.44\, N\boldsymbol{\Phi}_{\mathrm{m}}f$$

即

$$U = 4.44NfSB_{\mathrm{m}} \tag{4.16}$$

式（4.16）表明$\boldsymbol{\Phi}(t)$在相位上比 $u(t)$滞后 90°，该公式是电磁器件理论中的一个极其重要的公式，是变压器设计中的一个基本公式。

（2）铁芯损耗

在交变磁通作用下，除了线圈中电阻的损耗（铜损耗 P_{Cu}）外，在铁芯中也有能量损失，称为“铁芯损耗”。铁芯损耗用 P_{Fe}表示，它由磁滞损耗和涡流损耗两部分组成。

① 磁滞损耗（P_{h}）。在交流磁路中，铁芯处于反复磁化的过程中，为克服磁畴的反复排列而消耗电能，并转化为热能。材料每交变磁化一周，其单位体积所损耗的能量正比于磁滞回线的面积。因此，P_{h} 正比于交流电的频率 f 与磁滞回线的面积之积。磁滞回线界定的面积与 B_{m}及材料的特性有关。根据实验可得出

$$P_{\mathrm{h}} = K_{\mathrm{h}} fB_{\mathrm{m}}^{\mathrm{n}} \tag{4.17}$$

式（4.17）中，K_{h}为材料的特性常数，B_{m}的指数 n 与材料特性有关，其值在 1.5～2.5 之间。

② 涡流损耗（P_{e}）。涡流是电磁感应现象的产物。铁芯中的交变磁通$\boldsymbol{\Phi}(t)$，不仅在线圈里感应出电压，也会在铁芯里感应出电压。由于铁芯也是导体，在感应电压的作用下就会引起电流，称为“涡流”。涡流遇到铁芯的阻力，便产生了与电路中的 i^2R 同样性质的功率损耗，使铁芯发热。由于感应电压与交变磁通的频率以及磁通密度最大值有关，而功率损耗又与感应电压或感应电流的平方成比例。因此，涡流损失是与f及 B_{m}的平方成比例的。每单位体积铁芯的涡流损耗可表示为

$$P_{\mathrm{e}} = K_{\mathrm{e}}f^2B_{\mathrm{m}}^2 \tag{4.18}$$

式（4.18）中，K_{e}是比例常数。

（3）交流铁芯线圈等效电路

采用适当的电路模型来等效代替交流铁芯线圈，可将磁路的计算转化为电路的计算，使问题简化。

交流线圈中电流的作用：一是产生交变磁通；二是供给铁损。因此，它可分解为无功分量 I_{r}和有功分量 I_{α}。如果忽略线圈的电阻和漏磁通，交流铁芯线圈可用一个并联电路模型等效，如图 4.7 所示。

图 4.7 中，G_{m}为功率等于铁损的等效电导，B_{r}为表示电流无功分量 I_{r}与主磁通$\boldsymbol{\Phi}$之间关系的等效电感的电纳，$\dot{U}$ 为主磁通$\boldsymbol{\Phi}$产生的主磁感应电压，$\dot{I}$ 为等效正弦电流相量。G_{m} 和 B_{r}可由铁损和无功功率求得，即

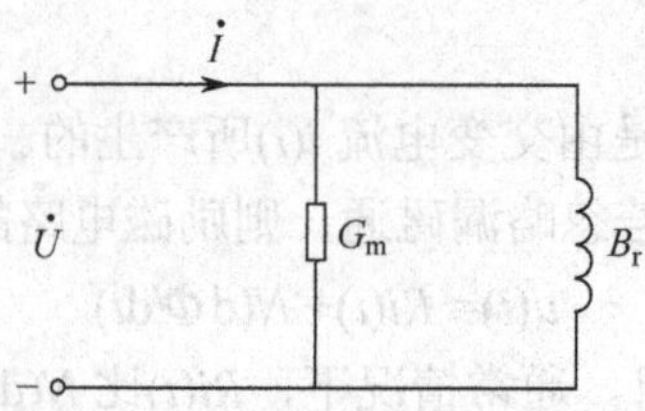

图 4.7　不考虑线圈内阻及漏磁通时，铁芯线圈的等效电路模型

$$G_m = \frac{P_{Fe}}{U^2} \tag{4.19}$$

$$B_r = \frac{Q}{U^2} \tag{4.20}$$

任务 4.2　认识变压器

【工作任务及任务要求】　了解变压器的基本结构、工作原理，掌握变压器电压、电流和阻抗变换作用。

知识摘要：

➢　变压器的用途与分类

➢　变压器基本工作原理

任务目标：

➢　掌握变压器分类

➢　掌握变压器工作原理

➢　掌握单相变压器作用及同名端的检测方法

4.2.1　变压器的用途与分类

（1）变压器的用途

变压器是根据电磁感应原理制成的一种传递电能的静止的电磁装置，它主要将某一种电压、电流的电能转变成另一种电压、电流的电能。它具有电压变换、电流变换、阻抗变换和电气隔离的功能，在工程的各个领域中变压器的用途有很多，按照用途不同可以分为以下几大类：

① 变换交流电压，如电力系统传输电能的升压变压器、降压变压器、配电变压器等电力变压器及各类电气设备电源变压器。

② 变换交流电流，如电流互感器及大电流发生器。

③ 变换阻抗，如电子线路中的输入输出变压器。

④ 电气隔离，如 1:1 隔离变压器。

（2）变压器的分类

变压器的种类有很多，按照不同的方式可以分为以下几类：

① 按冷却方式分类：干式（自冷）变压器、油浸（自冷）变压器、氟化物（蒸发冷却）变压器。

② 按防潮方式分类：开放式变压器、灌封式变压器、密封式变压器。

③ 按铁芯或线圈结构分类：芯式变压器（插片铁芯、C 形铁芯、铁氧体铁芯）、壳式变压器（插片铁芯、C 形铁芯、铁氧体铁芯）、环形变压器、金属箔变压器。

④ 按电源相数分类：单相变压器、三相变压器、多相变压器。

⑤ 按用途分类：电源变压器、调压变压器、音频变压器、中频变压器、高频变压器、脉冲变压器。

4.2.2 变压器基本工作原理

（1）变压器基本工作原理

变压器的空载运行原理如图 4.8 所示，与电源相连接的绕组称为“初级绕组（又称一次侧或者原边）”，与负载相连接的绕组称为“次级绕组（又称二次侧或者副边）”。一、二次侧是绝缘的，但是二者共用同一磁路。

当一个正弦交流电压 u_1 加在初级线圈两端时，导线中就有交变电流 i_1，并产生交变磁通 $\boldsymbol{\Phi}_1$，它沿着铁芯穿过初级线圈和次级线圈形成闭合的磁路。在次级线圈中感应出互感电动势 e_{20}，同时 $\boldsymbol{\Phi}_1$ 也会在初级线圈上感应出一个自感电动势 e_{10}。e_{10} 的方向与所加电压 u_1 方向相反而幅度相近，从而限制了 i_1 的大小。为了保持磁通 $\boldsymbol{\Phi}_1$ 的存在，就需要有一定的电能消耗，并且变压器本身也有一定的损耗，尽管此时次级没接负载，初级线圈中仍有一定的电流 i_{10}，这个电流称为“空载电流”。

空载电流通过一次绕组在铁芯中产生正弦交变的磁通，大部分沿铁芯闭合，且同时与一次侧、二次侧交链，称为“主磁通 $\boldsymbol{\Phi}_0$”。但是，另外还有很少的一部分磁通沿一次绕组周围的空间闭合，不与二次侧相交链，称为“漏磁通 $\boldsymbol{\Phi}_{\sigma 0}$”。忽略漏磁通和一次绕组电阻上的压降，在理想状态下，由式（4.16）可知一、二次侧中的电压有效值为

$$U_1 = 4.44 f N_1 \boldsymbol{\Phi}_{0\mathrm{m}} \tag{4.21}$$

$$U_2 = 4.44 f N_2 \boldsymbol{\Phi}_{0\mathrm{m}} \tag{4.22}$$

由式（4.21）、式（4.22）得

$$U_1/U_2 = N_1/N_2 = K_\mathrm{u} \tag{4.23}$$

式（4.23）中，K_u 称为变压器的“变比”，也称为一次侧、二次侧的匝数之比。

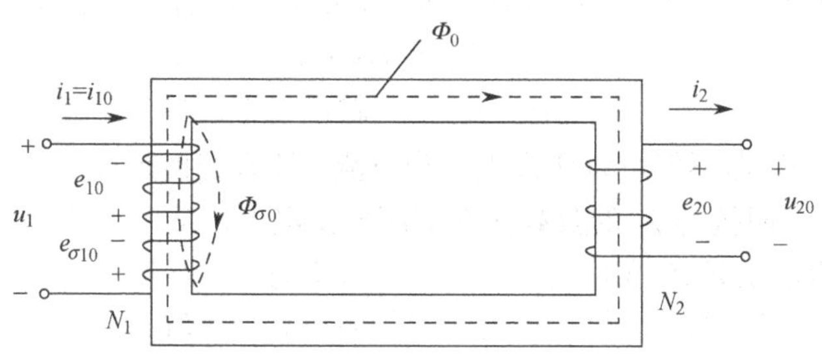

图 4.8 变压器的空载运行原理图

如果次级接上负载，次级线圈就产生电流 i_2，向负载供电，实现了电能的传递。只要改变初、次级绕组的匝数，就可以改变初、次级绕组感应电动势的大小，从而达到改变电压的目的。这就是变压器利用电磁感应来变压的原理。

（2）单相变压器及其应用

单相变压器原理图如图 4.9 所示。

① 电压变换。如果不考虑变压器的损耗，可以认为一个理想的变压器次级负载消耗的功率也就是初级从电源取得的电功率，即

$$U_1 I_1 = U_2 I_2$$

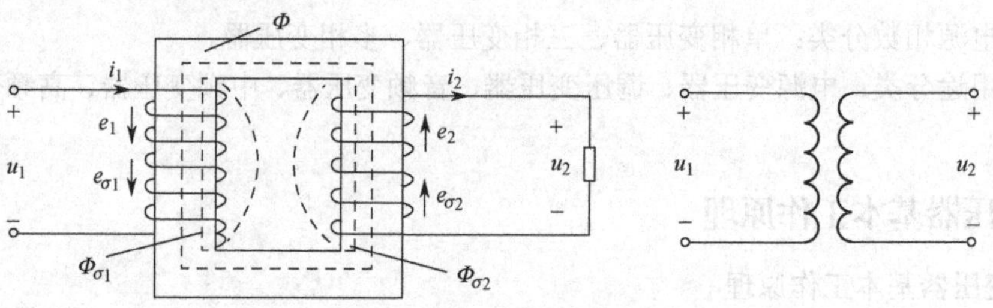

图 4.9　单相变压器原理图

或

$$\frac{U_1}{U_2}=\frac{I_2}{I_1}=K_u \tag{4.24}$$

可见，当电源电压 U_1 一定时，只要改变匝数比，就可得出不同的输出电压 U_2。$K_u>1$ 时，为降压变压器；$K_u<1$ 时，为升压变压器。

变比在变压器的铭牌上注明，它通常以“6 000/400 V”的形式表示初、次级绕组的额定电压之比，此例表明这台变压器的初级绕组的额定电压 $U_{1N}=6\ 000$ V，次级绕组的额定电压 $U_{2N}=400$ V。

所谓次级绕组的额定电压，是指初级绕组加上额定电压时，次级绕组的空载电压。由于变压器有内阻抗压降，所以次级绕组的空载电压一般应较满载时的电压高 5%～10%。

② 电流变换。由式（4.24）知，变压器高压侧电流小，而低压侧电流大。变压器中的电流虽然由负载的大小确定，但是初、次级绕组中电流的比值是基本不变的。因为当负载增加时，I_2 和 I_2N_2 随着增大，而 I_1 和 I_1N_1 也必须相应增大，以抵偿次级绕组的电流和磁动势对主磁通的影响，从而维持主磁通的最大值近似不变。

变压器的额定电流 I_{1N} 和 I_{2N} 是指变压器在长时连续工作运行时初、次级绕组允许通过的最大电流，它们是根据绝缘材料允许的温度确定的。

次级绕组的额定电压与额定电流的乘积称为单相变压器的“额定容量”，即

$$S_N = U_{2N}I_{2N} \tag{4.25}$$

式（4.25）中，S_N 是视在功率（单位是伏安），与输出功率（单位是瓦）不同。

③ 阻抗变换。变压器不但可以变换电压和电流，还有变换阻抗的作用，以实现阻抗“匹配”。如图 4.10 所示，阻抗为 Z_L 的负载接在变压器次级上，从以上分析可知，一次绕组中的电流 I_1 随着二次绕组的负载 Z_L 变化而变化。从变压器的一次绕组看进去，可用一个等效阻抗 Z_L' 来代替这种作用，就是说，直接接在电源上的阻抗 Z_L' 和接在变压器次级上的负载阻抗 Z_L 是等效的。由图 4.10 得

$$|Z_L'|=\frac{U_1}{I_1}=\frac{K_uU_2}{\frac{1}{K_u}I_2}=K_u^2\frac{U_2}{I_2}=K_u^2|Z_L| \tag{4.26}$$

式（4.26）表明了变压器的阻抗变换作用：接在变压器二次绕组上的负载$|Z_L|$，从一次绕组看上去，相当于在电源上直接接一个阻抗为$|Z_L'|=K_u^2|Z_L|$的负载。匝数比不同，负载阻抗$|Z_L|$折算到（反映到）一次绕组的等效阻抗$|Z_L'|$也不同。可以采用不同的匝数比，将负载阻抗变换为所需要的、比较合适的数值，以便负载从电源获得最大功率，这种做法通常称为“阻抗匹配”。

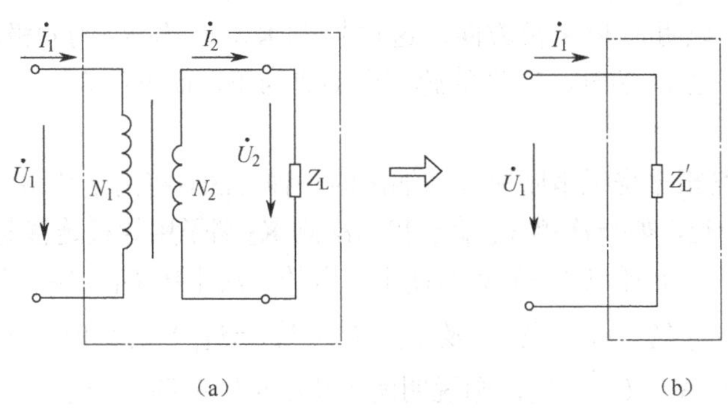

图 4.10　变压器的阻抗变换示意图

*（3）变压器绕组极性测定

同极性端又称为“同名端”，是指变压器各绕组电位瞬时极性相同的端点。如图 4.11（a）所示，变压器有两个副绕组，由主磁通把它们联系在一起，当主磁通交变时，每个绕组中都要产生感应电动势。根据右手螺旋法则，假设主磁通正在增强，可判断第一个绕组中，端点 1 的感应电动势电位高于端点 2 的电位；第二个绕组中，端点 3 的电位高于端点 4 的电位，故称端点 1 和端点 3 是“同名端”，端点 2 和端点 4 也是“同名端”，用符号“ * ”或“ • ”表示。端点 1 和端点 4 是“异名端”，端点 2 和 3 也是“异名端”。

同名端与绕组的绕向有关，图 4.11（b）与图 4.11（a）相比，改变了一个绕组的绕向，假设主磁通正在增强，根据右手螺旋法则可知，第一个绕组中，端点 1 的电位高于端点 2 的电位；第二个绕组中，端点 4 的电位高于端点 3 的电位，故端点 1 和 4 是“同名端”，端点 2 和 3 也是“同名端”，而端点 1 和 3 是“异名端”。正确的“串联”方法应是把两个绕组的异名端连在一起，如把图 4.11（a）中的 2、3 端连在一起，在 1、4 端就可以得到一个高电压，即两个副绕组电压之和；若接错，则输出电压会抵消。正确的“并联”方法应是把两个电压输出方向相同的绕组的同名端连在一起，如把图 4.11（b）中的 1、4 端以及 2、3 端相连，这时可向负载提供更大的电流；如接错，则会造成线圈短路从而烧坏变压器。

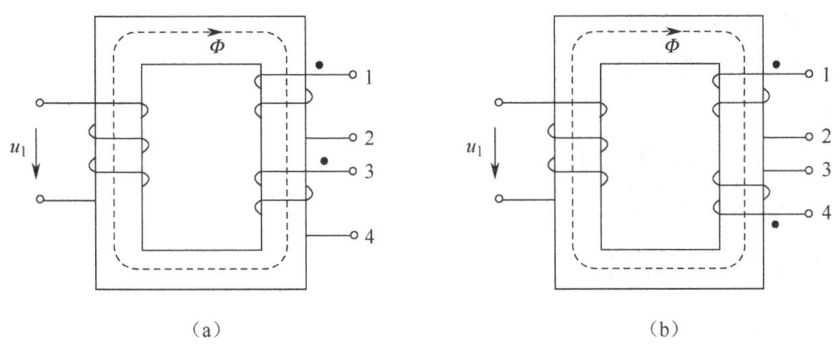

图 4.11　变压器的同名端

变压器同极性端的测定：

① 直流法。如图 4.12 所示，L_1～L_2 线圈接在低压电池上，另一组线圈 K_1～K_2 串接一个检流计或毫安表（也可以接一个直流电压表），当开关 K 闭合瞬间，在绕组 L_1～L_2 和 K_1～K_2 分别产生电动势 e_1 和 e_2 。

若电压表正偏，说明 e_1 和 e_2 同方向，这时端子 L_1 与 K_1、L_2 与 K_2 为同极性端。

若电压表反偏，说明 e_1 和 e_2 反方向，这时 L_1 与 K_2、L_2 与 K_1 为同极性端。

因为当电流刚流进 L_1 端时，L_1 端的感应电动势为正，而电压表正偏，说明 K_1 端此时也为正。

② 交流法。它是根据绕组串联原理归纳出的一种方法。将两个绕组的一、二次线圈的任意两个端子连接在一起，如一次侧 L_2 端子和二次侧 K_2 端子用导线连接起来，在任一绕组两端（如在二次侧 K_1～K_2）通以 1～5 V 的便于测量的交流电压 U_1（$U_1 = V_{K_2} - V_{K_1}$），用 10 V 以下的电压表测量 U_2（$U_2 = V_{L_2} - V_{L_1}$）及 U_3（$U_3 = V_{K_1} - V_{L_1}$）的数值，如图 4.13 所示。根据电压的极性关系，若 $U_3 = U_1 - U_2$，则说明两个绕组反向串联，端子 L_1 与 K_1（或端子 L_2 与 K_2）为同极性端；若 $U_3 = U_1 + U_2$，则说明两个绕组顺向串联，端子 L_1 与 K_2（或端子 L_2 与 K_1）为同极性端。

注意：在测试过程中，尽量使通入电压低一些，以免电流太大损坏线圈。

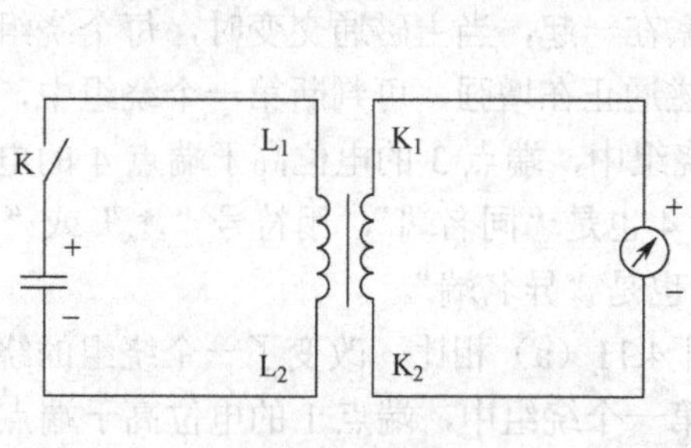

图 4.12 直流法

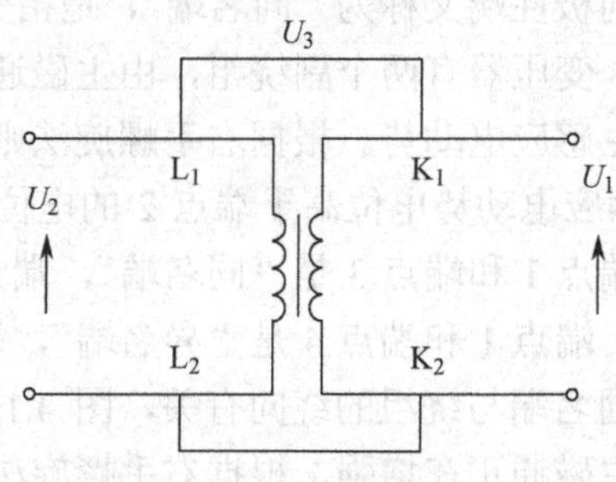

图 4.13 交流法

*任务 4.3 相关知识扩展

【工作任务及任务要求】 了解三相变压器、互感器、自耦变压器的基本结构、工作原理，掌握常见变压器故障分析方法。

知识摘要：

➢ 常用变压器及其应用

➢ 常见变压器故障判断

任务目标：

➢ 掌握几种常用变压器的工作原理

➢ 掌握常见变压器故障分析方法

4.3.1 常用变压器及其应用

（1）三相变压器的知识

三相电力变压器广泛应用于电力系统输、配电的三相电压变换。此外，三相整流电路、三相电炉设备也采用三相变压器进行三相电压的变换。

三相变压器有三个铁芯柱，每一相的高低压绕组同心地套装在一个铁芯柱上构成一相，三相绕组的结构是相同的，即“对称的”。

三相变压器的额定电压、额定电流，指的是线电压、线电流。

三相变压器的高压绕组和低压绕组，均可以连成星形或三角形。因此，三相变压器有 Y/Y、Y/Δ、Δ/Δ、Δ/Y 四种基本接法，分子表示高压绕组的接法，分母表示低压绕组的接法。目前，

我国生产的三相电力变压器，通常采用 Y/Y_0、Y/Δ接法，如图 4.14 所示。当三相原、副边绕组均为 Y 形连接时，$U_1/U_2 = N_1/N_2 = K_u$；当三相原边绕组为 Y 形连接，而三相副边绕组为Δ形连接时，$U_1/U_2 = \sqrt{3}\,N_1/N_2 = \sqrt{3}\,K_u$。

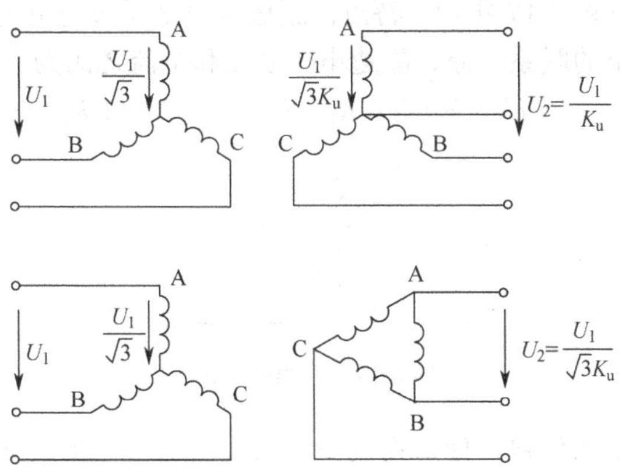

图 4.14　三相变压器的 Y/Y_0、Y/Δ接法

（2）互感器

① 电流互感器。如图 4.15 所示，原边绕组线径较粗，匝数很少，与被测电路串联；副边绕组线径较细，匝数很多，与电流表或功率表、电度表、继电器的电流线圈串联。其功能是将大电流变换为小电流进行测量。

$$I_1/I_2 = N_2/N_1 = 1/K_u \tag{4.27}$$

使用注意事项：使用时副边绕组电路不允许开路，以防产生高电压；铁芯、低压绕组的一端接地，以防在绝缘损坏时，在副边出现过压，危及工作人员的安全。

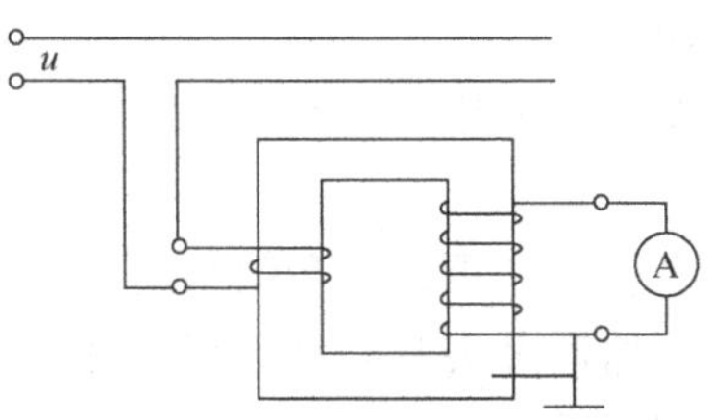

图 4.15　电流互感器

② 电压互感器。如图 4.16 所示，电压互感器的原边绕组匝数很多，并联于待测电路两端；副边绕组匝数较少，接在电压表或电度表、功率表、继电器的电压线圈上。其功能是将高电压变为低电压进行测量。

$$U_1/U_2 = N_1/N_2 = K_u \tag{4.28}$$

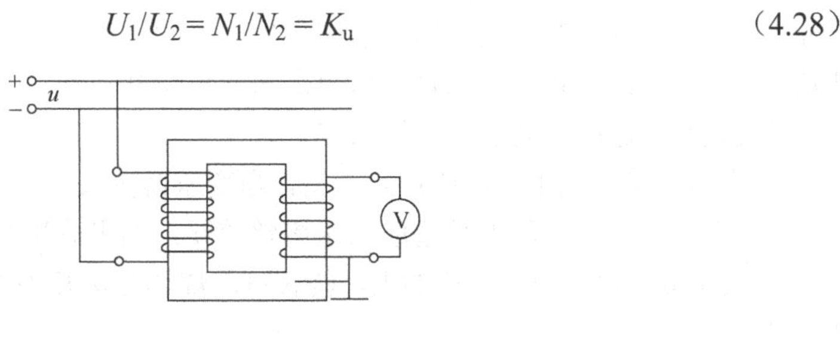

图 4.16　电压互感器

使用注意事项：使用时副边绕组电路不允许短路，以防产生过流；铁芯、低压绕组的一端接地，以防在绝缘损坏时，在副边出现高压，危及测量仪表、工作人员的安全。

（3）自耦变压器

自耦变压器原理图如图 4.17 所示。特点：副边绕组是原边绕组的一部分，原、副边绕组不但有磁的联系，也有电的联系。原、副边电压之比和电流之比为

$$U_1/U_2 = N_1/N_2 = K_u，I_1/I_2 = N_2/N_1 = 1/K_u$$

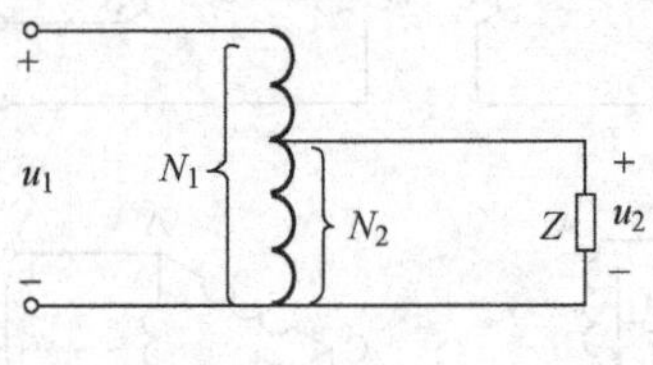

图 4.17　自耦变压器

使用时，改变滑动端的位置，便可得到不同的输出电压。实验室中用的调压器就是根据此原理制作的。注意：原、副边绝对不能对调使用，以防变压器损坏。因为 N 变小时，磁通增大，电流会迅速增加。

4.3.2　常见变压器故障判断

（1）变压器常见故障

配电和变电系统在送电和运行中常见的故障和异常现象有：

① 变压器在经过停运后送电或试送电时，往往发现电压不正常，如两相高一相低或指示为零；有的新投入运行变压器三相电压都很高，使部分用电设备因电压过高而烧毁。

② 高压熔丝熔断送不上电。

③ 雷雨过后变压器送不上电。

④ 变压器声音不正常，如发出“吱吱”或“噼啪”响声；在运行中发出“唧哇唧哇”的叫声等。

⑤ 高压接线柱烧坏，高压套管有严重破损和闪络痕迹。

⑥ 在正常冷却情况下，变压器温度失常并且不断上升。

⑦ 油色变化过大，油内出现炭质。

⑧ 变压器发出吼叫声，从安全气道、储油柜向外喷油，油箱及散热管变形、漏油、渗油等。

（2）变压器故障分析

① 缺相时的响声。当变压器发生缺相时，若第二相不通，送上第二相仍无声，送上第三相时才有响声；如果第三相不通，响声不发生变化，和两相时相同。发生缺相的原因有三个可能：一是电源缺一相电；二是变压器高压熔丝熔断一相；三是变压器由于运输不慎，加上高压引线较细，造成振动断线（但未接壳）。

② 调压分接开关不到位或接触不良。当变压器投入运行时，若分接开关不到位，将发出较大的“啾啾”响声，严重时造成高压熔丝熔断；如果分接开关接触不良，就会产生轻微的“吱吱”火花放电声，一旦负荷加大，就有可能烧坏分接开关的触头。遇到这种情况，要及时停电修理。

③ 掉入异物和穿心螺杆松动。当变压器夹紧铁芯的穿心螺杆松动，铁芯上遗留有螺帽零

件或变压器中掉入小金属物件时，变压器将发出“叮叮当当”的敲击声或“呼…呼…”的风声以及“吱啦吱啦”的类似磁铁吸动小垫片的响声，而变压器的电压、电流和温度却正常。这类情况一般不影响变压器的正常运行，可等到停电时进行处理。

④ 变压器高压套管脏污和裂损。当变压器的高压套管脏污，表面釉质脱落或裂损时，会发生表面闪络，听到“嘶嘶”或“哧哧”的响声，晚上可以看到火花。

⑤ 变压器的铁芯接地断线。当变压器的铁芯接地断线时，变压器将产生“哔剥哔剥”的轻微放电声。

⑥ 内部放电。送电时听到“噼啪噼啪”的清脆击铁声，是导电引线通过空气对变压器外壳的放电声；如果听到通过液体沉闷的“噼啪”声，则是导体通过变压器油面对外壳的放电声。如金属绝缘距离不够，则应停电小心检查，加强绝缘或增设绝缘隔板。

⑦ 外部线路断线或短路。当线路在导线的连接处或 T 接处发生断线，在刮风时时通时断，接触时发生弧光或火花，这时变压器就发出“唧哇唧哇”的叫声；当低压线路发生接地或出现短路事故时，变压器就发出“轰轰”的声音；如果短路点较近，变压器将发出像老虎的吼叫声。

⑧ 变压器过负荷。当变压器过负荷严重时，就发出低沉的如重载飞机的“嗡嗡”声。

⑨ 电压过高。电源电压过高会使变压器过励磁，响声增大且尖锐。

⑩ 绕组发生短路。当变压器绕组发生层间或匝间短路而烧坏时，变压器会发出“咕嘟咕嘟”的开水沸腾声。

变压器发生的异常响声因素很多，故障部位也不尽相同，只有不断地积累经验，才能做出准确判断。

项目小结

1. 在电气设备中，为了用较小的励磁电流产生较强的磁场，通常将励磁线圈绕在由铁磁材料制成的铁芯上。铁芯被磁化后，其磁性大为增强，并形成磁通的主要通路，称为“磁路”。磁路的基本物理量：磁感应强度 $\boldsymbol{B}$、磁通 $\boldsymbol{\Phi}$、磁导率 μ 和磁场强度 $\boldsymbol{H}$。铁磁材料的主要性能：高导磁性、磁饱和性和磁滞性。

2. 磁路中的磁通 $\boldsymbol{\Phi}$、磁动势 $\boldsymbol{F}$ 和磁阻 R_m 之间的关系由磁路的欧姆定律确定，即

$$\boldsymbol{\Phi}=\frac{\boldsymbol{H}l}{\dfrac{l}{\mu S}}=\frac{\boldsymbol{F}}{R_m}$$

铁磁材料的 μ 值很高，且不是常数。$\boldsymbol{B}$ 与 $\boldsymbol{H}$ 也不是线性关系，$\boldsymbol{B}$ 随 $\boldsymbol{H}$ 的增大而增大，但有一个饱和值 B_m；$\boldsymbol{H}$ 消失时又会有剩磁。磁路欧姆定律一般不能直接用于磁路的定量计算，而常用来定性分析磁路的工作状况。

3. 铁芯线圈根据电源不同，分为直流铁芯线圈和交流铁芯线圈。在直流铁芯线圈电路中，I 恒定，$\boldsymbol{\Phi}$ 也恒定，$I=U/R$，$\boldsymbol{\Phi}$ 由磁路情况决定，有铜损；在交流铁芯线圈电路中，i 交变，$\boldsymbol{\Phi}$ 也交变，$\boldsymbol{\Phi}_m=U/4.44Nf$。$I$ 由磁路情况决定，不仅有铜损，还有铁损（包括磁滞损耗和涡流损耗）。

4. 变压器是利用电磁感应原理制成的重要电工设备，能把原边绕组电路的电能或信号传递给副边绕组电路，在各个工程领域获得广泛的应用。它主要由铁芯和绕组构成，具有电压

变换、电流变换和阻抗变换的作用。

电压变换作用：$U_1/U_2 = N_1/N_2 = K_u$

电流变换作用：$I_1/I_2 = N_2/N_1 = 1/K_u$

阻抗变换作用：$|Z'_L| = K_u^2 |Z_L|$

5．自耦变压器的特点是铁芯上只有一个绕组，副边绕组是原边绕组的一部分。因此，两边既有磁的关系，又有电的关系。在变比不大时，采用它可节省材料，提高效率。但是，原、副边绕组有电的直接联系，使用不够安全。自耦调压器的副边绕组匝数可以通过滑动触头随意改变，副边电压可以根据需要平滑调节，常用于实验室中。

6．仪器设备中的小功率电源变压器常有多个绕组，各绕组之间的电压比仍为匝数比。原边绕组的电流和输入功率，由各个副绕组的电流和输出功率决定。绕组串、并联时，必须认清“同名端”。

思考与练习

4.1　已知某变压器铁芯截面积为120 cm^2，铁芯中磁感应强度的最大值不能超过1.2 T，若要用它将10 000 V工频交流电变换为250 V的同频率交流电，则应配匝数为多少的原、副边绕组？

4.2　有一线圈匝数为2 000，套在铸钢制成的闭合铁芯上，铁芯的截面积为12 cm^2，长度为80 cm。求：①线圈中通入多大的直流电流，才能在铁芯中产生0.001 Wb的磁通？②若线圈中通入电流3 A，则铁芯中产生多大的磁通？

4.3　有一交流铁芯线圈，接在$f = 50$ Hz的正弦交流电源上，在铁芯中得到磁通的最大值为$\Phi_m = 2.25\times10^{-3}$ Wb。现在此铁芯上再绕一个线圈，其匝数为200。当此线圈开路时，求其两端的电压。

4.4　已知某单相变压器的原边绕组电压为4 000 V，副边绕组电压为250 V，负载是一台250 V、25 kW的电阻炉，试求原、副边绕组的电流各为多少？

4.5　已知某收音机输出变压器的$N_1 = 600$，$N_2 = 300$，原来接阻抗为20 Ω的扬声器，现要改接成5 Ω的扬声器，求变压器的匝数N_2应为多少？

4.6　有一台额定容量为50 kVA，额定电压为4 000 V/200 V的变压器，其高压绕组为5 000匝，试求：①低压绕组的匝数；②高压侧和低压侧的额定电流。

4.7　一个截面积为20 cm^{2}的硅钢片铁芯，磁感应强度最大值为1 T，给一个40 V、100 W的白炽灯供电，已知电源电压为220 V，频率为50 Hz，试求变压器原、副边绕组的匝数和电流。

4.8　一台单相变压器额定容量为10 kVA，额定电压为3 000 V/230 V，其副边接220 V、60 W的电灯。若变压器在额定状态下运行，求：①可接多少盏电灯？②原、副边绕组的电流各为多少？③如果副边接的是220 V、40 W、$\cos\varphi = 0.45$的日光灯，可以接多少盏？

4.9　有一额定容量为4 kVA的单相变压器，原边绕组额定电压为380 V，变压器的变比$K_u = 1\,200/110$。求：①该变压器副边绕组的额定电压U_{2N}及原、副边绕组的额定电流I_{1N}、I_{2N}各为多少？②若在副边接入一个电阻性负载，消耗功率为900 W，则原、副边绕组的电流I_1、I_2各为多少？

项目 5　电动机及其控制

【学习目标】　通过本项目的学习，了解电动机的类型和应用领域，理解电动机的结构和工作原理，掌握电动机的控制方法。

【能力目标】　通过本项目的学习，学生应掌握各类电动机的特点和基本选用方法，能分析和设计典型电动机控制线路，能识读典型电气控制系统原理图。

任务 5.1　认识三相异步电动机

【工作任务及任务要求】　了解常用电动机的类型，掌握三相异步电动机的主要结构和接线方法。

知识摘要：

➢　常用电动机的类型

➢　三相异步电动机的结构

➢　三相异步电动机的接线

任务目标：

➢　掌握三相异步电动机的主要结构和接线方法

电动机是一种将电能转换为机械能的设备，它是最重要，也是应用最广泛的电气设备之一，在我们的生产和生活领域，随处都可以见到电动机的应用，如图 5.1 所示。以电动机及其控制电路为核心，可构成各式各样的电气控制系统，为人类的生产、生活服务。

（a）生产中使用的机床

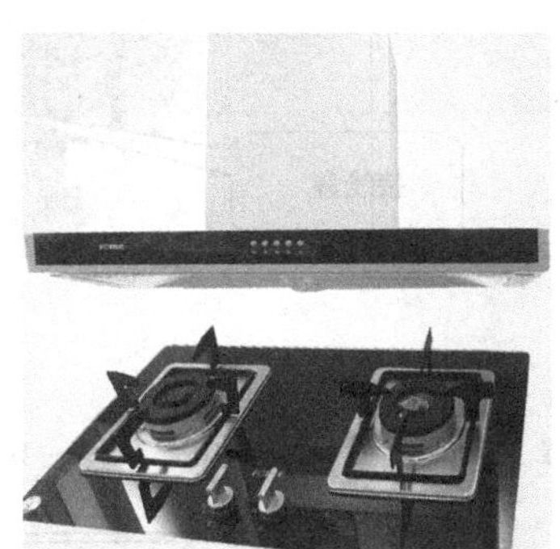
（b）家庭中使用的抽油烟机

图 5.1　电动机的应用

5.1.1　常用电动机的类型

电动机的种类很多，常用电动机的类型如图 5.2 所示。在电气系统中，使用最多的是三相异步电动机，因此在本任务中重点介绍三相异步电动机，其他电动机将在后续任务中介绍。

5.1.2　三相异步电动机的结构

三相异步电动机的外观和结构如图 5.3 所示。三相异步电动机主要由“定子”和“转子”两大部分构成。定子和转子铁芯均由 0.5 mm 厚的硅钢片冲压而成，硅钢片上开有槽，以嵌入线圈，如图 5.4 所示。

定子铁芯槽中嵌入三相对称绕组，构成完整的定子。

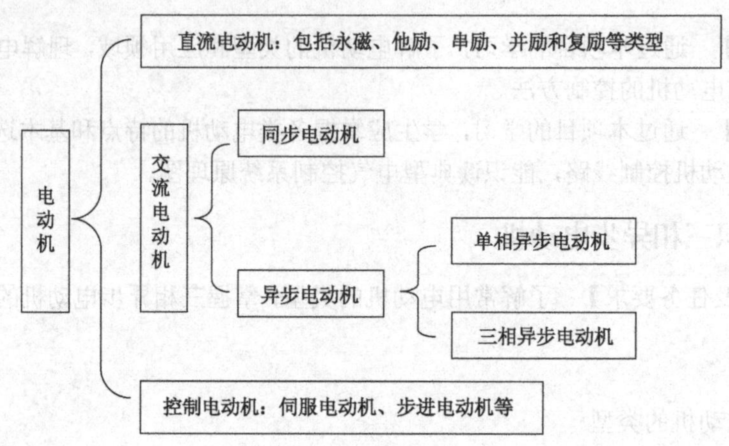

图 5.2　电动机的类型

（a）外观

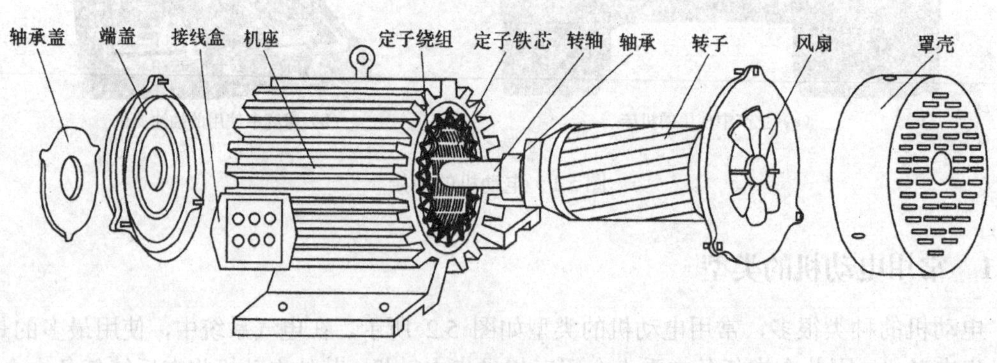

（b）结构

图 5.3　三相异步电动机的外观和结构

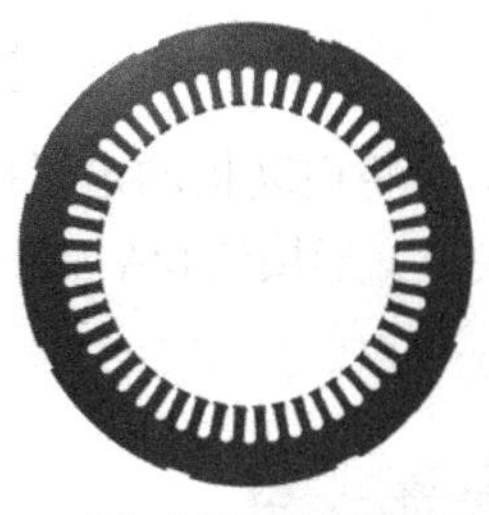

（a）定子硅钢片结构

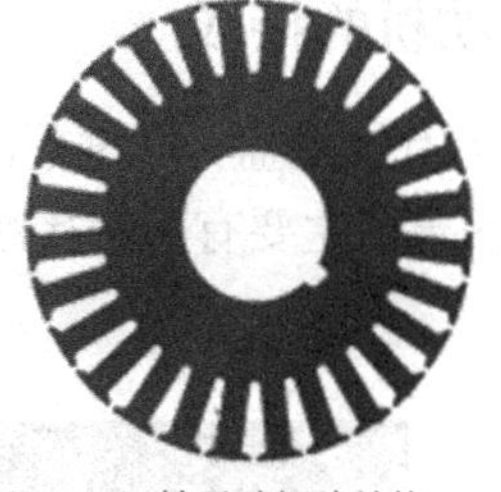

（b）转子硅钢片结构

图 5.4　三相异步电动机定子和转子铁芯硅钢片结构

转子有两种结构，一种称为笼型（或鼠笼式）转子，另一种称为绕线转子。笼型转子有铜条转子和铸铝转子两种结构。铜条转子是在转子铁芯槽中嵌入铜条，两端用端环短接，如图 5.5（a）所示。对于 100 kW 以下的中小型电动机，也可在转子铁芯中嵌入铝导条，然后将转子绕组、端环和散热风扇叶片用铝浇铸成一体，称为“铸铝转子”，如图 5.5（b）所示。笼型转子的特点是结构简单，但由于转子无法接入其他元件，因此起动和调速性能受到限制。

绕线转子是在转子铁芯槽中嵌入三相对称绕组，通过电刷装置将绕组引出，如图 5.6 所示。转子绕组通常采用 Y 形接法，可将电阻、电感和电动势等接入转子绕组，以对电动机进行起动和调速控制。

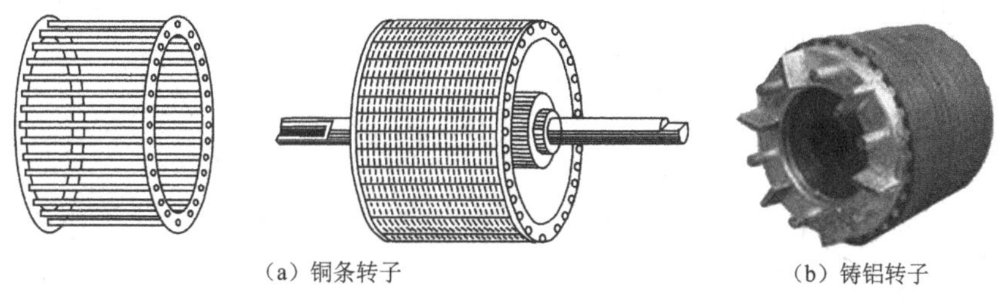

（a）铜条转子　　（b）铸铝转子

图 5.5　笼型转子

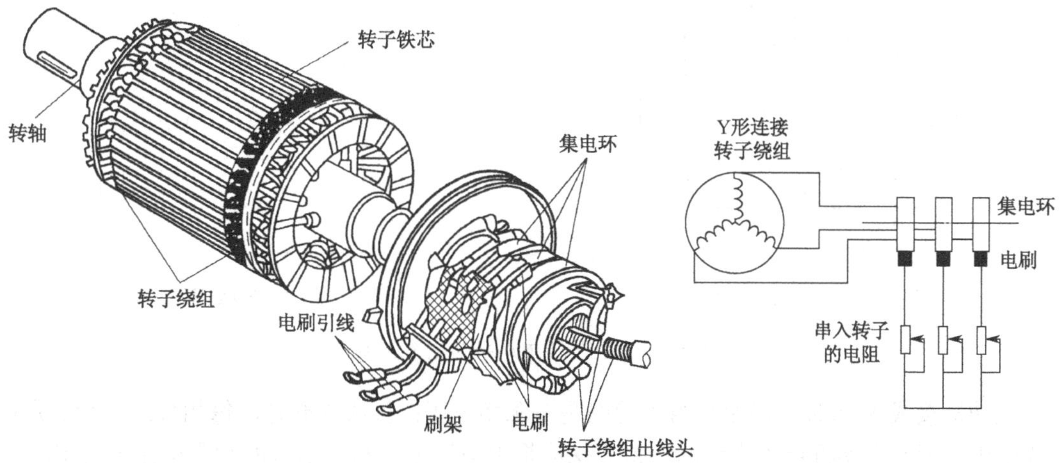

图 5.6　绕线转子

5.1.3 三相异步电动机的接线

三相异步电动机上有接线盒，通过不同的连接，可将电动机的定子接成不同的工作状态。普通三相异步电动机的定子主要有两种接法，即 Y（星）形接法和Δ（三角）形接法，如图 5.7 所示。

（a）三相异步电动机的接线盒

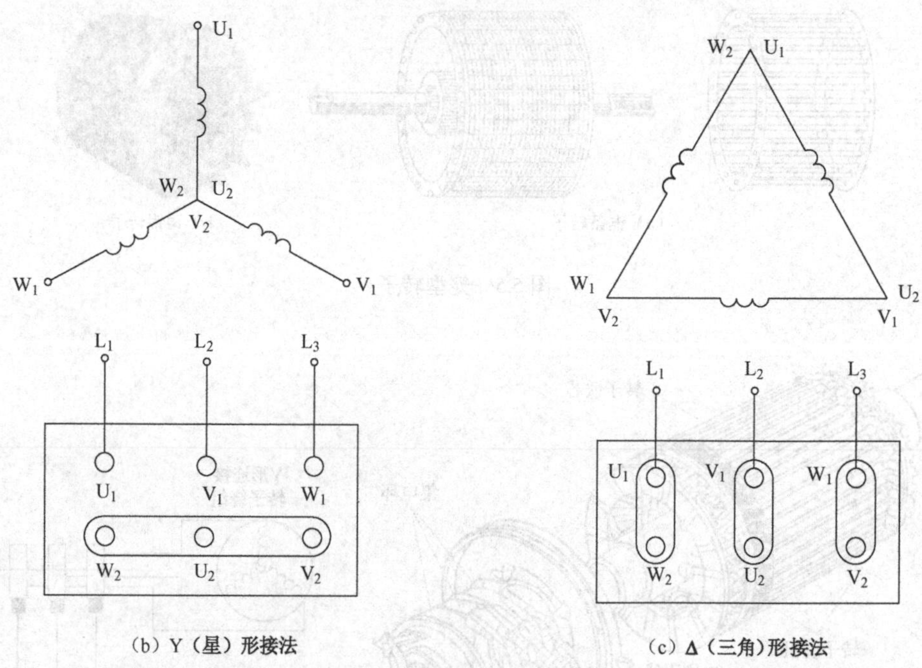

（b）Y（星）形接法 （c）Δ（三角）形接法

图 5.7 三相异步电动机的定子连接

电动机接成 Y 形时，每相绕组承受的是电源相电压；接成Δ形时，每相绕组承受的是电源线电压，因此电动机定子绕组的连接方法应根据电源电压和电动机的额定电压来确定。

对于笼型电动机，转子不能接线；对于绕线电动机，转子可以进行接线，参见图 5.6。

任务 5.2　理解三相异步电动机的工作原理

【工作任务及任务要求】　理解三相异步电动机的工作原理，掌握三相异步电动机的主要参数和特性。

知识摘要：

- 三相异步电动机的转动原理
- 三相异步电动机的机械特性
- 三相异步电动机的铭牌数据

任务目标：

- 理解三相异步电动机的转动原理
- 理解三相异步电动机的机械特性
- 掌握三相异步电动机输出转矩的计算方法
- 掌握三相异步电动机的主要参数

5.2.1　三相异步电动机的转动原理

三相异步电动机通电以后为什么会旋转呢？首先，是由于其产生了一个旋转磁场。

（1）旋转磁场的产生

在如图 5.8 所示的三相异步电动机定子对称三相绕组中，如果通入如图 5.9 所示的对称三相交流电，在定子内部就会产生一个高速旋转的"旋转磁场"。那么这个磁场是如何产生的呢？我们可以从图 5.10 来进行分析。

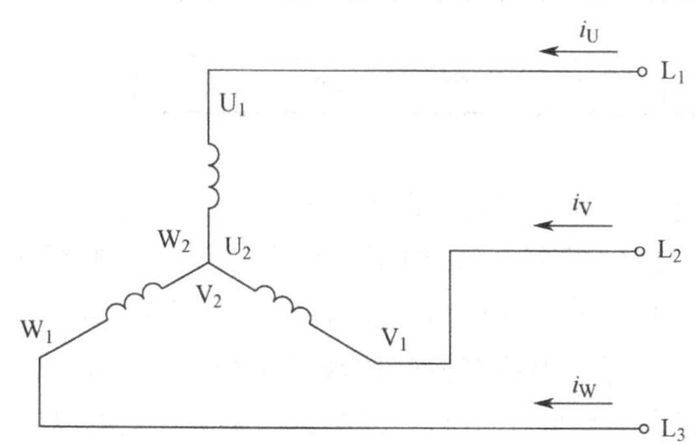

图 5.8　三相异步电动机的定子三相对称绕组

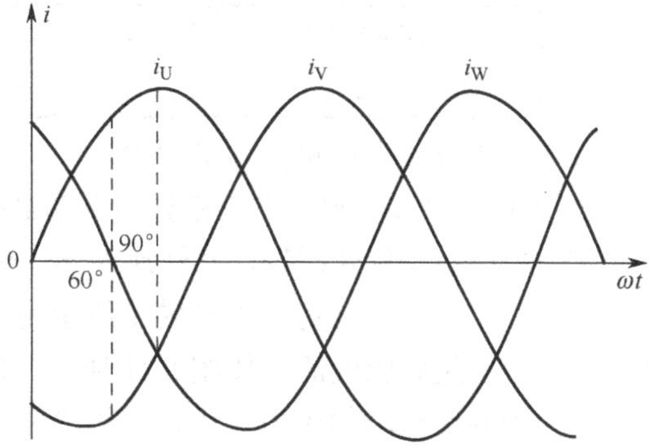

图 5.9　对称三相交流电流波形

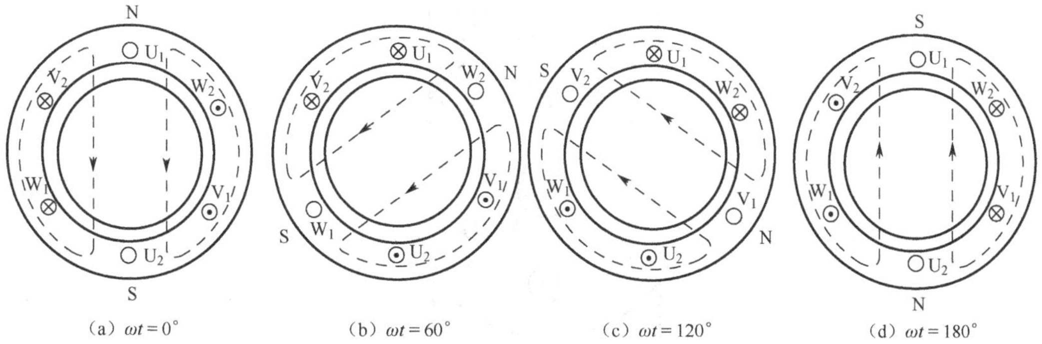

图 5.10　旋转磁场的产生过程

当$\omega t = 0°$时，从图 5.9 中可以看出，此时i_U为 0；i_V为负值，即电流从V_2流入，从V_1流出；i_W为正值，即电流从W_1流入，从W_2流出。在图 5.10（a）中，根据“右手螺旋定则”可确定出此时合成磁场的方向为垂直向下。

当$\omega t = 60°$时，从图 5.9 中可以看出，此时i_U为正值，i_V为负值，i_W为 0，在图 5.10（b）中，可确定出合成磁场的方向。可以看到，当交流电的相位变化了 60°时，合成磁场的方向也顺时针转过了 60°。

对$\omega t = 120°$和$\omega t = 180°$时的情况进行分析，如图 5.10（c）、（d）所示，当交流电的相位变化了 120°和 180°时，合成磁场的方向也顺时针转过了 120°和 180°。

从上述分析可看到，当三相异步电动机定子绕组中通入三相对称交流电后，就形成了一个随着交流电的相位变化而旋转的旋转磁场，其旋转速度为

$$n_1 = \frac{60 f_1}{p} \tag{5.1}$$

式（5.1）中，f_1为通入定子绕组的三相交流电频率，p为电动机的磁极对数，n_1称为三相异步电动机的“同步转速”，单位为转/每分钟（r/min）。

磁极对数p是一个与电动机的结构相关的参数，三相异步电动机如果每相绕组只有一组线圈，则磁极对数p为 1。而如果每相绕组有两组线圈串联，则磁极对数p为 2，用类似于图 5.10 的分析方法可以得出，当交流电变化一个周期时，磁场在空间角度上只变化了半个周期。由于三相异步电动机的磁极对数p为自然数，因此可以确定出几种常见电动机的同步转速，如表 5.1 所示。

表 5.1　不同磁极对数 p 时，三相异步电动机的同步转速

电动机磁极对数 p	1	2	3	4	5	6
电动机同步转速 n_1（r/min）	3 000	1 500	1 000	750	600	500

（2）三相异步电动机的转动原理

由图 5.11 中可看到，当三相异步电动机的定子中通入对称三相交流电时，在定子和转子间的气隙中产生了旋转磁场，其转速为n_1，旋转磁场切割转子，根据“右手定则”，可判断出转子中产生了感应电动势，由于转子绕组是用导电材料（铜和铝）制成的闭合电路，因此在转子绕组中产生感应电流，如图 5.11 所示。随之，感应电流与旋转磁场发生相对切割运动，感应电流受旋转磁场的磁力作用，可用“左手定则”判断出电磁力的方向。最后，电磁力对转子产生电磁转矩，推动转子以转速n跟随旋转磁场的方向旋转起来。

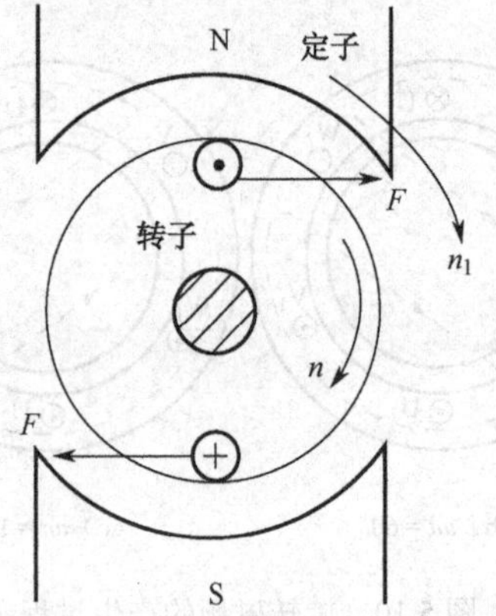

图 5.11　三相异步电动机的转动原理

在正常情况下，转子的额定转速 n_N 接近同步转速 n_1，但是永远达不到 n_1，因为如果转子的速度达到 n_1，那么转子和旋转磁场之间也就没有了相对切割，转子内部也就不能产生感应电动势和感应电流。转子的额定转速接近且略低于同步转速，这也就是三相异步电动机名称中“异步”的含义。

定义转差率 s，它是同步转速与转子转速之差与同步转速的比值，即

$$s=\frac{n_1-n}{n_1} \tag{5.2}$$

转差率反映出了三相异步电动机转子转速与同步转速之间的差距。在电动机起动时，$n=0$，$s=1$；当电动机在额定转速 n_N 下工作时，n_N 接近于同步转速 n_1，此时电动机的额定转差率 s_N 的数值很小，一般在 0.01～0.09 之间。

由式（5.2）可得，三相异步电动机的转子转速 n 为

$$n=(1-s)n_1=(1-s)\frac{60f_1}{p} \tag{5.3}$$

【例 5.1】　一台额定转速为 1 440 r/min 的三相异步电动机，工作在 50 Hz 的工频交流电源下，求其同步转速 n_1、磁极对数 p 和额定转差率 s_N。

解：根据转子的额定转速 n_N 总是接近同步转速 n_1 的特点，对照表 5.1，可以知道该电动机的同步转速 n_1 为 1 500 r/min，磁极对数 p 为 2，这样的电动机也称为“四极”电动机。额定转差率 s_N 为

$$s_N=\frac{n_1-n}{n_1}=\frac{1\,500-1\,440}{1\,500}=0.04$$

5.2.2　三相异步电动机的机械特性

三相异步电动机的机械特性是反映其输出转矩 T 与转子转速 n 之间相互关系的重要特性。

（1）三相异步电动机的电磁转矩

三相异步电动机的电磁转矩，是指由转子电流有功分量与旋转磁场相互作用产生的转矩。产生电磁转矩的能量是由电源通过电动机的定子绕组传递给转子绕组的。在忽略电动机的空载转矩（主要是由电动机的机械损耗产生的转矩）时，电磁转矩也就是电动机的转子轴上输出的转矩。

三相异步电动机转子的输出转矩 T 与其功率和转速的相互关系为

$$T=\frac{P}{\Omega}=\frac{P}{\frac{2\pi n}{60}}=9\,550\frac{P}{n} \tag{5.4}$$

式（5.4）中，P 为电动机的输出功率，单位为 kW；Ω为电动机转子的角速度，单位为 rad/s；n 为电动机转子的转速，单位为 r/min；输出转矩 T 的单位为 N·m（牛顿·米）。

【例 5.2】　一台额定转速为 980 r/min、额定功率为 10 kW 的三相异步电动机，求其额定输出转矩 T_N。

解：依题意，由已知得

$$T_N=9\,550\frac{P_N}{n_N}=9\,550\times\frac{10}{980}=97.4\ \text{N·m}$$

答：该三相异步电动机的额定输出转矩 T_N 为 97.4 N·m。

（2）三相异步电动机的机械特性分析

三相异步电动机的机械特性如图 5.12 所示，横轴为电动机的电磁转矩 T，纵轴为电动机的转速 n。三相异步电动机的机械特性可反映出电动机的工作状态和工作情况，概括地说，就是“三转矩、两区域”。

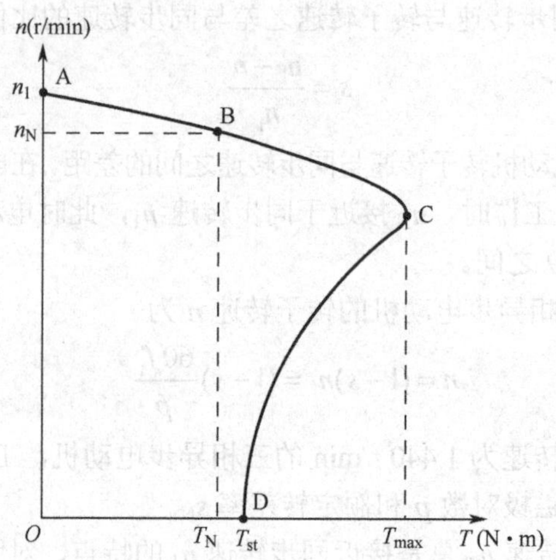

图 5.12　三相异步电动机的机械特性

① 三转矩。图中的 D 点是电动机的起动状态，此时电动机的转速 n 为 0，具有的起动转矩称为“起动转矩 T_{st}”。电动机刚起动时，由于转子还未旋转起来，为克服转子的惯性，需要较大的起动转矩，因此在电路中也会产生较大的起动电流，一般会达到电动机额定电流的 4～7 倍。定义起动转矩和电动机额定转矩的比值 $T_{st}/T_N = \lambda_s$，称为“电动机的起动能力”，一般三相异步电动机的起动能力在 1.1～1.8 的范围内。

电动机起动后，转子开始旋转，随着电动机输出功率和转速的提升，输出转矩也逐步增大，直到达到最大转矩 T_{max}，如图 5.12 所示的 C 点。定义最大转矩和电动机额定转矩的比值 $T_{max}/T_N = \lambda$，称为“电动机的过载系数”，一般电动机的过载系数在 1.8～2.5 之间，特殊用途的电动机λ值可达到 3.3～3.4。

随着电动机转速的继续增大，从式（5.4）中可以看出，电动机的输出转矩又会逐步降低。最后，当输出转矩与负载转矩平衡时，电动机就在图 5.12 中 AC 段的某一点稳定工作。如果电动机所带的是额定负载，那么输出额定转矩 T_N，此时电动机的转速为额定转速 n_N，如图中的 B 点。

② 两区域。如图 5.12 所示的机械特性中，AC 段称为“机械特性的稳定工作区”，在这一区域，当负载加重时，负载转矩突然增加，由于电动机的输出转矩低于负载转矩，因此电动机的转速下降，但随即电动机的输出转矩增加，当电动机的输出转矩与负载转矩平衡时，电动机稳定在新的工作状态下运行；当负载减轻时，道理类似，与上述过程恰好相反。总之，当负载在一定范围内变动时，在机械特性中的 AC 段，电动机具有自我调节能力，能保持稳定工作状态，因此称为“稳定工作区”。

而在机械特性中的 CD 段，如果负载加重，电动机的转速下降，电动机的输出转矩随之也降低，电动机最后停转，因此把这一区域称为“不稳定工作区”。电动机不会在不稳定工作区持续工作，这个区域只是电动机起动或停止时的一个过程中的过渡区域。

图 5.12 中，A 点对应的转速为三相异步电动机的同步转速 n_1，前面学习过，在电动机正常工作时，转子转速永远达不到同步转速。因此，A 点的状态只会在一些特殊情况（如电动机回馈制动时）才会出现。

5.2.3　三相异步电动机的铭牌数据

在三相异步电动机上都有一块铭牌，如图 5.13 所示。通过铭牌，可以详细了解电动机的各项主要参数，具体如下。

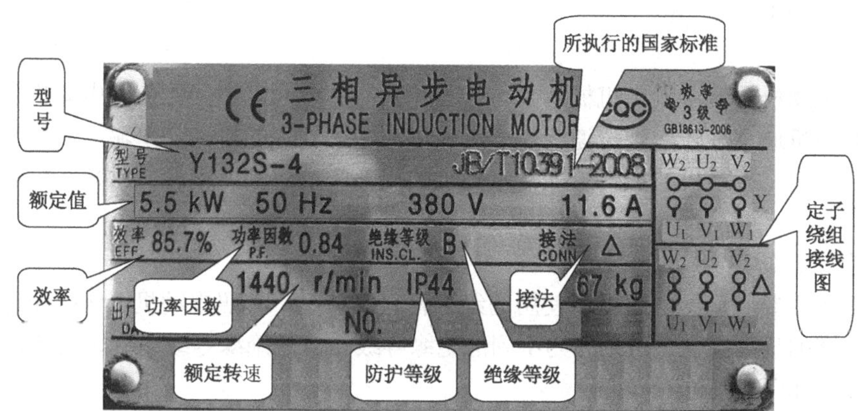

图 5.13　三相异步电动机的铭牌

（1）型号

以图 5.13 中的电动机型号为例，各代号的含义如下：

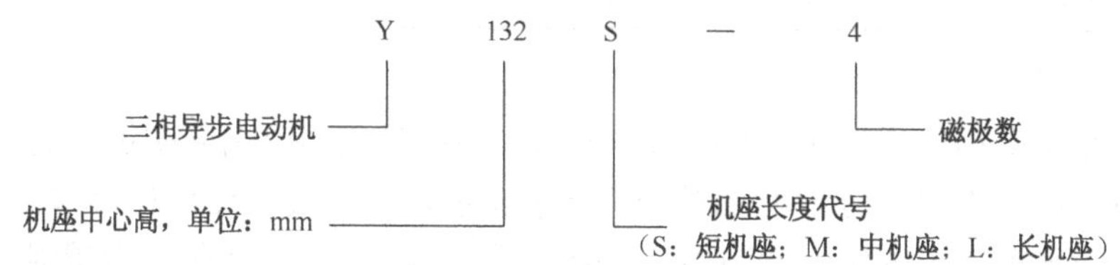

目前，我国自主生产的三相异步电动机主要是 Y 系列、Y2（2 代表第二次设计）系列和 Y2E（E 代表提高效率设计）系列。在 Y 后还会出现一些其他代号，表示一些特殊电动机，例如：YR 代表三相绕线异步电动机；YQ 代表三相高起动转矩异步电动机；YD 代表三相多速异步电动机；YB 代表三相防爆型异步电动机。

另外应注意，在型号中标明的是磁极数，而不是磁极对数 p，如图 5.13 中的电动机磁极数为 4，称为 4 极电动机，磁极对数 p 为 2。

（2）额定值

在铭牌上可以得到电动机主要参数的额定值。

① 额定功率 P_N：指电动机转子的输出功率，一般标注单位为 kW。

② 额定电压 U_N：指电动机定子绕组的额定线电压值，单位为 V。

③ 额定电流 I_N：指电动机定子绕组的额定线电流值，单位为 A。

④ 额定频率 f_N：指电动机定子绕组通入交流电源的额定频率，单位为 Hz，我国工频为 50 Hz。

⑤ 额定转速 n_N：指电动机在额定运行状态时的转子转速，单位为 r/min，该速度接近且

略低于同步转速。

（3）接法

接法是指电动机定子绕组的接线方法，主要有 Y 形接法和Δ形接法两种，具体参见图 5.7。一些特殊电动机（如多速电动机），有一些特殊的连接方法。

（4）功率因数

功率因数指电动机定子绕组相电压与相电流相位差角的余弦，即定子每相绕组的功率因数。一般电动机额定工作时，功率因数在 0.7～0.9 之间；在轻载和空载时，功率因数很低，一般只有 0.2～0.3。

（5）效率

效率是电动机的转子输出机械功率与定子输入交流电源功率的比值。电动机将定子输入的交流电源能量通过旋转磁场传递给转子，转化为转子轴上的机械功率输出。效率反映了在能量传递过程中，电动机的损耗情况，电动机的损耗主要包括：铜耗、铁耗、机械损耗和杂散损耗。

（6）绝缘等级

绝缘等级主要取决于电动机所使用的绝缘材料的情况，按照电动机工作时允许的最高工作温度或允许的最高温升，可划分为不同的绝缘等级。常见绝缘等级参数如表 5.2 所示（环境温度一般以 40℃考虑）。

表 5.2　常见绝缘等级参数

绝缘等级	Y	A	E	B	F	H	C
允许最高工作温度/℃	90	105	120	130	155	180	＞180
允许最高温升/℃	50	65	80	90	115	140	＞140

（7）防护等级

防护等级是指电动机防尘和防水等防护能力。防护等级用“国际防护”的英文字母缩写“IP”和其后的两位数字来表示，后面第一位数字表示防尘等级，共有 0～6 共 7 个等级；第二位数字表示防水等级，共有 0～8 共 9 个等级，数字越大，表示防护能力越强。常见的防护等级有 IP23、IP44、IP54、IP55 等。

任务 5.3　控制三相异步电动机

【工作任务及任务要求】　掌握常用低压电器的类型、功能和应用方法，掌握三相异步电动机常用控制线路的识读、分析和设计方法。

知识摘要：

- 认识常用低压电器
- 三相异步电动机的起动控制
- 三相异步电动机的调速控制
- 三相异步电动机的制动控制
- 电气控制系统实例

任务目标：

- 掌握常用低压电器的类型、功能和应用方法

- 掌握三相异步电动机常用控制线路的分析和设计方法
- 能识读典型的电气控制系统原理图

5.3.1 认识常用低压电器

低压电器是指工作在交流 1 200 V 和直流 1 500 V 额定电压以下的电器。低压电器通过外界所给信号（如机械力、电流或其他物理量），控制电路的接通或断开，从而实现对电路的控制、保护、检测和调节变换，各类低压电器是电气控制系统的基本组成元件。

低压电器的种类很多，这里主要介绍在常用电气系统中使用最为广泛的开关电器、主令电器、接触器和继电器。

（1）开关电器

开关电器是通过手动或自动控制电路电源的接通或断开的电器，起到接通和分断电源，保护用电设备和电路的作用，主要的开关电器有刀开关、自动空气断路器、熔断器和漏电保护开关等。

① 刀开关是一种手动控制开关电器，主要用于电源控制和不频繁通断小容量电动机。刀开关的外观和图形文字符号如图 5.14 所示。

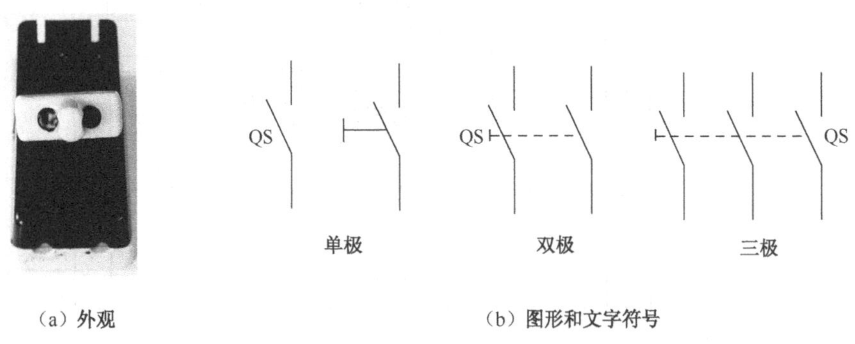

图 5.14 刀开关的外观和图形文字符号

② 自动空气断路器也称为“低压断路器”或“自动空气开关”，主要作用为当电路中发生短路、严重过载和欠压等故障时，能自动断开电路，起到保护作用，也可用于不频繁地接通和断开电源和控制电动机。

自动空气断路器的外观、符号和内部结构如图 5.15 所示。自动空气断路器主要由主触头、锁扣、复位弹簧、电磁脱扣器、热脱扣器、欠压（失压）脱扣器和分励脱扣器等部分组成。在电路发生短路或严重过载时，电路中的电流变大，电磁脱扣器线圈中电流变大，铁芯中产生很强的磁场，吸引衔铁，进而带动脱扣机构使得主触头断开，达到保护用电设备和电路的作用。

在电路出现过载时，电流增大（但增大电流还不能产生足够的磁场使电磁脱扣器动作），经过一定时间后，热脱扣器的双金属片向上弯曲，推动脱扣机构，使主触头断开。

在电路发生欠压或失压时，电路中的电流减小，欠压（失压）脱扣器中的线圈磁场减小，失压脱扣器的弹簧拉力大于线圈所产生的磁场力，衔铁由于弹簧拉力向上运动，推动脱扣机构，使主触头断开。

如果按下分励按钮，或从其他设备获得分励控制信号，分励脱扣器动作，同样也可以断开主触头。

（a）单相外观

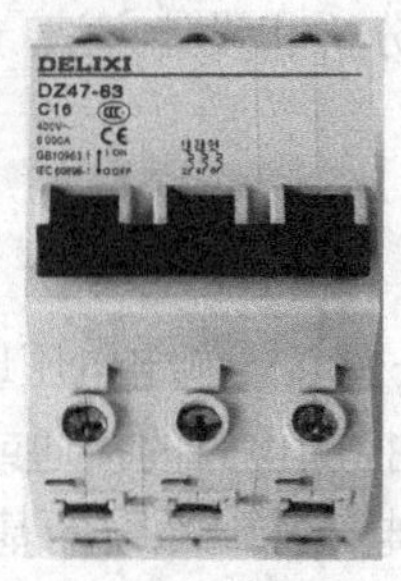

（b）三相外观

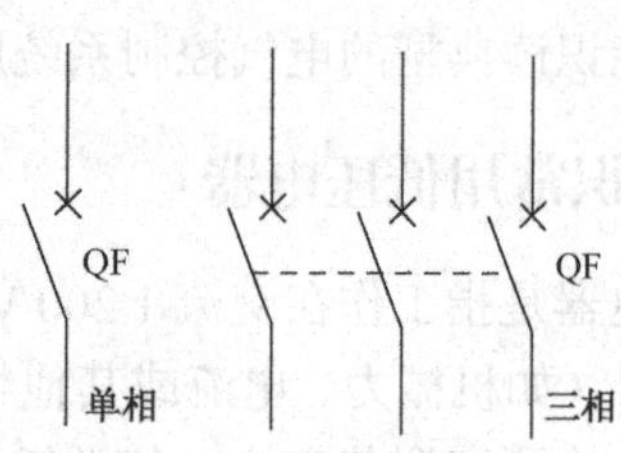

（c）图形和文字符号

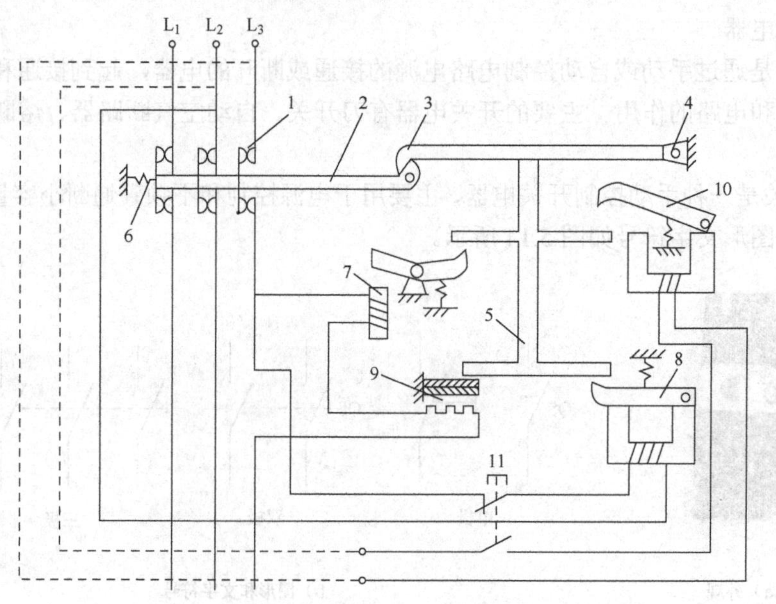

（d）内部结构

1—主触头； 2—传动杆；3—锁扣；4—轴；5—连杆；6—复位弹簧；7—电磁脱扣器；
8—欠电压（失电压）脱扣器； 9—热脱扣器；10—分励脱扣器；11—分励按钮

图 5.15 自动空气断路器的外观、符号和内部结构

③ 熔断器用于当电路中出现严重过载和短路故障时，切断线路达到保护设备的目的。它串联在被保护的线路中，常用的熔断器如图 5.16 所示。

（a）瓷插式熔断器外观

（b）螺旋式熔断器外观

（c）管式熔断器外观

（d）图形和文字符号

图 5.16 常用熔断器

熔断器主要由熔座和熔管或熔体组成。熔体由熔点低的材料（一般使用铅锡合金）制作。熔体有一个额定电流，当熔体中长期流过的电流小于等于额定电流时，熔体不熔断，就像电路中的导线一样；而当电路中发生严重过载或短路时，电流瞬间剧增，熔体瞬间熔断，达到切断电源、保护线路和设备的作用。熔管和熔座由陶瓷、绝缘钢纸或玻璃纤维材料制成，在熔断器中起保护熔体和在熔体熔断时灭弧的作用。常见的熔断器主要有管式熔断器、瓷插式熔断器、螺旋式熔断器等。

④ 漏电保护开关用于漏电保护，如图 5.17 所示。当设备漏电时，漏电保护开关会在很短时间内（一般动作时间<0.1 s）切断电路，避免漏电带来的触电事故。漏电保护开关有单相的，也有三相的，工作原理类似。漏电保护开关的核心是一个零序电流互感器，电路中未发生漏电时，不论是单相还是三相，导线产生的磁场都相互抵消；而当设备漏电时，线路中的电流不再平衡，产生剩余磁场，通过零序电流互感器感应，再经过放大电路放大后，驱动脱扣线圈动作跳闸，使电路切断。

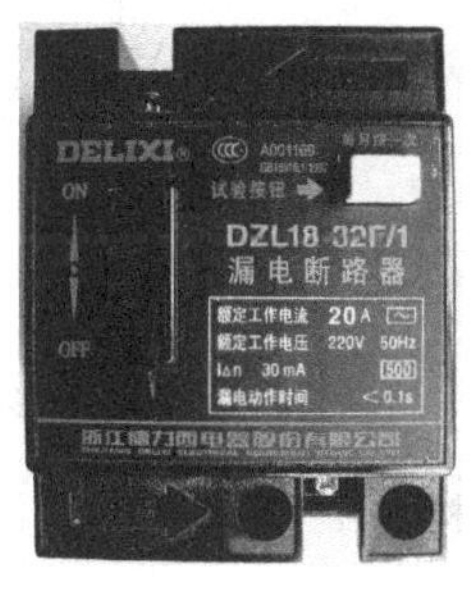

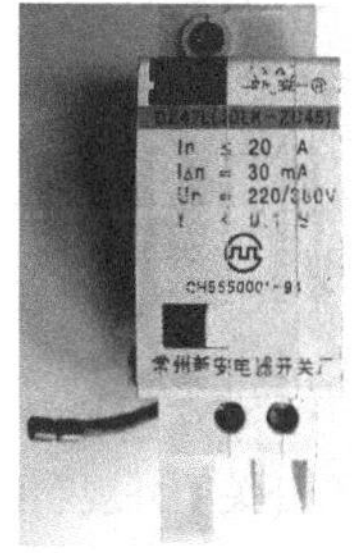

（a）外观

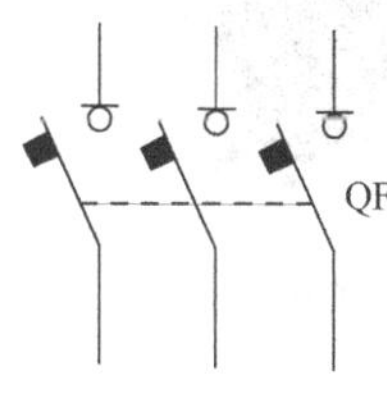

（b）图形和文字符号

图 5.17　漏电保护开关

（2）主令电器

主令电器在电气控制系统中向接触器、继电器或其他电器线圈发出接通或断开的指令，达到控制设备运行状态的作用。主令电器主要包括按钮、组合开关和行程开关等。

① 按钮。按钮主要由按钮帽，复位弹簧，桥式动、静触头等组成，如图 5.18 所示。按钮中动合、动断触头一般成对出现，按下时动断触头先断开，紧接着动合触头闭合，放开按钮时正好相反。

（a）外观

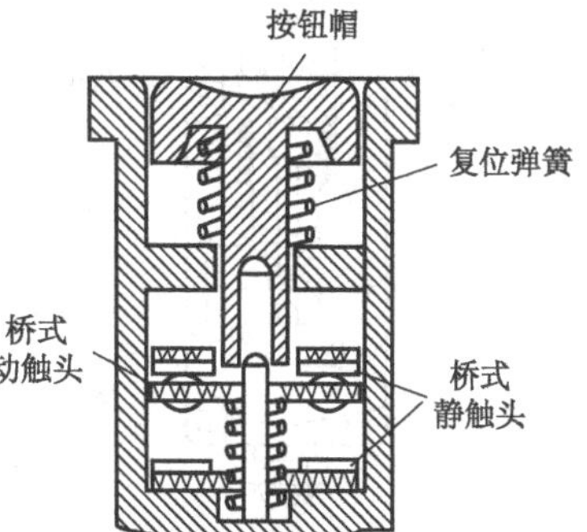

（b）结构

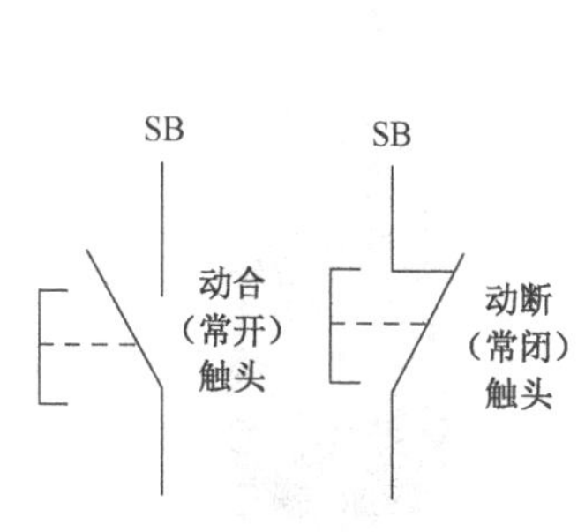

（c）图形和文字符号

图 5.18　按钮

② 组合开关。它是一种转动式、多挡式，能同时控制多个回路的开关，一般用于多种配电装置的远距离控制、接通或断开电路以及控制小型笼式异步电动机的起动、停止或正反转等。

组合开关的外观和结构如图 5.19 所示，其由绝缘杆、接线柱、弹簧、凸轮、转轴、绝缘垫板、动触头、静触头和手柄等组成，在转轴上装有加速动作的操纵机构，使触头接通和断开的速度与手柄旋转速度无关，从而提高其电气性能。组合开关内部有多组触头，当转动组合开关时，多组触头同时动作。

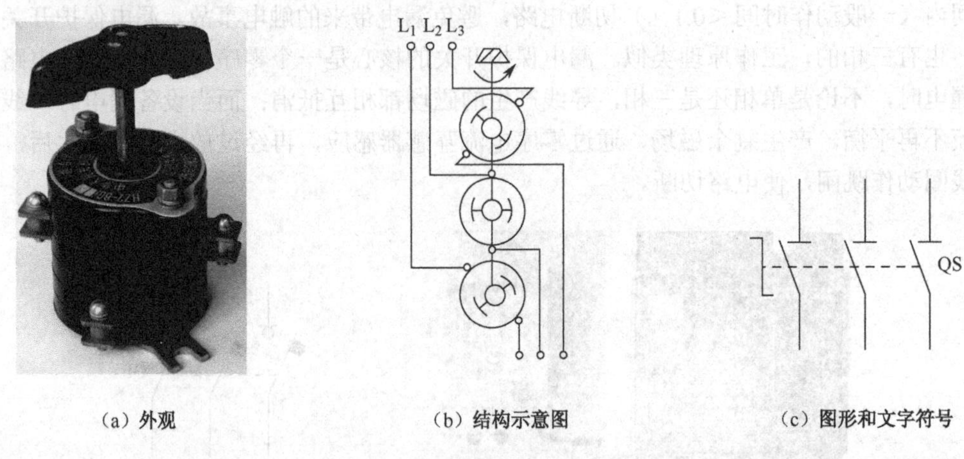

（a）外观　（b）结构示意图　（c）图形和文字符号

图 5.19　组合开关的外观和结构

③ 行程开关。行程开关又称为“限位开关”，如图 5.20 所示。当生产机械运动到行程开关位置发生碰撞时，行程开关动作，它主要用于行程控制、位置的限制和保护等。

当有物体碰触到行程开关的滚轮时，通过杠杆和转轴带动撞块碰触微动开关，使微动开关中的触点动作；而碰触物体离开时，在复位弹簧的作用下，滚轮复位，撞块不再碰触微动开关，各触点复位。

行程开关有多种形式，根据不同的滚轮和传动杆，可分为单轮、双轮及径向传动等。

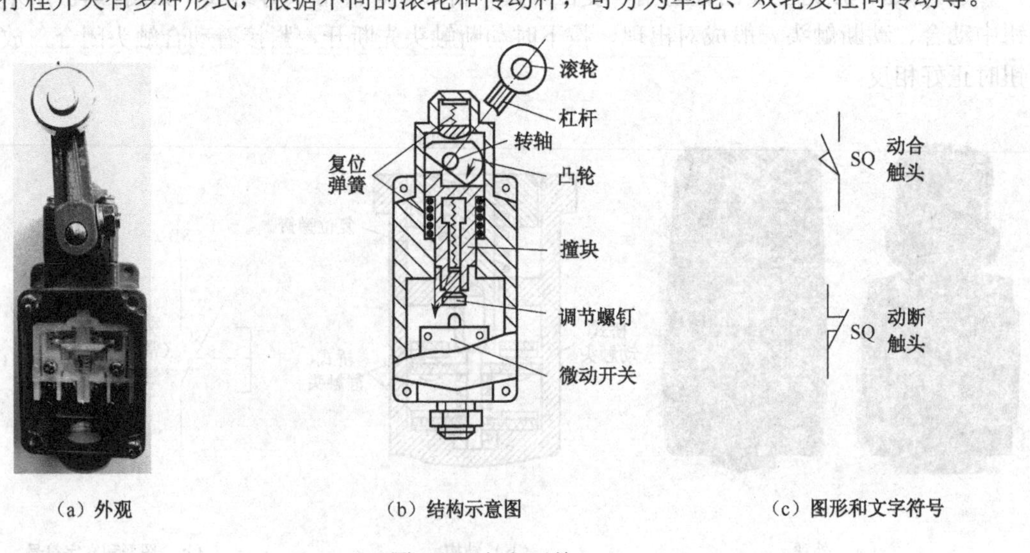

（a）外观　（b）结构示意图　（c）图形和文字符号

图 5.20　行程开关

（3）接触器

接触器是用来频繁地远距离接通和断开主电路或大容量控制电路的控制电器，其除能自动控制外，还能远距离进行操作，并具有失压和欠压保护功能，但它本身不能断开短路电流和过负荷电流。

如图 5.21 所示，交流接触器主要由触头、电磁操作机构和灭弧装置等部分组成。交流接触器的触头分为主触头（一般有 3 对动合）、辅助触头（一般有 2 对动合触头和 2 对动断触头）。主触头接触面积大，用于控制主电路；辅助触头接触面积小，用于控制电路。由于主触头和辅助触头所允许流过的电流大小不同，因此不能混用。

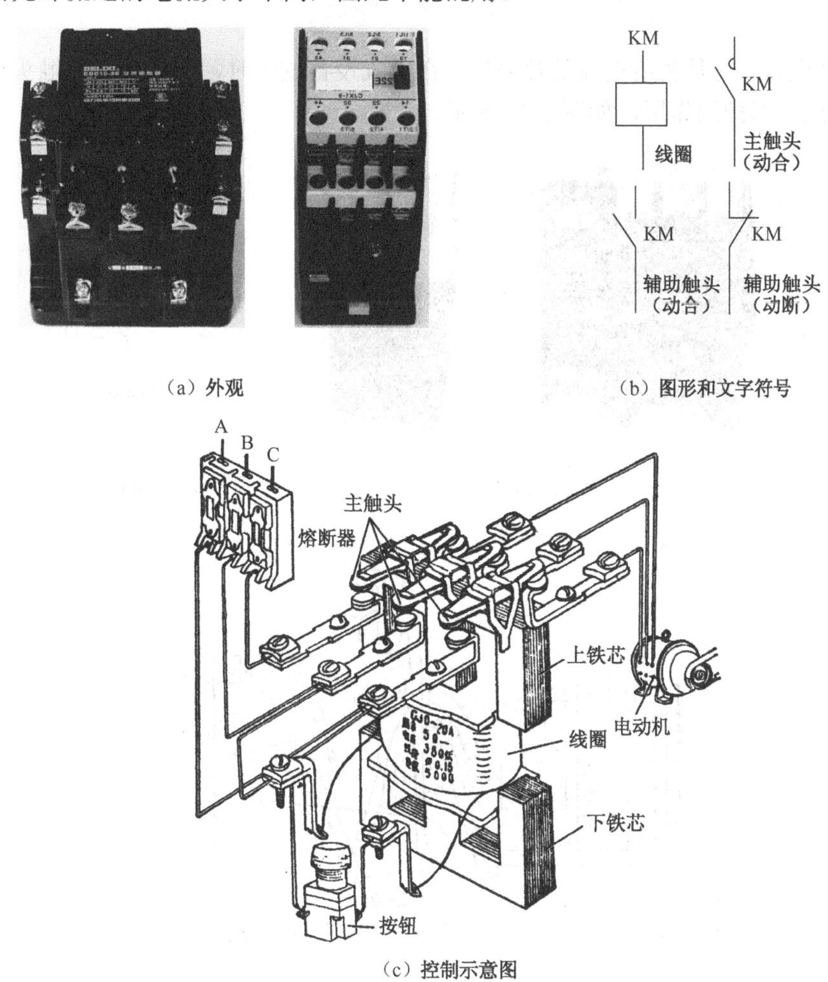

（a）外观　　（b）图形和文字符号

（c）控制示意图

图 5.21　交流接触器

交流接触器的工作原理：在线圈中有交流电流通过时，铁芯中产生磁通，该磁通产生能够克服复位弹簧拉力的磁力，使衔铁被吸合，在衔铁吸合时带动动触头动作，则动断触头断开、动合触头接通，从而控制电路的接通和断开。要注意的是，在衔铁带动动触头运动时，主触头和辅助触头是同时动作的。当线圈中的交流电压下降到某一数值时，铁芯中的磁通减少，导致磁力减小并小于复位弹簧的拉力时，衔铁在复位弹簧拉力的作用下复位，则主触头和辅助触头在衔铁复位的同时也复位。

（4）继电器

继电器是根据某些物理量的变化，使其自身的触头动作的电器。它既可以用来改变控制线路的工作状态，按照预先设计的控制程序完成预定的控制任务；也可以根据电路状态、参数的改变对电路实现某种保护。

继电器一般由检测机构、中间机构和执行机构组成。检测机构把外界的输入信号输送给中间机构；中间机构对输入的信号进行处理；当输入信号变化到一定值时，执行机构进行动作，对某一部分电路进行接通和断开，从而改变控制电路的状态，达到控制和保护电路的作用。

继电器根据功能分为热继电器、中间继电器、时间继电器、电流继电器和电压继电器等多种。

① 热继电器。它是利用电流的热效应，在电气设备过热时，使其自身的触头动作，切断电路，起到过热保护的作用，如图 5.22 所示。

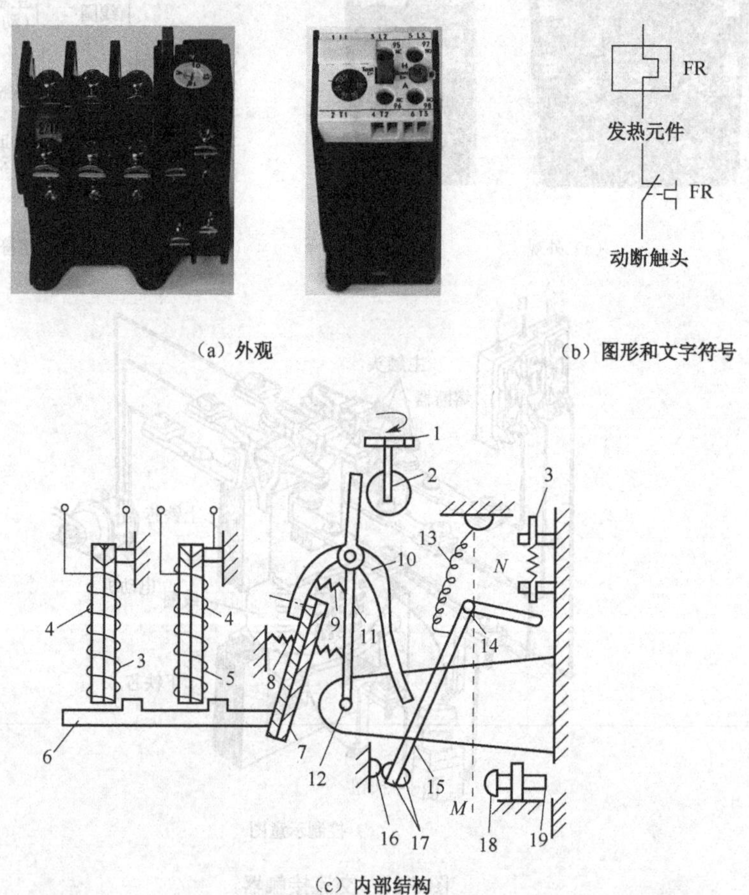

（a）外观　（b）图形和文字符号

（c）内部结构

1—电流调节旋钮；2—偏心轮；3—复位按钮；4—发热元件；5—双金属片；6—导板；
7—温度补偿双金属片；8、9—弹簧；10—推杆；11—支撑杆；12—支点；13—弹簧；
14—转轴；15—杠杆；16—动断静触头；17—动触头；18—动合静触头；19—复位调节螺钉

图 5.22　热继电器

在电气设备运行的过程中（如电动机的运行），常常会出现过载的情况，短时间内的过载情况是允许的，但若过载时间较长，过载电流过大，将会引起电气设备温度升高，以致损坏电气设备。热继电器在电气控制电路中就起到了过载保护的功能。

热继电器主要由发热元件、双金属片和触头三部分组成。双金属片是热继电器的检测机构，由两种线膨胀系数不同的金属片组成。在受热以前，两金属片长度一致。当连接在电气设备中的发热元件有电流流过时，由于电流的热效应使发热元件发热，双金属片伸长弯曲。当电气设备正常工作时，双金属片的弯曲程度不足以使热继电器动作，而在长时间过载时，双金属片的弯曲加大，使触头动作，断开电路起到过载保护的作用。

② 中间继电器。在大型的控制电路中，由于接触器的触头较少，而用触头较多的中间继电器来做中间控制环节，用于信号的传递与转换或同时控制多个电路。中间继电器的结构和工作原理与交流接触器很相似，都由电磁系统和触头系统组成。不同的是，中间继电器比交流接触器拥有更多的触头，但无主触头和辅助触头之分，且中间继电器比交流接触器的容量小，如图 5.23 所示。

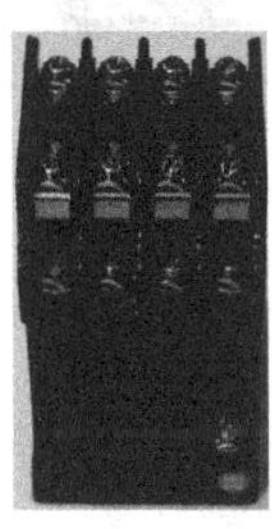

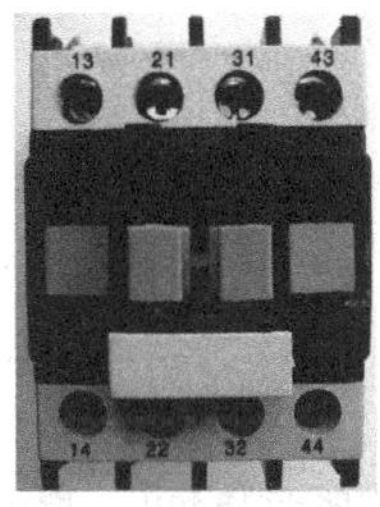

（a）外观

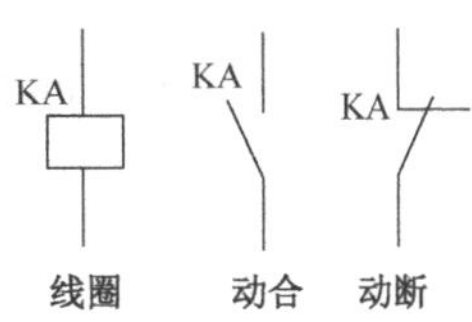

（b）图形和文字符号

图 5.23　中间继电器

③ 时间继电器。它是进行计时的电器，经常用于按时间原则进行控制的场合。时间继电器有电磁式和电子式两类，电磁式时间继电器是在电磁式控制电器上加装空气阻尼或机械阻尼组成的，电子式是利用电子元器件实现延时动作的。

空气阻尼式时间继电器如图 5.24（a）所示，它利用一个气囊来进行延时，通过调节气囊进气小孔的大小，来调节延时时间的长短。电子式（或晶体管式）时间继电器利用电子电路来实现延时，具有延时时间准确、延时范围宽等优点，因此在很多领域得到了广泛运用，如图 5.24（b）所示。

5.3.2　三相异步电动机的起动控制

电动机的起动控制，是根据要求为电动机接通电源，让电动机开始旋转的过程。对于要求正反双向起动的电动机，还要考虑正反转控制。

电动机的起动控制可分为“全压起动”和“特殊起动”。全压起动在电动机功率较小（一般小于 10 kW），或经过起动校验，起动电流对电网冲击在允许范围内时采用。

电动机起动时的起动电流较大，一般为额定电流的 4～7 倍，因此对于有特殊起动要求的电动机和中大型电动机，需要采用特殊起动方式。鼠笼式异步电动机主要采用的起动方式是“降压起动”；绕线式异步电动机主要采用的起动方式是“转子串电阻”和“频敏变阻器起动”；另外，随着科技的发展，“软起动器起动”和“变频器起动”等新型起动方式也在不断普及。

（1）直接起动

根据控制设备的要求，电动机的全压直接起动可分为“单向全压起动”和“正反转起动”两种类型。

① 电动机单向全压起动控制。电动机的手动起动控制电路如图 5.25 所示。合上刀开关 QS，电动机起动运行；断开 QS，电动机停止运行，熔断器 FU 起到短路和严重过载保护的作

用。这种控制电路适用于无特殊要求的小型电动机的起动控制。该电路控制方式简单，但不具备失压保护功能。

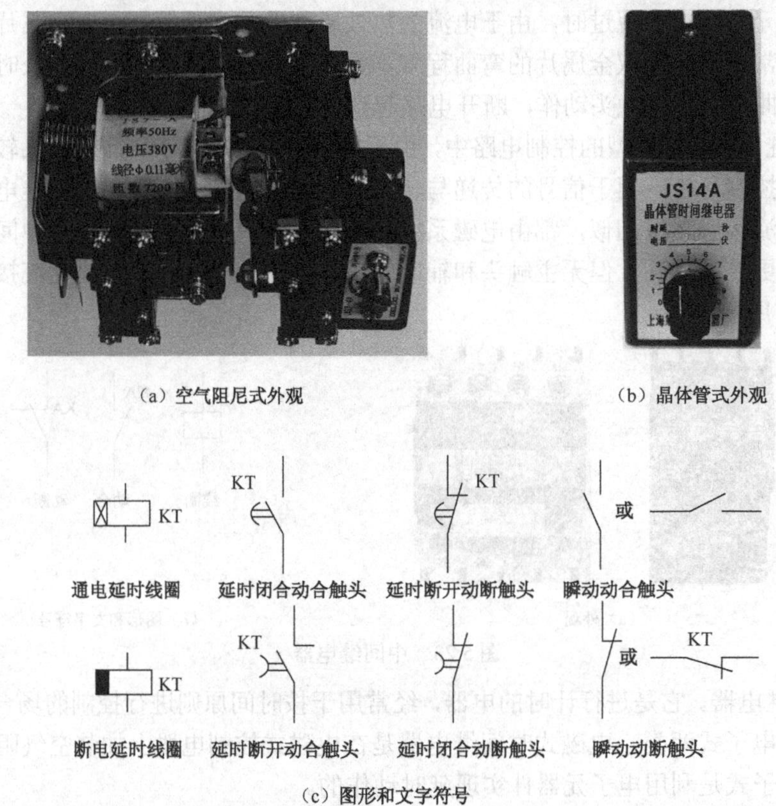

(a) 空气阻尼式外观　　(b) 晶体管式外观

(c) 图形和文字符号

图 5.24　空气阻尼式时间继电器

电动机点动控制电路如图 5.26 所示。电路工作时，先合上刀开关 QS，当按下控制按钮 SB 时，交流接触器 KM 线圈通电，其常开主触头闭合，电动机通电运行；当释放 SB 后，交流接触器 KM 线圈断电，其常开主触头复位断开，电动机断电，马上停止运行。该电路适用于需要短时频繁起、停控制的场合，如在机床和桥式起重机等电气设备中都有使用。

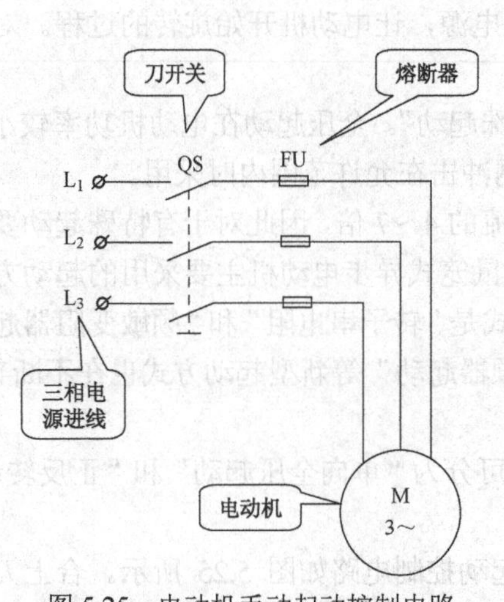

图 5.25　电动机手动起动控制电路

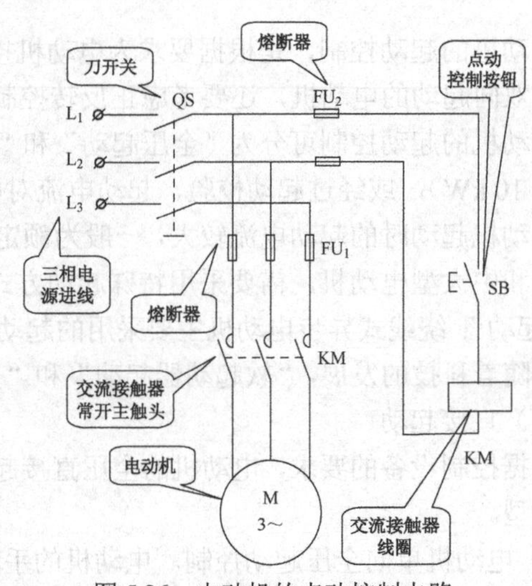

图 5.26　电动机的点动控制电路

当设备需要进行连续运行（也称为长动）时，可使用如图 5.27 所示的电路。该电路利用交流接触器的辅助常开触头加入了自锁环节，能够实现长动控制。当按下起动按钮 SB_2 时，交流接触器线圈通电，其常开主触头闭合，电动机通电运行；同时，交流接触器的辅助常开触头也闭合，实现了自锁，当释放起动按钮 SB_2 后，交流接触器线圈仍然通电。按下停止按钮 SB_1，即可使交流接触器线圈断电，其常开主触头复位断开，电动机停止运行。当电动机连续运行时，为防止其出现过载和断相导致过热故障，加入了热继电器 FR 进行保护，当电动机过热时，热继电器 FR 的常闭触头断开，使电动机停止工作。

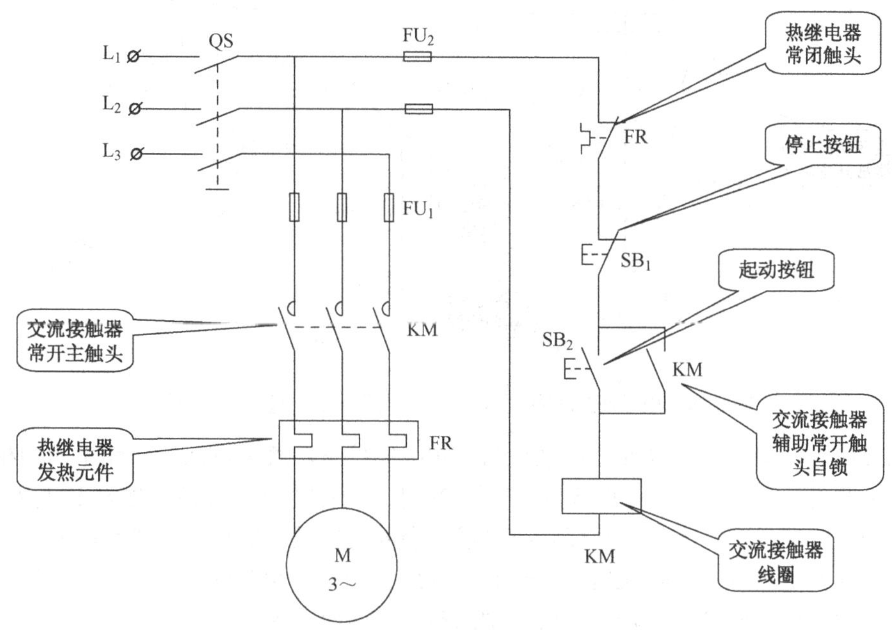

图 5.27　电动机的连续运行（长动）控制电路

有些设备，如铣床的工作台，既需要连续工作，在对刀和调整设备时，又需要点动控制，此时可使用如图 5.28 所示的电路，这种电路采用不同的控制方式，它既能实现长动控制，又能实现点动控制。

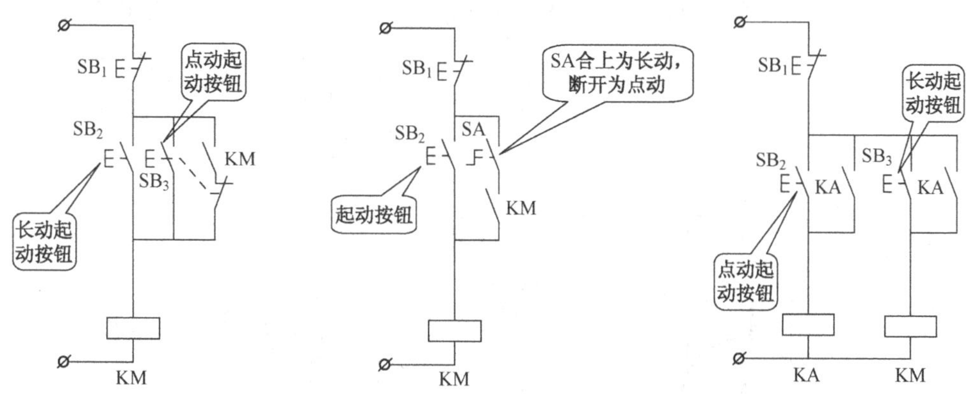

图 5.28　既能长动又能点动的电动机控制电路

② 电动机正反转起动控制。很多设备的电动机要求能够实现正、反两个方向的旋转，这就要求控制电路能实现正反转起动控制。常用的正反转起动控制电路如图 5.29、图 5.30 所示。

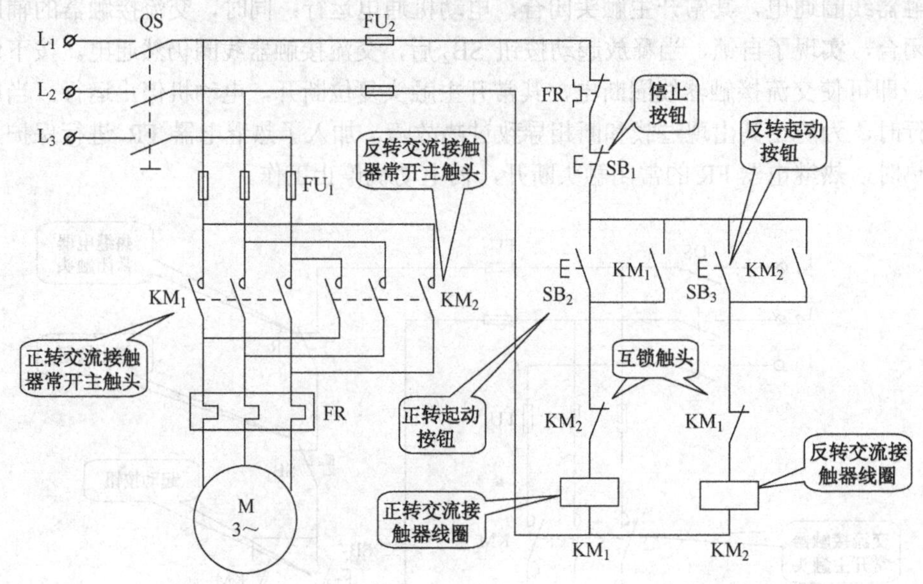

图 5.29　电动机的间接正反转（正—停—反）起动控制电路

三相交流异步电动机，只要任意互换两根相线的位置，就可以改变三相电源的相序，从而使电动机的旋转方向改变。在图 5.29 和图 5.30 中，分别用两只交流接触器 KM_1 和 KM_2 控制电动机的正转和反转。为保证正反转接触器不会同时接通，避免短路事故的发生，在电路中加入了互锁控制环节，利用 KM_1 和 KM_2 的辅助常闭触头相互锁定。如当电动机正转时，KM_1 的辅助常闭触头断开，切断了反转控制回路，从而保证此时反转回路不会再接通。

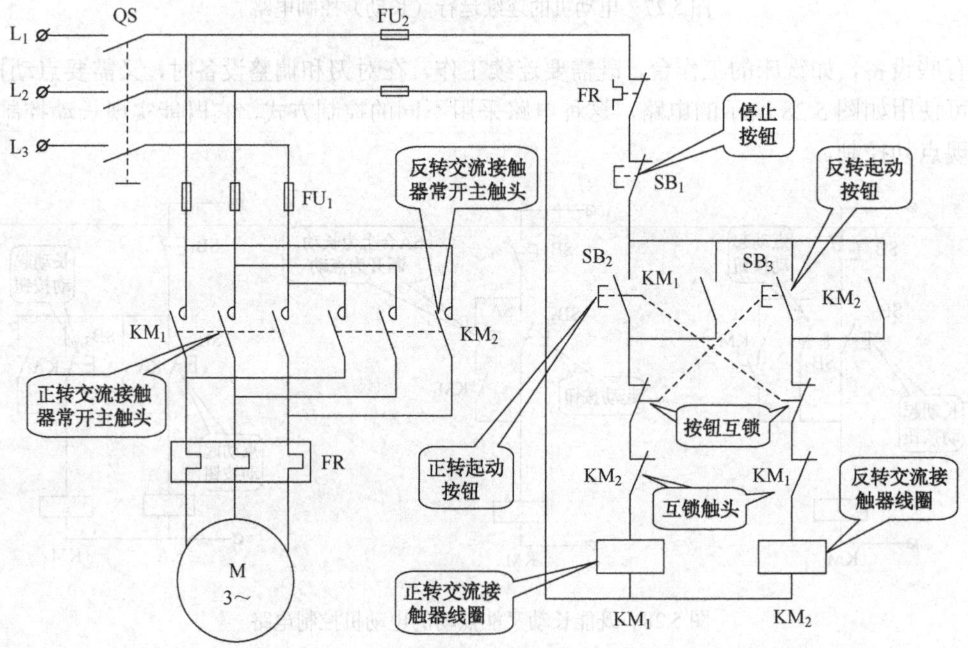

图 5.30　电动机的直接正反转（正—反—停）起动控制电路

在图 5.29 所示电路中，要切换电动机的旋转方向时，必须首先按下停止按钮 SB_1，使电动机停止运行后，再按另一方向的起动按钮反向起动。因此，该电路称为“间接正反转控制电路”，也叫“正一停一反电路”。将图 5.30 电路与图 5.29 电路相比较，图 5.30 电路中不仅用接触器的常闭触头互锁，还利用按钮 SB_2 和 SB_3 的常闭触头也进行了互锁，这样一方面提高了电路工作的可靠性，另外当要切换电动机的旋转方向时，不需按下停止按钮，直接按另一方向的起动按钮即可反向起动。因此，把这个电路称为“直接正反转控制电路”，也称为“正一反一停电路”。

（2）降压起动

鼠笼式三相交流异步电动机的起动控制，通常采用降压起动的方法，即在起动时通过一定方式把电动机定子绕组的电压降低，通过一段时间，待起动过程结束后，再把定子电压加至电动机的额定电压，使电动机在全压下运行。鼠笼式三相交流异步电动机常用的起动方式有 Y－Δ（星形－三角形）降压起动、自耦变压器降压起动和定子串电阻或电抗器降压起动等。这里以应用最为广泛的 Y－Δ降压起动为例来进行介绍。

该起动方法是在起动时将电动机接成星形，正常运行时再接成三角形。电动机接成星形时，加在每相定子绕组上的起动电压只有三角形接法的 $1/\sqrt{3}$，起动电流为三角形接法的 1/3，起动转矩也只有Δ接法的 1/3。因此，这种起动方法适用于正常运行时为三角形接法的电动机在轻载或空载状态下起动。常用的 Y－Δ降压起动可用手动控制，也可用接触器和时间继电器自动控制。

由时间继电器自动控制的 Y－Δ降压起动控制电路如图 5.31 所示。该电路主要由三个接触器和一个时间继电器来完成 Y－Δ降压起动控制。接触器 KM_1 做引入电源用，接触器 KM_3 和 KM_2 分别做星形降压起动和三角形运行用，时间继电器 KT 用来控制 Y－Δ降压起动的切换时间（一般设备为 6～9 s），SB_1 是停止按钮，SB_2 是起动按钮，FU_1 做主电路的短路保护，FU_2 做控制电路的短路保护，FR 做过载保护。

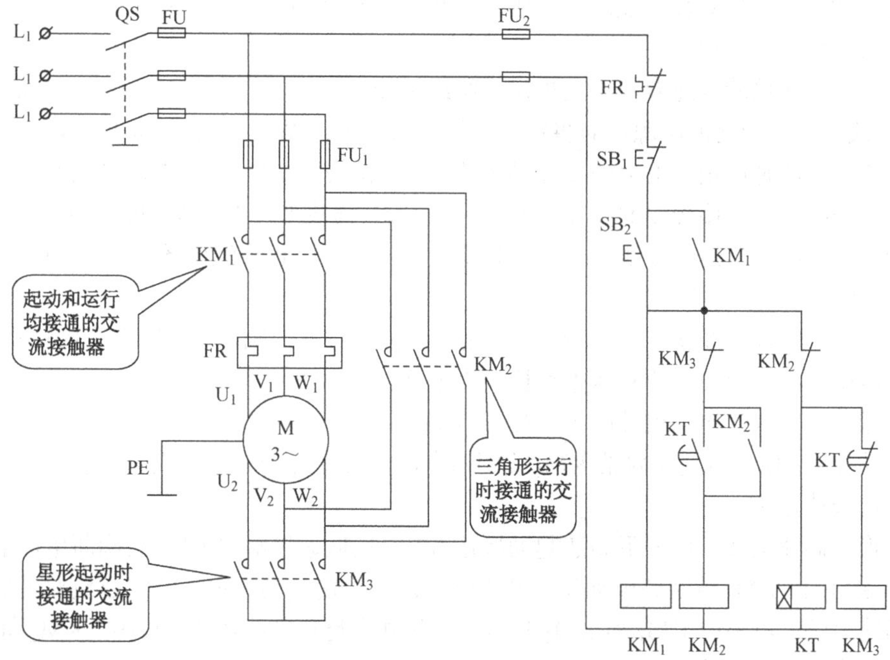

图 5.31　时间继电器自动控制的 Y－Δ降压起动控制电路

当按下起动按钮 SB_2 时，交流接触器 KM_1 和 KM_3 的线圈通电，对应常开主触头闭合，电动机接成星形开始起动过程。同时，时间继电器线圈通电开始计时；计时时间到，时间继电器延时断开，常闭触头断开 KM_3 线圈，时间继电器延时闭合，常开触头接通 KM_2 线圈，使电动机切换到三角形接法全压运行。

图中 KM_1 和 KM_2 辅助常开触头实现自锁功能，KM_2 和 KM_3 辅助常闭触头实现互锁功能。另外，当 KM_2 线圈通电后，KM_2 辅助常闭触头复位断开，还可将时间继电器 KT 线圈断电，使时间继电器复位，起到保护时间继电器的作用。

（3）新型起动方式

目前广泛使用的新型起动方式主要有“变频器起动”和“软起动器起动”。

变频器利用可改变输出频率的逆变电路，将输入变频器的 50 Hz 工频交流电，变换成负载所需的频率输出。起动时，将供给电动机的交流电频率逐步增加，从而实现平滑的起动过程。

软起动器是利用电力电子技术与自动控制技术，将强电和弱电结合起来的控制技术，其主要结构是一组串接于电源与被控电机之间的三相反并联晶闸管及电子控制电路，利用晶闸管移相控制原理，控制三相反并联晶闸管的导通角，使被控电动机的输入电压按不同的要求变化，从而实现不同的软起动功能。可见，软起动器实际上是一个晶闸管交流调压器，通过改变晶闸管的触发角，就可调节晶闸管调压电路的输出电压。

5.3.3 三相异步电动机的调速控制

为了提高生产效率和满足生产工艺的要求，许多生产机械在工作过程中都需要调速。从三相异步电动机的转速公式：$n=(1-s)n_1=(1-s)\dfrac{60f_1}{p}$ 可知，三相异步电动机的调速方法主要有“变极调速”、“变转差率调速”和“变频调速”三种。

（1）变极调速

普通电动机的磁极对数不能改变，因此变极调速只适用于特殊的变极调速电动机，常用的主要是双速和三速电动机。

图 5.32 为 2/4 极的双速异步电动机定子绕组接线示意图。若将电动机定子绕组的 U_1、V_1、W_1 三个接线端接三相交流电源，而将定子绕组的 U_2、V_2、W_2 三个接线端悬空，三相定子绕组接成三角形，此时每相绕组中的 2 个线圈串联，电动机接成四极状态，以低速运行；若将电动机定子绕组的三个接线端 U_1、V_1、W_1 连在一起，而将 U_2、V_2、W_2 接三相交流电源，则原来三相定子绕组的三角形接线即变为双星形接线，此时每相绕组中的 2 个线圈相互并联，电动机接成两极状态，以高速运行。

双速电动机的控制线路有许多种，可以用手动开关进行控制，也可用交流接触器来控制。下面介绍常用的接触器控制的双速电动机控制电路。

接触器控制的双速电动机控制电路如图 5.33 所示。工作原理：先合上电源开关 QS，按下低速起动按钮 SB_2，低速接触器 KM_1 线圈通电，主触头闭合，电动机定子绕组做三角形连接，电动机低速运转。

如需换为高速运转，可按下高速起动按钮 SB_3，使低速接触器 KM_1 线圈断电，继而使高速接触器 KM_2 和 KM_3 线圈获电动作，其主触头闭合，使电动机定子绕组连成双星形并联，电动机高速运转。电路中 KM_1 和 KM_2 的辅助常开触头起到自锁功能；KM_1、KM_2 和 KM_3 的辅助常闭触头起到互锁功能。

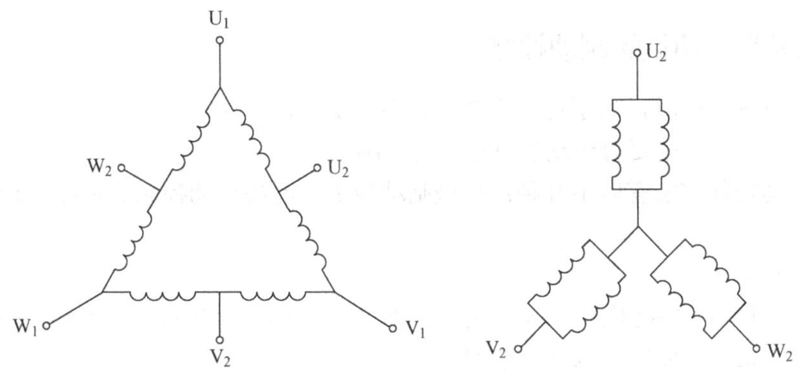

图 5.32　2/4 极双速异步电动机定子绕组接线示意图

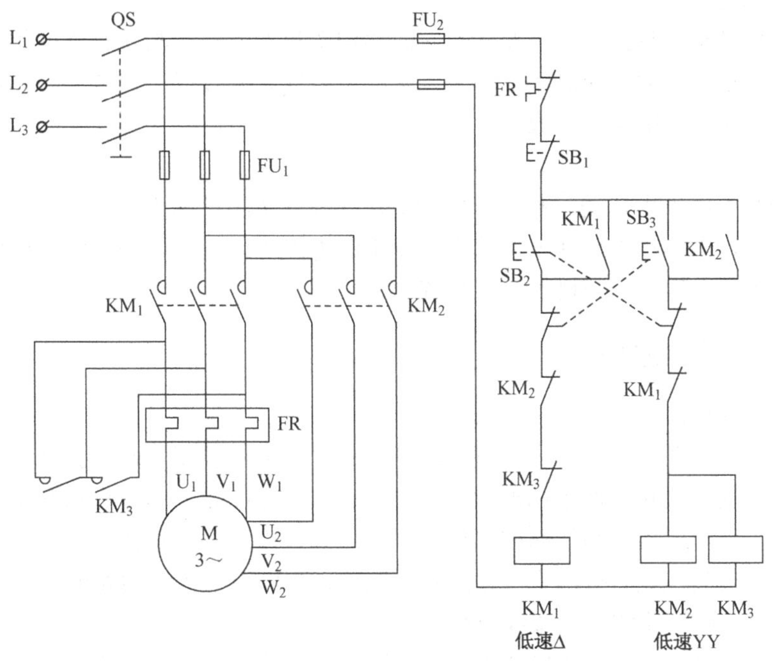

图 5.33　接触器控制的双速电动机控制电路

（2）变转差率调速

变转差率调速方式主要有鼠笼式异步电动机定子串电阻调速和调压调速、绕线式异步电动机转子串电阻、电抗和电动势调速（也称为串级调速）以及电磁转差离合器调速等方式。

（3）变频调速

电动机的变频调速，是对定子供电电源的频率及供电电压进行调节，从而改变电动机转速的调速方式。由于频率能连续调节，因此这种调速方式可实现较大范围的平滑调速，属于无极调速，调速性能好。但变频调速需有一套专用的变频设备，即变频器。随着电力电子技术的飞速发展，变频器技术已非常成熟，而使用变频器的变频调速技术，也是目前最先进的调速方式。

5.3.4 三相异步电动机的制动控制

许多生产机械工作时，为了提高生产率和保证安全，往往需要快速停转或由高速运行迅速转为低速运行，这就需要对电动机进行制动控制。

常见的制动控制方法有以下几种：机械制动控制、能耗制动控制、反接制动控制和回馈制动控制。

（1）机械制动

机械制动也称为“电磁抱闸”，是在电动机断电时，通过闸瓦与电动机轴之间的摩擦，使电动机快速停下来，其原理类似于火车和汽车的刹车。

（2）能耗制动

三相异步电动机的能耗制动，是指断开电动机的交流电源后，在任意两相绕组中通入一个直流电，使转子上产生制动力矩而快速制动。

（3）反接制动

三相异步电动机的反接制动，是指制动时给电动机通以一个与运行方向相反的交流电，使转子上产生制动力矩而快速制动，但是当电动机转速降得较低时，要及时切断交流电，这一过程通常依靠速度继电器来完成。

（4）回馈制动

回馈制动是指用外力拖动三相异步电动机，使其转速超过同步转速，转子就会产生一个制动力矩。此时，电动机工作在发电状态，发出的电能可以回馈电网，因此称为回馈制动，常见于电气机车和电梯、提升机等电气系统中。

*5.3.5 电气控制系统实例

（1）电气图的识读

继电接触器电气图主要包括“电气原理图”和“安装接线图”两种类型。电气原理图，是将各种电气控制设备和器件用图形和文字符号表示，并按照工作过程和顺序排列、连接在一起的，着重于表示电气控制线路的工作原理；而安装接线图，是按电气控制屏或控制柜中电气器件的实际安装位置和接线方法来进行绘制的，面向电气控制线路的安装和检修过程，着重于表示电气控制线路的安装接线方法。

下面通过实例来学习继电接触器电气图的读图和绘图方法。如图 5.34 所示为 B690 型液压牛头刨床的电气原理图，图 5.35 为其对应的安装接线图。

① 电气原理图的读图和绘图。从图 5.34 中可以看到，电气原理图主要由主电路、控制电路和辅助电路（如图中照明电路）三个部分组成。主电路是强电流通过的部分，完成对主控对象（一般是电动机）的控制，主要由主控对象和各控制器件的主触头组成；控制电路一般工作电流较小，由各控制器件的辅助触头和线圈等组成，主要实现对主电路中各控制器件主触头的控制；辅助电路根据需要选用，主要包括照明电路、信号电路和保护电路等。电气原理图由各电气设备和器件的图形及文字符号按照工作过程绘制而成，在阅读和绘制电气原理图时，应注意以下问题：

a. 同一器件一般既要绘出其图形符号，又要在旁边绘出其对应的文字符号，图形和文字符号的绘制应规范。

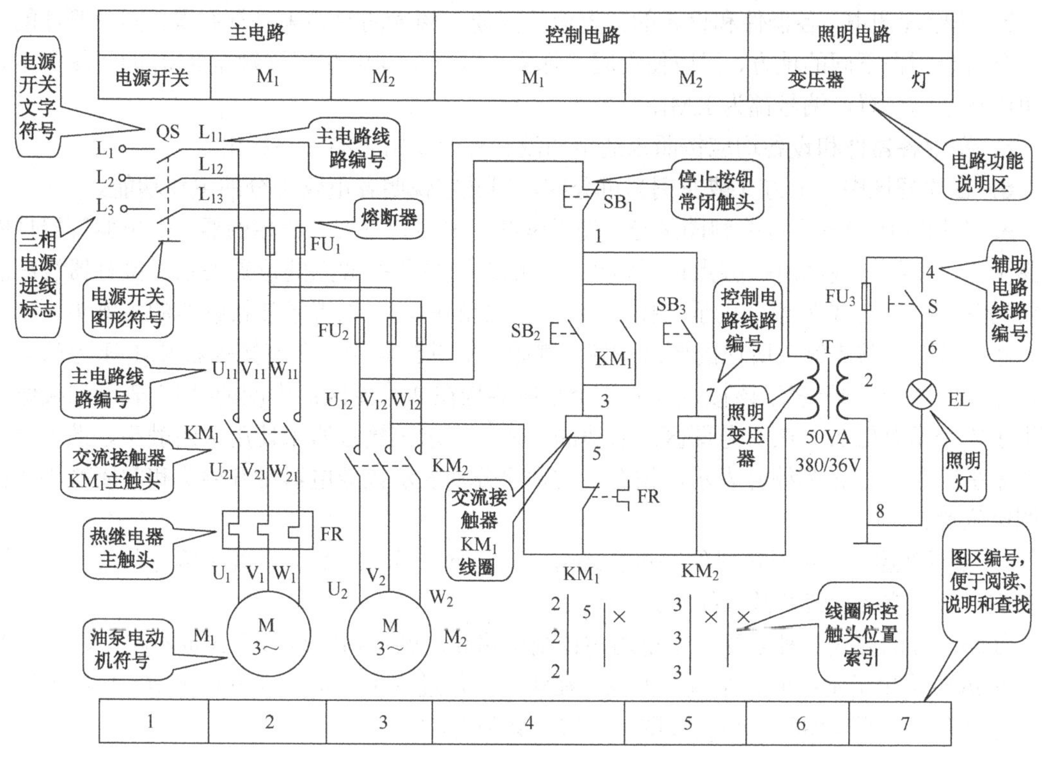

图 5.34　B690 型液压牛头刨床的电气原理图

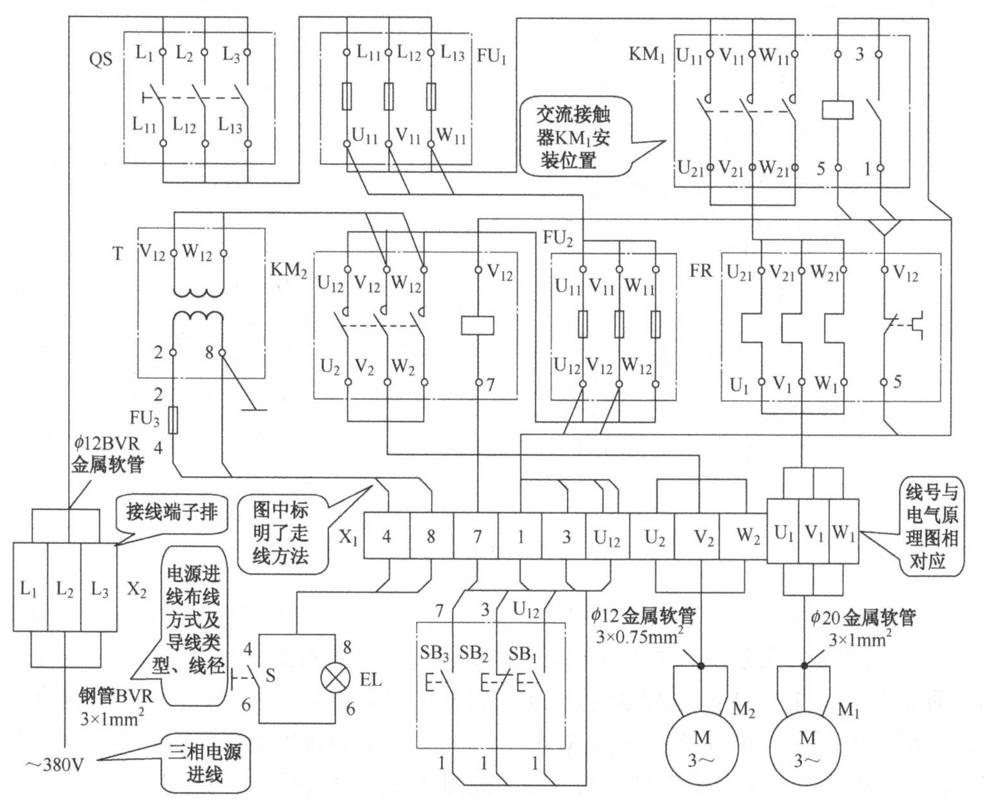

图 5.35　B690 型液压牛头刨床的安装接线图

b. 在原理图中，各器件和设备的位置应按照便于阅读的原则来进行布置。同一器件的不同部分可绘制在不同的地方，但应使用同一标号。如图 5.34 中交流接触器 KM_1 的线圈和主触点可绘在不同位置，编号都为 KM_1。

c. 图中各器件和设备均应按照未通电和没有外力作用时的状态绘出。

d. 在原理图中，上方（或左侧）可分区，用文字说明各电路部分的主要功能。

e. 在原理图的下方可编制图区号，便于读图、说明和查阅。在接触器、继电器等器件的线圈下方，可编制线圈所控触点位置索引，表明线圈与所控触点的位置关系。接触器线圈的索引用左、中、右 3 列编号表示，按左、中、右的顺序，分别表示该接触器的主触头、辅助常开触头和辅助常闭触头所在的图区位置。例如，在图 5.34 中，交流接触器 KM_1 下方的索引中，左边的 3 个“2”表示该接触器的 3 个主触头均在 2 号图区；中间的“5”表示该接触器使用了 1 个常开触头，在 5 号图区；右边的“×”表示该接触器未使用常闭触头。继电器线圈的索引用左、右 2 列编号表示，按左、右顺序分别表示该继电器常开触头和常闭触头所在的图区位置。

f. 在原理图中，可对每段线路进行编号，这样便于读图。另外，线路编号与安装接线图相对应，便于安装接线和故障排查。

线路编号的方式多种多样，主电路与控制电路和辅助电路的编号方式也不相同。图 5.34 和图 5.36 中给出了常用的线路编号方法，在实际工作过程中可按习惯方式选用，但要保证线路编号合理，且原理图与安装接线图中的编号必须对应。

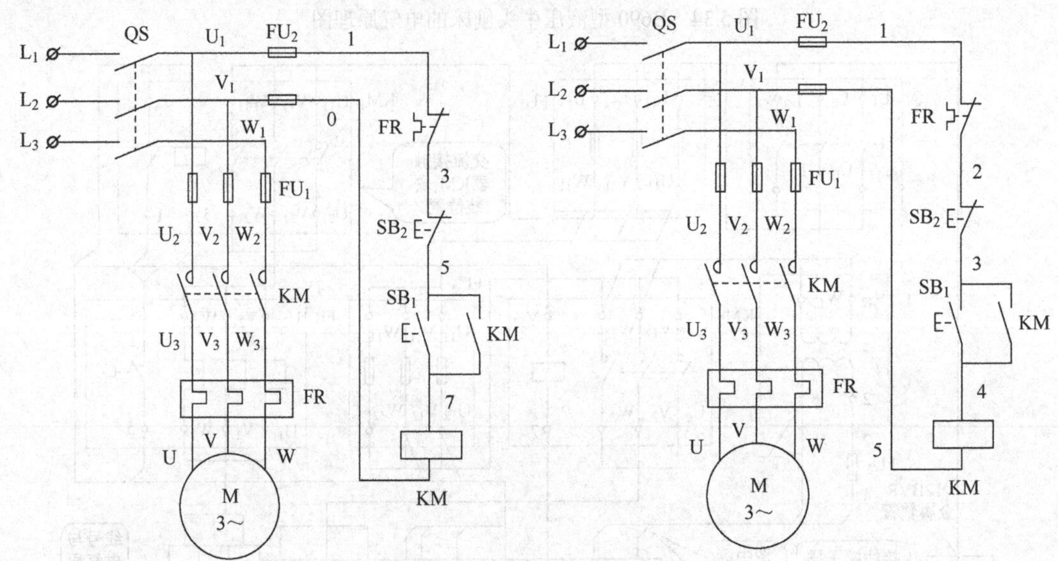

图 5.36　电气原理图线路编号方法

主电路的编号方法：一般电源进线用 L_1、L_2、L_3 表示，工作零线用 N 表示，保护零线用 PE 表示。经过电源开关后，若电源还有分级，如还经过了熔断器等器件，可用 L_{11}、L_{12}、L_{13} 表示，后续为 L_{21}、L_{22}、L_{23}，以此类推。电动机的接线端用 U、V、W 表示，如果有多台电动机，分别用 U_1、V_1、W_1，U_2、V_2、W_2…来区分。从电源到电动机间的分支电路，对于单台电动机，按照从上到下，从左到右的原则，按照各接点的顺序，用 U、V、W 后跟 1 位数字来表示，如 U_1、V_1、W_1，U_2、V_2、W_2…；对于多台电动机，用 U、V、W 后跟 2 位数字

来表示，个位表示电动机编号，十位表示接点编号，例如：第 1 台电动机的各接点用 U_{11}、V_{11}、W_{11}，U_{21}、V_{21}、W_{21}…表示，第 2 台电动机的各接点用 U_{12}、V_{12}、W_{12}，U_{22}、V_{22}、W_{22}…表示。应注意，连接在一起的线路用相同符号表示。

控制电路和辅助电路的编号方法：控制电路和辅助电路采用 3 位和 3 位以下的阿拉伯数字来编号，其编号方式比较灵活。在图 5.34 中，控制电路用奇数来表示，辅助电路用偶数来表示。在图 5.36 中，左图以线圈为界，一端用奇数来表示，另一端用偶数来表示；右图不分奇偶，按照顺序来表示。

② 安装接线图的读图和绘图。在图 5.35 中，安装接线图是按器件和设备的实际安装位置和接线方式来绘制的。在图中首先应绘出各器件和设备的安装位置，用符号表示出各器件和设备的组成部分，如线圈、触头等。接下来绘制接线方法，因为每根导线有两个头，因此只要把导线编号在两个接头位置上标出，就可清楚地表示出该导线的接线位置和走线方法。汇集在一起的多根导线可用总线方式绘制。另外，在图中还可以表明对布线的要求，如采用导线的类型、截面以及布线方式，如采用钢管或 PVC 管布线等。根据接线规范，主控制屏外的器件和设备，如电源进线、电动机、按钮盒和照明灯等，接线时应通过端子排连接至主控制屏。

（2）C650 型车床电气控制系统分析

普通车床是一种应用极为广泛的金属切削机床，能够车削外圆、内圆、端面、螺纹和定型表面，并可以通过尾架进行钻孔、铰孔、攻螺纹等加工。现以 C650 普通卧式车床为例，来分析普通车床电气控制线路的原理和结构，C650 型车床的外形和结构如图 5.37 所示。

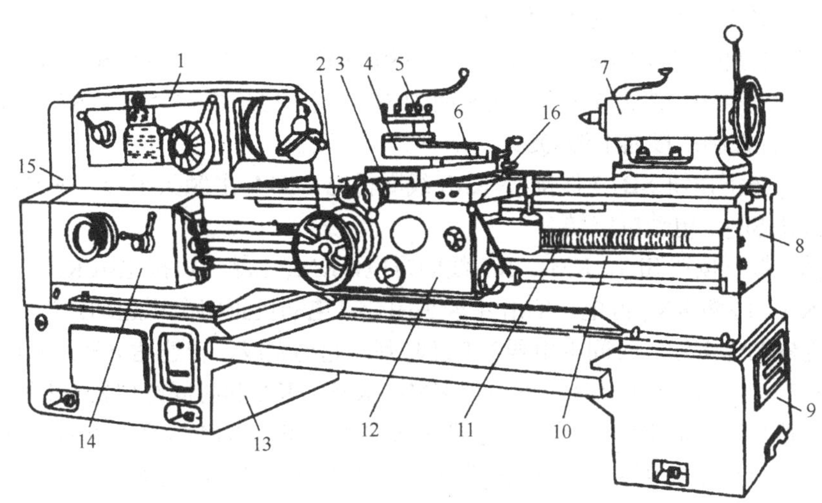

1—主轴箱；2—纵溜板；3—横溜板；4—转盘；5—刀架；6—小溜板；7—尾架；8—床身；9—右床座；10—光杆；11—丝杆；12—溜板箱；13—左床座；14—进给箱；15—挂轮架；16—操纵手柄

图 5.37　C650 型车床的外形和结构

① 主要结构和运动形式。C650 普通卧式车床属中型车床，加工工件回转直径最大可达 1 020 mm，长度可达 3 000 mm。其结构主要由床身、主轴变速箱、进给箱、溜板箱、刀架、尾架、丝杆和光杆等部分组成。

车床有两种主要运动，一是主轴通过卡盘带动工件的旋转运动，称为“主运动（切削运动）”；另一种是溜板刀架或尾架顶针带动刀具的直线运动，称为“进给运动”。两种运动由同一台电动机带动并通过各自的变速箱调节主轴转速和进给速度。此外，为提高效率、减轻劳动强度、便于对刀和减小辅助工时，C650 车床的刀架还能快速移动，称为“辅助运动”。

② 拖动方式与控制要求。C650 车床由三台三相笼型异步电动机拖动，即主电动机 M_1、冷却电动机 M_2 和刀架快速移动电动机 M_3。

从车削工艺要求出发，对各个电动机的控制要求如下。

a．主电动机 M_1（30 kW）：由它完成主运动的驱动。要求采用直接起动连续运动方式，并有点动功能以便调整；能正反转以满足螺纹加工需要；由于加工工件转动惯量大，停车时带有电气制动。此外，还要显示电动机的工作电流以监视切削情况。

b．冷却电动机 M_2：加工时提供冷却液，采用直接起动、单向运行、连续工作方式。

c．快速移动电动机 M_3：单向点动、短时工作方式。

d．要求有局部照明和必要的电气保护与联锁。

③ 电气控制线路分析。根据上述控制要求设计的 C650 电气原理图如图 5.38 所示，其线路分析步骤如下：

a．主电路分析。整机电源由隔离开关 QS 控制。根据主电路的构成，并运用项目 3 所学知识，可以确定各电动机的类型（电动机符号）、工作方式（有无过载保护）、起动方式、转向、停车制动方式、控制要求和保护要求等。例如：主电动机 M_1 采用直接起动、连续工作（有 FR 保护）、正反向运动（KM_1、KM_2 得电为正转，KM_2、KM_3 得电为反转）；正反向停车都带有反接制动控制（由 KS、R 和 KM_3 等器件实现）；起动完成进入加工状态，由电流表 A 指示 M_1 电流值；冷却电动机 M_2 由 KM_4 控制为单向连续运行工作方式；快速电动机由 KM_5 控制为单向点动、短时工作方式（无 FR 保护）。

b．控制电路分析。电源由控制变压器 T（380/110 V，36 V）的接线和参数标注可知，接触器、继电器线圈电压等级为 110 V，而照明为 36 V 安全电压由主令开关 SA 控制。

主电动机 M_1 控制：接通电源 QS。

正向点动：按下按钮 SB_2（保持），KM_1 线圈得电，KM_1 主触头闭合，串接电阻 R 正向点动，松开按钮 SB_2，电动机停转。

正向起动：按下按钮 SB_3，KM_3、KT 线圈得电，KM_3 主触头短接电阻 R，KM_3 辅助触头闭合，线圈 KA、线圈 KM_1 得电，KM_1 主触头闭合，电动机正向全压起动。当 $n \geqslant 120$ r/min 时，速度继电器 KS_1 接通，时间继电器 KT 延时到，起动完成，转速达 $n \geqslant n_N$ 时电流表接入。

正向停止制动：按下按钮 SB_1，继电器 KM_1、KM_2、KA 和时间继电器 KT 同时失电，所用触头释放，速度继电器 KS_1 接通，继电器 KM_2 线圈得电，KM_2 主触头串接电阻 R 反接制动，当 $n < 100$ r/min 时，速度继电器 KS_1 断开，KM_2 失电，电动机停转。

反向起动制动：按下按钮 SB_4，与停车制动起动过程（KS_2）相似。

冷却泵电动机：按下按钮 SB_6，继电器 KM_4 线圈得电自锁，KM_4 主触头闭合，M_2 起动。

快速电动机：压下刀架手柄 SQ，继电器 KM_5 线圈得电，KM_5 主触头闭合，M_3 起动。

c．整机线路联锁与保护。由 KM_1 和 KM_2 各自的常闭触头串接于对方工作电路以实现正反转运行互锁。由 FU_1～FU_6 实现短路保护。由 FR_1 与 FR_2 实现 M_1 和 M_2 的过载保护（根据 M_1 与 M_2 额定电流分别整定）。KM_1～KM_4 等接触器采用按钮与自保控制方式，因此使 M_1 与 M_2 具有欠电压与零电压保护。

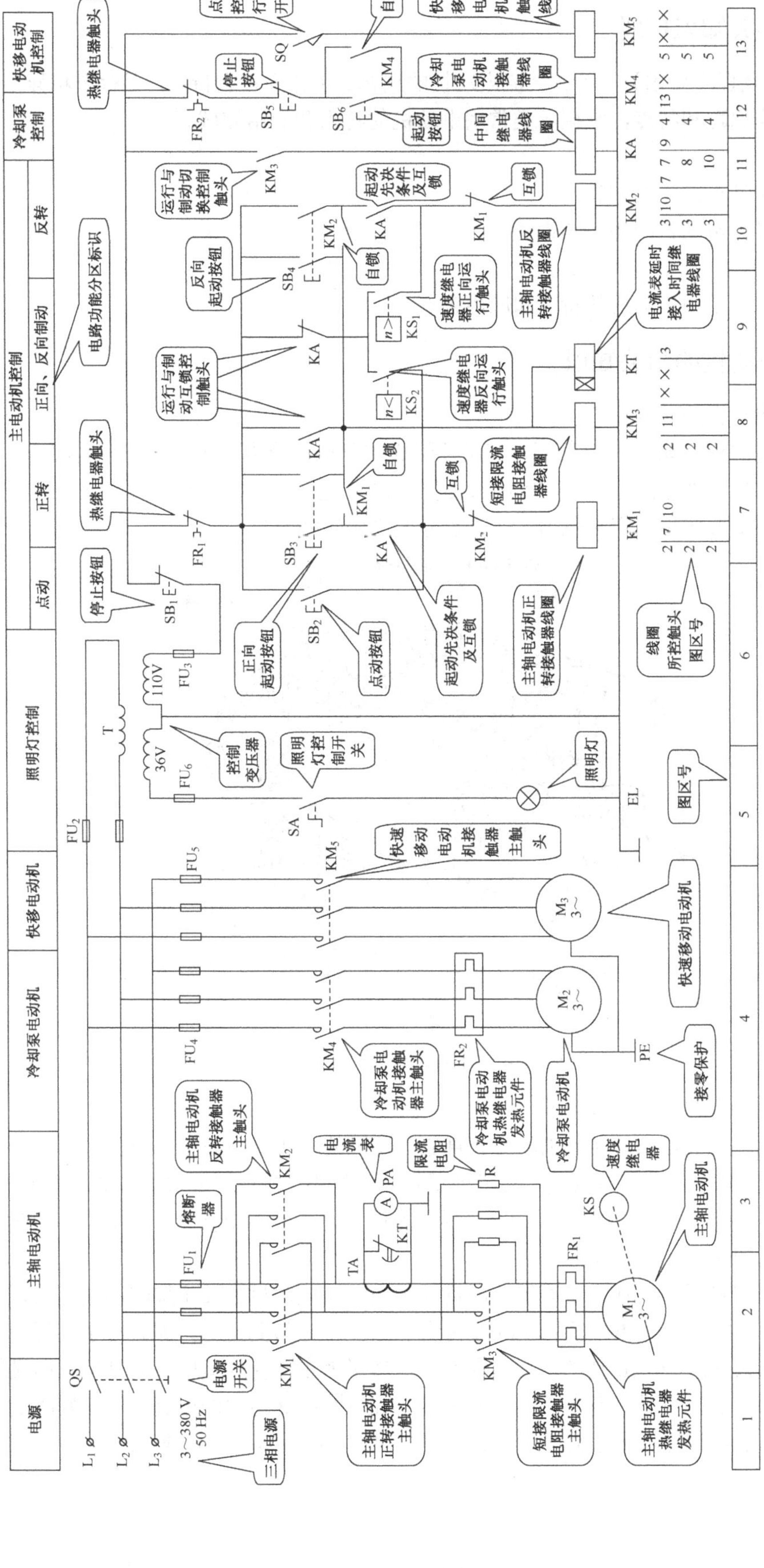

图5.38　C650型车床电气原理图

*任务 5.4　相关知识扩展

【工作任务及任务要求】　了解直流电动机的结构、工作原理和特点，了解单相异步电动机的结构、工作原理和特点，掌握各类常用电动机的特点和应用领域。

知识摘要：

➢　直流电动机的相关知识

➢　单相异步电动机的相关知识

任务目标：

➢　掌握各类常用电动机的特点和应用领域

5.4.1　直流电动机的相关知识

（1）直流电动机的结构

直流电动机的结构如图 5.39 所示，其主要组成部分也可分为定子和转子两大部分。直流电动机的转子也称为“电枢”，电枢绕组汇集到换向器，通过电刷与接线端子相连。定子内部同样有绕组，其主要作用是产生磁场，所以也称为“励磁绕组”。

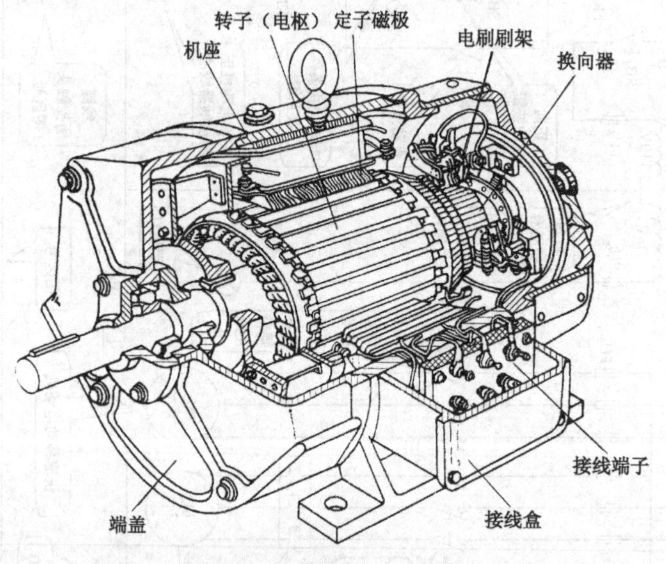

图 5.39　直流电动机的结构

（2）直流电动机的工作原理

那么直流电动机又是如何转起来的呢？直流电动机的工作原理如图 5.40 所示。定子绕组通入直流电，磁极产生固定方向磁场。转子处于定子磁场中，当转子通过电刷通入直流电后，根据“左手定则”，转子的 ab 边和 cd 边就会受到方向正好相反的电磁力，该电磁力便驱动转子旋转起来了，如图 5.40（a）所示。

直流电动机的转子中为什么要设置换向器呢？当直流电动机的转子旋转起来之后，如果转子转过 180°，如图 5.40（b）所示，ab 边转到下方，cd 边转到上方，如果转子绕组中的电流方向不变，那么 ab 边和 cd 边的受力方向不变，转子就不会持续运转，而是反方向又转回去了；正是因为有了换向器，当转子转过 180° 后，ab 边和 cd 边中的电流方向正好改变了，受力方向也反向了，这样转子才会一直受到同方向的力，持续地运转起来。

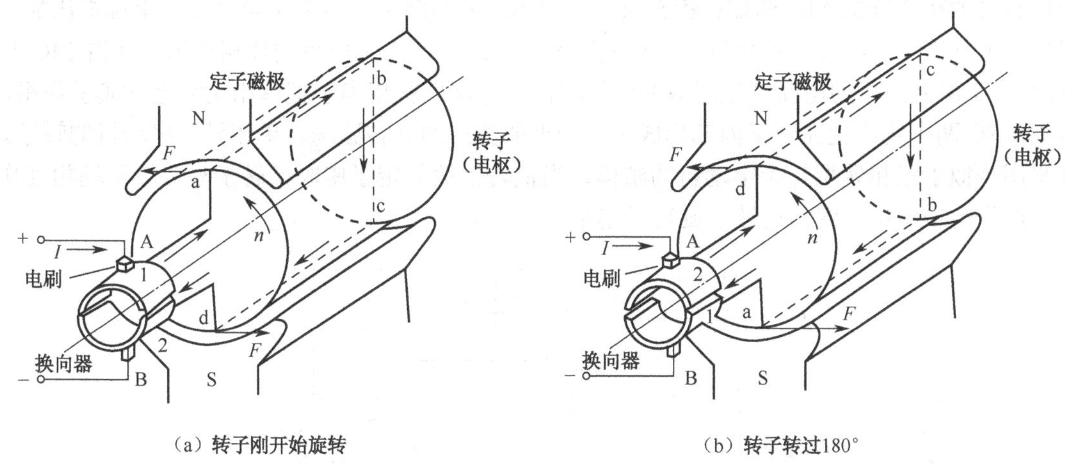

图 5.40　直流电动机的工作原理

直流电动机的定子磁场如果用永久磁铁产生，这样的电动机称为“永磁式直流电动机”，一般都是小型直流电动机；如果直流电动机的定子绕组和转子绕组分别由两个不同的电源供电，称为“他励直流电动机”；如果直流电动机的定子绕组和转子绕组相串联，称为“串励直流电动机”；如果直流电动机的定子绕组和转子绕组并联，称为“并励直流电动机”；如果直流电动机的定子绕组一部分与转子绕组串联，一部分与转子绕组并联，称为“复励直流电动机”。各类不同的直流电动机，在特性上具有差异，分别适用于不同的场合。

（3）直流电动机的特点和应用

直流电动机由于结构复杂、造价较高，而且换向器和电刷在工作过程中不断摩擦，因此维护比较麻烦，而且换向器和电刷带电摩擦后会产生电弧，因此在一般场合以及有易燃易爆危险的场合都不适用。但是，直流电动机具有起动转矩大和调速性能好的优点，因此在对起动转矩和调速性能要求很高的场合采用，另外永磁式的小型直流电动机使用也很普遍。

5.4.2　单相异步电动机的相关知识

单相异步电动机的结构和基本工作原理与三相异步电动机有类似的地方，不同的地方在于：三相异步电动机的定子绕组中有三相对称绕组，当通入三相对称交流电时，就会产生旋转磁场；而单相异步电动机通入的是单相交流电，内部只有一相绕组，只能形成单方向的脉振磁场，形不成旋转磁场。那么，单相异步电动机是如何旋转起来的呢？经过研究发现，要形成旋转磁场，不一定非要三相交流电，只要有两相交流电，也能形成圆形或椭圆形的旋转磁场，这样利用和三相异步电动机类似的原理，就可以带动转子旋转起来。因此，对于单相异步电动机来讲，最关键的地方就在于如何使通入的单相交流电转换成两相交流电。

根据将单相交流电转换成两相交流电的方法，单相异步电动机可分为电容分相式、电阻分相式和罩极式三种。

（1）单相异步电动机的结构和工作原理

① 电容分相式单相异步电动机。其工作原理如图 5.41 所示，电动机的定子中有两个空间位置互差 90° 的绕组，其中 MC 为“主绕组（也称工作绕组）”，SC 为“起动绕组”。图 5.41 是以洗衣机中使用的单相异步电动机为例来进行介绍的，由于洗衣机需要正反转，因此 MC 和 SC 两个绕组的结构是完全一样的。假设换向开关 S 打在“1”位置，交流 220 V 的单相交

流电直接加在主绕组 MC 两端；而在起动绕组 SC 的回路中，串入了电容 C，电源电压加在了电容 C 和绕组 SC（电感性负载）构成的串联回路中，由于电容的移相作用，使得 MC 和 SC 两个绕组回路中的电流产生近似 90° 的相位差，这样就相当于把单相交流电分成了两相，MC 和 SC 两个绕组就在定子内部形成了一个近似圆形的旋转磁场。单相异步电动机的转子，都采用类似于三相笼型异步电动机的结构，当把转子放入定子中时，转子与旋转磁场相互作用，产生电磁转矩，就带动转子旋转了起来。

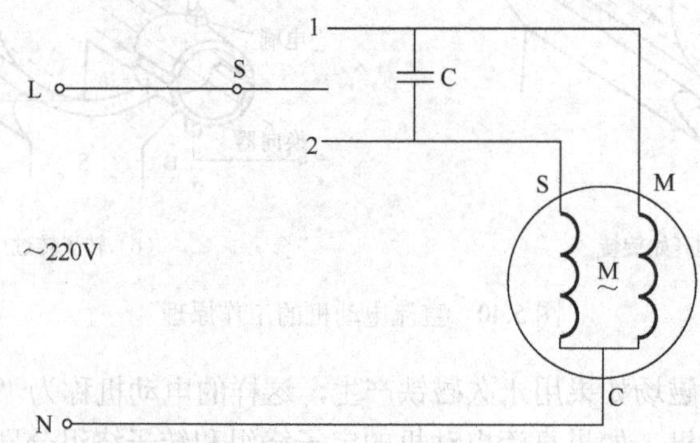

图 5.41　电容分相式单相异步电动机（洗衣机电动机）工作原理

当把换向开关 S 打在“2”位置，相当于主绕组 MC 和起动绕组 SC 进行了互换，SC 作为主绕组，MC 作为起动绕组，因此旋转磁场的方向反向，转子的旋转方向也随之反向，这样就实现了电容分相式单相异步电动机的正反转。

如图 5.41 所示，不论电动机在起动过程还是运转过程中，电容 C 始终接在电路中，这样的电动机称为“电容起动和运转式电动机”，这种电动机工作时的转矩大，但功耗相对较高。如果电动机在运行过程中不需要较大的转矩，那么可在起动时接入电容，当电动机运转起来后，将电容和起动绕组切除，此时，虽然只有一相绕组（工作绕组），只能形成单相脉振磁场，但因为转子旋转起来后具有惯性，因此仍旧可以不断切割工作绕组的磁场，继续维持运转，这样的电动机就称为“电容起动式电动机”。

② 电阻分相式单相异步电动机。这类电动机常见的有两种类型：一种不需要额外附加其他元件，而是在制造电动机时，将定子中的两个绕组，一个使用较粗的漆包线绕制，且绕组匝数较少，使绕组的性质接近于阻性；而另一个绕组使用较细的漆包线来绕制，且绕组匝数较多，使绕组的性质接近于感性，这样就使流过两个绕组的电流近似有 90° 的相位差，完成了单相到两相的“分相”过程，产生出了旋转磁场。这类电动机的输出转矩较小，在很多中小型鼓风机中使用的单相异步电动机就是这种类型。

另一种电阻分相式单相异步电动机的工作原理如图 5.42 所示，在电动机的起动绕组中加入了 PTC（正温度系数热敏电阻）元件。起动时，PTC 元件温度较低，呈现较小电阻，使起动绕组 SC 的阻抗偏向阻性，而主绕组 MC 的阻抗偏向于感性，这样同样完成了“分相”。当电动机运转起来，PTC 元件有电流流过开始发热，温度升高，电阻不断增大，使起动绕组 SC 回路近似处于断路状态，这样相当于把起动绕组切除，起到了节能的作用。另外，当电动机断电后，PTC 元件冷却需要一定时间，电动机不会频繁起停，因此这种电动机在家用空调和电冰箱中得到了广泛应用。

③ 罩极式单相异步电动机。其结构如图 5.43 所示，这种电动机不需外加其他元件，而

是在制造电动机时，在其定子磁极中开一个槽，将一个称为“短路环”的铜环嵌入槽中。短路环可看做是一个线圈（电感），利用电感的移相作用，就使磁极中被短路环罩住部分的磁场与未被短路环罩住部分的磁场之间产生了一定的相位差，实现了分相作用，能形成一个椭圆形的旋转磁场，从而带动转子旋转，转子的旋转方向由磁极未罩部分指向被罩部分。

罩极式单相异步电动机结构简单、使用方便，但输出转矩很小，所以一般只能用在小型风扇、电唱机等小功率设备上。

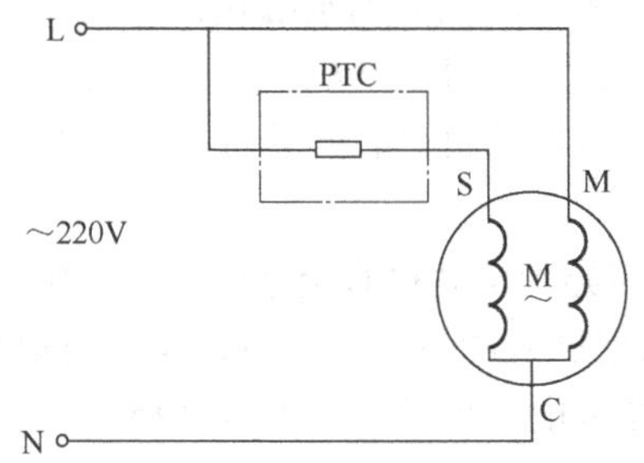

图 5.42 电阻分相式单相异步电动机工作原理

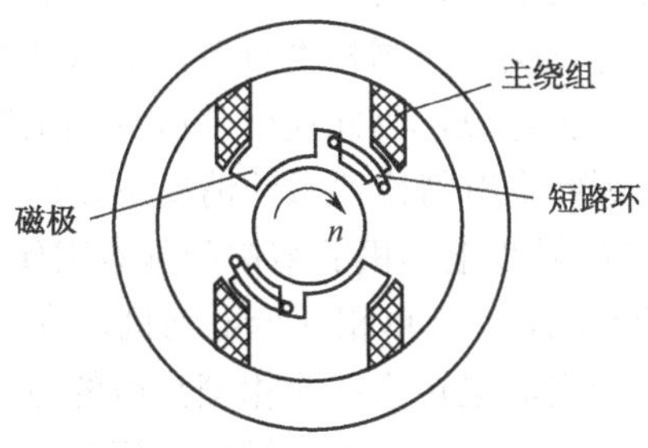

图 5.43 罩极式单相异步电动机结构

（2）单相异步电动机的特点和应用

各类单相异步电动机采用不同的方式，巧妙完成了单相到两相的“分相”，这类电动机结构简单，不需使用电刷装置，使用和维护方便，但电动机的输出转矩相对较小。因此广泛应用于各类家用电器（一般家庭里都只有单相交流电）和小功率电气设备中。

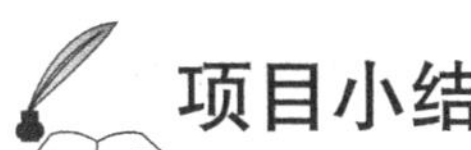

项目小结

1．常用电动机主要有交流电动机、直流电动机和控制电动机等类型，其中三相异步电动机是使用最多的电动机。

2．三相异步电动机的结构主要由定子和转子两大部分构成。定子主要部分是三相对称绕组，定子绕组可连接成 Y 形和Δ形。按转子的结构，三相异步电动机分为笼型和绕线型。笼型转子常见的有铜条转子和铸铝转子两种结构，笼型转子无出线端，不能接线；绕线转子由三相对称绕组绕制而成，具有 6 个出线端，通过电刷与外部电路连接，通常接成 Y 形。

3．三相异步电动机的定子三相对称绕组，通入三相对称交流电后，产生旋转磁场，转子与旋转磁场相互作用，产生电磁转矩，推动转子旋转。旋转磁场的转速称为三相异步电动机的“同步转速”，其速度为$n_1 = \dfrac{60 f_1}{p}$。电动机转子的转速为$n = (1-s)n_1$。

4．三相异步电动机的电磁转矩为$T = 9550\dfrac{P}{n}$。机械特性反映了电动机输出转矩 T 与转子转速 n 之间的相互关系，它是电动机的重要特性。三相异步电动机的机械特性可反映出电动机的工作状态和工作情况，概括地说，就是“三转矩（起动转矩、最大转矩和额定转矩）、两区域（稳定工作区和不稳定工作区）”。

5．电动机的铭牌数据反映出了电动机的主要参数和特性，包括：电动机的型号、额定值（额定功率、额定电压、额定电流、额定频率、额定转速）、接法、功率因数、效率、绝缘等级和防护等级。

6. 常用低压电器有开关电器、主令电器、接触器和继电器等，对于各类电器，应熟悉它们各自的功能、工作原理和应用范围。

7. 各类低压电器可构成电动机的电气控制线路。对于电动机的控制主要是起动、正反转、调速和制动。以B690型液压牛头刨床和C650型车床为例，对电气系统原理图的读图和分析进行了详细介绍。通过不断积累，应具备一定的电气线路设计能力。

8. 直流电动机的主要组成部分也是定子和转子，但其工作原理与交流电动机不同，其内部没有旋转磁场，在转子（电枢）上要加换向器。直流电动机分为永磁式、他励、串励、并励和复励等几类，不同种类直流电动机的特性存在差异。直流电动机由于结构复杂、造价较高且容易产生电弧，因此使用范围受到限制，但是直流电动机具有起动转矩大和调速性能好的优点，因此在有特殊要求的情况下使用。

9. 单相异步电动机的结构和基本工作原理与三相异步电动机有类似的地方，都需要旋转磁场才能起动，对于单相异步电动机，关键在于如何使通入的单相交流电转换成两相交流电。根据将单相交流电转换成两相交流电的方法，单相异步电动机可分为电容分相式、电阻分相式和罩极式。单相异步电动机结构简单，不需使用电刷装置，使用和维护方便，但输出转矩相对较小，因此广泛应用于各类家用电器和小功率电气设备中。

思考与练习

5.1 常用的电动机有哪些类型？通过观察和思考，想想生活中有哪些电气设备使用了电动机。

5.2 三相异步电动机主要由哪些部分构成？按转子的结构，三相异步电动机可分为哪些类型？各有何特点？

5.3 三相异步电动机定子绕组Y形接法和Δ形接法有何区别？绘制出两种接法的接线图。

5.4 简述三相异步电动机的转动原理。

5.5 一台额定转速为970 r/min的三相异步电动机，工作在50 Hz的工频交流电源下，求其同步转速n_1、磁极对数p和额定转差率s_N。

5.6 一台额定转速为1 450 r/min、额定功率为5 kW的三相异步电动机，求其额定输出转矩T_N。

5.7 什么是三相异步电动机的机械特性？在机械特性中反映出了电动机的哪些工作状态？

5.8 三相异步电动机的铭牌数据主要有哪些？

5.9 什么是低压电器？

5.10 常用的低压电器有哪些类型？各应用在什么场合？

5.11 三相异步电动机起动时的主要问题是什么？常用的起动方法有哪些？

5.12 如何实现三相异步电动机的正反转？

5.13 三相异步电动机的调速方法主要有哪些？

5.14 三相异步电动机的制动方法主要有哪些？

5.15 分析电气系统图时，有哪些注意事项？

5.16 比较直流电动机和三相异步电动机，在结构、工作原理和应用领域存在哪些差别？

5.17 常用的单相异步电动机有哪些类型？在结构、工作原理和应用领域存在哪些差别？

模块二　电子技术应用

项目 6　二极管及整流电路

【学习目标】　通过本项目的学习，了解半导体材料特性，理解 P 型半导体、N 型半导体材料的特点，掌握二极管的单向导电性，掌握二极管极性、好坏的判断及二极管的应用。

【能力目标】　通过本项目的学习，学生应掌握二极管的基本特性和用途，能使用万用表检测二极管极性、好坏，能应用二极管构建一些具有特定功能的电路。

任务 6.1　认识半导体

【工作任务及任务要求】　了解半导体材料的性能、内部原子结构和特点，掌握 P 型、N 型半导体产生的原因。

知识摘要：

➢　半导体的共价键结构

➢　本征半导体

任务目标：

➢　掌握引起半导体导电性能改变的几种条件

➢　掌握 P 型、N 型半导体产生的原因

半导体元器件主要是由半导体材料制造而成的。半导体材料是一种导电性能介于导体和绝缘体之间的特殊材料。在电子元器件中，经常用于制造半导体元器件的材料有硅（Si）、锗（Ge），或者是加入了杂质的半导体材料。半导体材料除了导电性能介于导体和绝缘体之间这一特性外，还具有一些其他的特殊性，例如，半导体的导电性能会随外界温度、光照的影响而有很大的变化，一般称其具有“热敏性”和“光敏性”；又如在纯净的半导体中加入微量的三价元素（如硼或铟等）或五价元素（如磷、砷和锑）后，导电性能也会显著改变，一般又称其具有“掺杂性”。

由于半导体材料具有以上的特性，因此半导体材料成为了制造电子元器件的主要材料。

6.1.1　半导体的共价键结构

半导体材料具有以上所述的特性，主要与它内部核外电子的特殊结构有关。半导体材料硅和锗的原子模型如图 6.1 所示。硅和锗核外有四个电子，称为“价电子”。原子呈中性，原子核集中了所有的正电荷，用带圆圈的“+4”表示，核外的四个电子为带−1 价的负电荷，用小黑点表示。

半导体具有晶体结构，它的原子形成了有序的排列，相邻的原子之间通过共价键的结构连接在一起，如图 6.2 所示。

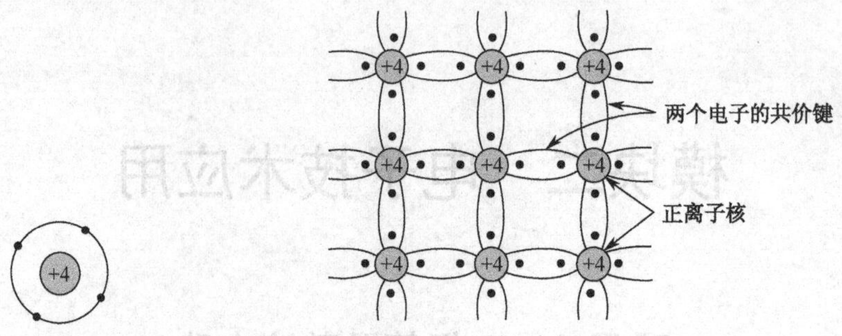

图 6.1　硅和锗的原子模型　　　　图 6.2　硅和锗的共价键结构

6.1.2　本征半导体

完全纯净的、结构完整的半导体晶体称为“本征半导体”。物质的导电性能取决于自由电子的数量，半导体通过共价键的形式达到核外相对稳定的八个电子结构，但由于是通过共价键形成的，所以不像绝缘体的核外电子那样被束缚得很紧，当价电子从外界得到足够的随机热振动能量后，会脱离共价键的束缚而形成自由电子，从而改变半导体的导电性能，这种现象称为“本征激发”。

当本征半导体从外界得到足够的随机热振动能量，电子脱离了共价键的束缚而形成自由电子后，共价键中就出现了一个空闲的位置，该位置称为“空穴”，如图 6.3 所示。由于原子核核外体现+4 价，当有一个电子形成自由电子后，空穴就可以看成是一个带+1 价的正电荷。同时，空穴遇到移动中的自由电子后，自由电子填补空穴位置而重新形成共价键结构。

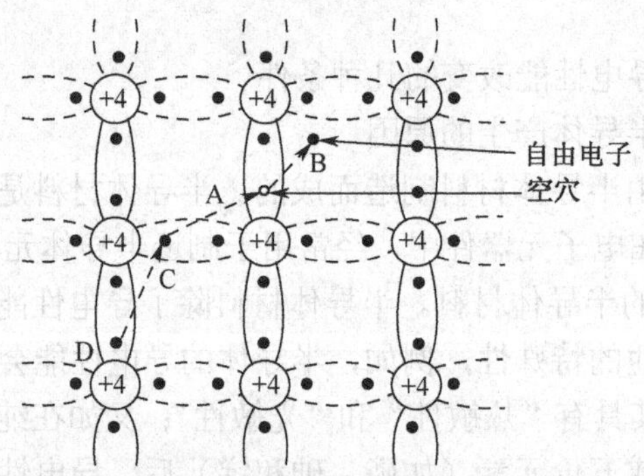

图 6.3　本征激发所产生的空穴和自由电子示意图

若给本征半导体加一个外电场 $\boldsymbol{E}$，可以通过共价键结构图了解电子的移动现象。在外电场的作用下，电子受到外电场 $\boldsymbol{E}$ 的吸引而脱离共价键的束缚，逆着外电场的方向移动。同时，本征半导体中出现了空穴，周围的自由电子在经过空穴时，填补上空穴的位置又形成共价键。若以电子为参考，也可以看成空穴在沿着外电场方向移动。不管是自由电子还是空穴，都可以看成是物质导电的根本原因，把自由电子和空穴统称为“载流子”。

由于空穴是因为电子脱离共价键的束缚而空出来的位置，则空穴和自由电子数量总是相等的。所以，一般把本征半导体中的自由电子和空穴称为“自由电子空穴对”。外界温度、光照变化时，将影响本征半导体中的载流子的数量。因此，温度越高光照越强，半导体的导电能力就越强。

任务 6.2　认识 PN 结与二极管

【工作任务及任务要求】　了解 P 型、N 型半导体的形成与特点，掌握二极管的结构及其特性。

知识摘要：

- PN 结的形成
- PN 结的单向导电性
- 二极管的结构及其基本特性

任务目标：

- 掌握二极管的基本特性
- 掌握二极管的使用和检测方法

6.2.1　PN 结的形成

在常温下，本征半导体中虽然存在着自由电子、空穴载流子，但数目很少，因此其导电性能很差。如果在本征半导体中加入微量的其他价的元素，它的导电性能就可增加几十万乃至几百万倍。根据加入的杂质不同，半导体可分为 P 型半导体和 N 型半导体。

（1）N 型半导体

N 型半导体，是指在纯净的半导体材料中加入少量的五价元素。在半导体晶体中掺入少量的五价元素（如磷、砷或锑）后，该五价元素和半导体晶体形成四对共价键，同时五价元素还多出一个电子。多出的电子容易受热激发而形成自由电子，此时的五价元素可看成是一个不可移动的正离子。同时共价键受热后也会形成自由电子空穴对，由于这种半导体中自由电子的数量多，所以空穴被电子中和（复合）的机会就多。在同样外界条件下这种半导体中的电子数量远大于本征半导体中的电子数量，但是空穴数量小于本征半导体中的空穴数量。所以，这种半导体以自由电子导电为主，称为电子导电型半导体，简称“N 型半导体”，如图 6.4 所示。

在 N 型半导体中，自由电子为多数载流子，而空穴为少数载流子。但是，在整个 N 型半导体中，电荷总是守恒的，它对外界不显电性。

（2）P 型半导体

P 型半导体，是指在纯净的半导体材料中加入少量的三价元素。在半导体晶体中掺入少量的三价元素（如硼或铟）后，该三价元素和半导体晶体形成四对共价键，将少一个电子。为了达到稳定状态，就要夺取相邻原子的电子，当其夺得相邻原子的电子后自己达到稳定结构而形成负离子，但是相邻原子由于失去电子就形成了空穴。所以，在同样外界条件下这种半导体中有大量的空穴。同理共价键受热后也会形成自由电子空穴对，由于这种半导体中空穴的数量多，所以自由电子被空穴中和（复合）的机会就多。在同样外界条件下这种半导体中的空穴数量远大于本征半导体中的空穴数量，但是自由电子数量小于本征半导体中的电子数量。所以，这种半导体以空穴导电为主，称为空穴导电型半导体，简称“P 型半导体”，如图 6.5 所示。

在 P 型半导体中，空穴为多数载流子，而自由电子为少数载流子。但是，在整个 P 型半导体中，电荷总是守恒的，它对外界不显电性。

（3）PN 结的形成

将 P 型半导体和 N 型半导体结合后，在它们的交界处就出现了电子和空穴的浓度差异，由于P型半导体空穴浓度高，而N型半导体的电子浓度高，使得P型半导体内的空穴向N型半导体扩散，N型半导体的电子向P型半导体扩散，在它们的交界处空穴和电子进行中和（复合），如图6.6所示。

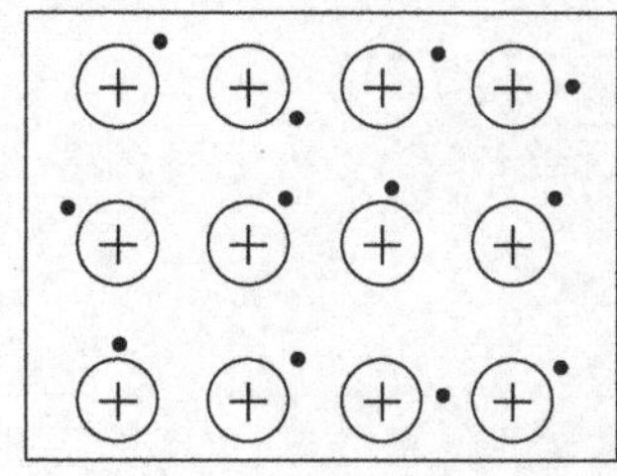

图6.4　N型半导体结构图

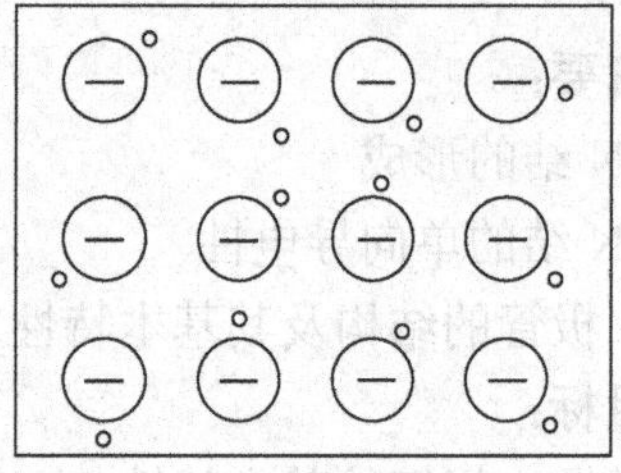

图6.5　P型半导体结构图

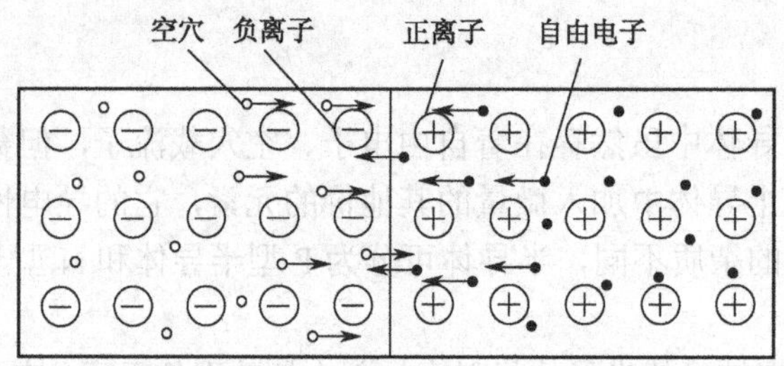

图6.6　P、N型半导体间的扩散运动

在交界处，P型半导体由于少了空穴，形成带负电的区域；同样，N型半导体因为少了电子而形成带正电的区域，它们虽然带有正、负电性，但由于物质结构（离子质量较大）的关系，不能任意移动，因此不能参与导电（自由移动）。这个不能移动的带电性区域，通常称为“空间电荷区（或耗尽区）”，它们集中在P型半导体和N型半导体交界附近，形成一个很薄的空间电荷区域，这就称为“PN结”。

由于P型半导体形成负极性的空间电荷，而N型半导体形成正极性的空间电荷，在空间电荷区域内形成一个由N区指向P区的电场$\boldsymbol{E}_0$，该电场是载流子扩散运动，即内部形成的，因此称为“内电场”。这个内电场将阻碍扩散运动。

但对于P区的电子（少数载流子）和N区的空穴（少数载流子）而言，内电场使P区的电子向N区漂移，补充了N区缺少的电子。同样，N区的空穴向P区漂移，补充了P区缺少的空穴，这样就使得空间电荷区域变薄。

扩散运动使空间区域变厚内电场增加，使漂移运动加剧。漂移运动使空间区域变薄内电场减小，使扩散运动加剧。当扩散运动和漂移运动相等时，便处于动态的平衡，这个空间电荷区（厚度）将保持不变。动态平衡状态下的PN结示意图如图6.7所示。

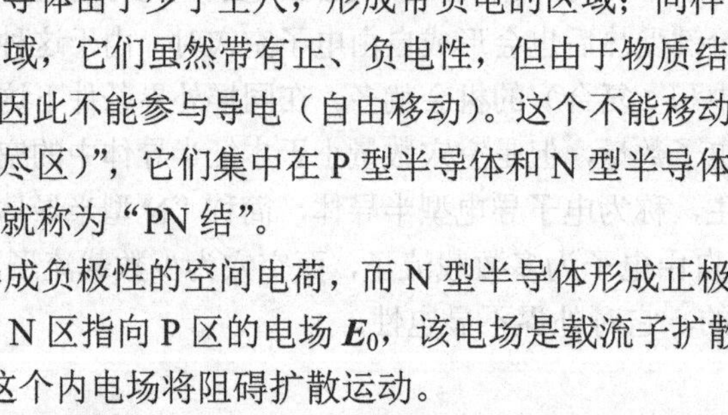

图6.7　动态平衡状态下的PN结示意图

6.2.2　PN 结的单向导电性

（1）外加正向电压

如图 6.8 所示，把 PN 结的 P 型端接电源正极，N 型端接电源的负极，则在两种半导体中形成一个外加电场，该电场的方向与 PN 结内电场方向相反。外电场使 P 型端的空穴向 PN 结移动，同时外电场使 N 型端的自由电子也向 PN 结移动，PN 结变窄，内电场减小，外加电场使 PN 结的平衡状态被打破，扩散运动增强，漂移运动减弱。在外电场的作用下，多数载流子就能越过空间电荷区形成正向电流，电流方向从 P 区流向 N 区，为了防止较大的正向电流将 PN 结烧坏，应该串联适当的限流电阻 R。在正向偏置下，PN 结对外电路呈现较小的电阻（理想情况下电阻为零），这时称 PN 结处于“导通状态”，而外加电压称为 PN 结的“正向偏置电压”。

（2）外加反向电压

如图 6.9 所示，把 PN 结的 P 型端接电源负极，N 型端接电源的正极，形成的外电场方向和 PN 结内电场方向相同，外电场使 P 型端的空穴远离 PN 结，同时外电场使 N 型端的自由电子也远离 PN 结，PN 结变宽，内电场增加，多数载流子的扩散运动减弱，少数载流子的漂移运动增强，在 PN 结中形成了少子漂移电流（方向从 N 区流向 P 区，又称为“反向电流”），由于少子数目很少，所以反向电流非常小，一般为微安数量级。在反向偏置下，PN 结对外电路呈现很大的电阻（理想情况下电阻为无穷大），这时称 PN 结处于“截止状态”，而外加电压称为 PN 结的“反向偏置电压”。

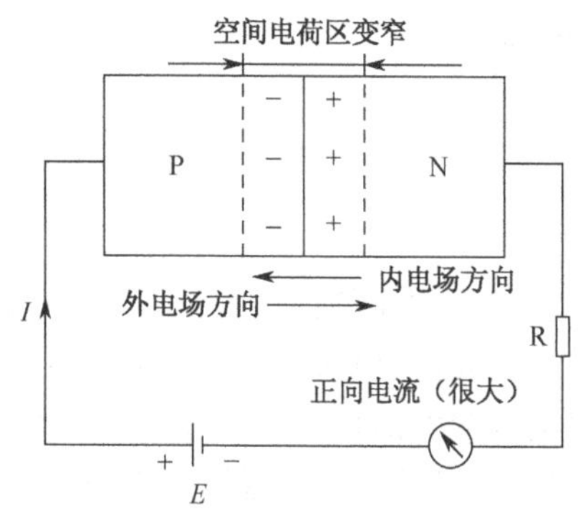

图 6.8　PN 结外加正向电压示意图

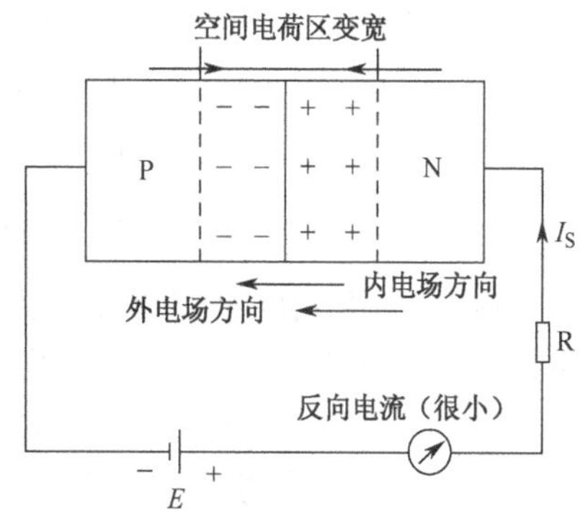

图 6.9　PN 结外加反向电压示意图

（3）PN 结的反向击穿

给 PN 结加反向偏置电压后，当反向电压增大到一定数值时，反向电流突然增加，这个现象称为 PN 结“反向击穿”。发生击穿所需的反向电压 U_{BR} 称为“反向击穿电压”。PN 结的击穿电流很大，反向电压很高，因而消耗在 PN 结上的功率很大，使 PN 结发热超过它的耗散功率。随着 PN 结的温度不断升高，反向电流不断增大，而反向电流增大又使温度升高，最后使 PN 结烧毁。

6.2.3　二极管的结构及基本特性

（1）二极管的结构

半导体二极管的核心组成部分为一个 PN 结。按其制造工艺不同，可分为点接触型二极管和面接触型二极管两种。普通二极管如图 6.10 所示，用 VD 表示，其电路符号如图 6.10（b）所示。

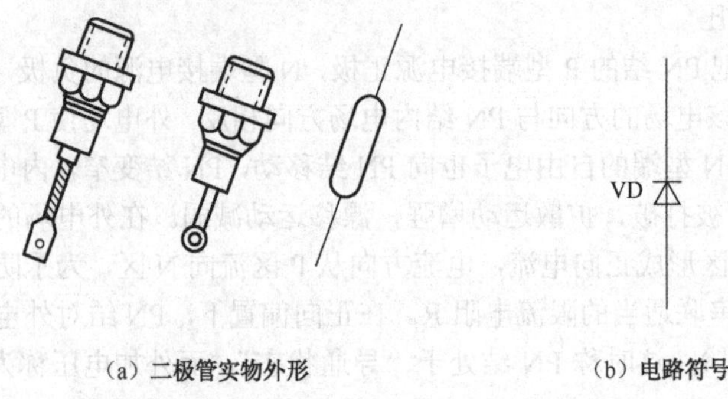

图 6.10　半导体二极管外形及符号

（2）二极管的伏安特性曲线

二极管的伏安特性如图 6.11 所示。

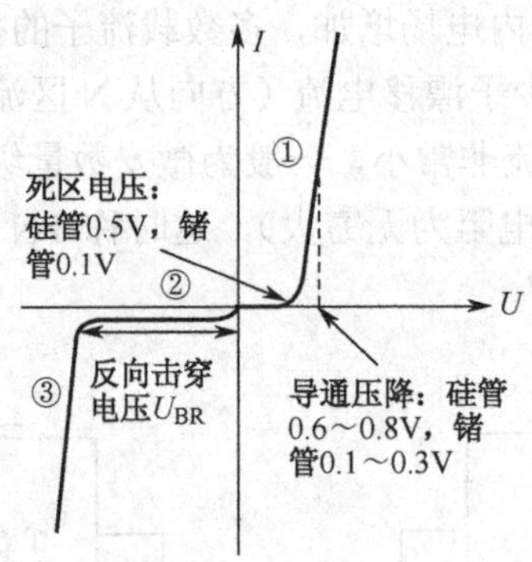

图 6.11　半导体二极管的伏安特性曲线

① 正向特性。图 6.11 中的第①段为二极管加正向偏置电压的伏安关系。在开始部分，由于所外加的正向偏置电压较小，正向电压不足以抵消二极管中 PN 结的内电场作用。因此，当正向电压较小时，二极管的正向电流较小。当正向电压增大到某一数值时（硅管约 0.5 V，锗管约 0.1 V），二极管导通，同时正向电流迅速增加。上述的正向电压称为“门坎电压 U_{th}（又称为死区电压）”。

② 反向特性。图 6.11 中的第②段为二极管加反向偏置电压的伏安关系。在二极管加入反向偏置电压后，P 型半导体和 N 型半导体中的少数载流子很容易通过 PN 结而形成反向电流。随着反向电压的增大，反向电流几乎不变，因此反向电流又称为“反向饱和电流 I_S”。

③ 反向击穿特性。图 6.11 中的第③段为二极管加反向偏置电压击穿后的伏安关系。当增加反向偏置电压到某一特定值 U_{BR} 后，反向电流剧增，称二极管被反向击穿。

（3）二极管的主要参数

① 额定电流 I_F：指晶体二极管长时间连续工作时，允许通过的最大正向平均电流。在二极管连续工作时，为使 PN 结的温度不超过某一极限值，整流电流不应超过标准规定的允许值。

② 最大整流电流 I_{OM}：二极管在半波整流连续工作的情况下，允许的最大半波电流的平均值。

③ 正向电压 U_F：二极管在通过额定电流时，在二极管两端所产生的电压降。

④ 反向击穿电压 U_{BR}：指二极管在工作中能承受的最大反向电压，它也是使二极管不致反向击穿的电压极限值。在一般情况下，最大反向工作电压 U_{RM} 应小于反向击穿电压（一般 U_{RM} 约为 U_{BR} 的 1/2 或 2/3）。选用晶体二极管时，还要以最大反向工作电压为准，并留有适当余地，以保证二极管不致被损坏。

⑤ 反向电流 I_R：在二极管两端加上一个规定的反向电压的条件下，流过二极管的反向电流。在选择二极管时，反向电流越小越好。

⑥ 最高工作频率 f_M：指二极管能正常工作的最高频率。选用二极管时，必须使它的工作频率低于最高工作频率。

⑦ 结电容 C：PN 结电容分为两部分，势垒电容和扩散电容。

a．势垒电容。PN 结交界处存在势垒区，结两端电压变化引起积累在此区域的电荷数量的改变，从而显现电容效应。当所加的正向电压升高时，多子（N 区的电子、P 区的空穴）进入耗尽区，相当于对电容充电。当正向电压减小时，又会有电子、空穴从耗尽区分别流入 N 区、P 区，相当于电容放电。当反向电压升高时，耗尽区变宽，P 区的空穴进一步远离耗尽区，也相当于对电容的放电。当反向电压减少时，P 区的空穴、N 区的电子流向耗尽区，使耗尽区变窄，相当于充电。PN 结电容算法与平板电容相似，只是宽度会随电压变化。

b．扩散电容。PN 结势垒电容主要研究的是多子，由多子数量的变化引起电容的变化，而扩散电容研究的是少子。在 PN 结反向偏置时，少子数量很小，电容效应很少，也就可以不考虑了。在正向偏置时，P 区中的电子、N 区中的空穴，会伴着远离势垒区，数量逐渐减少。即离 PN 结近处，少子数量多，离 PN 结远处，少子的数量少，有一定的浓度梯度。正向电压增加时，N 区将有更多的电子扩散到 P 区，也就是 P 区中的电子浓度、浓度梯度增加。同理，正向电压增加时，N 区中空穴的浓度、浓度梯度也要增加。相反，正向电压降低时，少子浓度就要减少，从而表现了电容的特性。

PN 结反向偏置时电阻大、电容小，主要为势垒电容；正向偏置时电容大、电阻小，取决于扩散电容。频率越高，电容效应越显著。

（4）二极管电路的分析方法

二极管为非线性器件，在分析二极管电路时，经常采用模型法分析二极管电路。这里主要介绍二极管的理想模型分析法和恒压降模型分析法。

① 理想模型。二极管理想模型是指当二极管处于正向偏置时，二极管立刻导通，导通后二极管视为短路、无压降。当二极管处于反向偏置时，二极管截止，视为开路，如图 6.12 所示。

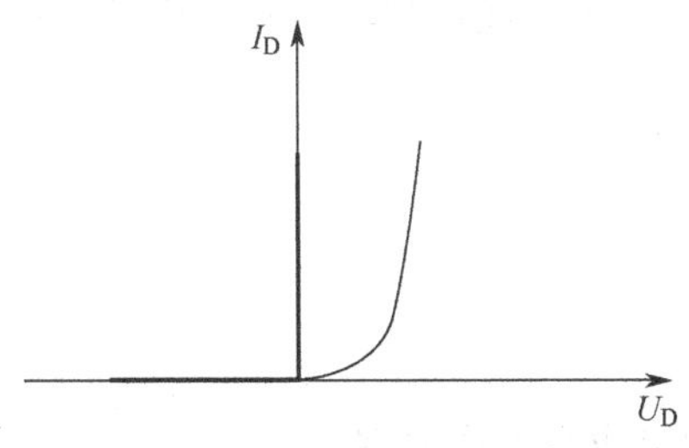

图 6.12　二极管理想模型的伏安特性曲线

② 恒压降模型。二极管恒压降模型是指当二极管正向偏置电压大于二极管的管压降（一

般取 0.7 V）时，二极管立刻导通，导通后二极管两端的电压始终恒定为二极管的管压降。当二极管所加正向电压小于管压降或是处于反向偏置时，二极管截止，二极管视为开路，如图 6.13 所示。

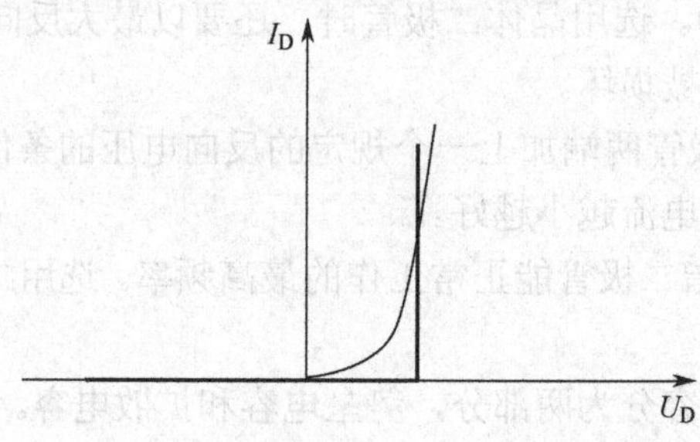

图 6.13　二极管恒压降模型的伏安特性曲线

【例 6.1】　设简单二极管基本电路如图 6.14 所示。已知电源 $U_{DD} = 10$ V，$R = 10$ kΩ，求电路的 I_D 和 U_D。

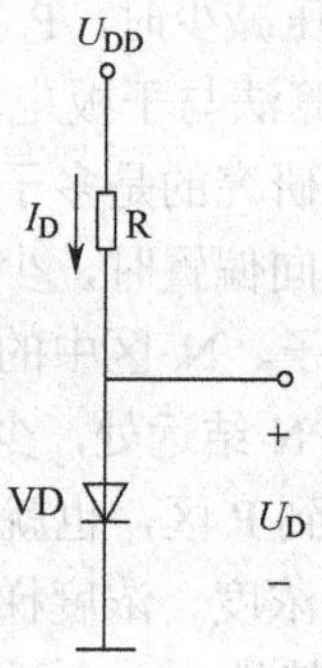

图 6.14　例 6.1 电路示意图

解：根据电路示意图和已知条件可知，二极管处于正向偏置状态。

① 二极管 VD 处于正向偏置状态，根据理想模型得

$$U_D = 0\text{ V},\ I_D = U_{DD}/R = 10\text{ V}/10\text{ k}\Omega = 1\text{ mA}$$

② 二极管 VD 处于正向偏置状态，根据恒压降模型得

$$U_D = 0.7\text{ V},\ I_D = (U_{DD} - U_D)/R = (10 - 0.7)\text{V}/10\text{ k}\Omega = 0.93\text{ mA}$$

任务 6.3　整流电路

【工作任务及任务要求】　了解二极管整流电路的构成方式，掌握二极管整流电路的整流原理。

知识摘要：

➢　单相半波整流电路

➢　单相桥式整流电路

任务目标：

➢　掌握几种整流电路的组成及工作原理

➢　掌握全波整流电路典型故障的排除方法

整流电路用来将交流电压变换为单向脉动的直流电压。在整流电路中，经常利用二极管的单向导电性来实现整流作用。

6.3.1　单相半波整流电路

单相半波整流电路如图 6.15 所示。图中 T 为电源变压器，设二极管 VD 为理想二极管，变压器二次侧交流电压为$u_2 = \sqrt{2}U_2 \sin \omega t$　V。

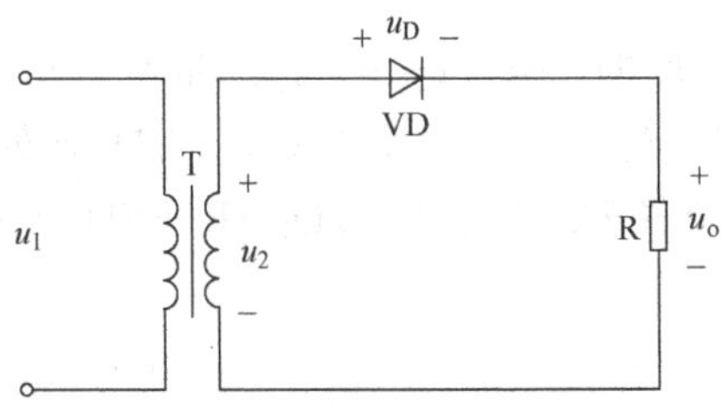

图 6.15　单相半波整流电路图

当正弦交流电压 u_2 为正半周期（$0 \leqslant \omega t \leqslant \pi$）时，根据二极管的单向导电性，此时二极管 VD 处于正向偏置而导通，流过二极管的电流为 $i_D = u_o/R$，负载电阻上电压为 $u_o \approx u_2$。当交流电压 u_2 为负半周期（$\pi \leqslant \omega t \leqslant 2\pi$）时，根据二极管的单向导电性，此时二极管 VD 处于反向偏置而截止，流过二极管的电流为 $i_D = 0$，负载电阻上电压为 $u_o = 0$。u_2、u_o、i_D 波形如图 6.16 所示。

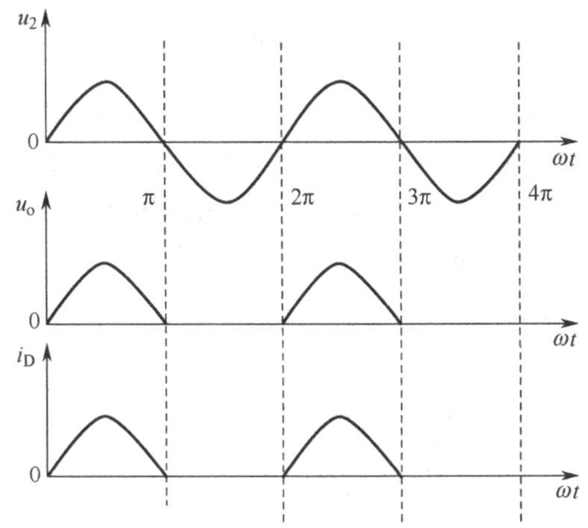

图 6.16　单相半波整流电路波形图

由此可见，图 6.15 中的电路利用二极管的单向导电性，使正弦交流电压在输出负载上变为一个方向一致的脉动电压，达到了整流的作用。

半波整流电路输出电压的平均值 U_o 为

$$U_o = \frac{1}{2\pi}\int_0^{\pi} \sqrt{2}U_2 \sin \omega t \mathrm{d}t = \frac{\sqrt{2}}{\pi}U_2 = 0.45U_2$$

流过二极管的平均电流 I_D 为

$$I_D = I_o = \frac{U_o}{R} = 0.45\frac{U_2}{R}$$

半波整流电路结构简单，使用元器件少，但整流效率低，输出电压脉动大。因此，它只适用于要求不高的场合。

6.3.2 单相桥式整流电路

要提高整流电路的效率，常采用桥式整流电路，如图 6.17 所示。图中 VD_1～VD_4 四只二极管接成电桥形式，称为“桥式整流”。设变压器二次侧电压为 $u_2 = \sqrt{2}U_2 \sin\omega t$ V，二极管为理想二极管。

当正弦交流电压 u_2 为正半周期（$0 \leqslant \omega t \leqslant \pi$）时，即 1 节点为高电位（+）、3 节点为低电位（-），根据二极管的单向导电性，此时二极管 VD_1、VD_3 均处于正向偏置而导通，流过负载的电流为 i_o，i_o 电流的流通路径为：节点 1→VD_1→R→VD_3→节点 3，此时 VD_2、VD_4 因反向偏置而截止。

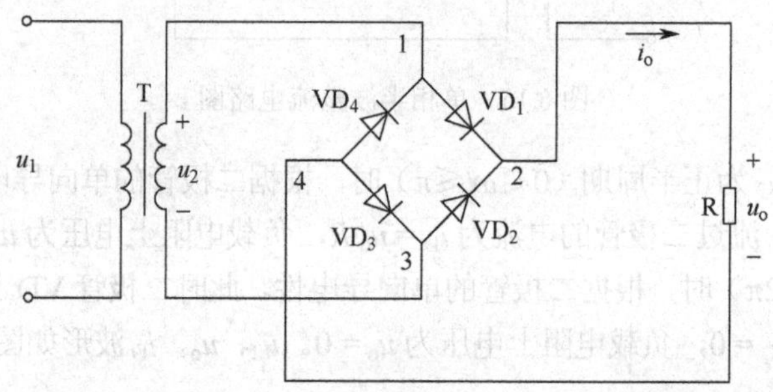

图 6.17　单相桥式整流电路

当正弦交流电压 u_2 为负半周期（$\pi \leqslant \omega t \leqslant 2\pi$）时，即 3 节点为高电位（+）、1 节点为低电位（-），根据二极管的单向导电性，此时二极管 VD_2、VD_4 均处于正向偏置而导通，流过负载的电流为 i_o，i_o 电流的流通路径为：节点 3→VD_2→R→VD_4→节点 1，此时 VD_1、VD_3 因反向偏置而截止。u_2、u_o、i_D 波形如图 6.18 所示。

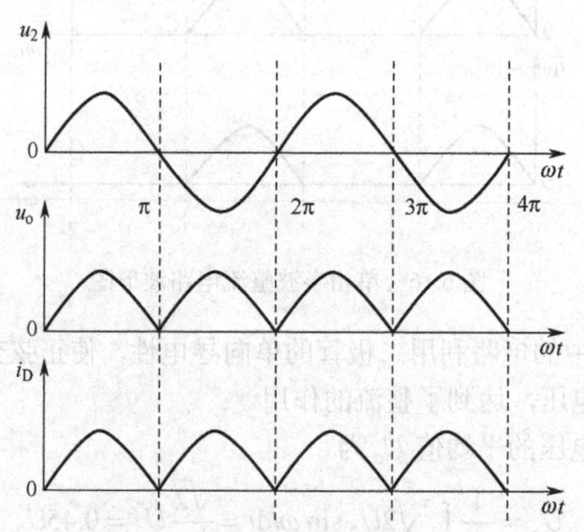

图 6.18　单相桥式整流电路波形图

由此可见，在交流电压 u_2 的整个周期内始终有电流流过电阻 R，桥式整流电路输出电压为半波整流电路输出电压的两倍，所以桥式整流电路输出电压平均为

$$U_o = 0.9U_2$$

由于每只二极管在整个周期内只导通半个周期，所以流过每只二极管的电流平均值为

$$I_D = \frac{1}{2}I_o = \frac{1}{2}\frac{U_o}{R} = 0.45\frac{U_2}{R}$$

由以上分析可知，桥式整流电路与半波整流电路相比较，其输出电压 U_o 提高，脉动成分减少了。

*任务 6.4　相关知识扩展

【工作任务及任务要求】　了解各类二极管的结构与特点，掌握各类二极管的工作条件及其检测方法。

知识摘要：

➢　特殊二极管

➢　二极管的识别与检测

任务目标：

➢　掌握二极管的分类及特点

➢　掌握各类二极管的检测方法

6.4.1　特殊二极管

（1）发光二极管（LED）

① 发光二极管的结构。它是由Ⅲ、Ⅳ族化合物，如 GaAs（砷化镓）、GaP（磷化镓）、GaAsP（磷砷化镓）等半导体制成的，其核心是 PN 结。因此，它具有一般 PN 结的特性，即正向导通，反向截止、击穿特性。此外，发光二极管处于正向偏置时，具有发光特性。发光二极管可发出红色、橙色、绿色（又细分成黄绿、标准绿和纯绿）、蓝光等。另外，有的发光二极管中包含两种或三种颜色的芯片，如图 6.19（a）所示，电路中用 VL 表示，其电路符号如图 6.19（b）所示。

② 发光二极管的主要参数。其主要参数有正向工作电流、正向工作电压、允许功耗、最大正向直流电流、最大反向电压等。

a．正向工作电流 I_F：它是指发光二极管正常发光时的正向电流值。

b．正向工作电压 U_F：参数表中给出的工作电压是在给定的正向电流下得到的，一般是在 $I_F = 20$ mA 时测得的。发光二极管正向工作电压 U_F 在 1.4～3 V 之间。在外界温度升高时，U_F 将下降。

c．允许功耗 P_M：允许加于发光二极管两端正向直流电压与流过它的电流之积的最大值。超过此值，LED 发热、损坏。

d．最大正向直流电流 I_{FM}：允许流过的最大正向直流电流，超过此值可损坏发光二极管。

e．最大反向电压 U_{RM}：允许加的最大反向电压，超过此值发光二极管可能被击穿损坏。

（2）光电二极管

① 光电二极管的结构。它是将光信号变成电信号的半导体器件，其核心部分也是一个 PN 结，如图 6.20（a）所示，电路中用 VD 表示，其电路符号如图 6.20（b）所示。光电二极管是在反向电压作用之下工作的。没有光照时，反向电流很小（一般小于 0.1mA），称为“暗电流”。当有光照时，携带能量的光子进入 PN 结后，把能量传给共价键上的束缚电子，使部

分电子挣脱共价键，从而产生电子空穴对，称为“光电流”。有光照时，光电流增加，光照强度与光电流的大小形成正比关系。

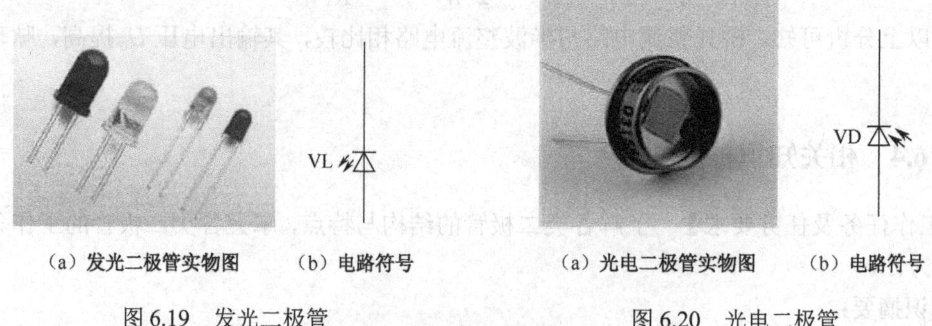

（a）发光二极管实物图　（b）电路符号

图 6.19　发光二极管

（a）光电二极管实物图　（b）电路符号

图 6.20　光电二极管

② 光电二极管的主要参数。其主要参数有最高反向工作电压、灵敏度、噪声等效功率、响应率等。

a．最高反向工作电压：光电二极管在正常工作时，所加的反向电压。

b．灵敏度：光电二极管的电流灵敏度为入射到光敏面上辐射量的变化引起电流变化与辐射量变化之比。电流灵敏度与入射辐射波长λ有关。

c．噪声等效功率：等效于 1Hz 带宽内均方根噪声电流所需的最小输入辐射功率，是光电二极管可探测的最小输入功率。

d．响应率：光电导模式下产生的光电流与突发光照的比例。响应特性也可以表达为量子效率，即光照产生的载流子数量与突发光照光子数的比例。

（3）稳压二极管（也称为齐纳二极管）

① 稳压二极管的结构。它是一种特殊的面接触型硅二极管，其基本特性仍然是单向导通。若反向电压不超过管子的反向耐压值，且限制反向电流值，管子虽然被击穿却不会被烧毁。管子反向击穿后，在反向电流变化很大的情况下，反向电压变化很小，从而有很好的稳压作用，这就是稳压二极管的制作原理。如图 6.21 所示，电路中用 VS 表示稳压二极管，其电路符号如图 6.21（b）所示。

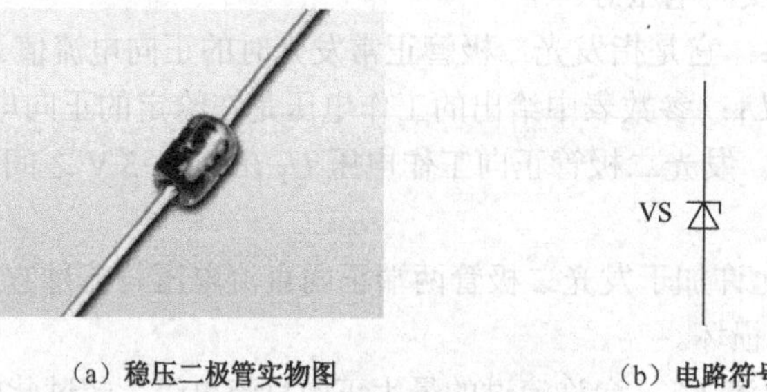

（a）稳压二极管实物图　（b）电路符号

图 6.21　稳压二极管

② 稳压二极管的主要参数。其主要参数有稳定电压值、工作电流、动态电阻、额定功耗等。

a．稳定电压值 U_Z：稳压管反向击穿后，其电流为规定值时两端的电压值。不同型号的稳压管，其 U_Z 的范围不同；同种型号的稳压管，也常因工艺上的差异而有一定的分散性。所以一般给出的是范围值。

b．工作电流 I_Z：指稳压管正常工作时的参考电流。I_Z 通常在最小稳定电流 I_{Zmin} 与最大稳定电流 I_{Zmax} 之间。其中 I_{Zmin} 是指稳压管开始起稳压作用时的最小电流，电流低于此值时，稳压效果差；I_{Zmax} 是指稳压管稳定工作时的最大允许电流，超过此电流时，只要超过额定功耗，稳压管将发生永久性击穿。故一般要求 $I_{Zmin} < I_Z < I_{Zmax}$。

c．动态电阻 R_Z：指在稳压管正常工作的范围内，电压的微变量与电流的微变量之比。R_Z 越小，表明稳压管性能越好。

d．额定功耗 P_Z：由管子温升所决定的参数，$P_Z = U_Z \times I_{Zmax}$。

6.4.2 二极管的识别与检测

（1）二极管的识别

小功率二极管的 N 极（负极、阴极），在二极管外表大多采用一种色环标出二极管的阴极，另一端则为 P 极（正极、阳极）。对于发光二极管的正负极，则可从引脚长短来识别，长脚为阳极，短脚为阴极。

（2）二极管的检测

如图 6.22 所示，将万用表置于 $R\times100$ 或 $R\times1$ k 挡，调零后用表笔分别正接、反接于二极管的两个引脚，这样可分别测得大、小两个电阻值。若测得的是较大一个电阻值，该值是二极管的反向电阻值，即此时与黑表笔相连的一端为阴极，与红表笔相连的一端为阳极。若测得的是较小一个电阻值，该值是二极管的正向电阻值，即此时与黑表笔相连的一端为阳极，与红表笔相连的一端为阴极。在检测二极管时，一定要测量两次，因为当二极管被击穿损坏后，正接、反接所测得的电阻都较大，无法判断阴极和阳极。

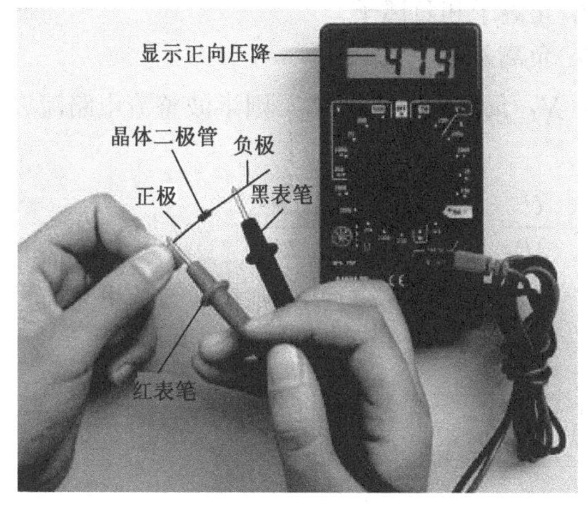

（a）万用表表笔反接于二极管两端示意图

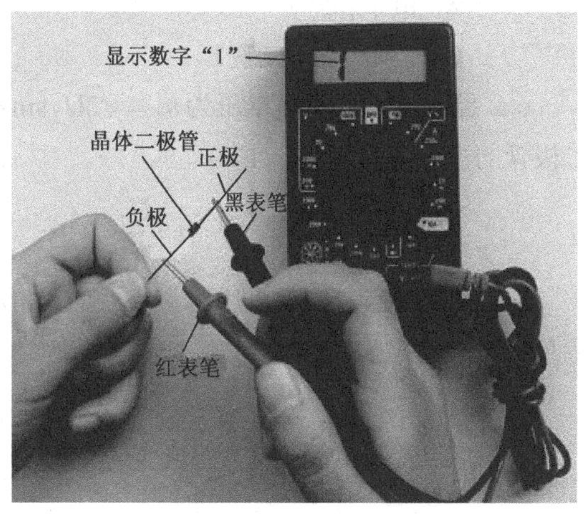

（b）万用表表笔正接于二极管两端示意图

图 6.22 二极管的检测

项目小结

1．晶体半导体材料在光照、温度和添加少量的五价或三价元素后能够改变半导体的导电性能。其中加入五价磷、砷或锑元素后能够形成 N 型半导体，而加入三价硼或铟元素后能够形成 P 型半导体。P 型半导体空穴多，电子少；N 型半导体中空穴少，电子多。

2．P 型半导体和 N 型半导体结合后，由于扩散运动和漂移运动使得在 P 型半导体和 N 型半导体的界面处产生了 PN 结，PN 结具有单向导电性。二极管制作的核心就是 PN 结。

3．二极管是电子电路中的一个重要元器件，不同的二极管在电路中起到不同作用。发光二极管可以发出不同颜色的光亮，并且它也是一种能把电信号转换为光信号的元器件；光电二极管可以把光信号转换为电信号；稳压二极管能够在一定范围内稳定波动的电压；同时，还能利用二极管的单向导电性构成整流电路，把单相交流电压整流为单向脉动电压。

4．使用万用表的欧姆挡，根据二极管的单向导电性，可以判别二极管的好坏及引脚。

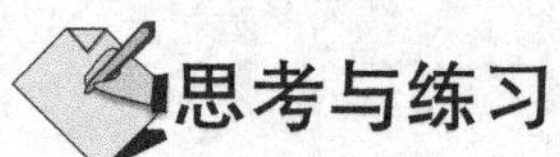

思考与练习

一、选择题

6.1　稳压二极管工作于正常稳压状态时，其反向电流应满足（　　）。

A. $I_D = 0$　B. $I_D < I_Z$ 且 $I_D > I_{ZM}$　C. $I_Z > I_D > I_{ZM}$　D. $I_Z < I_D < I_{ZM}$

6.2　硅管正偏导通时，其管压降约为（　　）。

A. 0.1 V　B. 0.2 V　C. 0.5 V　D. 0.7 V

6.3　用模拟指针式万用表的电阻挡测量二极管的正向电阻，所测电阻是二极管的（　　）电阻，由于不同量程时通过二极管的电流（　　），所测得正向电阻阻值（　　）。

A. 直流，相同，相同　B. 交流，相同，相同
C. 直流，不同，不同　D. 交流，不同，不同

6.4　PN 结形成后，空间电荷区由（　　）构成。

A. 电子和空穴　B. 正离子和负离子
C. 正离子和电子　D. 负离子和空穴

6.5 已知变压器二次电压为 $u_2 = \sqrt{2}U_2 \sin\omega t$ V，负载电阻值为 R_L，则半波整流电路流过二极管的平均电流为（　　）。

A. $0.45\dfrac{U_2}{R_L}$　B. $0.9\dfrac{U_2}{R_L}$　C. $\dfrac{U_2}{2R_L}$　D. $\dfrac{\sqrt{2}U_2}{2R_L}$

6.6 已知变压器二次电压为 $u_2 = \sqrt{2}U_2 \sin\omega t$ V，负载电阻值为 R_L，则桥式整流电路流过每只二极管的平均电流为（　　）。

A. $0.9\dfrac{U_2}{R_L}$　B. $\dfrac{U_2}{R_L}$　C. $0.45\dfrac{U_2}{R_L}$　D. $\dfrac{\sqrt{2}U_2}{R_L}$

二、填空题

6.7　在 PN 结形成过程中，载流子扩散运动是在____作用下产生的，漂移运动是在____作用下产生的。

6.8　发光二极管通以____就会发光。光电二极管的____随光照强度的增加而上升。

6.9　半导体中有____和____两种载流子参与导电，其中____带正电，而____带负电。

6.10　本征半导体掺入微量的五价元素，则形成____型半导体，其多子为____，少子为____。

6.11　PN 结正偏是指 P 区电位____N 区电位。

6.12　PN 结在____时导通，____时截止，这种特性称为____。

6.13　二极管反向击穿分为电击穿和热击穿两种情况，其中____是可逆的，而____会损

坏二极管。

6.14　要构成稳压管稳压电路时，与稳压管串接适当数值的____方能实现稳压。

6.15　半导体稳压管的稳压功能是利用 PN 结的____特性来实现的。

三、计算分析题

6.16　电路如图 6.23（a）、（b）所示，稳压管的稳定电压 U_Z = 4 V，R 的取值合适，u_1 的波形如图 6.23（c）所示。试分别画出 u_{o1} 和 u_{o2} 的波形。

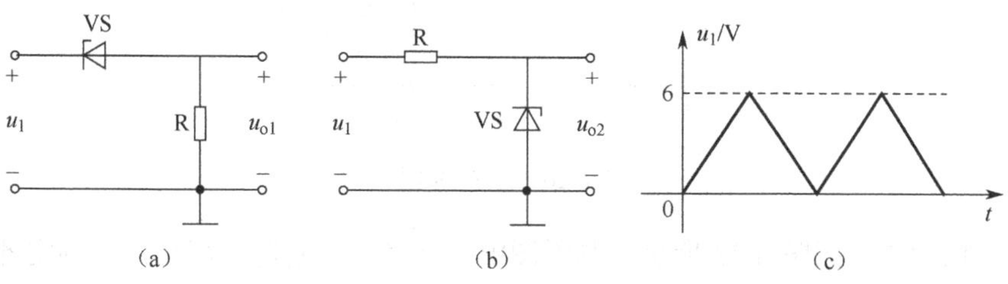

图 6.23　题 6.16 图

6.17　如图 6.24 所示电路中，稳压管的稳定电压 U_Z = 12 V，图中电压表流过的电流忽略不计，试求：

（1）当开关 S 闭合时，电压表 V 和电流表 A_1、A_2 的读数分别为多少。

（2）当开关 S 断开时，电压表 V 和电流表 A_1、A_2 的读数分别为多少。

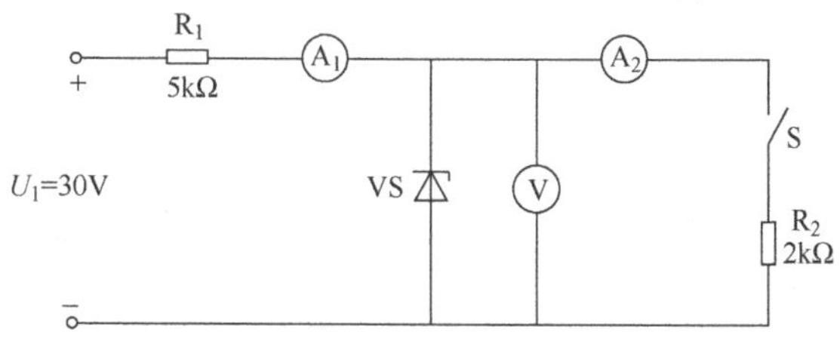

图 6.24　题 6.17 图

6.18　电路如图 6.25（a）所示，其输入电压 u_{i1} 和 u_{i2} 的波形如图 6.25（b）所示，设二极管导通电压可忽略。试画出输出电压 u_o 的波形，并标出幅值。

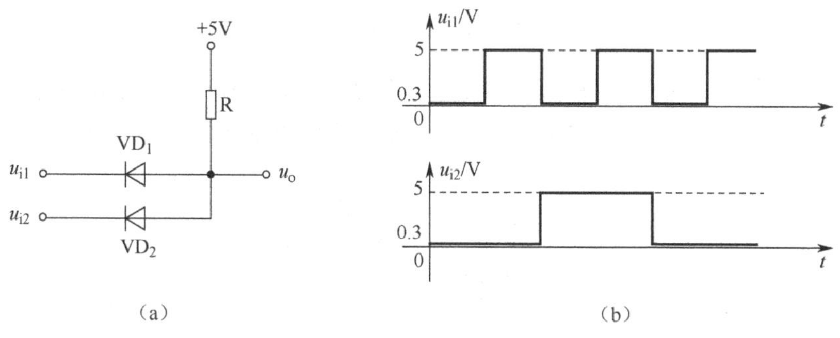

图 6.25　题 6.18 图

6.19　二极管双向限幅电路如图 6.26 所示，设 $u_i = 10\sin\omega t$ V，二极管为理想器件，试画出输入 u_i 和输出 u_o 的波形。

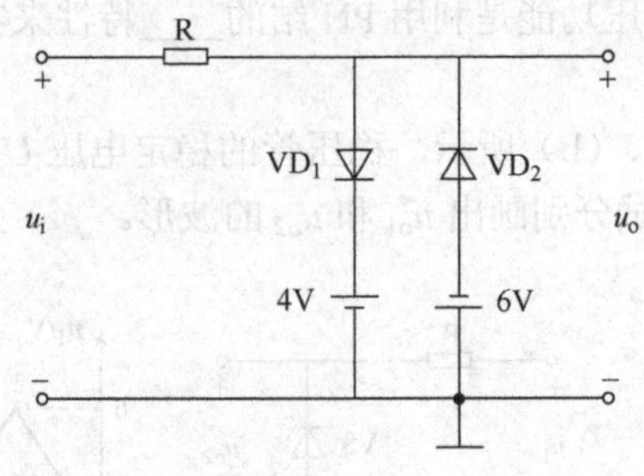

图 6.26　题 6.19 图

6.20　二极管电路如图 6.27 所示，判断图中二极管是导通还是截止，并确定各电路的输出电压 U_o，设二极管的导通压降为 0.7 V。

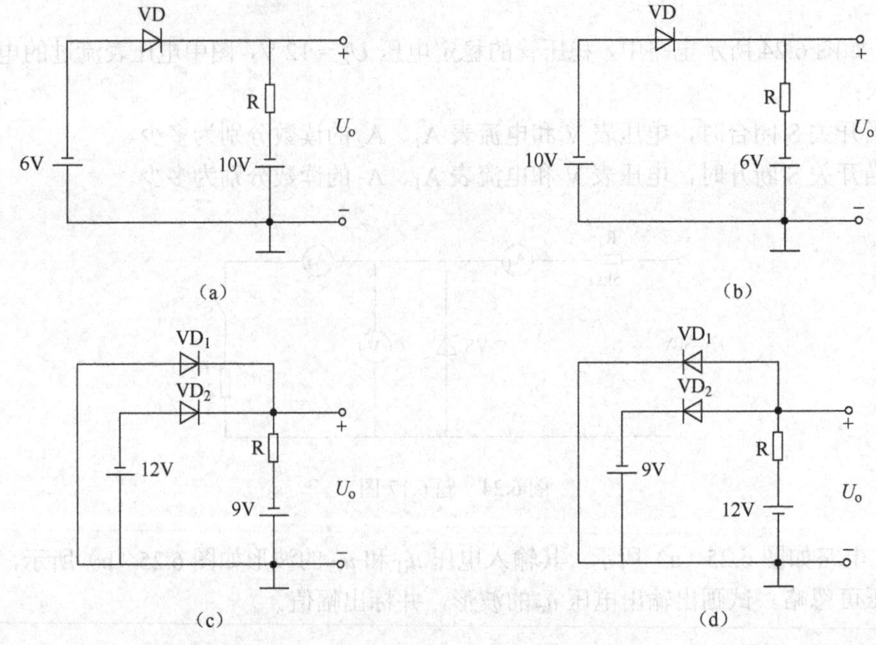

图 6.27　题 6.20 图

6.21　如图 6.28 所示的半波整流电路中，已知 $R_L = 100\ \Omega$，$u_2 = 20\sin\omega t$ V，试求输出电压的平均值 U_o、流过二极管的平均电流 I_D 及二极管承受的反向峰值电压 U_{RM} 的大小。

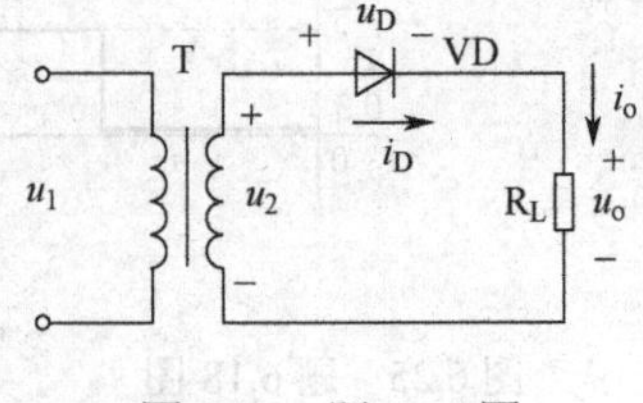

图 6.28　题 6.21 图

6.22　电路如图 6.29 所示，试估算流过二极管的电流和 A 点的电位，设二极管的正向压降为 0.7 V。

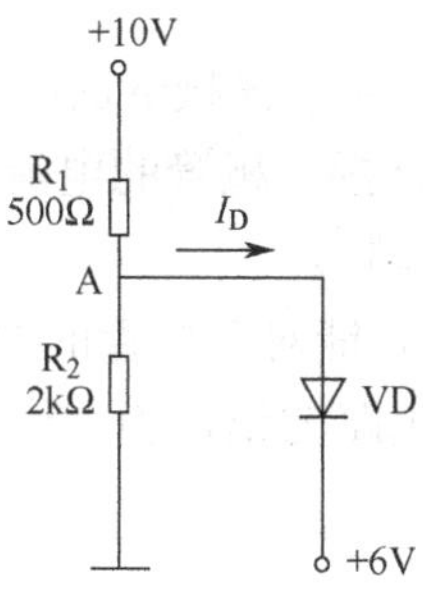

图 6.29　题 6.22 图

项目 7　三极管及基本放大电路

【学习目标】　通过本项目的学习，了解三极管的结构和主要参数、基本放大电路的组成，理解三极管的工作原理和特性曲线，掌握三极管的电流分配和电流放大作用及其检测方法，掌握基本放大电路的主要功能和工作过程。

【能力目标】　通过本项目的学习，能对三极管的类别、型号和引脚进行识别，能使用三极管完成简单电路的安装，熟悉放大电路的结构和工作过程，具备对放大电路分析的能力。

任务 7.1　认识三极管

【工作任务及任务要求】　了解三极管的结构和主要参数，理解三极管的工作原理和特性曲线，掌握三极管的电流分配和电流放大作用及其检测方法。

知识摘要：

- 三极管的结构与分类
- 三极管的工作原理
- 三极管的参数和检测

任务目标：

- 掌握三极管的电流分配和电流放大作用
- 掌握三极管的检测方法

7.1.1　三极管的结构与分类

（1）三极管的结构

三极管的种类很多，外形也有所不同，但其构成基本相同，都是通过一定的工艺在一块半导体基片上的不同区域“掺杂”，产生三个不同的“N”区和“P”区，即形成两个不同的 PN 结，由三个不同的“N”区和“P”区再引出三个电极，最后用管壳封装而得到的。几种常见的三极管外观如图 7.1 所示。

图 7.1　常见的三极管外观

根据两个 PN 结的组成不同，可将三极管分为 NPN 型三极管和 PNP 型三极管。图 7.2 为三极管的结构示意图，从图中可以看出，N 型半导体和 P 型半导体交错排列形成三个区，分别称为“发射区”、“基区”和“集电区”。从三个区引出的引脚，分别称为“发射极”、“基极”和“集电极”，用符号 e、b、c 来表示。处在发射区和基区交界处的 PN 结称为“发射结”，处

在基区和集电区交界处的 PN 结称为“集电结”。即三极管有三区、三电极、两结。

为了使三极管具备电流放大作用，三极管在制造工艺上应有如下特点：①基区很薄，一般为几微米到几十微米，且掺杂浓度低；②发射区掺杂浓度比基区和集电区高得多，以保证发射区有足够多的载流子发射；③集电结的面积比发射结大，以保证集电结有足够的收集载流子的能力。

NPN 型三极管和 PNP 型三极管的电路符号如图 7.3 所示，图中发射极的箭头有两层含义：①三极管的类型；②电流的方向。

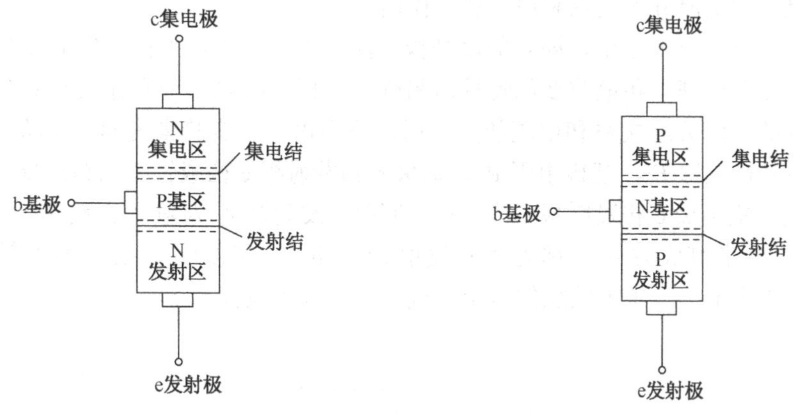

图 7.2　三极管的结构示意图

图 7.3　三极管的电路符号

（2）三极管的分类

① 按材料分：硅管、锗管。

② 按结构分：NPN 管、PNP 管。

③ 按功能分：开关管、功率管、达林顿管、光敏管等。

④ 按功率分：小功率管、中功率管、大功率管。

⑤ 按工作频率分：低频管、中频管、高频管。

⑥ 按安装方式分：插件三极管、贴片三极管。

⑦ 其他分类：如按照封装材料分为塑封三极管、金封三极管。

（3）三极管的型号及命名

三极管的型号一般都标在塑料外壳或金属外壳上，型号第一部分的“3”表示三极管；第二部分用汉语拼音字母表示器件的材料和极性，其中，A——PNP 型锗材料，B——NPN 型锗材料，C——PNP 型硅材料，D——NPN 型硅材料，E——化合物材料；第三部分用汉语拼音字母表示器件的类型，其中，U——光电管，K——开关管，X——低频小功率管，G——高频小功率管，D——低频大功率管，A——高频大功率管；第四部分用阿拉伯数字表示序号；第五部分用汉语拼音字母表示规格号。如 3DG11C 表示 NPN 型硅材料的高频小功率三极管，11 是序号，C 是规格号。

三极管的型号及命名方法的详细说明见附录 B。

7.1.2　三极管的工作原理

（1）三极管的电流分配关系和电流放大作用

三极管具有电流放大作用，即它能以基极电流微小的变化量来控制集电极电流较大的变化量，这是三极管最基本和最重要的特性。另外，三极管的电流分配存在着特殊的关系。为了了解三极管的电流分配关系和电流放大作用，下面以一个实验来说明。实验电路如图 7.4 所示，电路中基极电源 E_b、基极电阻 R_b、基极 b 和发射极 e 构成输入回路；集电极电源 E_c、集电极电阻 R_c、集电极 c 和发射极 e 构成输出回路，发射极作为输入回路和输出回路的公共端，故这种电路组成方式也称为“共发射极电路”。电源 $E_c > E_b$，且发射结加的是正向电压（简称“正偏”），集电结加的是反向电压（简称“反偏”）。

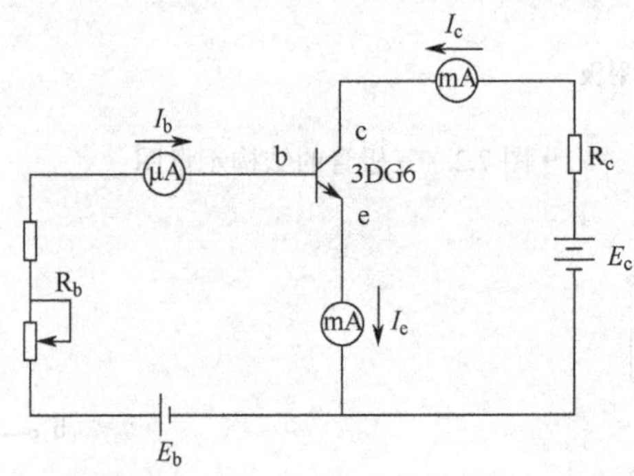

图 7.4　三极管电流放大实验电路

调整 R_b，基极电流 I_b、集电极电流 I_c 和发射极电流 I_e 都会发生变化，实验测量结果如表 7.1 所示。

表 7.1　三极管基极、集电极和发射极电流

I_b/mA	0	0.02	0.03	0.05	0.07
I_c/mA	<0.001	1.00	1.53	2.55	3.5
I_e/mA	<0.001	1.02	1.56	2.60	3.57

通过对表中数据进行分析，可得出如下结论：

① 三极管的电流分配关系。观察实验中的每一列数据，可以发现发射极电流等于集电极电流与基极电流之和，即：$I_e = I_c + I_b$。

上式表明，发射极电流 I_e 按一定比例分配为集电极电流 I_c 和基极电流 I_b 两个部分。对于不同的三极管，尽管 I_c 与 I_b 的比例不同，但上式总是成立的，所以它是三极管各极电流之间的基本关系式。

② 三极管的电流放大作用。集电极电流 I_c 比基极电流 I_b 大得多，且 I_b 微小的变化将引

起 I_c 较大的变化，其比值在一定范围内非常接近。

$$\frac{I_c}{I_b}=\frac{1.00}{0.02}=50 \qquad \frac{I_c}{I_b}=\frac{1.53}{0.03}=51$$

将集电极电流 I_c 与基极电流 I_b 的比值称为“直流电流放大系数”，用 $\overline{\beta}$ 表示，即

$$\overline{\beta}=\frac{I_c}{I_b} \tag{7.1}$$

表 7.1 中，如果用集电极变化量 ΔI_c 与基极变化量 ΔI_b 相比，可发现其比值基本不变，如

$$\frac{\Delta I_c}{\Delta I_b}=\frac{2.55-1.53}{0.05-0.03}=51 \qquad \frac{\Delta I_c}{\Delta I_b}=\frac{2.55-1.00}{0.05-0.02}\approx 51$$

将集电极电流变化量 ΔI_c 与基极变化量 ΔI_b 的比值称为“交流电流放大系数”，用 β 表示，即

$$\beta=\frac{\Delta I_c}{\Delta I_b} \tag{7.2}$$

$\overline{\beta}$ 与 β 在数值上较为接近，电路分析估算时，通常情况下取 $\overline{\beta}\approx\beta$ 这个近似关系，则

$$I_c=\beta I_b \tag{7.3}$$

上式说明，I_b 微小的变化将引起 I_c 较大的变化，可以利用基极电流 I_b 实现对集电极电流 I_c 的控制（因而三极管实质上是一个“电流控制电流型”器件），这就是“三极管的电流放大作用”。

需要注意的是，三极管要具备电流放大作用，需同时满足内部条件和外部条件。

三极管具备电流放大作用的内部条件：①基区很薄，一般为几微米到几十微米，且掺杂浓度低；②发射区掺杂浓度比基区和集电区高得多，以保证发射区有足够多的载流子发射；③集电结的面积比发射结大，以保证集电结有足够的收集载流子能力。

三极管具备电流放大作用的外部条件：发射结加正向偏置电压，集电结加反向偏置电压，即“发射结正偏，集电结反偏”。

下面以 NPN 型三极管为例，用内部载流子的运动规律来进一步解释上述结论，以便更好地了解三极管的电流放大作用。

（2）三极管内部载流子的运动过程

① 发射区向基区发射电子。当发射结正向偏置时，多数载流子的扩散运动得以加强，发射区的多数载流子（自由电子）不断地越过发射结进入基区，形成发射极电流 I_e。同时，基区多数载流子（空穴）也向发射区扩散，但由于基区的空穴浓度远低于发射区自由电子浓度，所形成的电流较小，可忽略不计，故发射结主要是电子电流 I_e，其方向与自由电子运动方向相反，由发射极流出。

② 电子在基区的扩散与复合。电子进入基区后，由于浓度差的存在，将继续向集电结方向扩散。在扩散过程中，一部分电子将与基区的空穴复合，从而形成了基极电流 I_b，而大部分电子将继续向集电结方向扩散，在集电结附近密集。由于基区很薄，复合的机会很少，故 I_b 很小。

③ 集电区收集电子。由于集电结外加反向电压很大，反向电压产生的电场力将阻止集电区电子向基区扩散，同时将扩散到集电结附近的电子拉入集电区从而形成集电极主电流 I_c。另外，集电区的少数载流子（空穴）也会产生漂移运动，流向基区形成反向饱和电流 I_{cbo}，其数值很小，可以忽略不计。

从上述载流子的运动过程可知，由发射区扩散的自由电子，少部分与基区的空穴复合形成了基极电流 I_b，而大部分则越过集电结形成了集电极电流 I_c，故有三极管的电流分配关系：$I_e = I_c + I_b$。同时，由于复合的机会较少，I_b 远小于 I_c，则 I_b 微小的变化将引起 I_c 较大的变化，这就是三极管的电流放大作用。

（3）三极管的特性曲线

三极管外部各极电压和电流的关系曲线称为“三极管的特性曲线”，又称“伏安特性曲线”。它不仅能反映三极管的质量与特性，还能用来定量地估算出三极管的某些参数，是分析和设计三极管电路的重要依据。三极管的常用特性曲线有“输入特性曲线”和“输出特性曲线”。

① 输入特性曲线。它是指当集电极与发射极之间的电压 U_{ce} 为某一常数时，输入回路中的基极电流 i_b 与加在三极管基极与发射极之间的电压 u_{be} 之间的关系曲线，即

$$i_b = f(u_{be}) \text{且} U_{ce} = \text{常数} \tag{7.4}$$

将 U_{ce} 固定在不同电压值条件下，测量不同 i_b 值对应的 u_{be} 值，便可绘出三极管的输入特性曲线。三极管的输入特性曲线如图 7.5 所示，它是一组曲线。

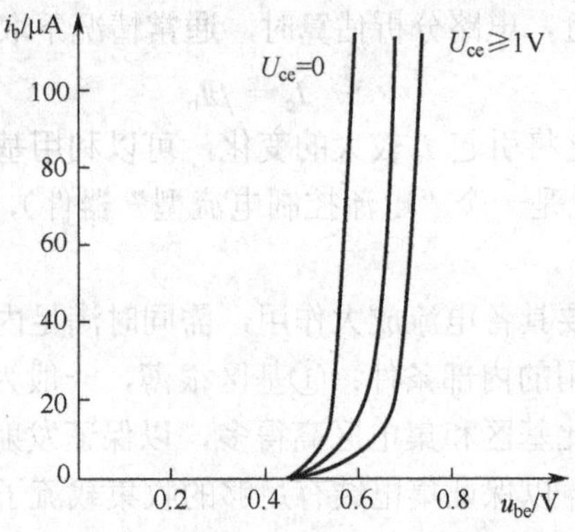

图 7.5　三极管的输入特性曲线

图 7.5 反映了三极管输入特性曲线的几个特点：

a. $U_{ce} = 0$ 的曲线与二极管的正向特性曲线相似。这是因为 $U_{ce} = 0$ 时，集电极与发射极短路，相当于两个二极管并联，这样 i_b 与 u_{be} 的关系就成了两个并联二极管的伏安特性曲线。

b. U_{ce} 由零开始逐渐增大时，输入特性曲线右移，而且当 U_{ce} 的数值增至较大时（如 U_{ce}＞1 V），各曲线几乎重合。这是因为 U_{ce} 由零逐渐增大时，集电结宽度逐渐增大，基区宽度相应地减小，使存储于基区的注入载流子的数量减小，复合减小，因而 i_b 减小。如保持 i_b 为定值，就必须加大 u_{be}，使曲线右移。当 U_{ce} 较大时（如 U_{ce}＞1 V），集电结所加反向电压足能把注入基区的非平衡载流子绝大部分都拉向集电区去，U_{ce} 再增加，i_b 也不再明显地减小，这样，就形成了各曲线几乎重合的现象。

c. 和二极管一样，三极管也有一个门限电压，通常硅管约为 0.5～0.7 V，锗管约为 0.1～0.2 V。

② 输出特性曲线。它是指三极管的基极电流 I_b 为某一固定值时，集电极电流 i_c 和集电极与发射极之间的电压 u_{ce} 的关系曲线，即

$$i_c = f(u_{ce}) \text{且} I_b = \text{常数} \tag{7.5}$$

将 I_b 取不同定值时，改变 u_{ce} 并测量对应的 i_c，则可得到三极管的输出特性曲线。三极管的输出特性曲线如图 7.6 所示，它也是一组曲线。

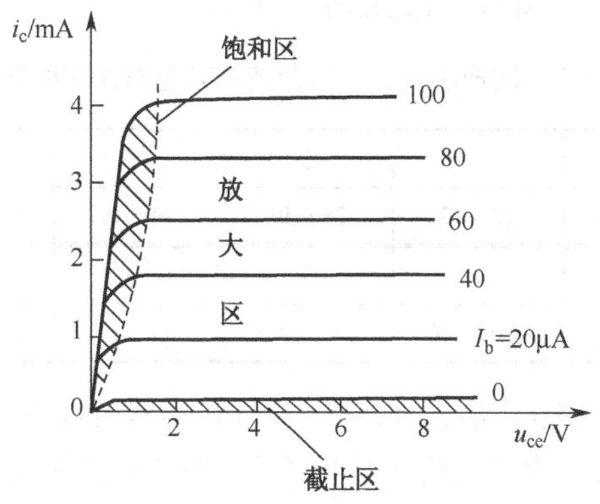

图 7.6　三极管的输出特性曲线

通常把三极管的输出特性曲线分为三个区域，即截止区、饱和区及放大区。

a．截止区。$I_b = 0$ 特性曲线以下的区域称为“截止区”。此时晶体管的集电结处于反偏，发射结处于无偏置状态。由于 $I_b = 0$，则 $i_c = i_e \approx 0$，三极管无电流放大作用。处在截止状态下的三极管，在电路中犹如一个断开的开关。

b．饱和区。特性曲线中上升和弯曲部分的区域称为“饱和区”。当 $U_{ce} = U_{be}$ 时，即 $U_{cb} = U_{ce} - U_{be} = 0$，集电结偏置电压为零。这样集电区收集扩散到基区自由电子的能力大大减弱，I_b 对 I_c 的控制作用不复存在，三极管的放大作用消失。三极管的这种工作状态称为“临界饱和”。若 $U_{ce} < U_{be}$，则发射结和集电结都处在正偏状态，这时的三极管为“饱和状态”。处在饱和状态下的三极管，在电路中犹如一个闭合的开关。

c．放大区。三极管输出特性曲线截止区和饱和区之间的部分称为“放大区”。工作在放大区的三极管才具有电流放大作用。此时，三极管的发射结正偏，集电结反偏。由放大区的特性曲线可见，特性曲线非常平坦，当 I_b 等量变化时，i_c 几乎也按一定比例等距离平行变化。由于 i_c 只受 I_b 控制，几乎与 u_{ce} 的大小无关，说明处在放大状态下的三极管，相当于一个输出电流受 I_b 控制的“受控电流源”。

7.1.3　三极管的参数和检测

（1）三极管的主要参数

半导体三极管除了特性曲线可以表示其特性外，还用到一些技术参数，两者可以互相补充，以利于合理地选择和运用三极管。三极管的主要参数有如下几种。

① 电流放大系数 β 和 $\overline{\beta}$。虽然 β 与 $\overline{\beta}$ 的含义不同，但在数值上较为接近，对电路进行分析估算时，通常情况下取 $\overline{\beta} \approx \beta$。$\beta$ 反映了三极管电流变化量之比，是衡量三极管放大能力的重要指标，β 太小，管子的电流放大能力差；β 太大，管子的稳定性差。小功率管的 β 值一般都比较大，且基本不变，通常取值在 20～200 之间。

在具体应用中，β 的值可通过三极管集电极电流与基极电流的比值来测量，也可以利用色标法来粗略判断。色标法是指将颜色涂在三极管的顶部，用不同的颜色来表示管子 β 值的大小。国产小功率三极管色标颜色与 β 值的对应关系如表 7.2 所示。

② 极间反向电流。

a．集电极—基极反向饱和电流 I_{cbo}。它是指三极管发射极开路时，集电极与基极之间的反向电流。小功率硅管的 I_{cbo} 很小，一般在 0.1 μA 以下；小功率锗管的 I_{cbo} 则为几微安到十几微安。I_{cbo} 衡量集电结质量的好坏，I_{cbo} 越小越好。

表 7.2　国产小功率三极管色标颜色与 β 值对应表

色标	棕	红	橙	黄	绿	蓝
β	0～15	15～25	25～40	40～55	55～80	80～120
色标	紫	灰	白	黑	黑橙	
β	120～180	180～270	270～400	400～600	600～1 000	

b．集电极—发射极反向电流 I_{ceo}。它是指三极管基极开路时，集电极和发射极之间的反向电流，又称为“穿透电流”或“反向击穿电流”。小功率锗管的 I_{ceo} 较大，通常在 500 μA 以下；硅管的 I_{ceo} 都很小，通常在 1 μA 以下。同一个三极管的 I_{ceo} 比 I_{cbo} 大得多，且随温度的升高而急剧增加。因此，这个参数是衡量三极管稳定性好坏的重要参数之一，其值越小越好。

③ 极限参数。

各种电子元器件都有一个使用极限值要求，若超过极限参数会导致三极管特性受损甚至损坏，故选择和使用三极管时，必须保证其工作参数不能超过这些极限值。三极管主要极限参数有以下几个：

a. 集电极最大允许电流 I_{cm}。当集电极电流 I_c 增大到一定程度时，β 值便会明显下降，I_{cm} 是指 β 值下降到额定值的 2/3 时，所对应的集电极电流。使用三极管时，集电极电流 I_c 超过 I_{cm}，此时三极管不至于烧坏，但已不宜使用。所以在使用三极管时，集电极电流 I_c 不要超过 I_{cm}。

b. 集电极最大允许耗散功率 P_{cm}。集电极耗散功率是指集电极电流 I_c 和集电极电压 U_{ce} 的乘积。耗散功率会引起三极管发热，使结温升高，如果集电极的耗散功率过大，将会使集电结的温度超过允许值而被烧坏。在使用三极管时，实际功耗不允许超过 P_{cm}，应留有较大的余量。为了提高 P_{cm} 的数值，大功率三极管都要求加装散热片。

c. 集电极—发射极反向击穿电压 $U_{(BR)ceo}$。它是指三极管基极开路时，加在集电极和发射极之间的最大允许电压。使用时，若 $U_{ce}>U_{(BR)ceo}$，则会导致三极管击穿而损坏。

d. 集电极—基极反向击穿电压 $U_{(BR)cbo}$。它是指三极管发射极开路时，集电结的反向最大电压。使用时，集电极与基极间的反向电压不允许超过此值的规定。

e. 发射极—基极反向击穿电压 $U_{(BR)ebo}$。它是指三极管集电极开路时，发射结的反向最大电压。使用时，发射结承受的反向电压不应超过此值的规定。

（2）三极管的检测

如前所述，三极管的内部形成两个 PN 结，故可利用 PN 结的单向导电性，使用万用表对三极管的管型、电极和好坏做大致判断。

① 管型及基极的判断。首先，将万用表的量程选择开关置于 R×1 k 挡；然后利用 PN 结的单向导电性，将万用表的红、黑表笔分别与三极管的任意两只引脚接触。若万用表指针不偏转；再调换红、黑表笔分别与该两只引脚接触，若此时万用表指针偏转为几千欧姆，那么这时黑表笔接触的是 P 极，红表笔接触的是 N 极；如果一个管子测量出两个 N 极、一个 P 极，则为 NPN 型管，且 P 极为基极。反之，如果一个管子测量出两个 P 极、一个 N 极，则为 PNP 型管，且 N 极为基极。

② 集电极 c 和发射极 e 的判断。把万用表置于 R×100 或 R×1 k 挡，以 PNP 为例。方法一：将红表笔接基极 b，用黑表笔分别接触另外两个引脚时，所测得的两个电阻值会一个大一些，一个小一些。在阻值小的一次测量中，黑表笔所接引脚为集电极 c；在阻值较大的一

次测量中，黑表笔所接引脚为发射极 e。方法二：首先把假设为集电极的一极与基极用手短接，用红表笔接触假设为集电极的一极（注意不能与基极接触），用黑表笔接触假设为发射极的一极，观察万用表指针偏转的角度；然后把刚刚认为是发射极的一极重新假设为集电极与基极用手短接，用红表笔接触假设为集电极的一极，用黑表笔接触假设为发射极的一极，再观察万用表指针偏转的角度；偏转角度较大的一次（三极管处于放大状态），黑表笔接的为发射极，红表笔接的为集电极。

③ 三极管的好坏判断。利用万用表测量三极管各电极间的电阻时，若测出的电阻无论正反向电阻值均为零，则说明三极管内部已短路；若测出的电阻无论正反向电阻值均为无穷大，则说明三极管内部已断路，三极管已损坏。

任务 7.2　分析基本放大电路及其应用

【工作任务及任务要求】　了解基本放大电路的组成，掌握基本放大电路的主要功能和工作过程。

知识摘要：

- 单管共射基本放大电路
- 分压式偏置电路
- 共集放大电路
- 共基放大电路
- 放大电路三种基本接法的特点及用途

任务目标：

- 掌握放大电路的主要功能和工作过程
- 掌握放大电路的分析方法

7.2.1　单管共射基本放大电路

（1）单管共射基本放大电路的组成

① 放大电路组成原则。

a. 保证三极管处于放大状态，即发射结正向偏置，集电结反向偏置。

b. 保证信号畅通，即输入信号能加到三极管输入端；信号放大后能从三极管输出端输出。

c. 保证信号放大失真尽可能小，即经三极管放大后的输出信号波形尽可能与输入信号波形一致。

② 单管共射基本放大电路的组成。

单管共射放大电路如图 7.7 所示。电路中发射极作为输入回路和输出回路的公共端，故这种电路组成方式称为“共发射极电路”。

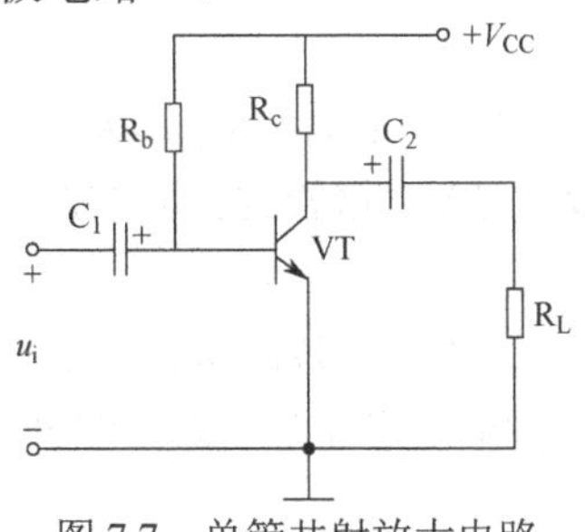

图 7.7　单管共射放大电路

单管共射放大电路由三极管、电阻、电容等元件组成，它们的作用为：

a. 三极管 VT。它是整个电路的核心，具有能量转换和控制作用，通过基极电流对集电极电流的控制来实现电流放大作用。

b. 直流电源 V_{CC}。它是整个电路信号放大的能源，为发射结提供正向偏置电压，为集电结提供反向偏置电压，没有它电路无法工作。

c. 集电极电阻 R_c。它是三极管集电极负载电阻，通过它实现将三极管集电极电流的变化转换成电压的变化送到输出端，其值一般为几千欧至几十千欧。

d. 基极电阻 R_b。它是基极偏置电阻，和电源 V_{CC} 一起为基极提供合适的基极电流，以保证三极管不失真地放大信号，其值一般为几十千欧至几百千欧。

e. 耦合电容 C_1、C_2。它们也称为隔直电容，作用是“隔直流，通交流”，一般为几微法至几十微法。如果 C_1、C_2 采用电解电容，连接时应注意将其正极接高电位，负极接低电位。

（2）共射放大电路的静态分析

放大电路没有输入信号，即 u_i 为零时，放大电路只有直流电源作用，电路中的电压和电流都是直流量，此时电路所处的工作状态称为“静止工作状态”，简称“静态”。

放大电路处于静态时，基极电流、集电极电流和集电极与发射极间的电压称为“静态工作点”，分别用 I_{bQ}、I_{cQ} 和 U_{ceQ} 表示，因为它们可以在三极管的输出特性曲线中确定一个唯一的点，简称“Q 点”，一般表达为 Q（I_{bQ}，I_{cQ}，U_{ceQ}）。Q 点是放大电路工作的基础，它设置得合理与否，将直接影响放大电路的工作状况和性能好坏。因此，静态分析的目的主要在于找出放大电路的静态工作点。求解静态工作点，可采用公式法和图解法，下面分别介绍。

①“公式法”求解静态工作点。放大电路处于静态时，可用其直流通路进行分析。由于 C_1、C_2 的隔直作用，图 7.7 可以简化成图 7.8 所示的直流通路形式。

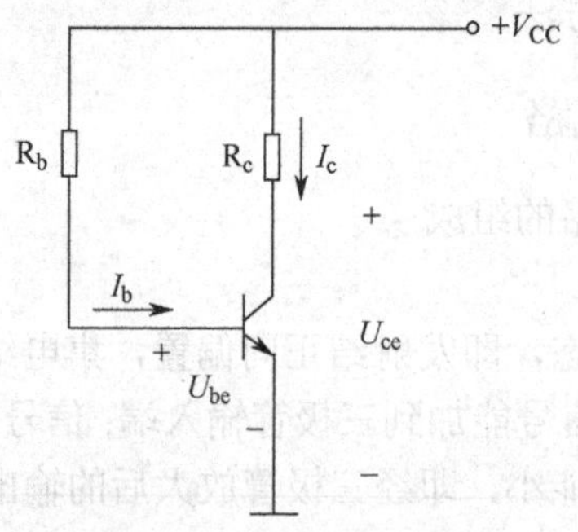

图 7.8　共射放大电路的直流通路

如图 7.8 所示，利用基尔霍夫电压定律（KVL）可列出方程为

$$V_{CC} = I_{bQ}R_b + U_{beQ} \tag{7.6}$$

由式（7.6）得

$$I_{bQ} = (V_{CC} - U_{beQ})/R_b \tag{7.7}$$

式（7.7）中的 U_{beQ}，硅管约为 0.7 V，锗管约为 0.2 V，U_{beQ} 比 V_{CC} 小得多，可忽略不计。则

$$I_{bQ} \approx V_{CC}/R_b \tag{7.8}$$

由式（7.8）可以看出，当 V_{CC} 和 R_b 选定后，I_{bQ} 即为固定值。所以，基本共射放大电路又称为“固定偏置放大电路”。

由 I_{bQ} 可得出静态时的集电极电流 I_{cQ} 为

$$I_{cQ} = \beta I_{bQ} \tag{7.9}$$

静态时的集电极与发射极间的电压 U_{ceQ} 为

$$U_{ceQ} = V_{CC} - I_{cQ}R_c \tag{7.10}$$

【例 7.1】 在图 7.7 中，已知 V_{CC}= 12 V，R_b = 300 kΩ，R_c = 3 kΩ，β = 50，试求放大电路的静态工作点。

解：①依题意，根据静态工作点的表达式得

$I_{bQ} \approx V_{CC}/R_b = 12/300\times10^3 = 40\ \mu A$

$I_{cQ} = \beta I_{bQ} = 50\times40 = 2\ mA$

$U_{ceQ} = V_{CC} - I_{cQ}R_c = 12 - 2\times10^{-3}\times3\times10^3 = 6\ V$

答：该放大电路的静态工作点为 Q（40 μA，2 mA，6 V）。

②“图解法”求解静态工作点。放大电路的图解法，就是指以三极管的特性曲线为基础，用作图的方法来确定放大电路的静态工作点。步骤如下：

a. 计算 I_b。如前所述，三极管的输出特性曲线反映了 I_b 在不同定值时，u_{ce} 和 i_c 的关系，它是一组曲线，为求解三极管的静态工作点，需要找出静态时 $I_b = I_{bQ}$ 那条输出特性曲线，根据 $I_{bQ} \approx V_{CC}/R_b$ 可求解三极管处于静态时的 I_b 值。

b. 作直流负载线。在直线方程 $u_{ce} = V_{CC} - i_cR_c$ 中，令 $u_{ce} = 0$，则 $i_c = V_{CC}/R_c$，得 M 点，其坐标为 M（0，V_{CC}/R_c）；再令 $i_c = 0$，则 $u_{ce} = V_{CC}$，得 N 点，其坐标为 N（V_{CC}，0）。连接 M、N 点，可得到一条直线，把这条直线称为“直流负载线”。

c. 确定 Q 点。直流负载线与 $I_b = I_{bQ}$ 输出特性曲线的交点，即为 Q 点，可确定 I_{cQ} 和 U_{ceQ} 的值。其中，交点横坐标为 U_{ceQ}，纵坐标为 I_{cQ}。三极管静态工作点的图解如图 7.9 所示。

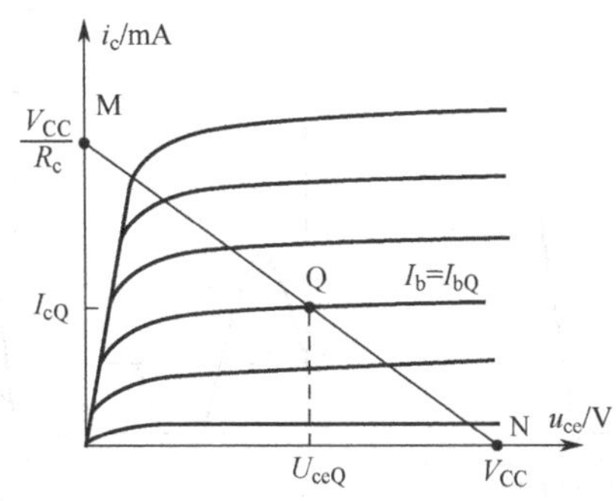

图 7.9　三极管静态工作点的图解示意图

【例 7.2】 在图 7.7 中，已知 V_{CC} = 12 V，R_b = 300 kΩ，R_c = 3 kΩ，β= 50，试用图解法求放大电路的静态工作点。

解：依题意，根据图解法进行计算。

① 计算 I_b。

$I_{bQ} \approx V_{CC}/R_b = 12/300\times10^3 = 40\ \mu A$，则 $I_b = I_{bQ} = 40\ \mu A$。

② 在直线方程 $u_{ce} = V_{CC} - i_cR_c$ 中，令 $u_{ce} = 0$，则 $i_c = V_{CC}/R_c = 12/3\times10^3 = 4\ mA$，得 M 点，其坐标为 M（0，4 mA）。

再令 $i_c = 0$，则 $u_{ce} = V_{CC} = 12$ V，得 N 点，其坐标为 N（12 V，0）。

连接 M、N 点，得到直流负载线 MN，它与 $I_b = I_{bQ}$ 输出特性曲线的交点，即为 Q 点，如

图 7.10 所示。

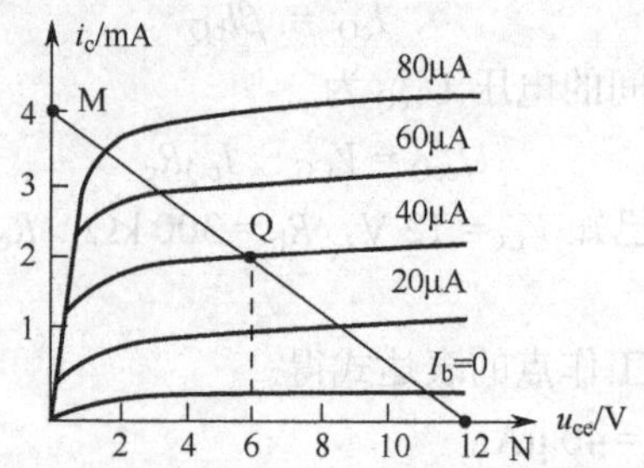

图 7.10　图解法求放大电路的静态工作点示意图

③ 由图 7.10 可读出，$I_{bQ}=40\ \mu A$，$I_{cQ}=2\ mA$，$U_{ceQ}=6\ V$。

此结果与例 7.1 的结果是一致的。

（3）静态工作点与输出波形的关系

放大电路的任务除了要求具备放大能力外，还必须保证输出信号尽可能不失真。所谓“失真”，是指输出信号的波形与输入信号的波形不相似的现象。产生失真的原因有多种，其中最基本的原因是 Q 点设置不当或输入信号幅值过大，使三极管在工作时进入了饱和区或截止区，这样输出信号就会产生失真。由三极管特性的非线性造成的失真称为“非线性失真”。下面分析两种非线性失真。

① 截止失真。由于静态工作点 Q 的位置偏低，且输入电压 u_i 的幅度又相对较大，就会在 u_i 的负半周，使三极管工作进入截止区，此时 $i_b=0$，使 i_b 的负半周出现了平顶；从输出特性分析，则是 u_{ce} 的正半周被削平，如图 7.11 所示。这种由于三极管工作进入截止区而引起的失真称为“截止失真”。

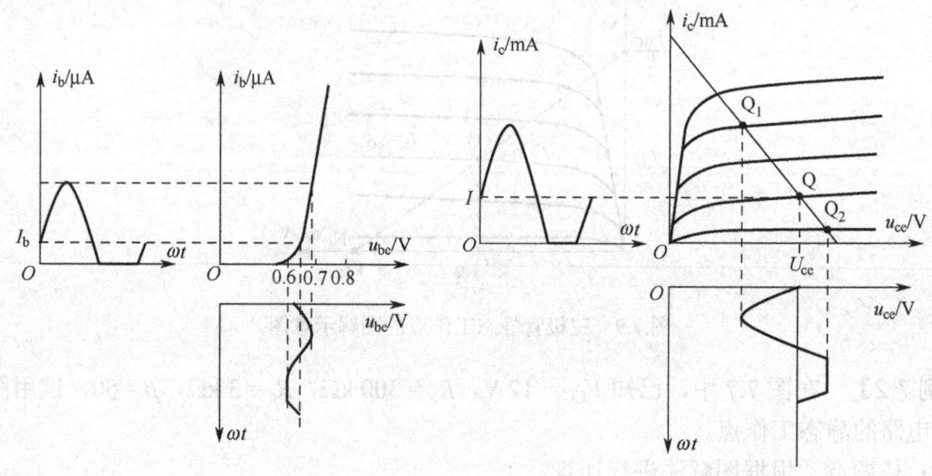

图 7.11　截止失真

② 饱和失真。若静态工作点 Q 的位置过高，且输入信号 u_i 幅值又相对较大时，则在 u_i 的正半周，三极管工作进入饱和区，此时 i_b 虽不失真，但 $i_c=\beta i_b$ 的关系已不存在，i_b 增加，i_c 却不随之增加，其正半周出现了平顶，相应 u_{ce} 的负半周也出现了平顶，如图 7.12 所示。这种由于三极管工作进入饱和区而引起的失真称为“饱和失真”。

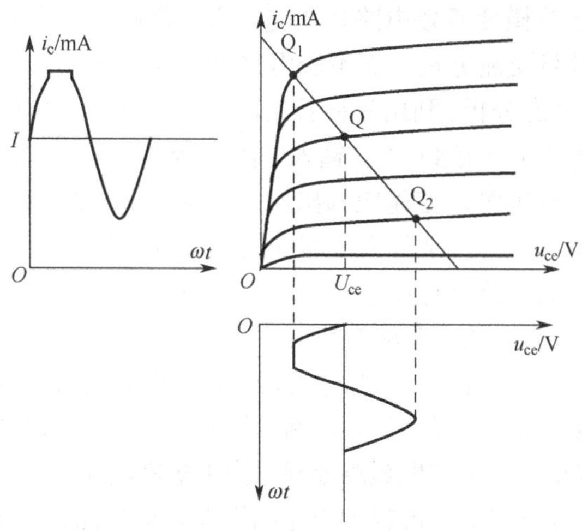

图 7.12　饱和失真

通过以上分析可知，为了减小和避免非线性失真，应合理选择静态工作点位置，并适当限制输入信号的幅度。通常 Q 点应大致选在交流负载线（交流负载线与直流负载线相交于 Q 点，其斜率大于直流负载线的斜率）的中点附近。

（4）共射放大电路的动态分析

放大电路有输入信号（$u_i \neq 0$）时，电路中各处的电压、电流处于变动状态，这时电路处于“动态工作状态”，简称“动态”。

放大电路的动态分析多采用微变等效电路法。所谓“微变等效电路法”，是指将非线性元件三极管组成的放大电路等效为一个线性电路的分析方法，其基本思想：当输入信号变化的范围较小时，可认为三极管的电压、电流变化量之间的关系基本上是线性的，此时便可给三极管建立一个小信号的线性模型，该模型就是“微变等效电路”。

三极管动态分析的指标主要有三个：电压放大倍数 A_u、输入电阻值 R_i 和输出电阻值 R_o。

① 三极管的微变等效电路。当输入信号变化的范围很小时，三极管可用线性电路等效替代。此时，三极管的输入回路可用一个等效电阻 r_{be} 来代替，称为“三极管的输入电阻”；三极管的输出回路可用一个等效受控电流源 βi_b 来代替，其大小和方向均受基极电流 i_b 的控制，故输出回路可以看成受控电流源电路 $i_c = \beta i_b$。理论和实验数据证明，r_{be} 的数值可以用下面的公式求得。

$$r_{be} = 300 + 26(1+\beta)/I_{eQ} \text{ 或 } r_{be} = 300 + 26/I_{bQ} \tag{7.11}$$

式（7.11）中，I_{eQ}、I_{bQ} 的单位为 mA。

综上所述，以三极管的输入电阻 r_{be} 表示三极管的输入特性，用受控电流源 βi_b 表示三极管的输出特性，由此可得到如图 7.13 所示的简化的三极管微变等效电路。

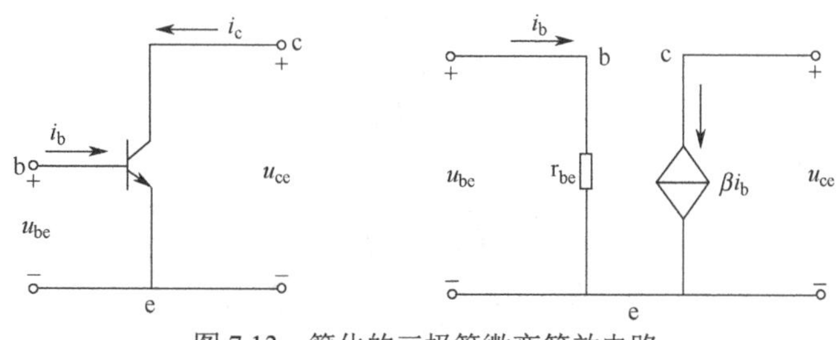

图 7.13　简化的三极管微变等效电路

需要注意的是，三极管微变等效电路是在交流通路基础上建立的，只能对交流等效，只能用来分析交流动态，计算交流分量，而不能用来分析直流分量。

② 共射放大电路的动态分析。利用三极管的微变等效电路来分析放大电路的动态工作情况，即求解放大电路的电压放大倍数 A_u、输入电阻值 R_i 和输出电阻值 R_o 非常方便，可使电路的分析计算大为简化。分析时，首先应画出放大电路的交流通路，再将交流通路的三极管用其微变等效电路来代替，即得到某放大电路的微变等效电路。

用微变等效电路对放大电路进行动态分析，可采用如下步骤：

a．计算三极管简化微变等效电路的参数 r_{be}。

b．画放大电路的微变等效电路。先画出放大电路的交流通路，然后用三极管的微变等效电路取代它，即得到某放大电路的微变等效电路，如图 7.14 所示。画放大电路的交流通路的原则：直流电源 V_{CC} 内阻很小，可将它做短路处理；由于电容足够大，对交流量也可视为短路。

c．按照分析线性电路的方法分析放大电路的微变等效电路，求电压放大倍数 A_u、输入电阻值 R_i 和输出电阻值 R_o。

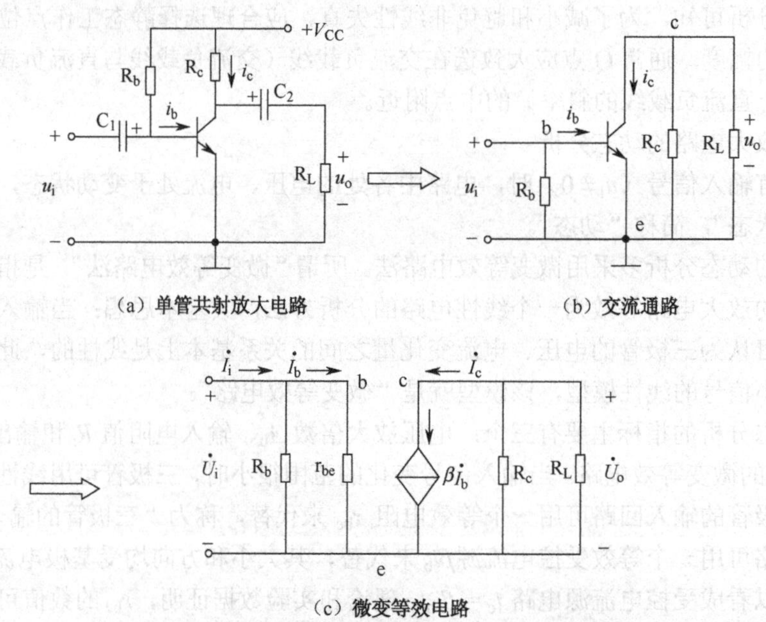

图 7.14　放大电路的微变等效电路绘制过程示意图

下面讲述如何进行共射放大电路性能指标的估算。

a．电压放大倍数 A_u。它是衡量放大电路放大能力的指标，电压放大倍数是输出电压与输入电压之比，当信号为正弦波时，电路中的电压、电流均用相量表示，即

$$\dot{A}_u = \frac{\dot{U}_o}{\dot{U}_i} \tag{7.12}$$

根据图 7.14 可知

$$\dot{U}_i = r_{be}\dot{I}_b \tag{7.13}$$

$$\dot{U}_o = (R_L // R_c)\dot{I}_c = -\beta\dot{I}_b\ R_L' \tag{7.14}$$

其中，$R_L' = R_L // R_c$，则

$$\dot{A}_u = \frac{\dot{U}_o}{\dot{U}_i} = -\beta \frac{R_L'}{r_{be}} \tag{7.15}$$

式（7.15）中，负号表示输出电压与输入电压的相位相反。

b. 输入电阻值 R_i。放大电路对于信号源或前级放大电路来说相当于一个负载，可用一个等效电阻来表示，这个等效电阻就是放大电路的输入电阻，即从图 7.15 中 M、N 两端看进去的等效电阻。

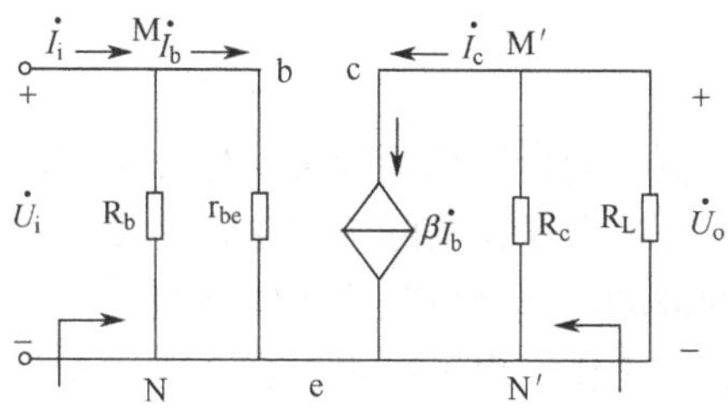

图 7.15　放大电路的输入电阻和输出电阻求解示意图

由图 7.15 可知

$$R_i = \frac{\dot{U}_i}{\dot{I}_i} \tag{7.16}$$

又因为 $\dot{I}_i = \dot{I}_{R_b} + \dot{I}_b = \dfrac{\dot{U}_i}{R_b} + \dfrac{\dot{U}_i}{r_{be}} = (\dfrac{1}{R_b} + \dfrac{1}{r_{be}})\dot{U}_i$，因此

$$R_i = \frac{\dot{U}_i}{\dot{I}_i} = R_b // r_{be} \tag{7.17}$$

由于 $R_b \gg r_{be}$，故 $R_i \approx r_{be}$。为了减轻信号源的负担和提高放大电路的净输入电压，通常希望放大电路的输入电阻越大越好，减小衰减。但是，r_{be} 一般为 1 kΩ，可见共发射极基本放大电路的输入电阻不大。

c. 输出电阻值 R_o。放大电路的输出电阻是指从放大电路的输出端（不包含负载电阻 R_L）看进去的交流等效电阻，即从图 7.15 中 M′、N′端看进去的等效电阻。由图 7.15 可知

$$R_o = R_c \tag{7.18}$$

对于放大电路，R_o 越大，负载变化时，输出电压的变化也越大，说明放大电路带负载能力弱；R_o 越小，负载变化时，输出电压的变化也越小，说明放大电路带负载能力强。所以，R_o 是表征放大电路带负载能力的参数，放大电路的 R_o 越小越好。

【例 7.3】　试用微变等效电路法计算图 7.14（a）所示放大电路的电压放大倍数 A_u、输入电阻 R_i 和输出电阻 R_o。已知 $V_{CC} = 12$ V，$R_b = 300$ kΩ，$R_c = 3$ kΩ，$R_L = 2$ kΩ，$\beta = 50$。

解：依题意，根据静态工作点的表达式得

$I_{bQ} \approx V_{CC}/R_b = 12/300\times10^3 = 40\ \mu A$

$I_{eQ} \approx I_{cQ} = \beta I_{bQ} = 50\times40 = 2$ mA

因为

$$r_{be} = 300 + 26(1 + \beta)/I_{eQ} = 300 +(1 + 50)26/2 = 963\ \Omega$$

$$R_L' = R_L // R_c = R_cR_L/(R_L + R_c) = 3\times2/(3 + 2) = 1.2\ k\Omega$$

所以

$$A_u = -\beta R_L' / r_{be} = -50\times1.2/ 0.963 = -62.3$$

$$R_i \approx r_{be} = 0.963\ k\Omega$$

$$R_o = R_c = 3\ k\Omega$$

答：该放大电路的电压放大倍数为 62.3，输入电阻为 0.963 kΩ，输出电阻为 3 kΩ。

7.2.2 分压式偏置电路

为了减小和避免非线性失真，应合理选择静态工作点位置，合适的静态工作点是三极管处于正常放大状态的前提和保证。但是在实际工作中，即使设置了合适的静态工作点，由于环境温度的变化、电源电压的波动等都会引起管子的参数变化，从而导致放大电路的静态工作点移动，影响放大电路的正常工作，出现严重失真，这一现象在前面所讲的固定偏置放大电路中尤为明显。为此，需要对原有的固定偏置放大电路进行改进，使静态工作点能稳定在合适的位置。下面讨论温度对工作点的影响及能实现稳定静态工作点的偏置电路。

（1）温度对静态工作点的影响

使静态工作点不稳定的因素很多，如温度的变化、电源电压的波动和管子老化等，其中温度的变化对 Q 点的影响极大，主要表现在以下方面。

① 温度升高，由集电区和基区少数载流子构成的反向饱和电流 I_{cbo} 增加，而穿透电流 $I_{ceo} =(1 + \beta)I_{cbo}$ 的增加更显著。I_{ceo} 是集电极电流的组成部分，故温度上升表现为输出特性曲线族向上平移。

② 温度升高，三极管的电流放大系数β增大。β的增大表现为输出特性各条曲线的间隔增大。

③ 温度升高，发射结导通电压 U_{be} 将减小，而基极电流 I_b 将增大。

以上三个原因均使 I_c 随温度的升高而增加，由于 R_b、R_c、V_{CC} 基本不随温度变化，即直流负载线基本不随温度变化，所以在温度升高时，Q 点将上移。这种 Q 点随温度而变的现象称为"Q 点的温度漂移"。

克服温漂的方法：当温度升高时，设法减小 I_b，使 I_c 的变化尽量小。实现上述设想的电路是"分压式偏置电路"，又称"射极偏置电路"。

（2）分压式偏置放大电路

① 电路组成。分压式偏置放大电路如图 7.16 所示。由图可知，与固定偏置放大电路相比，分压式偏置放大电路的不同：一是基极多了一个下偏置电阻 R_{b2}；二是发射极多了一个电阻 R_e 和发射极旁路电容 C_e。

② 稳定静态工作点原理。如图 7.16 所示的电路中，根据 KCL 定理，节点 B 的电流方程为

$$I_1 = I_2 + I_b \tag{7.19}$$

为使静态工作点得以稳定，适当选择 R_{b1} 和 R_{b2}，使 $I_2 \gg I_b$，则有

$$I_1 \approx I_2 \tag{7.20}$$

则基极（B 点）电位为

$$V_b = R_{b2}V_{CC}/(R_{b1} + R_{b2}) \tag{7.21}$$

式（7.21）中 R_{b1}、R_{b2} 和 V_{CC} 与环境温度无关，因此，当温度变化时，V_b 为一定值。

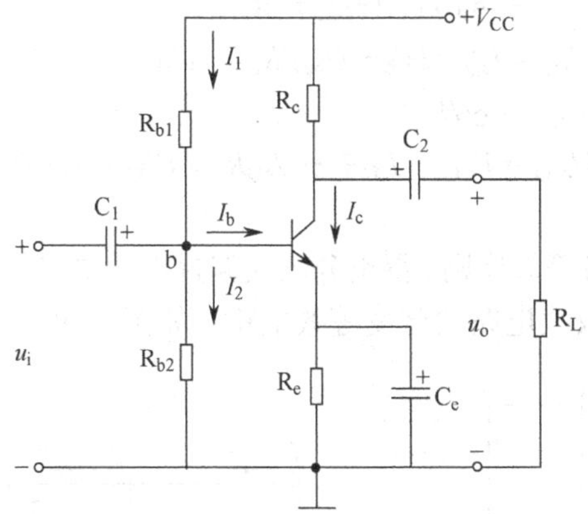

图 7.16　分压式偏置放大电路

因为

$$U_{be} = V_b - V_e = V_b - I_e R_e \tag{7.22}$$

若使 $V_b \gg U_{be}$，则

$$I_c \approx I_e = (V_b - U_{be})/R_e \approx V_b/R_e \tag{7.23}$$

当 R_e 固定不变时，I_c、I_e 也固定不变。

由以上分析可知，若满足 $I_2 \gg I_b$ 和 $V_b \gg U_{be}$ 两个条件，则 V_b、I_c 和 I_e 均与三极管参数无关，不受温度变化的影响，静态工作点得以稳定。在估算时，一般可选取

$$I_2 = (5\sim10)I_b \tag{7.24}$$

$$V_b = (5\sim10)U_{be} \tag{7.25}$$

分压式偏置电路稳定静态工作点的原理：当温度升高时，基极电流 I_b 增大，集电极电流 I_c 增大，发射极电流 I_e 也增大，因而发射极电位 $V_e = I_e R_e$ 也增大，由于 $U_{be} = V_b - V_e$，而 V_b 恒定，则 U_{be} 减小，基极电流 I_b 随之减小，从而导致 I_c 也减小，这样就可达到稳定静态工作点的目的。该过程可简单表述为

$$T\uparrow \rightarrow I_b\uparrow \rightarrow I_c\uparrow \rightarrow I_e\uparrow \rightarrow V_e\uparrow \rightarrow U_{be}\downarrow \rightarrow I_b\downarrow \rightarrow I_c\downarrow$$

当温度降低时，各物理量向相反的方向变化，读者可自行分析。

（3）静态分析

放大电路处于静态时，可用其直流通路分析。由于 C_1、C_2、C_e 的隔直作用，图 7.16 可以简化成图 7.17 所示的直流通路形式。

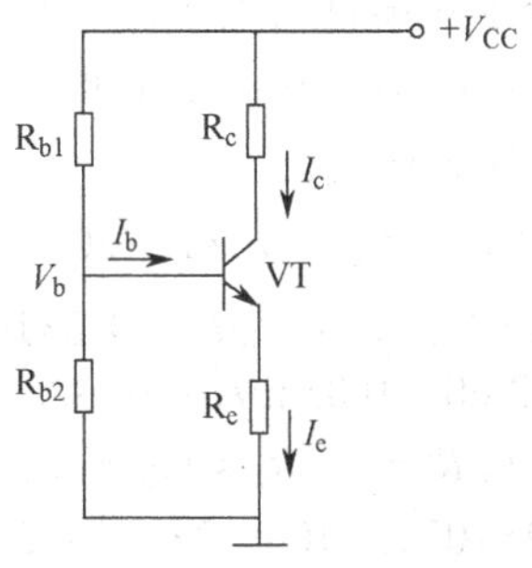

图 7.17　分压式偏置电路的直流通路

由图 7.17 和前面的分析可得到估算公式为

$$V_b = R_{b2}V_{CC}/(R_{b1} + R_{b2}) \tag{7.26}$$

$$I_{cQ} \approx I_{eQ} = (V_b - U_{be})/R_e \approx V_b/R_e \tag{7.27}$$

$$I_{bQ} = I_{cQ}/\beta \tag{7.28}$$

$$U_{ceQ} = V_{CC} - I_{cQ}R_c - I_{eQ}R_e \approx V_{CC} - I_{cQ}(R_c + R_e) \tag{7.29}$$

（4）动态分析

根据放大电路交流通路等效原则，得出分压式偏置放大电路的交流通路，如图 7.18 所示。由图 7.18 可得分压式偏置放大电路的微变等效电路，如图 7.19 所示。

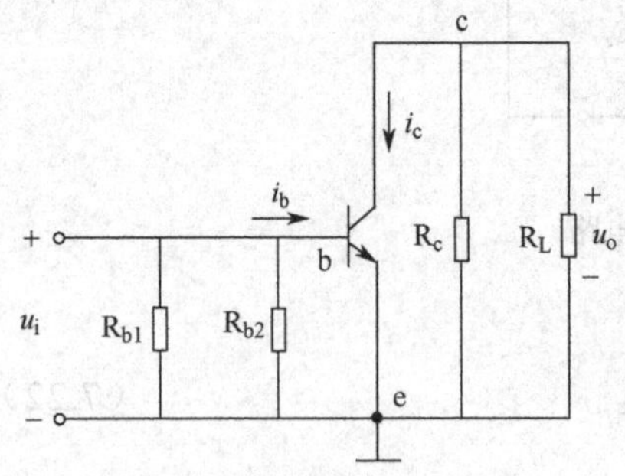

图 7.18　分压式偏置放大电路的交流通路

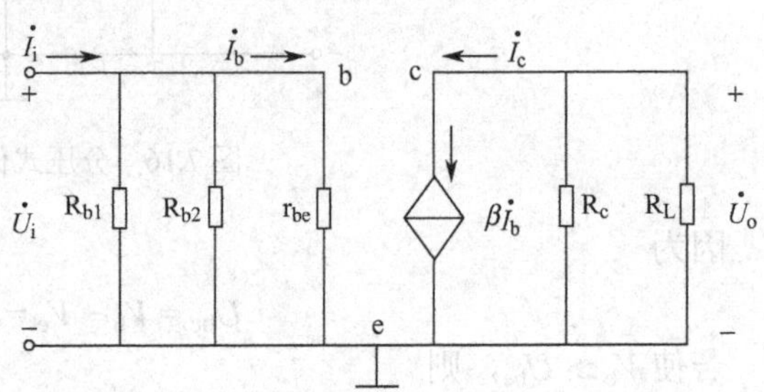

图 7.19　分压式偏置放大电路的微变等效电路

① 电压放大倍数 $\dot{A}_u$。

$$\dot{A}_u = \frac{\dot{U}_o}{\dot{U}_i} = -\beta\frac{R_L'}{r_{be}} \tag{7.30}$$

其中，$R_L' = R_L // R_c$。

② 输入电阻值 R_i。

$$R_i = \frac{\dot{U}_i}{\dot{I}_i} = R_{b1} // R_{b2} // r_{be} \tag{7.31}$$

由于 $R_{b1} \gg r_{be}$，$R_{b2} \gg r_{be}$，故 $R_i \approx r_{be}$。

③ 输入电阻值 R_o。

$$R_o = R_c \tag{7.32}$$

由以上分析可知，分压式偏置放大电路的动态分析指标与固定偏置放大电路的相同。

【例 7.4】　如图 7.16 所示的分压式偏置放大电路，已知 $V_{CC} = 12$ V，$R_{b1} = 20$ kΩ，$R_{b2} = 10$ kΩ，$R_c = 3$ kΩ，$R_e = 2$ kΩ，$R_L = 2$ kΩ，$\beta = 60$。试求此电路的静态工作点。

解：依题意，根据静态工作点的表达式得

$$V_b = R_{b2}V_{CC}/(R_{b1} + R_{b2}) = 10\times12/(20 + 10) = 4\ \text{V}$$

$$I_{cQ} \approx I_{eQ} = (V_b - U_{be})/R_e \approx V_b/R_e = 4/2\times10^3 = 2\ \text{mA}$$

$$I_{bQ} = I_{cQ}/\beta = 2/60 = 0.03\ \text{mA} = 30\ \mu\text{A}$$

$$\begin{aligned}U_{ceQ} &= V_{CC} - I_{cQ}R_c - I_{eQ}R_e \approx V_{CC} - I_{cQ}(R_c + R_e)\\ &= 12 - 2\times10^{-3}(3\times10^3 + 2\times10^3) = 2\ \text{V}\end{aligned}$$

答：该放大电路的静态工作点为 Q（30 μA，2 mA，2 V）。

7.2.3　共集放大电路

（1）电路构成

共集电极放大电路也是一种基本放大电路，如图 7.20 所示，交流通路如图 7.21 所示。从其交流通路图可见，输入信号加在基极与集电极之间，输出信号取自发射极与集电极之间，故集电极是输入、输出回路的公共端，所以是“共集电极电路”；又因为其从发射极输出信号，所以也被称为“射极输出器”。

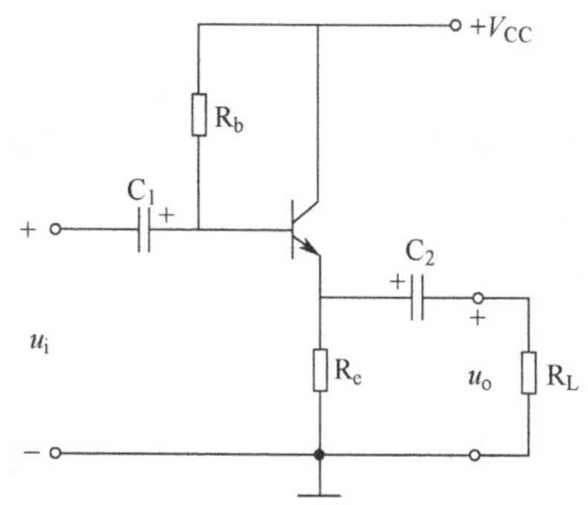

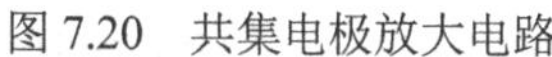

图 7.20　共集电极放大电路

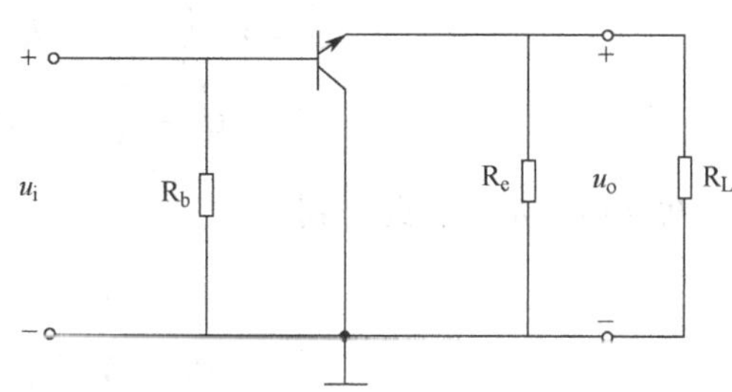

图 7.21　共集电极放大电路的交流通路

（2）静态分析

共集电极放大电路的直流通路如图 7.22 所示。

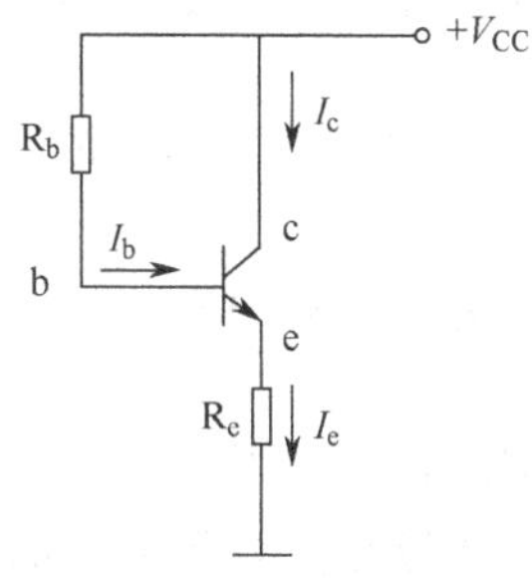

图 7.22　共集电极放大电路的直流通路

根据直流通路可确定其静态值，由图 7.22 可知

$$V_{CC}=I_bR_b+U_{be}+I_eR_e=I_bR_b+U_{be}+(1+\beta)I_bR_e$$

则电路的静态工作点为

$$I_{bQ}=(V_{CC}-U_{be})/[R_b+(1+\beta)R_e]$$

$$I_{cQ}=\beta I_{bQ},\ I_{eQ}=(1+\beta)I_{bQ}$$

$$U_{ceQ}=V_{CC}-I_{eQ}R_e$$

（3）动态分析

共集电极放大电路的微变等效电路如图 7.23 所示。其电压放大倍数 $\dot{A}_u$ 、输入电阻值 R_i 和输出电阻值 R_o 分别计算如下。

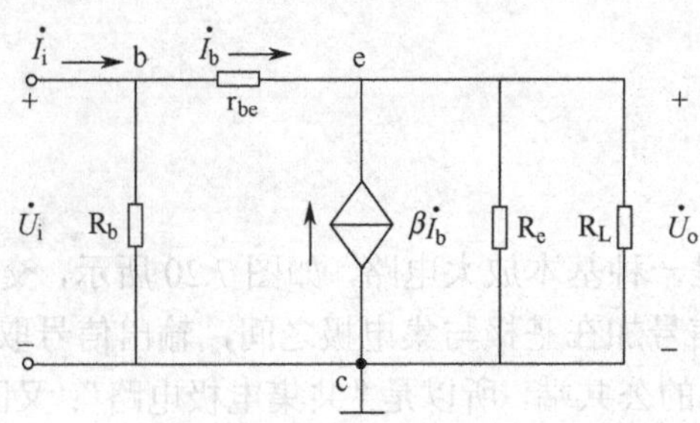

图 7.23　共集电极放大电路的微变等效电路

① 电压放大倍数 $\dot{A}_u$。

$$\dot{U}_i = r_{be}\dot{I}_b + \dot{I}_e R_L' = \dot{I}_b[1+(1+\beta)R_L'] \tag{7.33}$$

$$\dot{U}_o = \dot{I}_e R_L' = (1+\beta)\dot{I}_b R_L' \tag{7.34}$$

其中，$R_L' = R_L // R_e$。由此得到

$$\dot{A}_u = \frac{\dot{U}_o}{\dot{U}_i} = \frac{(1+\beta)R_L'}{r_{be}+(1+\beta)R_L'} \tag{7.35}$$

通常$(1+\beta)R_L' \gg r_{be}$，所以$A_u \approx 1$，这表明共集电极电路的输出电压与输入电压大小近似相等，且相位相同，即输出信号跟随输入信号变化，故这种电路又被称为“射极跟随器”。尽管共集电极放大电路无电压放大作用，但能放大输出电流，因此仍有功率放大作用。

② 输入电阻值 R_i。由图 7.23 所示的共集电极放大电路微变等效电路可得

$$R_i = \frac{\dot{U}_i}{\dot{I}_i} = \frac{\dot{U}_i}{\dfrac{\dot{U}_i}{R_b} + \dfrac{\dot{U}_i}{r_{be}+(1+\beta)R_L'}} = R_b // [r_{be}+(1+\beta)R_L'] \tag{7.36}$$

其中，$R_L' = R_L // R_e$。

由式（7.36）可知，射极输出器的输入电阻是由偏置电阻 R_b 和电阻 $r_{be}+(1+\beta)R_L'$ 并联而得到的，R_b 的阻值很大，可达几十千欧至几百千欧，而 $r_{be}+(1+\beta)R_L'$ 也比共发射极放大电路的输入电阻 r_{be} 要大。因此，射极输出器的输入电阻很高，可达几十千欧至几百千欧。

③ 输出电阻值 R_o。计算共集电极放大电路的输出电阻时，可在信号源短路和负载开路的条件下，在放大电路的输出端加一交流电压$\dot{U}$，由此画出计算射极输出器输出电阻的等效电路，如图 7.24 所示。在交流电压$\dot{U}$的作用下产生流入放大电路的电流$\dot{I}$，由图 7.24 得

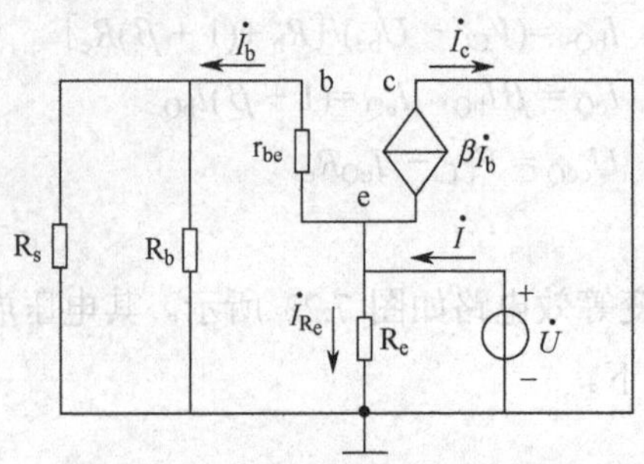

图 7.24　计算输出电阻的等效电路

$$\dot{I} = \dot{I}_{R_e} + \dot{I}_b + \beta \dot{I}_b = \frac{\dot{U}}{R_e} + (1+\beta)\frac{\dot{U}}{r_{be} + R_s'} \tag{7.37}$$

其中，$R_s' = R_s // R_b$。由式（7.37）得

$$R_o = \frac{\dot{U}}{\dot{I}} = R_e // \frac{r_{be} + R_s'}{1+\beta} \tag{7.38}$$

通常 $R_e \gg \frac{r_{be} + R_s'}{1+\beta}$，则

$$R_o \approx \frac{r_{be} + R_s'}{1+\beta} \tag{7.39}$$

由式（7.39）可知，输出电阻 R_o 很小，一般为几十欧至几百欧。

【例 7.5】 如图 7.20 所示的共集电极放大电路，已知 $V_{CC} = 12$ V，$R_b = 150$ kΩ，$R_s = 500$ Ω，$R_e = 2$ kΩ，$R_L = 1.6$ kΩ，$\beta = 60$，试求：①此电路的静态工作点；②电压放大倍数、输入电阻和输出电阻。

解：①依题意，根据静态工作点的表达式得

$I_{bQ} = (V_{CC} - U_{be})/[R_b + (1+\beta)R_e] \approx V_{CC}/[R_b + (1+\beta)R_e]$

$= 12/[150 \times 10^3 + (1+60) \times 2 \times 10^3]$

$= 0.044$ mA

$I_{cQ} = \beta I_{bQ} = 60 \times 0.044 = 2.64$ mA

$I_{eQ} = (1+\beta)I_{bQ} = (1+60) \times 0.044 = 2.684$ mA

$U_{ceQ} = V_{CC} - I_{eQ}R_e = 12 - 2.684 \times 2 = 6.632$ V

即静态工作点为 Q（0.044 mA，2.64 mA，6.632 V）。

② 电路的电压放大倍数、输入电阻和输出电阻分别计算如下。

因为

$r_{be} = 300 + 26(1+\beta)/I_{eQ} = 300 + 26/I_{bQ} = 300 + 26/0.044 = 0.89$ kΩ

$R_L' = R_L // R_e = 0.889$ kΩ；　$R_s' = R_s // R_b = 0.4$ kΩ

所以

电压放大倍数 $\dot{A}_u = \frac{\dot{U}_o}{\dot{U}_i} = \frac{(1+\beta)R_L'}{r_{be} + (1+\beta)R_L'} = \frac{(1+60) \times 0.889}{0.89 + (1+60) \times 0.889} = 0.98$

输入电阻 $R_i = R_b // [r_{be} + (1+\beta) R_L'] = 39.83$ kΩ

输出电阻 $R_o \approx \frac{r_{be} + R_s'}{1+\beta} = 21.15$ Ω

（4）射极输出器的特点和应用

射极输出器的主要特点：输入电阻大，输出电阻小；电压放大倍数小于等于 1，即没有电压放大作用，但有电流放大和功率放大作用；输出电压与输入电压同相。

由于射极输出器的输入电阻大，因此用它作为输入级，可减轻信号源的电流负担；作为中间级时，它是前一级的负载电阻，可使上一级的电压放大倍数增大。利用射极输出器输出电阻小的特点，可用它作为输出级，其带负载能力强。

7.2.4 共基放大电路

（1）电路构成

共基极放大电路也是一种基本放大电路，如图 7.25 所示，其交流通路如图 7.26 所示。从交流通路图可见，输入信号加在基极与发射极之间，输出信号取自基极与集电极之间，故基极是输入输出回路的公共端，所以称为“共基极电路”。

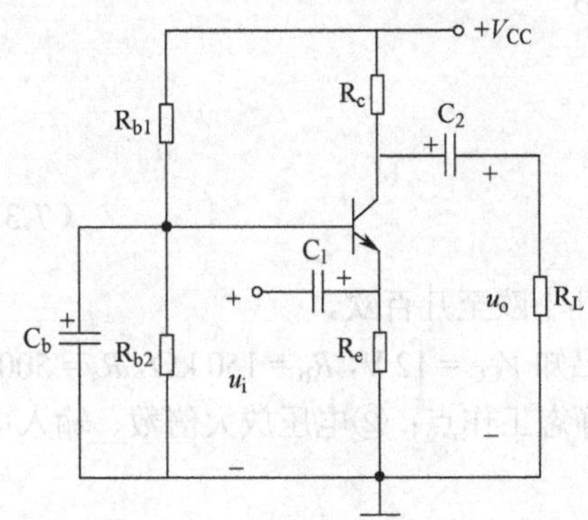

图 7.25　共基极放大电路

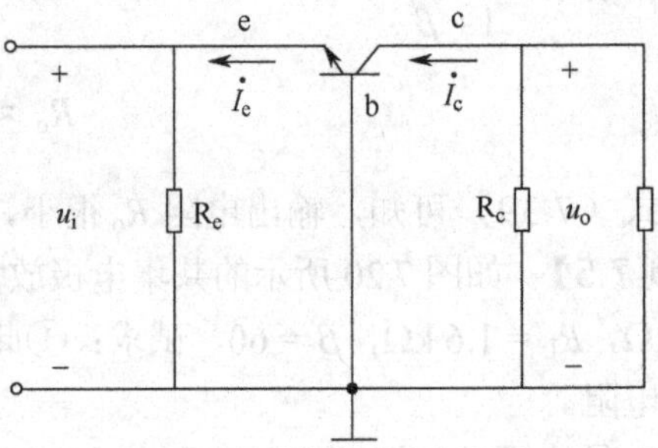

图 7.26　共基极放大电路的交流通路

（2）静态分析

共基极放大电路的直流通路如图 7.27 所示。

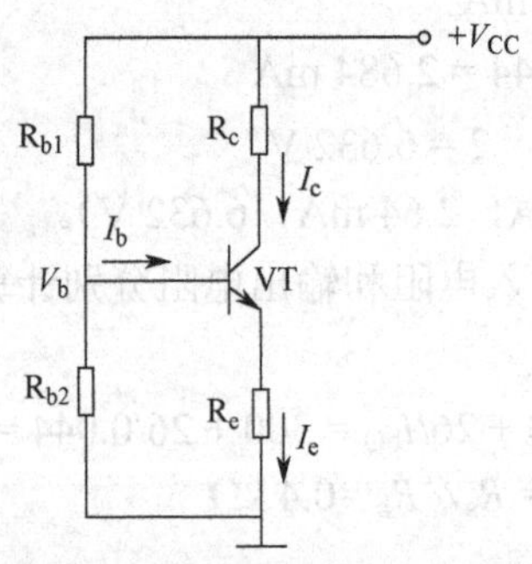

图 7.27　共基极放大电路的直流通路

由图 7.27 可见，共基极放大电路的直流通路与分压式偏置共发射极放大电路的直流通路是一样的，故其静态工作点的求解也完全相同，即

$$V_b = R_{b2}V_{CC}/(R_{b1} + R_{b2}) \tag{7.40}$$

$$I_{cQ} \approx I_{eQ} = (V_b - U_{be})/R_e \approx V_b/R_e \tag{7.41}$$

$$I_{bQ} = I_{cQ}/\beta \tag{7.42}$$

$$U_{ceQ} = V_{CC} - I_{cQ}R_c - I_{eQ}R_e \approx V_{CC} - I_{cQ}(R_c + R_e) \tag{7.43}$$

（3）动态分析

共基极放大电路的微变等效电路如图 7.28 所示。

① 电压放大倍数 $\dot{A}_u$。

$$\dot{U}_i = -r_{be}\dot{I}_b \tag{7.44}$$

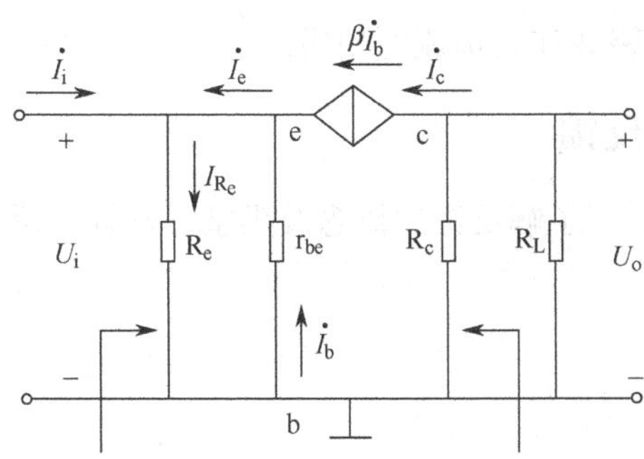

图 7.28　共基极放大电路的微变等效电路

$$\dot{U}_o = -\dot{I}_c R'_L = -\beta \dot{I}_b R'_L \qquad (7.45)$$

式中，$R'_L = R_L // R_c$。由此得到

$$\dot{A}_u = \frac{\dot{U}_o}{\dot{U}_i} = \frac{\beta R'_L}{r_{be}} \qquad (7.46)$$

式（7.46）表明，共基极电路也具备电压放大作用，其数值大小与固定偏置放大电路相同，并且输出电压与输入电压同相。

② 输入电阻值 R_i。由图 7.28 所示的共基极放大电路微变等效电路可得

$$R_i = \frac{\dot{U}_i}{\dot{I}_i} = \frac{\dot{U}_i}{\dfrac{\dot{U}_i}{R_e} + (1+\beta)\dfrac{\dot{U}_i}{r_{be}}} = \frac{\dot{U}_i}{\dfrac{\dot{U}_i}{R_e} + \dfrac{\dot{U}_i}{\dfrac{r_{be}}{1+\beta}}} = R_e // \frac{r_{be}}{1+\beta} = \frac{r_{be}}{1+\beta} \qquad (7.47)$$

由式(7.47)可知，共基极电路的输入电阻比共发射极电路的小，为共发射极电路的 $\dfrac{1}{1+\beta}$，其大小通常在几欧到几十欧。

③ 输出电阻值 R_o。由图 7.28 所示的共基极放大电路微变等效电路可得

$$R_o = R_c \qquad (7.48)$$

7.2.5　放大电路三种基本接法的特点及用途

（1）共射极放大电路

共射极放大电路的特点及用途：具有电流和电压放大作用；输出电压与输入电压反相；输入电阻在三种组态中居中，输出电阻与集电极电阻有很大关系。适用于低频情况下，作为多级放大电路的中间级。

（2）共集电极放大电路

共集电极放大电路的特点及用途：具有电流放大作用，无电压放大作用，有电压跟随作用；输出电压与输入电压同相；在三种组态中，输入电阻最大，输出电阻最小。频率特性好，可用于输入级、输出级及起隔离作用的中间级。

（3）共基极放大电路

共基极放大电路的特点及用途：具有电压放大作用，其输入电流大于输出电流，无电流放大作用；输出电压与输入电压同相；输入电阻小，输出电阻与集电极电阻有关。高频特性

较好，常用于宽频带放大电路或作为恒流源使用。

任务 7.3 认识电路中的反馈

【工作任务及任务要求】 了解反馈的概念及类型，掌握负反馈对放大电路性能的影响。

知识摘要：

- 反馈的概念
- 反馈的类型
- 负反馈的作用

任务目标：

- 掌握反馈的类型
- 掌握负反馈对放大电路性能的影响

7.3.1 反馈的概念

所谓反馈就是在电路中将输出量（电压或电流）的一部分或全部以某种方式送回输入端，使原来输入信号增大或减小，并因此影响放大电路某些性能的过程。反馈放大电路的组成如图 7.29 所示。

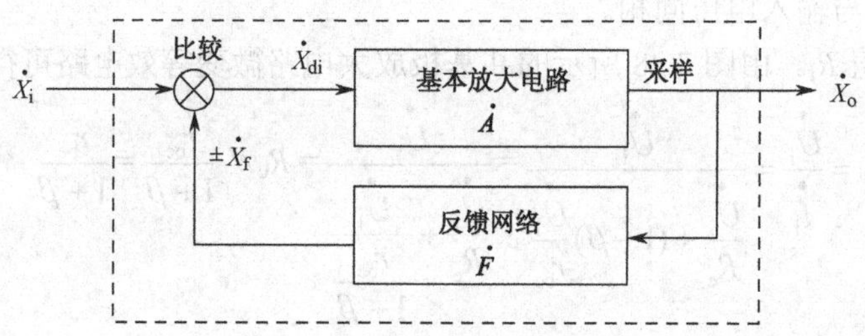

图 7.29 反馈放大电路的组成

图 7.29 中，$\dot{A}$ 为基本放大电路，$\dot{F}$ 为反馈网络，$\dot{X}_f$ 为反馈信号（由反馈网络送回到输入端），“+”和“−”表示 X_i 和 X_f 叠加时的方向，X_i 为输入信号（由前级电路提供），$\dot{X}_{di}$ 为净输入信号，$\dot{X}_{di}=\dot{X}_i\pm\dot{X}_f$，$\dot{X}_o$ 为输出信号。未引入反馈的放大电路称为“开环放大电路”，引入反馈的放大电路称为“闭环放大电路”。根据放大倍数的定义，故有开环放大倍数与闭环放大倍数，即

开环放大倍数：$\dot{A}=\dfrac{\dot{X}_o}{\dot{X}_{di}}$ (7.49)

闭环放大倍数：$\dot{A}_f=\dfrac{\dot{X}_o}{\dot{X}_i}$ (7.50)

将反馈信号与输出信号的比值称为“反馈系数”，即

$$\dot{F}=\frac{\dot{X}_f}{\dot{X}_o} \tag{7.51}$$

由上述三式得

$$\dot{A}_f=\frac{\dot{X}_o}{\dot{X}_i}=\frac{\dot{X}_o}{\dot{X}_{di}\pm\dot{X}_f}=\frac{\dot{A}\dot{X}_{di}}{\dot{X}_{di}\pm\dot{A}\dot{F}\dot{X}_{di}}=\frac{\dot{A}}{1\pm\dot{A}\dot{F}} \tag{7.52}$$

式（7.52）中，$1\pm\dot{A}\dot{F}$ 称为“反馈深度”，它反映了反馈的强弱。

7.3.2　反馈的类型

（1）正反馈与负反馈

反馈信号 $\dot{X}_f$ 对输入信号 $\dot{X}_i$ 起增强作用，使净输入信号 $\dot{X}_{di}$ 增大（即 $\dot{X}_{di}=\dot{X}_i+\dot{X}_f$）的反馈称为“正反馈”。反馈信号 $\dot{X}_f$ 对输入信号 $\dot{X}_i$ 起削弱作用，使净输入信号 $\dot{X}_{di}$ 减小（即 $\dot{X}_{di}=\dot{X}_i-\dot{X}_f$）的反馈称为“负反馈”。正反馈多用于振荡电路，负反馈多用于改善放大电路的性能。

常用瞬时极性法判断正、负反馈。先假设输入信号在某一瞬时的极性为正，用（+）号标出，然后根据输出信号与输入信号间的相位关系，从输入到输出一级一级地标出放大电路中各有关点信号的电位的瞬时极性，最后判断反馈信号是削弱还是增强了净输入信号，如果是削弱，则为负反馈；反之则为正反馈。

（2）电压反馈与电流反馈

反馈信号的大小与输出电压成比例的反馈称为“电压反馈”，反馈信号的大小与输出电流成比例的反馈称为“电流反馈”。电压负反馈具有稳定输出电压的作用，而电流负反馈具有维持输出电流恒定的作用。电压反馈与电流反馈的判断方法为“输出短路法”，即将输出电压“短路”，若反馈回来的反馈信号为零，则为电压反馈；若反馈信号仍然存在，则为电流反馈。

（3）直流反馈与交流反馈

反馈回路内，直流分量可以流通，反馈信号只有直流成分的反馈称为“直流反馈”；反馈回路内，交流分量可以流通，反馈信号只有交流成分的反馈称为“交流反馈”。直流负反馈主要用于稳定静态工作点，交流负反馈主要用来改善放大器的性能，交流正反馈主要用来产生振荡。

（4）串联反馈与并联反馈

若反馈信号与输入信号在基本放大电路的输入端以电压串联的形式叠加，则称为“串联反馈”，此时反馈信号与输入信号是电压相加减的关系；若反馈信号与输入信号在基本放大电路的输入端以电流并联的形式叠加，则称为“并联反馈”，此时反馈信号与输入信号是电流相加减的关系。对于三极管来说，反馈信号与输入信号同时加在输入三极管的基极或发射极，为“并联反馈”；一个加在基极，另一个加在发射极，则为“串联反馈”。对于运算放大器来说，反馈信号与输入信号同时加在同相输入端或反相输入端，为“并联反馈”；一个加在同相输入端，另一个加在反相输入端则为“串联反馈”。

根据以上反馈类型，负反馈放大电路的反馈组态有四种：电压串联负反馈，电压并联负反馈，电流串联负反馈，电流并联负反馈。

7.3.3　负反馈的作用

（1）降低放大电路的放大倍数

由前面分析可知，引入负反馈后，放大电路的放大倍数为 $\dot{A}_f=\dfrac{\dot{A}}{1+\dot{A}\dot{F}}$，当 $1+\dot{A}\dot{F}>1$ 时，

$\dot{A}_f < \dot{A}$，说明引入负反馈会使 $\dot{A}_f$ 下降。

（2）提高放大倍数的稳定性

在输入信号一定的情况下，当受电路参数变化、电源电压波动或元器件老化等因素影响时，由于引入了负反馈，放大倍数 $\dot{A}_f$ 会下降，但下降后的 $\dot{A}_f$ 稳定性却提高了。

因为

$$\dot{A}_f = \frac{\dot{A}}{1+\dot{A}\dot{F}} \tag{7.53}$$

对式（7.53）两边求导数得

$$\frac{dA_f}{dA} = \frac{1+AF-AF}{(1+AF)^2} = \frac{1}{(1+AF)^2} \tag{7.54}$$

将式（7.54）两边除以 A_f 得

$$\frac{dA_f}{A_f} = \frac{dA}{(1+AF)^2} \cdot \frac{(1+AF)}{A} = \frac{1}{1+AF} \cdot \frac{dA}{A} \tag{7.55}$$

由此得出，引入负反馈后，闭环放大倍数相对变化量是未加负反馈时开环放大倍数相对变化量的 $\frac{1}{1+AF}$，即放大倍数稳定性提高。在深度负反馈情况下，由于 $1+\dot{A}\dot{F} \gg 1$，则 $\dot{A}_f = \frac{\dot{A}}{1+\dot{A}\dot{F}} \approx \frac{1}{\dot{F}}$，$\dot{A}_f$ 取决于反馈网络，与基本放大电路无关，此时放大倍数非常稳定。

（3）减小非线性失真

三极管、场效应管等有源器件具有非线性的特性。因此，由它们组成的基本放大电路的电压传输特性也是非线性的，当输入正弦信号的幅度较大时，输出波形不对称，正半周幅度大，负半周幅度小，产生波形失真，如图 7.30 所示。引入负反馈后，将使放大电路的闭环电压传输特性曲线变平缓，失真现象得以改善，如图 7.31 所示。

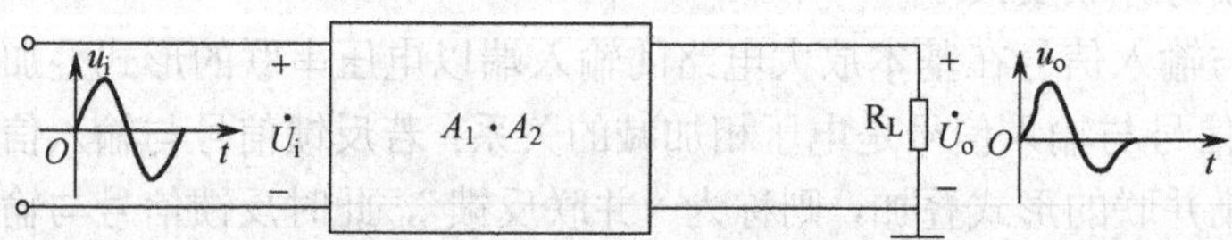

图 7.30　无反馈时的放大电路

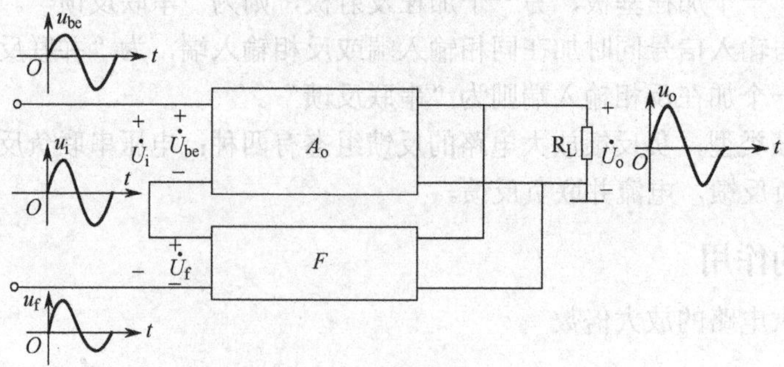

图 7.31　有反馈时的放大电路

（4）对放大电路输入电阻和输出电阻的影响

放大电路引入负反馈后，对输入电阻和输出电阻都会产生影响。串联负反馈使输入电阻增大，并联负反馈使输入电阻减小；电压负反馈使输出电阻减小，电流负反馈使输出电阻增大。四种负反馈对放大电路输入电阻和输出电阻的影响如表 7.3 所示。

表 7.3　四种负反馈对放大电路输入电阻和输出电阻的影响

	电压串联	电压并联	电流串联	电流并联
输入电阻	增大	减小	增大	减小
输出电阻	减小	减小	增大	增大
特　点	稳定输出电压		稳定输出电流	
用　途	电压放大	电流—电压变换	电压—电流变换	电流放大

任务 7.4　认识功率放大电路

【工作任务及任务要求】 了解功率放大电路基本知识，掌握功率放大电路的特点及作用。

知识摘要：

- 概述
- 乙类双电源互补对称功率放大电路
- 其他常见功率放大电路

任务目标：

- 掌握功率放大电路的作用
- 掌握乙类、甲乙类功率放大电路的应用

7.4.1　概述

（1）功率放大电路的特点

在一些电子设备中，常常要求放大电路的输出级能够带动某种负载，如收音机中扬声器的音圈、电动机控制绕组、计算机监视器或电视机的扫描偏转线圈等，这时要考虑的不仅仅是输出的电压或电流的大小，而且要有一定的功率输出，才能使这些负载正常工作。这种用于向负载提供功率的放大电路称为“功率放大电路”，它是一种以输出较大功率为目的的放大电路。

从能量控制的观点来看，功率放大电路和电压放大电路没有本质区别，都是能量转换电路，但它们也有不同之处：电压放大电路的主要要求是使负载得到不失真的电压信号，其主要指标是电压放大倍数、输入和输出电阻等，输出功率并不一定大，工作于小信号状态下；而功率放大电路则主要要求获得较大的输出功率，其主要性能指标有最大输出功率、效率等，工作于大信号状态下。

（2）对功率放大电路的要求

① 输出功率尽可能大。为了获得大的功率输出，要求功放管的电压和电流都有足够大的输出幅度，因此管子往往在接近极限运用状态下工作。

② 效率要高。尽可能将电源提供的能量转换给负载，尽量减少三极管及线路上的损失。所谓“效率”，就是负载得到的有用功率和电源供给功率的比值。这个比值越大，意味着效率越高。

③ 非线性失真要小。功率放大器的输入信号是经电压放大器放大后的大信号，故会产生非线性失真，通常利用负反馈减少非线性失真。

④ 要考虑三极管的散热问题。三极管工作在大电流和大电压下，会导致老化，甚至烧坏，故要考虑其散热与保护问题，通常加装散热片。

⑤ 功率放大电路要分析的是最大输出功率、最高效率及功率三极管的安全工作参数。在分析方法上，由于管子处于大信号下工作，故通常采用“图解法”。

（3）功率放大电路的分类

根据三极管的静态工作点的位置不同，功率放大电路可分成甲类、甲乙类、乙类。

① 甲类放大。静态工作点在负载线的中点，输入信号的整个周期都有电流流过三极管的工作方式称为“甲类放大”，如图 7.32 所示。在甲类放大电路中，整个周期都有$I_c>0$，三极管的导电角$\theta=2\pi$，不管有无输入信号，电源供给的功率保持不变，在理想状况下，其效率最高仅有 50%，对输出功率及效率要求不高的情形下常采用甲类放大。

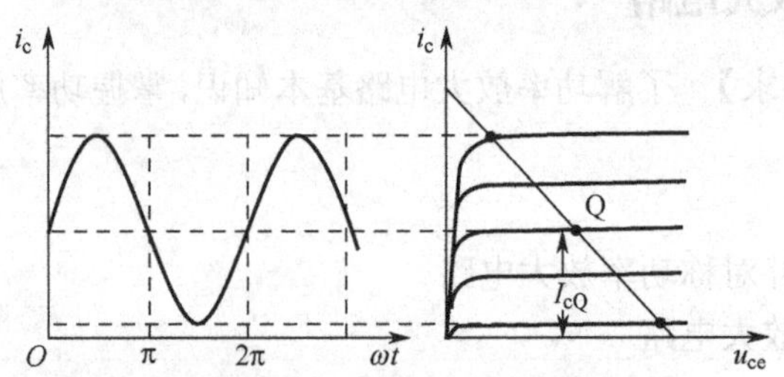

图 7.32　甲类放大电路工作点与集电极电流波形示意图

② 乙类放大。从甲类放大电路可以看出，在没有输入信号时，电源仍输送功率，静态电流I_c过大是造成效率低的原因。因此，要提高效率必须减小静态电流I_c。若将静态工作点沿着负载线下移，使$I_c\approx0$，则输入信号为零时，电源供给的功率也为零；输入信号增大时，电源供给的功率也随之增大，电源供给的功率随输出功率的大小而变化，故能有效地改变甲类放大电路效率低的问题，这种工作方式称为“乙类放大”，如图 7.33 所示。此时，在半个周期内有$I_c>0$，三极管的导电角$\theta=\pi$，但仅在输入信号的半个周期内有电流流过三极管，出现了严重的波形失真。

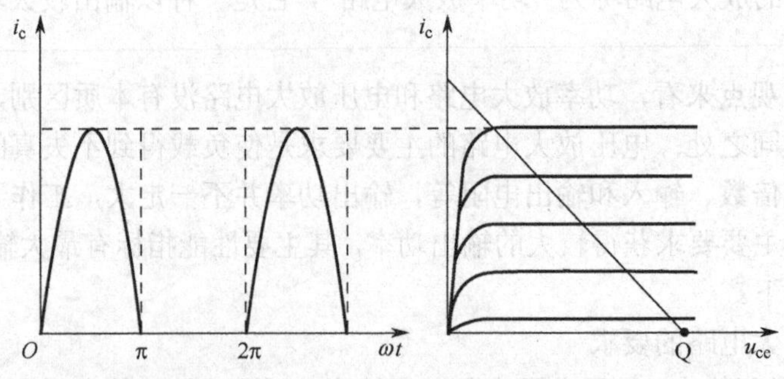

图 7.33　乙类放大电路工作点与集电极电流波形示意图

③ 甲乙类放大。静态工作点比乙类放大电路的静态工作点稍高，如图 7.34 所示，这种工作方式称为“甲乙类放大”。此时，在输入信号的半个周期以上有电流流过三极管，在半个周期以上有$I_c>0$，三极管的导电角$\pi<\theta<2\pi$，在甲乙类放大工作方式下，仍存在着严重的波

形失真。

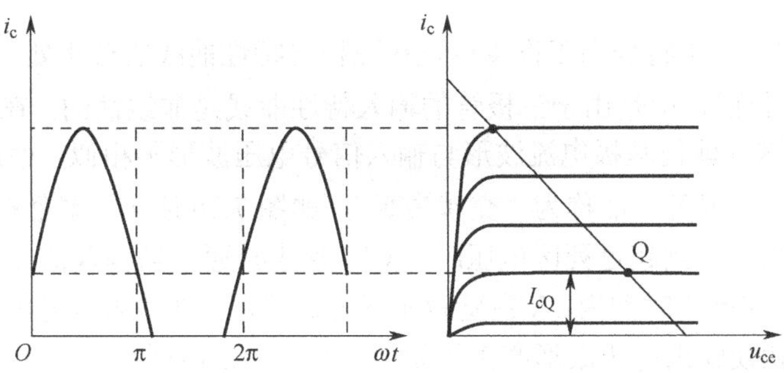

图 7.34　甲乙类放大电路工作点与集电极电流波形示意图

甲类放大电路在信号的整个周期内均导通，其非线性失真小，但输出功率和效率均较低。所以，在实际应用中主要采用乙类或甲乙类功率放大电路，在保持其静态功耗较小、效率较高特点的同时，在电路结构上采取措施，设法解决波形失真的问题。

7.4.2　乙类双电源互补对称功率放大电路

（1）电路组成

工作在乙类的放大电路，虽然管耗小，有利于提高效率，但存在严重的失真。如果采用两个管子，使其都工作于乙类放大状态，一个工作于正半周，另一个工作于负半周，则在负载上能得到一个完整的波形，这就弥补了乙类放大时的波形失真问题。乙类双电源互补对称功率放大电路如图 7.35 所示。VT_1 和 VT_2 分别为 NPN 型管和 PNP 型管，两管的基极和发射极相互连接在一起，信号从两管的基极输入，从两管的射极输出，R_L 为负载。电路中正、负电源对称，两管特性对称。

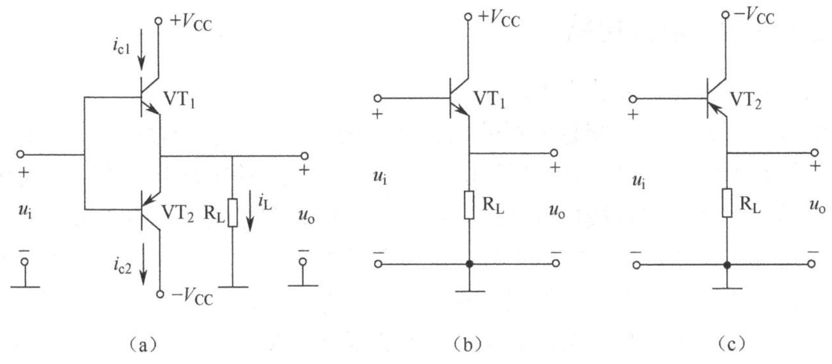

图 7.35　乙类双电源互补对称功率放大电路

（2）工作原理

由图可知，三极管 VT_1 和 VT_2 都没有偏置电阻，偏置电流为零，故静态时，两个管子都截止。动态时，在输入信号的正半周，VT_1 导通，VT_2 截止，正电源通过 VT_1 向负载 R_L 提供正半周电流；输入信号的负半周，VT_1 截止，VT_2 导通，负电源通过 VT_2 向负载 R_L 提供负半周电流。这样，三极管 VT_1 和 VT_2，一个在正半周工作，另一个在负半周工作，两个管子互补对方的不足，从而在负载上得到一个完整的波形，故称为“互补对称功率电路”，也称做“无输出电容的功率放大电路（OCL）”。

（3）交越失真问题

在 OCL 电路中，如果将静态工作点设置在三极管特性曲线的截止处，使 $I_c \approx 0$，尽管两管可以选择“完全对称”，但是由于三极管的输入特性曲线是非线性的，在 U_{be} 小于死区电压时，I_b 基本为零，这样就使基极电流波形与输入信号电压波形不相似，而产生失真。由于失真发生在两个半波的交界处，故称为“交越失真”，如图 7.36 所示。显然在输入信号正半周，只有当输入信号电压上升到超过死区电压时，VT_1 管才导通；当输入信号电压下降尚未到零时，VT_1 管已截止。在截止时间内，VT_2 管也不导通。同理，在输入信号电压的负半周，也存在类似情况。这样就使输出电压波形产生了如图 7.37 所示的失真。

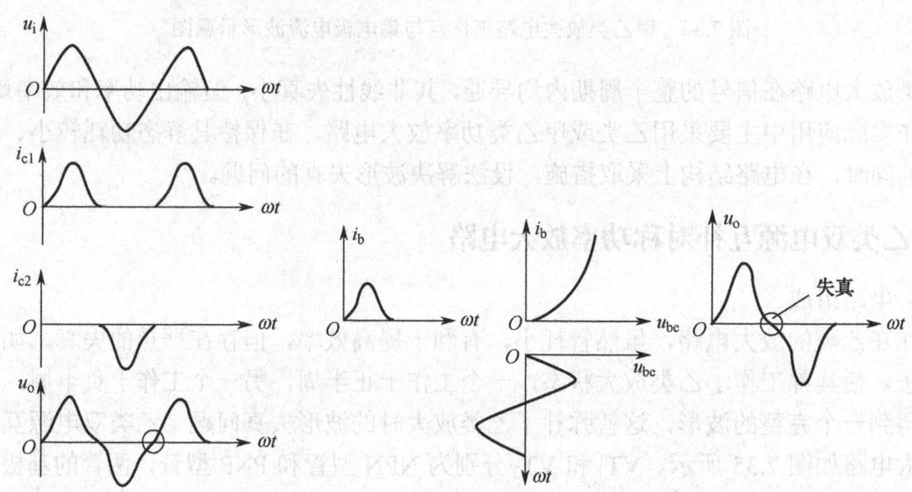

图 7.36　乙类对称电路电压、电流波形图　　图 7.37　乙类对称电路的交越失真

7.4.3　其他常见功率放大电路

（1）甲乙类互补对称功率放大电路

通过前面分析可知，产生交越失真的原因是三极管死区电压的存在，如何消除克服交越失真呢？可将静态工作点上移，避开死区电压，使每一个三极管处于“微导通状态”。输入信号一旦加入，晶体管立即进入线性放大区。而当静态时，虽然每一个晶体管都处于微导通状态，但由于电路对称，两管静态电流相等，流过负载的电流为零，从而消除了交越失真。

甲乙类互补对称功率放大电路如图 7.38 所示。电路中，VT_3 组成前置放大级，VT_1 和 VT_2 组成互补输出级。静态时，在 VD_1、VD_2 上产生的压降为 VT_1、VT_2 提供了一个适当的偏压，使之处于微导通状态，此时电路处于甲乙类工作状态，有效地克服了交越失真。此外，VD_1、VD_2 还有温度补偿作用，使 VT_1、VT_2 管的静态电流基本不随温度的变化而变化，从而获得稳定的工作状态。

（2）单电源互补对称功率放大电路

OCL 电路和甲乙类互补对称电路都要采用双电源供电，这给使用和维护带来极大不便。于是，单电源互补对称功率放大电路也被广泛应用，它又被称为“无输出变压器的功率放大电路”，简称“OTL 电路”，如图 7.39 所示。

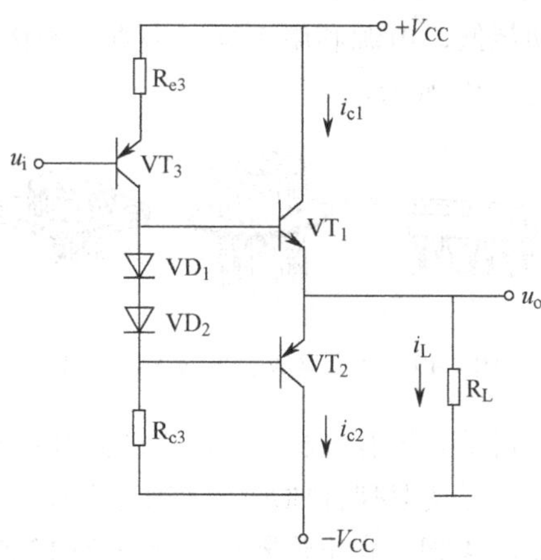

图 7.38　甲乙类互补对称功率放大电路

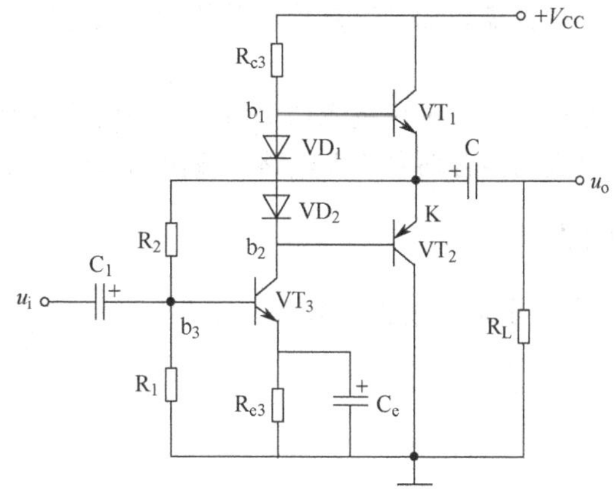

图 7.39　单电源互补对称功率放大电路

电路中，VT_3 组成电压放大级，VT_2 和 VT_1 组成互补对称电路输出级。由于 VT_1、VT_2 特性对称，静态时，一般只要 R_1、R_2 有适当的数值，就可为 VT_2 和 VT_1 提供一个合适的偏置，从而使 K 点电位 $V_K = V_{CC}/2$ 。

当加入信号 u_i 时，在信号的负半周，VT_1 导通，有电流通过负载 R_L，同时向电容 C 充电；在信号的正半周，VT_2 导通，则已充电的电容 C 起着双电源互补对称电路中电源 $-V_{CC}$ 的作用，通过负载 R_L 放电。只要时间常数 R_LC 足够大，就认为用电容 C 和一个电源 V_{CC} 可代替原来的 $+V_{CC}$ 和 $-V_{CC}$ 两个电源的作用。

该电路工作原理与 OCL 电路相似，输入信号电压的负半周，经 VT_3 倒相放大，VT_3 集电极电压极性为“正”，VT_1 正偏导通，VT_2 反偏截止。VT_1 放大后的电流，经电容 C 送给负载 R_L，且对电容 C 充电，R_L 上获得正半周电压。输入信号电压的正半周，经 VT_3 倒相放大，VT_3 集电极电压极性为“负”，VT_1 反偏截止，VT_2 正偏导通，电容 C 放电，经 VT_2 放大的电流，由该管集电极经 R_L 和电容 C 流回发射极，负载 R_L 上获得负半周电压。输出电压 u_o 的最大幅值约为 $V_{CC}/2$。

（3）集成功率放大器

集成功率放大器采用集成工艺将大部分电路及元器件集成制造在一块芯片上，它与分立元件三极管低频功率放大器比较，具有体积小、质量轻、成本低、外接元件少、调试简单、使用方便、温度稳定性好、功耗低、电源利用率高、失真小等优点，因而得到了广泛应用。常见集成功率放大器外观如图 7.40 所示。

图 7.40　常见集成功率放大器外观

集成功率放大器的封装材料及外形有多种。最常用的封装材料有塑料、陶瓷及金属三种。封装外形最多的是圆筒形、扁平形及双列直插形。圆筒形金属壳封装多为 8 脚、10 脚及 12 脚；菱形金属壳封装多为 3 脚及 4 脚；扁平形陶瓷封装多为 12 脚及 14 脚；单列直插式塑料封装多为 9 脚、10 脚、12 脚、14 脚及 16 脚；双列直插式陶瓷封装多为 8 脚、12 脚、14 脚、16 脚及 24 脚；双列直插式塑料封装多为 8 脚、12 脚、14 脚、16 脚、24 脚、42 脚及 48 脚。集成功率放大器在使用时一般都需要加装散热片，散热片的尺寸需要按照集成功率放大器的要求配备。

集成功率放大器品种比较多，有单片集成功率组件，输出功率为 1 W 左右，以及由集成功率驱动器外接大功率管组成的混合功率放大电路，输出功率可达几十 W。

*任务 7.5　相关知识扩展

【工作任务及任务要求】　了解多级放大电路、滤波电路、集成稳压电路的组成、原理及应用。

知识摘要：

- 多级放大电路
- 滤波电路
- 集成稳压电路

任务目标：

- 掌握滤波电路的应用
- 掌握集成稳压电路的应用

7.5.1　多级放大电路

（1）多级放大电路的组成

许多应用场合要求放大电路有较高的放大倍数及合适的输入、输出电阻，而单级放大电路不能将信号放大到足够的幅度，放大倍数不可能很大。因此，需要将多个基本放大电路级联起来，构成“多级放大电路”，其组成框图如图 7.41 所示。

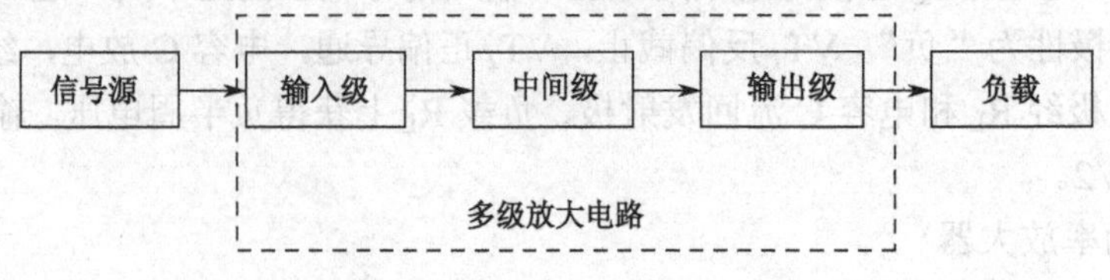

图 7.41　多级放大电路组成框图

由图 7.41 可以看出，多级放大电路由输入级、中间级和输出级组成。通常要求输入级具有输入阻抗高和噪声低的特性，中间级应有较大的电压放大倍数，而输出级应有输出阻抗低和输出功率大的特点。

（2）多级放大电路的耦合

多级放大电路中的每个基本放大电路称为“一级”，各级之间的连接方式称为“耦合方式”。常用的耦合方式有阻容耦合、变压器耦合、直接耦合和光电耦合。前两种耦合方式仅适用于放大交流信号，后两种既适用于放大交流信号，又适用于放大直流信号。本小节着重介绍阻容耦合方式和直接耦合方式。

① 阻容耦合。阻容耦合放大电路的连接框图如图 7.42 所示。图 7.43 所示的是采用阻容耦合方式的两级放大电路，第一级为分压式偏置放大电路，其输出信号通过电容 C_2 耦合到第二级射极输出器的输入端上，即第一级的输出信号是第二级输入信号，第一级的负载是第二级的输入电阻。

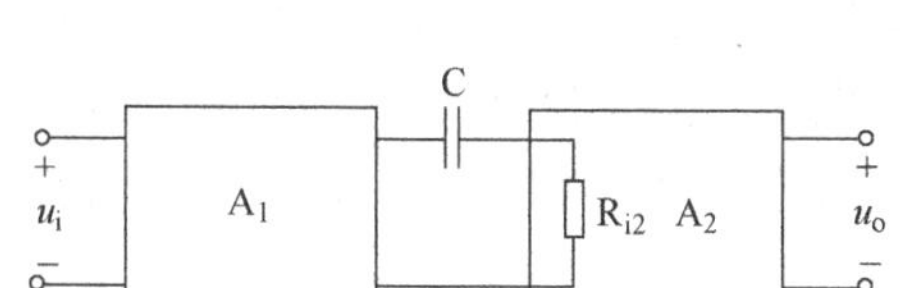

图 7.42　阻容耦合放大电路的连接框图

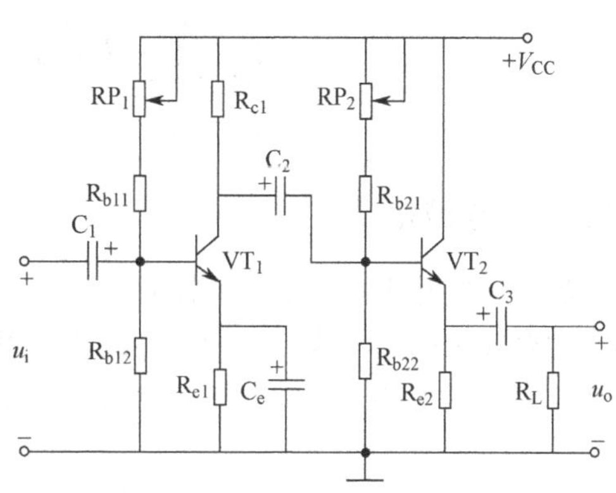

图 7.43　阻容耦合两级放大电路

阻容耦合多级放大电路的特点：

a. 电容的隔直作用，各级放大电路的静态工作点相互独立，可分别估算。

b. 阻容耦合放大电路的低频特性差，不能放大变化缓慢的信号。

c. 由于集成电路中制造大容量电容很困难，故阻容耦合方式不便于集成化。

② 直接耦合。把前级的输出端直接连接到下级输入端的连接方式称为“直接耦合方式”，其电路如图 7.44 所示。

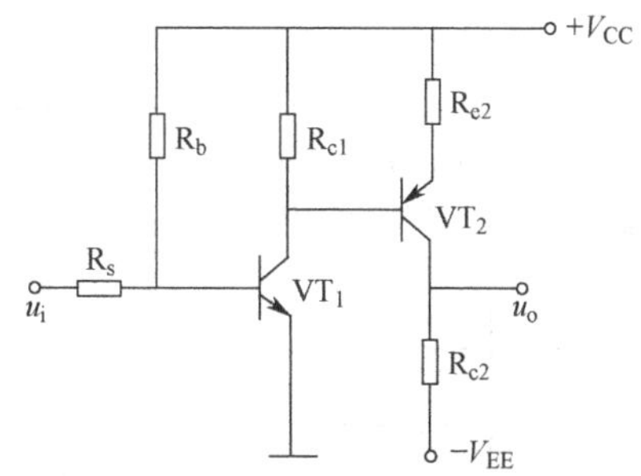

图 7.44　直接耦合两级放大电路

直接耦合多级放大电路的特点：

a. 可放大缓变信号，且便于集成。

b. 前后级之间直流连通，各级工作点互相影响，不能独立，需考虑各级间直流电平的配置问题，以使每一级都有合适的工作点。

c. 存在零点漂移，级数越多，零点漂移现象就越严重。因此，在直接耦合电路中，稳定前级工作点，克服零点漂移，是至关重要的。

d. 具有良好的低频特性，可以放大变化缓慢的信号。

（3）多级放大电路的动态分析（阻容耦合）

在多级放大电路中，前级放大电路的输出相当于后级放大电路的信号源，后级放大电路相当于前级放大电路的负载，前级放大电路负载是后级放大电路的输入电阻。所以，多级放大电路的电压放大倍数、输入电阻和输出电阻计算如下。

① 输入电阻。总输入电阻为第一级的输入电阻，即 $R_i = R_{i1}$。

② 输出电阻。总输出电阻为最后一级的输出电阻，即 $R_o = R_{on}$。

③ 电压放大倍数。总的电压放大倍数等于各级电压放大倍数的乘积，即

$$\dot{A}_u = \frac{\dot{U}_o}{\dot{U}_i} = \frac{\dot{U}_{o1}}{\dot{U}_i} \cdot \frac{\dot{U}_{o(n-1)}}{\dot{U}_{o1}} \cdots \frac{\dot{U}_o}{\dot{U}_{o(n-1)}} = \dot{A}_{u1} \cdot \dot{A}_{u2} \cdots \dot{A}_{un} \tag{7.56}$$

7.5.2 滤波电路

整流电路的输出电压不是纯粹的直流，从示波器观察整流电路的输出，与直流相差很大，波形中含有较大的脉动成分。为获得比较理想的直流电压，需要利用具有储能作用的电抗性元件（如电容、电感）组成的滤波电路来滤除整流电路输出电压中的脉动成分，以获得直流电压。

常用的滤波电路有无源滤波和有源滤波两大类。无源滤波的主要形式有电容滤波、电感滤波和复式滤波（包括Γ形滤波、LC 滤波、LCπ形滤波和 RCπ形滤波等）。有源滤波的主要形式是有源 RC 滤波，也被称做“电子滤波器”。直流电中的脉动成分的大小用“脉动系数”来表示，此值越大，则滤波器的滤波效果越差。

（1）电容滤波电路

电容滤波电路如图 7.45 所示，它是在桥式整流电路的输出端和负载 R_L 间并联了一个较大电容 C，由于电容器的容量较大，所以一般采用电解质电容器。电解质电容器具有极性，使用时其正极要接电路中高电位端，负极要接低电位端；若极性接反，电容器的容量将降低，甚至造成电容器爆裂损坏。

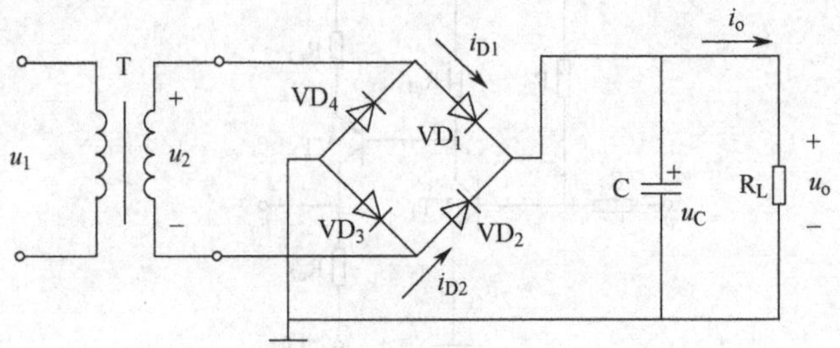

图 7.45　电容滤波电路

并联的电容器 C 在输入电压升高时，给电容器充电，可把部分能量存储在电容器中。而当输入电压降低时，电容两端电压按照指数规律放电，就可以把存储的能量释放出来。经过

滤波电路向负载放电，负载上得到的输出电压就比较平滑，起到了平波作用，其波形如图 7.46 所示。

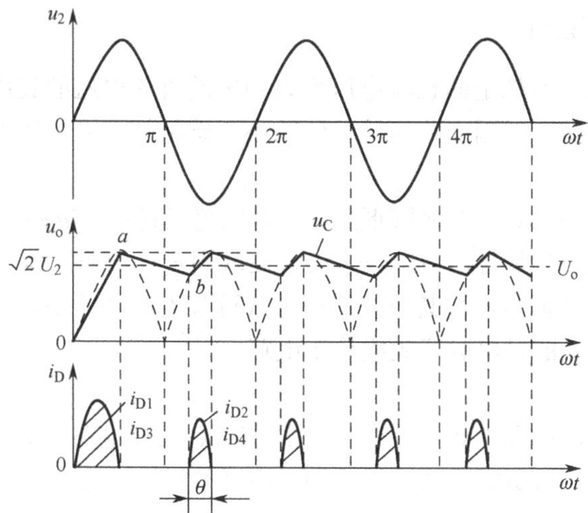

图 7.46　电容滤波电路电压、电流波形

采用电容滤波时，输出电压的脉动程度与电容器的放电时间常数 R_LC 有关系。R_LC 越大，脉动就越小。为了得到比较平直的输出电压，一般要求

$$R_L \geqslant (10\sim15)X_C = (10\sim15)\frac{1}{\omega C} \tag{7.57}$$

即

$$R_L C \geqslant (10\sim15)/2\pi f \approx (3\sim5)T/2 \tag{7.58}$$

式（7.58）中，T 是电源交流电压的周期。

（2）电感滤波电路

电感滤波电路如图 7.47 所示，若采用电感滤波，当输入电压增高时，与负载串联的电感 L 中的电流增加，因此电感 L 将存储部分磁场能量，当电流减小时，又将能量释放出来，使负载电流变得平滑。因此，电感 L 也有平波作用。利用储能元件电感器 L 的电流不能突变的特点，在整流电路的负载回路中串联一个电感，使输出电流波形较为平滑。因为电感对直流的阻抗小，交流的阻抗大，因此能够得到较好的滤波效果而直流损失小。电感滤波的缺点是体积大，成本高，其一般用于低电压、大电流场合。

（3）LCπ型滤波电路

为了进一步减小负载电压中的纹波，可采用图 7.48 所示的 LCπ型滤波电路。由于电容 C_1、C_2 对交流的容抗很小，而电感 L 对交流阻抗很大。因此，负载 R_L 上的纹波电压很小。

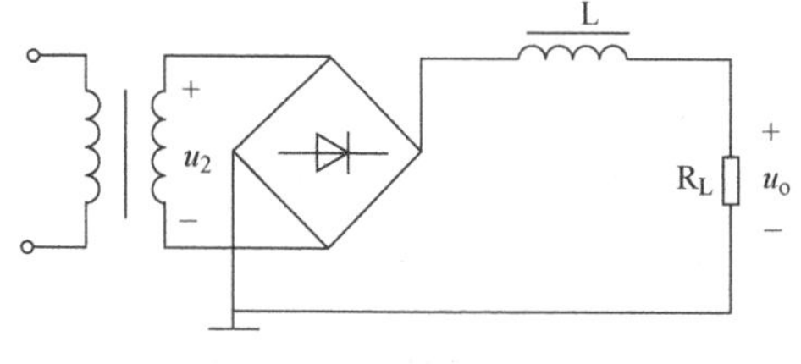

图 7.47　电感滤波电路

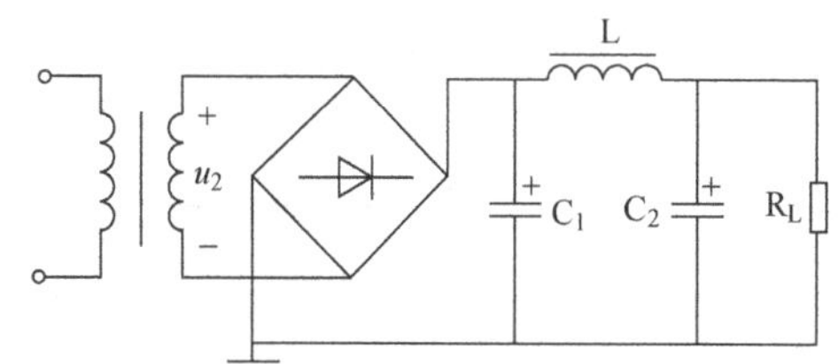

图 7.48　LCπ型滤波电路

若负载电流较小时，也可用电阻代替电感组成RCπ型滤波电路。由于电阻要消耗功率，所以此时电源的损耗功率较大，电源效率降低。

7.5.3 集成稳压电路

集成稳压电路是指将不稳定的直流电压变为稳定的直流电压的集成电路。由于其具有稳压精度高、工作稳定可靠、外围电路简单、体积小、质量轻等显著优点，在各种电源电路中得到了普遍的应用。

常见的集成稳压电路外观有金属圆形封装、金属菱形封装、塑料封装、带散热板塑封装、扁平式封装、双列直插式封装等，应用较多的是三端固定输出稳压器。

集成稳压电路的类型很多，按其内部工作方式可分为串联调整式、并联调整式和开关式三大类，其中应用最广泛的是串联式集成稳压电路。

（1）串联型稳压电路

串联型稳压电路框图如图7.49所示。它由调整管、取样电路、基准电压和比较放大电路等部分组成，由于调整管与负载串联，故称为“串联型稳压电路”。

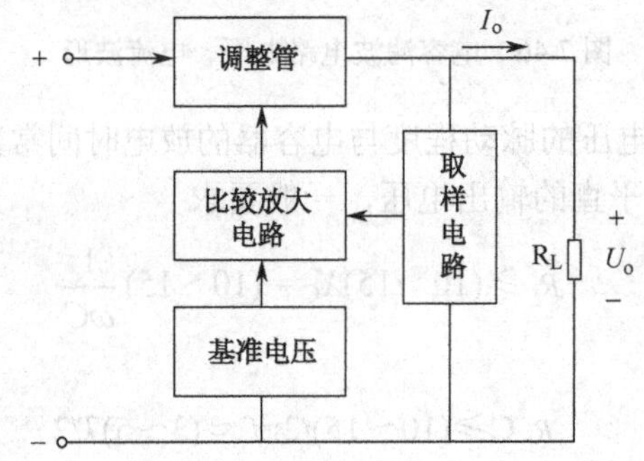

图7.49 串联型稳压电路框图

串联型稳压原理电路如图7.50所示。

调整管 VT_1：它与负载串联，工作在线性放大区，受比较放大电路控制，集射极间相当于一个可变电阻，用来抵消输出电压的波动。

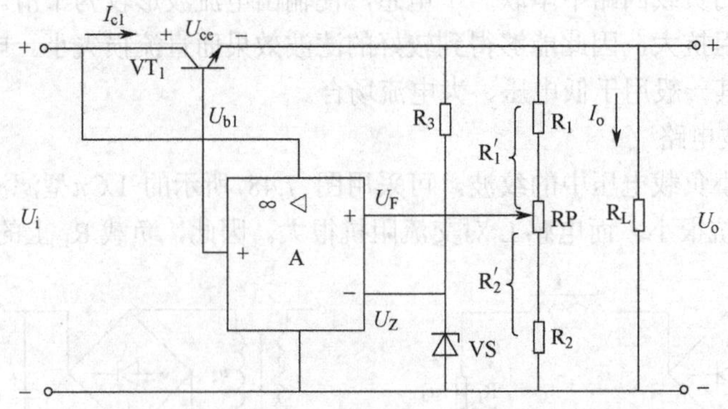

图7.50 串联型稳压电路原理图

取样电路：由 R_1、R_2 和RP组成，它将输出电压分压后，送到集成运放A的同相输入端，分压后的输出电压 U_F 称为“取样电压”；取样电压不宜太大，也不宜太小，若太大，控制的

灵敏度下降；若太小，带负载能力减弱。

基准电压：由 R_3 和稳压管 VS 组成，为集成运放 A 的反相输入端提供一个基准电压。

比较放大电路：集成运放 A 构成比较放大电路，它的作用是将取样电压与基准电压的差值进行放大，然后加到调整管的基极，控制调整管工作，提高控制的灵敏度和输出电压的稳定性。

（2）三端固定式集成稳压器

如果将前述的串联型稳压电源电路全部集成在一块硅片上，加以封装后引出三端引脚，就构成了“三端集成稳压电源”。正电压输出的为 78××系列，负电压输出的为 79××系列。其中××表示固定电压输出的数值。如 7805、7806、7809、7812、7815、7818、7824 等，指输出电压是+5 V、+6 V、+9 V、+12 V、+15 V、+18 V、+24 V。79××系列也与之对应，只不过是负电压输出。这类稳压器的最大输出电流为 1.5 A，塑料封装（TO-220）最大功耗为 10 W（加散热器）；金属壳封装（TO-3）外形最大功耗为 20 W（加散热器）。串联型稳压电路框图如图 7.51 所示。

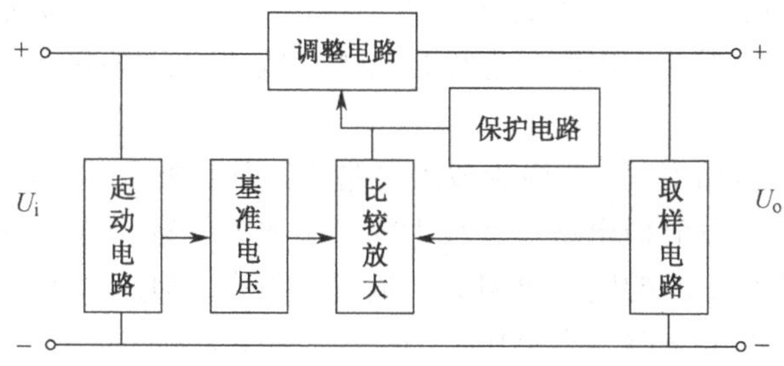

图 7.51　串联型稳压电路框图

起动电路：它是集成稳压器中的一个特殊组成部分，其作用是在 U_i 加入后，帮助稳压器快速建立输出电压 U_o。

调整电路：由复合管构成。

取样电路：由内部电阻分压器构成，分压比固定，故输出电压也是固定的。

保护电路：保护调整管，具有过流、过压和过热保护功能。当输出过流或短路时，保护电路能限制调整管电流的增加；当输入、输出压差较大，即调整管 c、e 之间的压降超过一定值后，保护电路能自动降低调整管的电流，以限制调整管的功耗，使之处于安全工作区内；当芯片温度上升到最大允许值时，保护电路将迫使输出电流减小，芯片功耗随之减少，从而可避免稳压器因过热而损坏。

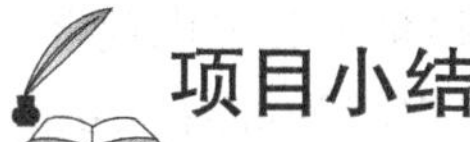

项目小结

1. 三极管根据使用的材料不同，分为硅管和锗管两种。硅管和锗管均有 NPN 型和 PNP 型两类，其基本结构为三区、三电极、两结。三区是指基区、发射区和集电区，三电极是指基极、发射极和集电极。

2. 三极管在一定条件下具有电流放大作用。三极管实现放大作用的外部条件是发射结正偏，集电结反偏。三极管放大作用的主要公式有

①$I_e=I_c+I_b$；②$\overline{\beta}=\dfrac{I_c}{I_b}$；③$\beta=\dfrac{\Delta I_c}{\Delta I_b}$。

3．三极管的特性用“特性曲线”和“参数”来表征。三极管的特性曲线可划分为三个区：截止区、放大区和饱和区。为了对输入信号进行线性放大，避免出现失真，应使三极管工作在放大区。三极管的参数主要有电流放大系数、极间电流参数和极限参数，它们是选择三极管的依据。使用三极管时，必须保证其工作参数不能超过极限参数，否则会导致三极管特性受损甚至损坏。

4．对放大电路的分析主要包含“静态分析”和“动态分析”，其中：

① 静态分析主要涉及静态工作点的求解。静态工作点的求解可采用“公式法”和“图解法”，利用图解法可以很方便地分析静态工作点与输出波形的关系。静态工作点设置不当或输入信号幅值过大，会导致三极管出现非线性失真，常见的非线性失真有两类：“饱和失真”和“截止失真”。

② 动态分析主要是计算放大电路的动态性能指标，包括电压放大倍数 A_u、输入电阻值 R_i 和输出电阻值 R_o。动态分析多采用“微变等效电路法”，是指将非线性元件三极管组成的放大电路等效为一个线性电路的分析方法。

5．温度的变化是导致放大电路静态工作点不稳定的主要原因，解决的办法是采用分压式偏置放大电路。分压式偏置放大电路动态分析与固定偏置放大电路相同，但具有稳定静态工作点的作用。

6．按照输入、输出端的不同，三极管放大电路有共发射极、共集电极和共基极三种组态，它们的性能各具特点。共发射极电路具有较大的电压放大倍数、适中的输入和输出电阻，适用于一般放大；共集电极电路的输入电阻大、输出电阻小，电压放大倍数接近 1，适用于信号的分离（或分配）；共基极电路具有电压放大作用，输出电压与输入电压同相，输入电阻小，高频特性较好，常用于宽频带放大电路或作为恒流源。

7．反馈就是在电路中把输出量（电压或电流）的一部分或全部以某种方式送回输入端，使原来输入信号增大或减少，并因此影响放大电路某些性能的过程。反馈有正反馈与负反馈之分，负反馈放大电路的反馈组态有四种：电压串联负反馈、电压并联负反馈、电流串联负反馈、电流并联负反馈。

8．负反馈对放大电路的性能有影响，具体表现为降低放大电路的放大倍数、提高放大倍数的稳定性、减少非线性失真及对放大电路输入电阻和输出电阻产生影响。

9．功率放大电路在大信号下工作，通常采用图解法进行分析。研究的重点是如何在允许的失真情况下，尽可能提高输出功率和效率。根据三极管静态工作点的位置不同，功率放大电路可分成甲类、甲乙类和乙类。与甲类功率放大电路相比，乙类互补对称功率放大电路的主要优点是效率高，但会出现交越失真，克服交越失真的方法是采用甲乙类互补对称电路。

10．多级放大电路中，常用的耦合方式有阻容耦合、变压器耦合、直接耦合和光电耦合。多级放大电路的总输入电阻为第一级的输入电阻，即 $R_i = R_{i1}$；它的总输出电阻为最后一级的输出电阻，即 $R_o = R_{on}$；它的总的电压放大倍数等于各级电压放大倍数的乘积。

11．常用的滤波电路有无源滤波和有源滤波两大类。无源滤波的主要形式有电容滤波、电感滤波和复式滤波（包括Γ型、LC 滤波、LCπ型滤波和 RCπ型滤波等）。有源滤波的主要形式是有源 RC 滤波，也被称为“电子滤波器”。

12．集成稳压电路是指将不稳定的直流电压变为稳定的直流电压的集成电路。集成稳压电路的类型很多，按其内部工作方式可分为串联调整式、并联调整式和开关式三类，其中应用最广泛的是串联式集成稳压电路。

思考与练习

7.1　三极管要具备放大能力的内部条件和外部条件是什么？

7.2　PNP 型三极管共发射极电路应如何连接？分析 PNP 型三极管的内部载流子运动过程。

7.3　三极管的共射、共集和共基极放大电路各有哪些特点？各适用于哪些场合？

7.4　根据图 7.52 中处于放大状态的三极管各极电位，判断其是 PNP 管还是 NPN 管？是硅管还是锗管？并判断各个电极。

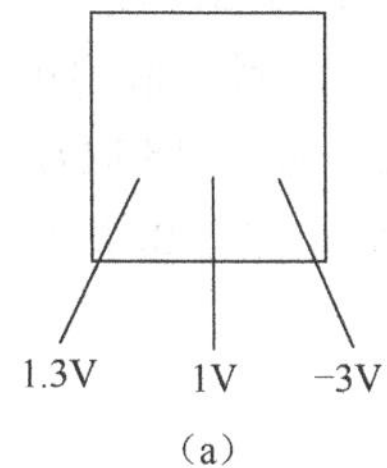

（a）

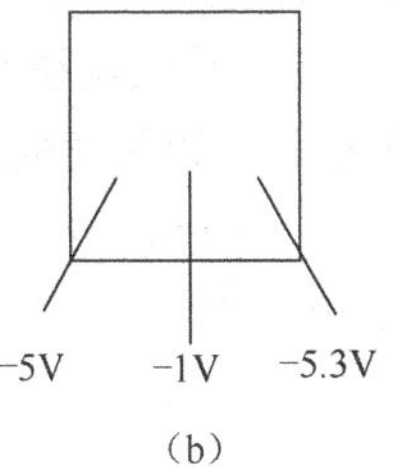

（b）

图 7.52　题 7.4 图

7.5　三极管对地电位如图 7.53 所示，试判断三极管处于何种工作状态？是硅管还是锗管？

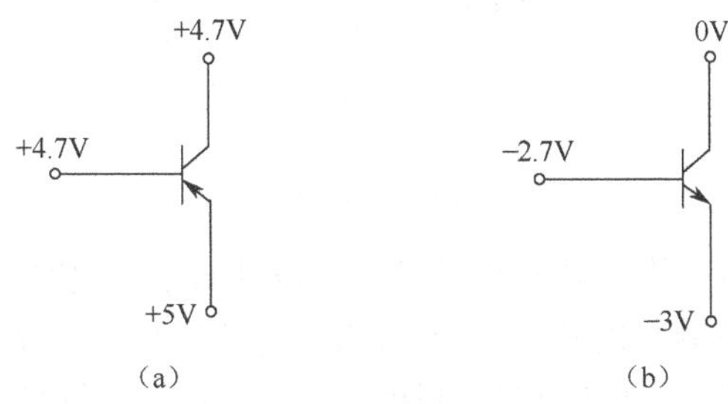

图 7.53　题 7.5 图

7.6　硅三极管电路如图 7.54 所示，已知三极管的$\beta = 100$，当 R_b 分别为 100 kΩ和 51 kΩ时，求三极管的 I_b、I_c 和 U_{ce}。

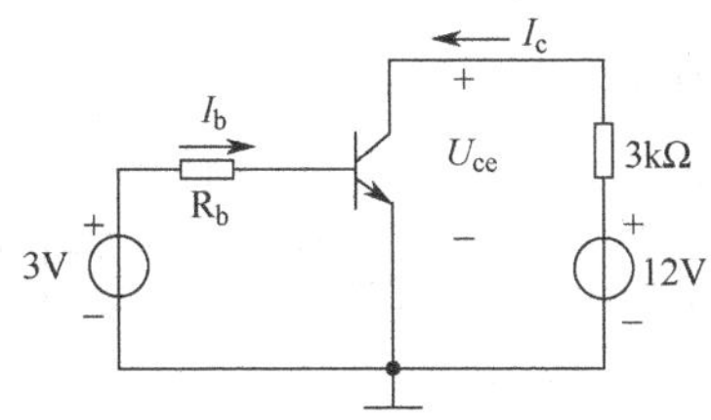

图 7.54　题 7.6 图

7.7　如图 7.55 所示电路中，R_c 增大而其余参数（V_{CC}、R_b、β）不变时，I_b、I_c 和 U_{ce} 如何变化？R_b 增大时，R_i 将如何变化？若增大 R_b 的同时增大 V_{CC} 使 I_c 不变，则此时 I_e 和 U_{ce} 将如何变化？

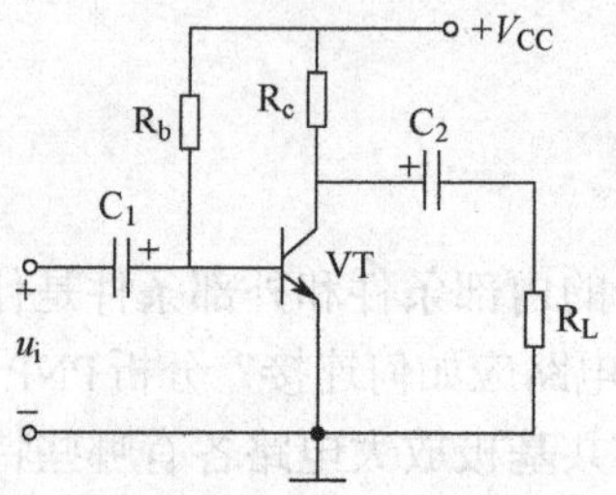

图 7.55　题 7.7、题 7.8 图

7.8　放大电路如图 7.55 所示，已知 $V_{CC} = 12$ V，$R_c = 5$ kΩ，$R_b = 300$ kΩ，$R_L = 2$ kΩ，$\beta = 40$。①求静态工作点；②做出微变等效电路；③求电压放大倍数、输入电阻、输出电阻。

7.9　放大电路如图 7.56 所示。已知 $V_{CC} = 12$ V，$R_{b1} = 47$ kΩ，$R_{b2} = 15$ kΩ，$R_c = 3$ kΩ，$R_e = 1.5$ kΩ，$R_L = 2$ kΩ，$\beta = 50$。①求静态工作点；②做出微变等效电路；③求电压放大倍数、输入电阻、输出电阻。

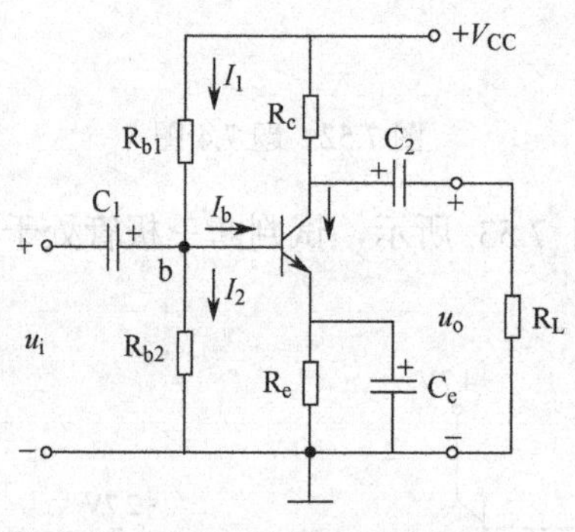

图 7.56　题 7.9 图

7.10　负反馈有哪几种类型？各有何特点？负反馈对放大电路的性能有哪些改善？

7.11　某直流放大电路输入信号电压为 1 mV，输出电压为 1 V，加入负反馈后，为达到同样输出时，需要的输入信号为 10 mV，则可知该电路的反馈深度为多大？其反馈系数为多少？

7.12　反馈放大电路如图 7.57 所示。试用瞬时极性法判断级间反馈的极性和组态，并求出深度负反馈情况下的闭环增益 $A_{uf} = u_o/u_i$。

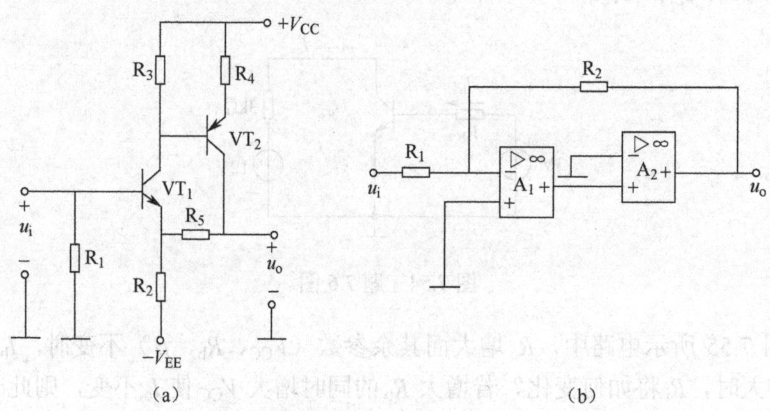

图 7.57　题 7.12 图

7.13　单相桥式整流电容滤波稳压电路如图 7.58 所示。若 $u_2 = 24\sin\omega t$ V，稳压管的稳压值 $U_Z = 6$ V，试求：①U_o的值；②若电网电压波动（u_1上升），说明稳定输出电压的物理过程；③若电容 C 断开，画出 u_i、u_o的波形，并标出幅值。

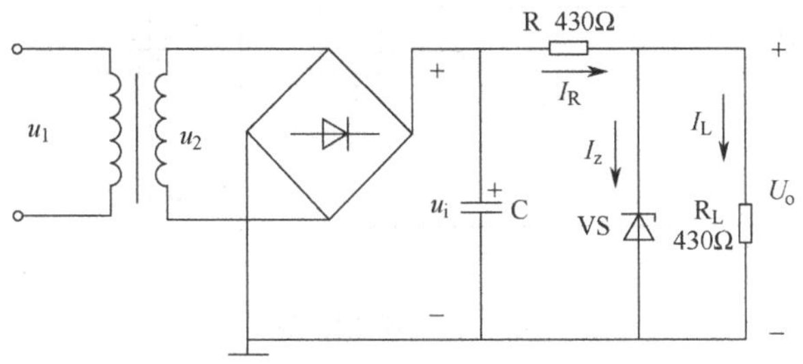

图 7.58　题 7.13 图

7.14　三极管放大电路如图 7.59 所示。已知三极管的 $U_{beQ} = 0.7$ V，$\beta = 100$，$r_{be} = 200\ \Omega$，各电容在工作频率上的容抗可略去。①求 I_{cQ}、U_{ceQ}；②画出放大电路微变等效电路；③求电压放大倍数 $A_u = u_o/u_i$；④求输入电阻值 R_i 和输出电阻值 R_o。

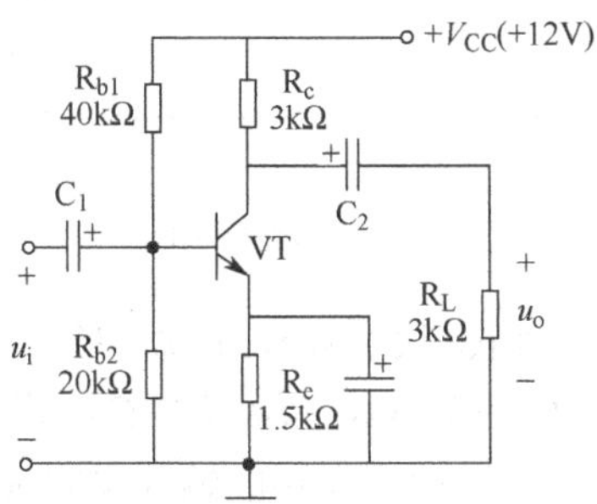

图 7.59　题 7.14 图

7.15　分压式偏置放大电路如图 7.60 所示。已知 $\beta = 40$，$U_{beQ} = 0.7$ V。①求 I_{cQ}、U_{ceQ}；②画出放大电路微变等效电路；③求电压放大倍数 $A_u = u_o/u_i$；④求输入电阻值 R_i 和输出电阻值 R_o。

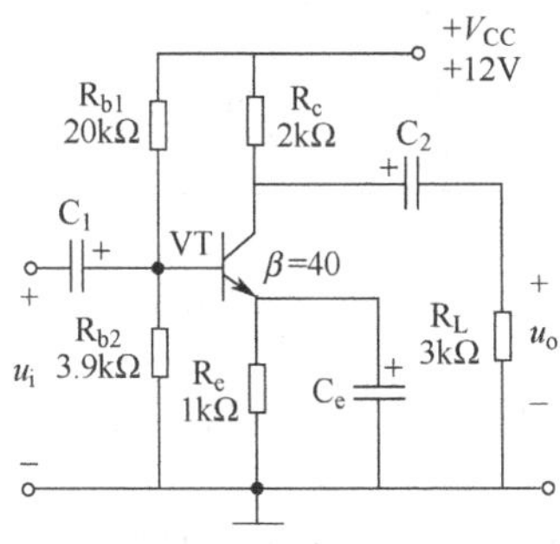

图 7.60　题 7.15 图

7.16　直流稳压电路如图 7.61 所示，试求输出电压 U_o 的大小。

7.17　如图 7.62 所示，电路的静态工作点合适，电容值足够大。试指出 VT₁、VT₂ 所组成电路的组态，写出 A_u、R_i 和 R_o 的表达式。

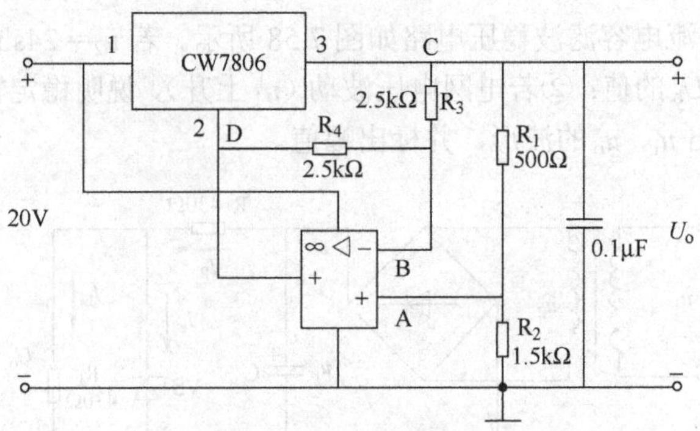

图 7.61　题 7.16 图

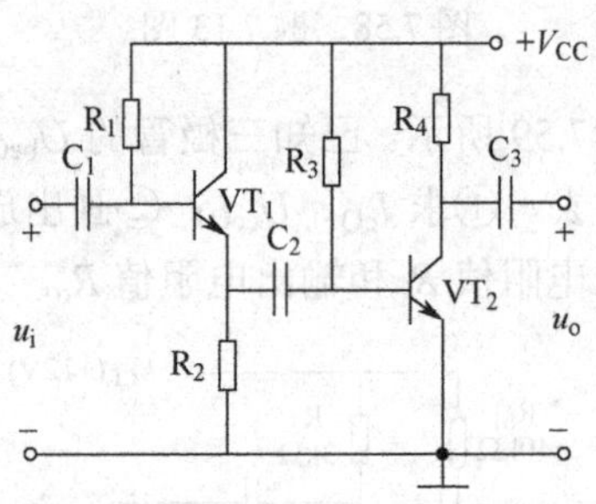

图 7.62　题 7.17 图

7.18　两级阻容耦合放大电路如图 7.63 所示。已知：$V_{CC}=12\ \text{V}$，$R_{b1}=200\ \text{k}\Omega$，$R_{e1}=2\ \text{k}\Omega$，$R_s=100\ \Omega$，$\beta_1=60$；$R_{c2}=2\ \text{k}\Omega$，$R_{e2}=2\ \text{k}\Omega$，$R'_{b1}=20\ \text{k}\Omega$，$R'_{b2}=10\ \text{k}\Omega$，$R_L=6\ \text{k}\Omega$，$\beta_2=37.5$，试求：①前后级放大电路的静态值；②放大电路的输入电阻 R_i 和输出电阻 R_o；③各级电压放大倍数及总电压放大倍数。

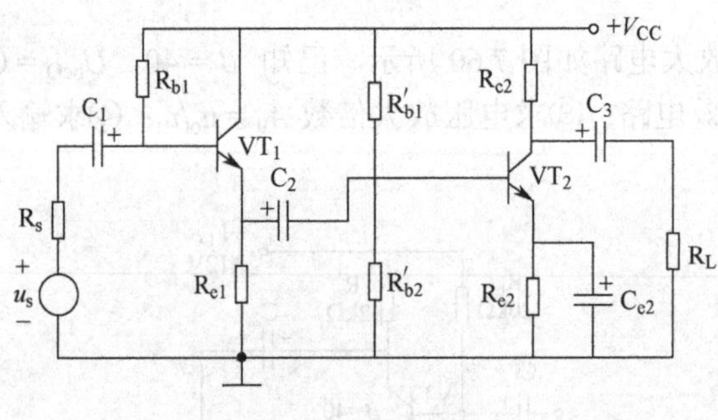

图 7.63　题 7.18 图

7.19　什么是功率放大器？与电压放大器相比，功率放大器有何特点？一般电压放大器有没有功率放大作用？

7.20　如何区分三极管是工作在甲类、乙类还是甲乙类状态？画出在这三种状态下的静态工作点及相应的集电极电流工作波形示意图。

7.21　简述乙类互补对称功率放大电路的输出波形产生交越失真的原因，如何消除交越失真？

项目 8 集成运算放大器

【学习目标】 通过本项目的学习，了解集成运算放大器的外形特征、内部结构及其分类，理解集成运放的应用条件及基本运算电路的工作原理，掌握基本运算电路的结构及功能。

【能力目标】 通过本项目的学习，掌握基本运算电路的结构及功能，能按照具体要求设计典型的功能电路。

任务 8.1 认识集成运放

【工作任务及任务要求】 了解集成运算放大器的外形特征及内部结构，掌握集成运放的元器件符号、主要参数及应用条件。

知识摘要：

- 认识实际集成运算放大器元器件
- 集成运算放大器电路的组成及作用
- 集成运放的应用条件

任务目标：

- 掌握集成运算放大器的主要参数
- 掌握集成运放的应用条件

8.1.1 认识实际集成运算放大器元器件

目前，国产集成运算放大器已有多种型号，封装外形主要采用圆壳式、双列直插式和扁平式三种，如图 8.1 所示。

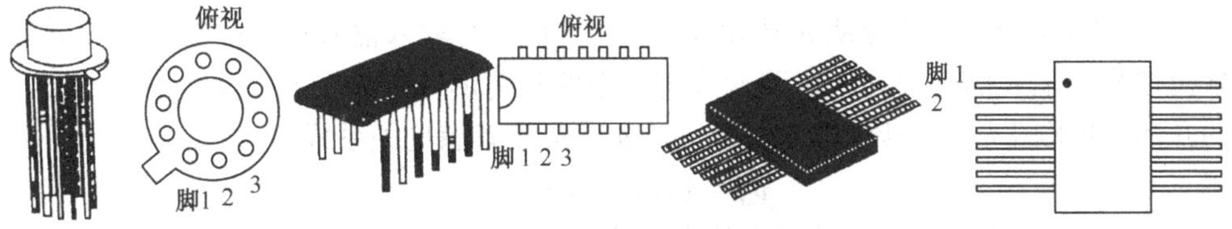

图 8.1 集成运算放大器元件实物图

国产集成运放的引出端一般有 8～14 只脚，可按照使用说明书查对和辨认。通常由俯视图看去，从标有特殊记号的地方开始按逆时针方向依次编号。如图 8.1 所示，圆壳式运放的为凸出头，让凸出头朝向自己，其右方第一个引出端为引脚 1，按逆时针依次为 2、3、4…；双列直插式运放的标记为缺口，让缺口朝向自己，其缺口右边第一个引出端为引脚 1，按逆时针依次为 2、3、4…；扁平式运放在引脚中有一只形状特殊、并标有记号的为引脚 1，按逆时针依次为 2、3、4…。

8.1.2 集成运算放大器电路的组成及作用

集成运算放大器简称“集成运放”，实际上是一个多级直接耦合高增益放大器。它利用集成工艺，将运算放大器的所有元器件集成制作在一块硅片上，然后再封装在壳内，最初主要用于模拟计算机的运算，故保留这个名字至今。随着电子技术的发展，集成运放的各项性能不断优化提高，它的应用领域已经大大超出了数学运算的范畴，只要外加少数几个元件，就可以方便地实现很多电路功能。

（1）集成运放电路的组成及作用

集成运放的内部电路一般由输入级、中间级、输出级和偏置电路等四个部分组成，如图 8.2 所示。

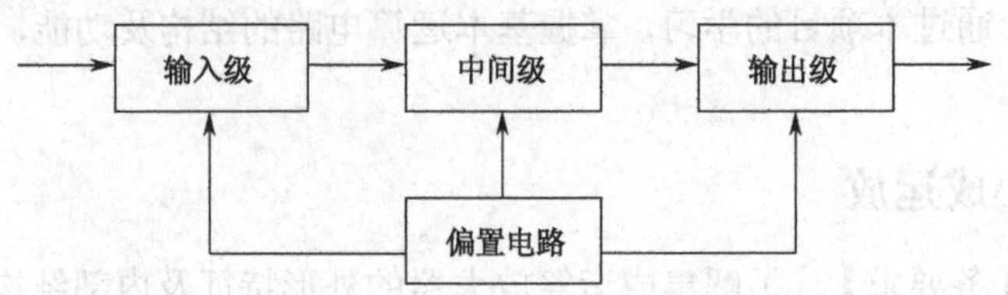

图 8.2　集成运放电路示意图

① 输入级。它又称为前置级，通常由一个高性能的双端输入差动放大器组成。输入级性能的好坏，直接影响集成运放的性能参数，是集成运放质量保证的关键。

② 中间级。它是整个集成运放的主放大器，多采用复合管共射（或共源）放大电路，其电压放大倍数可达千倍以上。

③ 输出级。它具有较大的电压输出幅度、较高的输出功率与较低的输出电阻，通常采用互补对称复合管功放电路作为输出级。

④ 偏置电路。它在集成运放内部为各级放大电路提供所需的恒定偏置电压或电流，确定各级合适又稳定的静态工作点。

（2）集成运放的电路元件符号

集成运放的电路元件符号如图 8.3 所示。它有两个输入端和一个输出端。两个输入端分别称为“反相输入端”和“同相输入端”，分别用“u_-”和“u_+”表示其相应电位；输出端用“u_o”表示其相应电位。当信号从 u_-端输入时，输出信号与输入信号反相；当信号从 u_+端输入时，输出信号与输入信号同相。电路元件符号中的三角形符号表示放大器；“∞”表示理想运放的开环差模电压放大倍数为无穷大。u_o、u_-、u_+三者满足关系式

$$u_o = A_{uo}(u_+ - u_-) \tag{8.1}$$

在式（8.1）中，A_{uo}为集成运放的开环放大倍数。

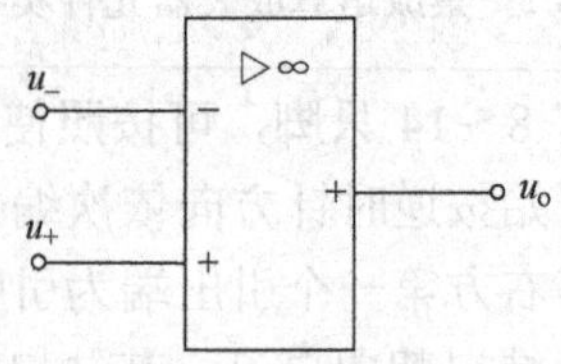

图 8.3　集成运放的电路元件符号

（3）集成运放的主要参数

从使用的角度看，集成运放的性能参数很重要，下面介绍其主要性能参数。

① 开环差模电压放大倍数 A_{ud}。如果集成运放两个输入端分别输入一对大小相等、极性相反的信号，即 $u_{i1} = -u_{i2}$，则这种输入方式称为差模输入，其输入信号用 u_{id} 表示。集成运放输出端和输入端之间无任何元件（称为“开环”）时，输出电压与输入差模电压之比称为开环差模电压放大倍数，即 $A_{ud} = u_{od}/u_{id}$，A_{ud} 越大越好，一般为 80～140 dB。理想集成运放的 $A_{ud} \to \infty$。

② 开环共模电压放大倍数 A_{uc}。如果集成运放两个输入端分别输入一对大小相等、极性相同的信号，即 $u_{i1} = u_{i2}$，则这种输入方式称为共模输入，其输入信号用 u_{ic} 表示。电路开环情况下，输出电压与输入共模电压之比称为开环共模电压放大倍数，即 $A_{uc} = u_{oc}/u_{ic}$，A_{uc} 越小越好，它反映运放抗温漂、抗共模干扰的能力。理想集成运放的 $A_{uc}\to 0$。

③ 开环差模输入电阻 R_{id}。电路开环情况下，差模输入电压与输入电流之比称为开环差模输入电阻。R_{id} 越大越好，一般为 10 kΩ～3 MΩ。理想集成运放的 $R_{id}\to\infty$。

④ 开环差模输出电阻 R_{od}。电路开环情况下，输出电压与输出电流之比称为开环差模输出电阻。R_{od} 越小越好，一般小于 20 Ω。理想集成运放的 $R_{od}\to 0$。

⑤ 共模抑制比 K_{CMR}。电路开环情况下，差模放大倍数与共模放大倍数之比的绝对值称为共模抑制比，即 $K_{CMR} = |A_{ud}/A_{uc}|$。$K_{CMR}$ 越大越好，一般大于 80 dB。理想集成运放的 $K_{CMR}\to\infty$。

⑥ 最大差模与共模输入电压（U_{idmax} 与 U_{icmax}）。U_{idmax} 是指运放两个输入端所允许加上的差模最大电压，超过此电压，集成运放输入级某一侧晶体管将会出现发射结反向击穿。U_{icmax} 是指运放两个输入端所允许加上的共模最大电压，超过此电压，集成运放共模抑制比将明显下降。

8.1.3 集成运放的应用条件

在电路中，集成运放不是工作在线性区（放大状态），就是工作在非线性区（饱和状态）的，其传输特性如图 8.4 所示。

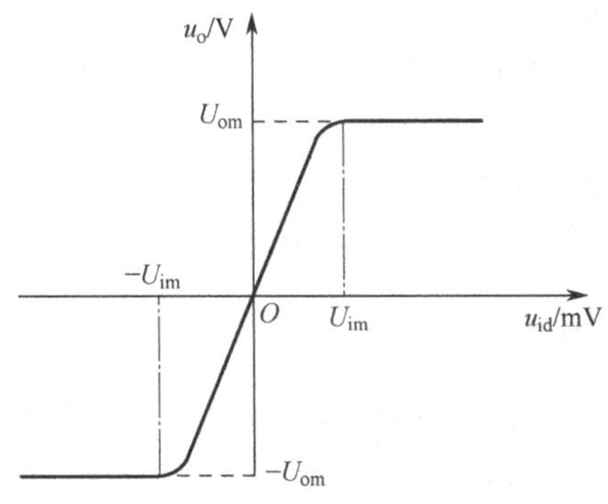

图 8.4　集成运放的传输特性

（1）集成运放的理想性能指标

为了使问题简化，在分析集成运算放大电路时，通常将它看成一个理想元件。此时其主要参数有：开环差模电压放大倍数 $A_{ud}=\infty$；开环差模输入电阻 $R_{id}=\infty$；开环差模输出电阻 $R_{od}=0$；共模抑制比 $K_{CMR}=\infty$。

（2）集成运放工作于线性区的特点

由于 A_{ud} 很大，所以只有在 u_i 很小时，运算放大器才能工作于线性区；另外由于干扰的影响，这时工作很难稳定。为了使运算放大器工作于线性区，必须引入深度负反馈。把运算放大器看成理想运算放大器，它工作于线性区的特点有两个：“虚短”和“虚断”。

① 虚短。由式（8.1）得 $u_+ - u_- = u_o/A_{ud}$，在理想情况下 $A_{ud}=\infty$，而 u_o 为有限值，则 $u_+ = u_-$，称两个输入端“虚短路”，简称“虚短”。所谓“虚短”是指集成运放两个输入端电位无

穷接近，但不是真正短路，一般集成运放的线性输入信号电压约为几十微伏。

② 虚断。由于理想运算放大器的 $R_{id}=\infty$，从输入端看进去相当于断路，即 $i_+=i_-=0$，则称两个输入端“虚断路”，简称“虚断”。所谓“虚断”是指集成运放两个输入端的电流趋近于零，但不是真正断路。

“虚短”和“虚断”是分析集成运放工作于线性区其输入信号和输出信号关系的两个重要依据，即

$$u_+=u_- \tag{8.2}$$

$$i_+=i_-=0 \tag{8.3}$$

（3）集成运放工作于非线性区的特点

集成运放在开环或电路连接成正反馈的情况下，均属于非线性应用。对于理想运放，由于 $A_{ud}=\infty$，输入信号即使很小，也足以使运放输出饱和，其输出电压为 $u_o=\pm U_{om}$。当 $u_+>u_-$ 时，$u_o=U_{om}$；当 $u_+<u_-$ 时，$u_o=-U_{om}$。这种电路被大量地用于信号比较、信号转换、信号发生及自动控制系统和测试系统中。

任务 8.2　分析基本运算放大电路

【工作任务及任务要求】　了解基本运算电路的工作原理，掌握理想集成运放线性应用和非线性应用的典型电路及功能。

知识摘要：

➢　理想集成运放的应用

➢　理想集成运放的非线性应用

➢　使用集成运放时应该注意的几个问题

任务目标：

➢　掌握基本运算电路的结构及功能

➢　掌握理想集成运放非线性应用的典型电路及功能

8.2.1　理想集成运放的应用

集成运放外加一些电路能够组成各种运算电路，并因此而得名。根据外加电路（电阻、电容、半导体器件）的不同，基本运算电路分为比例、加减、乘法、除法、对数、反对数、积分和微分等运算电路。下面对比例、加减、积分和微分等运算电路做具体分析。

（1）反相比例运算电路

反相比例运算电路如图 8.5 所示。输入信号 u_i 经限流电阻 R_1 送入反相输入端；输出信号 u_o 的一部分经反馈电阻 R_f 送入反相输入端，构成电压并联负反馈。同相输入端通过电阻 R_2 接地，R_2 是为了与反相端上的电阻 R_1、R_f 进行直流平衡的，故 R_2 称为平衡电阻。根据理想集成运放的“虚断”依据，即 $i_+=i_-=0$，由图 8.5 所示，根据基尔霍夫定律可得 $i_1=i_f$；根据欧姆定律又得

$$u_i-u_-=i_1R_1$$

$$u_--u_o=i_fR_f$$

$$0-u_+=i_+R_2$$

又根据“虚短”依据，即 $u_-=u_+$，可得

$$u_- = u_+ = 0$$

$$u_o = -i_f R_f = -u_i R_f / R_1 \tag{8.4}$$

由式（8.4）可知，输出电压 u_o 与输入电压 u_i 相位相反，且成一定比例关系。因此，把此种电路称为“反相比例放大电路”。

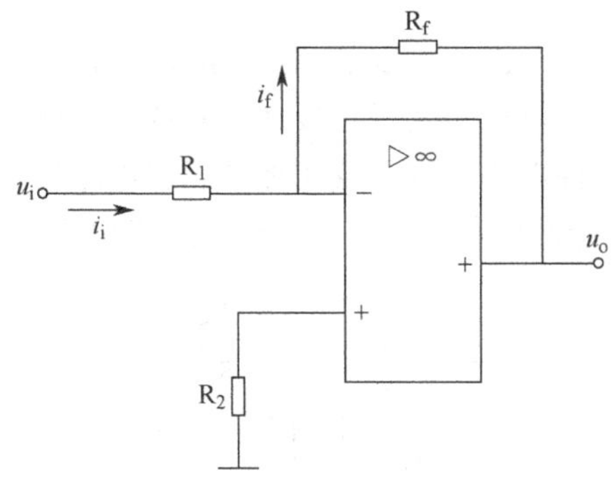

图 8.5　反相比例运算放大电路

反相比例放大电路的输入电阻为

$$R_i = u_i / i_i = R_1 \tag{8.5}$$

反相比例放大电路的输出电阻为

$$R_o = 0 \tag{8.6}$$

若取 $R_f = R_1$，则 $u_o = -u_i$，称此时的电路为“反相器”或“倒相器”。

（2）同相比例运算电路

同相比例运算电路又称为同相放大器，如图 8.6 所示。输入信号 u_i 经限流电阻 R_2 送入同相输入端；输出信号 u_o 的一部分经反馈电阻 R_f 送入反相输入端，构成电压串联负反馈。反相输入端通过电阻 R_1 接地。根据理想集成运放的“虚断”、“虚短”依据及基尔霍夫定律、欧姆定律得

$$u_o = (1 + R_f / R_1) u_i \tag{8.7}$$

由式（8.7）可知，输出电压 u_o 与输入电压 u_i 同相，且成一定比例关系。因此把此种电路称为“同相比例放大电路”。

若取 $R_f = 0$ 或 $R_1 = \infty$，则 $u_o = u_i$，称此时的电路为“电压跟随器”，如图 8.7 所示。

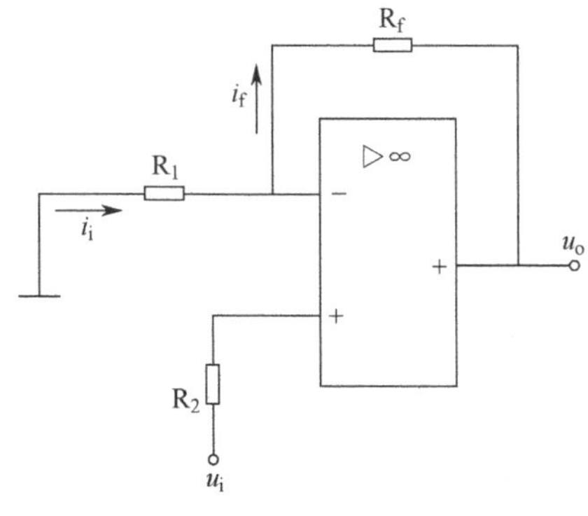

图 8.6　同相比例运算放大电路

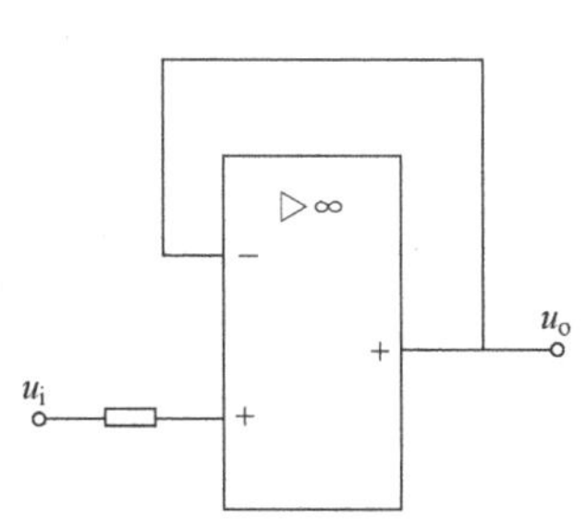

图 8.7　电压跟随器

（3）反相加法运算电路

反相加法运算电路如图 8.8 所示。若两个输入信号 u_{i1}、u_{i2} 分别经限流电阻 R_1、R_2 送入反相输入端；输出信号 u_o 的一部分经反馈电阻 R_f 送入反相输入端，构成电压并联负反馈。同相输入端通过电阻 R_3 接地。根据理想集成运放的“虚断”、“虚短”依据及基尔霍夫定律、欧姆定律得

$$u_o = -(u_{i1}R_f/R_1 + u_{i2}R_f/R_2) \tag{8.8}$$

由式（8.8）可知，输出电压 u_o 与输入电压 u_i 反相，且成一定比例关系。若取 $R_f = R_1 = R_2$，则 $u_o = -(u_{i1} + u_{i2})$。因此把此种电路称为“反相加法运算电路”。

同理，如果在同相输入端输入若干信号，则构成同相加法运算电路。

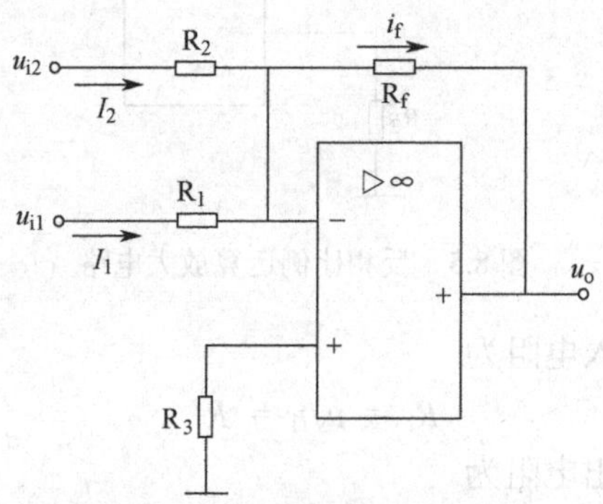

图 8.8　反相加法运算电路

（4）减法运算电路

减法运算电路如图 8.9 所示。若输入信号 u_{i1} 经限流电阻 R_1 送入反相输入端；输入信号 u_{i2} 经限流电阻 R_2、R_3 分压后送入同相输入端；输出信号 u_o 的一部分经反馈电阻 R_f 送入反相输入端，构成电压串联负反馈。根据理想集成运放的“虚断”、“虚短”依据及基尔霍夫定律、欧姆定律得

$$u_o = (1 + R_f/R_1)[R_3u_{i2}/(R_2 + R_3)] - u_{i1}R_f/R_1 \tag{8.9}$$

由式（8.9）可知，若取 $R_f = R_1 = R_2 = R_3$，则 $u_o = u_{i2} - u_{i1}$；若取 $R_f = R_3$ 和 $R_1 = R_2$，则 $u_o = (u_{i2} - u_{i1})R_f/R_1$。因此把此种电路称为“减法运算电路”或“差动比例运算电路”。

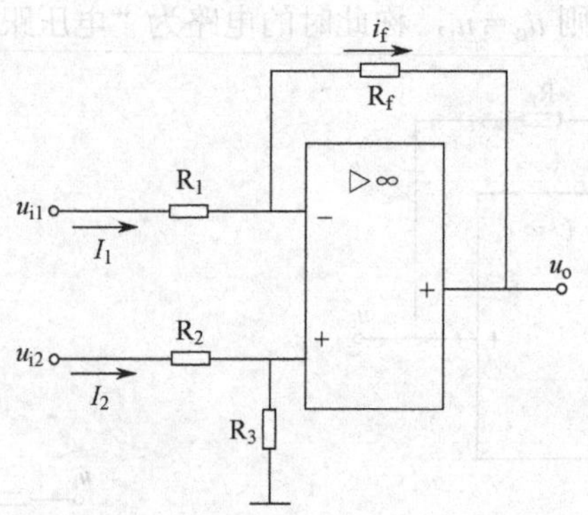

图 8.9　减法运算电路

（5）积分运算电路

把反相比例运算电路中的反馈电阻 R_f 换成电容 C_f，就构成了积分运算电路，如图 8.10 所示。根据理想集成运放的“虚断”、“虚短”依据及基尔霍夫定律、欧姆定律得

$$u_o = -(1/C_fR_1)\int u_i \, dt \quad (8.10)$$

由式（8.10）可知，u_o 与 u_i 成积分运算关系，式中“-”表示 u_o 与 u_i 相位相反；C_fR_1 称为积分时间常数。因此把此种电路称为“反相积分运算电路”。

（6）微分运算电路

把反相比例运算电路中的电阻 R_1 换成电容 C，就构成了微分运算电路，如图 8.11 所示。根据理想集成运放的“虚断”、“虚短”依据及基尔霍夫定律、欧姆定律得

$$u_o = -(CR_f)du_i/dt \quad (8.11)$$

由式（8.11）可知，u_o 与 u_i 成微分运算关系，式中“-”表示 u_o 与 u_i 相位相反；C_fR_f 称为微分时间常数。因此把此种电路称为“反相微分运算电路”。

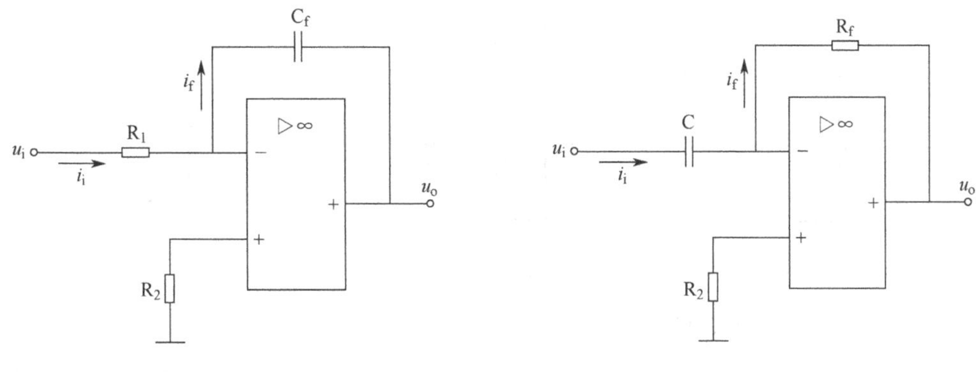

图 8.10　积分运算电路图　　　　图 8.11　微分运算电路

8.2.2　理想集成运放的非线性应用

前面讨论的电路都是理想运放构成的线性电路。由上述可知，当理想运放工作于开环或正反馈状态时，理想运放就工作于非线性状态。最常用的非线性电路主要有信号比较器、信号转换器、信号发生器。

（1）电压比较器

电压比较器如图 8.12 所示，也叫做“单值电压比较器”，它是对输入信号进行幅度鉴别和比较（与参考电压的大小）的非线性电路。通常，输入的是连续的模拟信号（可能是温度、压力、流量、液面等通过传感器采集的信号），输出的是以高、低电平为特征的脉冲信号或数字信号，它是模拟电路与数字电路之间联系的过渡电路，主要用于自动控制、测量、波形变换和产生等方面。

如图 8.12 所示，正弦模拟信号 u_i 从反相输入端输入；同相输入端接参考电压 U_{REF}，它可以取正值、负值或零（同相输入端接地）。当 $u_i > U_{REF}$ 时，$u_o = -U_{om}$；当 $u_i < U_{REF}$ 时，$u_o = U_{om}$。由此可见，在电压比较器的输入端输入模拟信号进行比较，在输出端则以高电平或低电平（即数字信号“1”或“0”）来反映比较结果。

输出电压与输入电压的关系曲线称为“电压比较器的传输特性”。输入电压 u_i 相同时，不同的基准电压有不同的传输特性曲线，如图 8.13 所示。

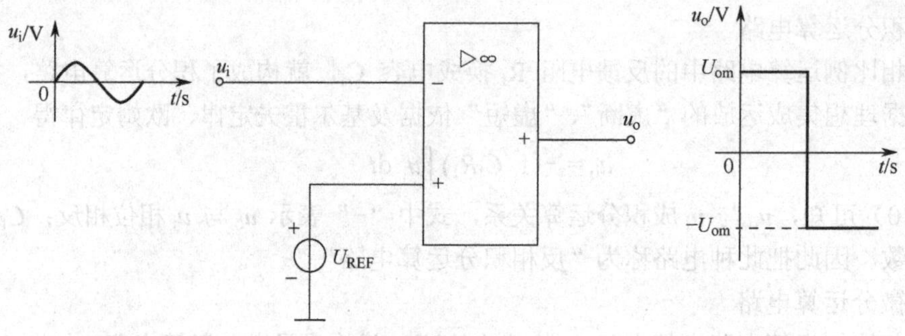

图 8.12　电压比较器

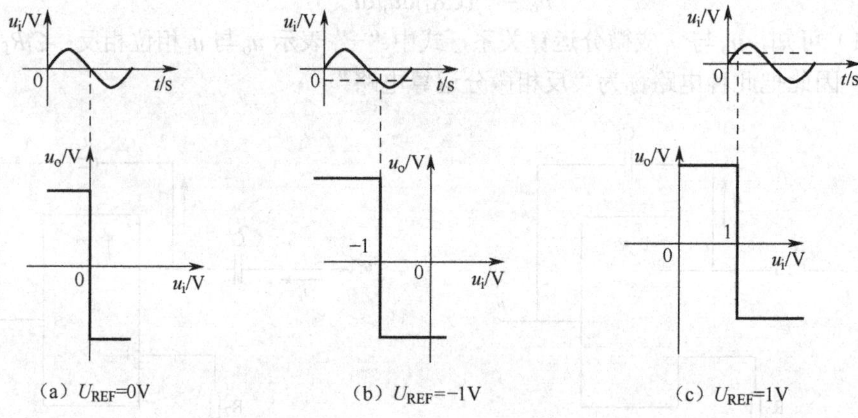

图 8.13　基准电压不同时的传输特性曲线示意图

如果参考电压 U_{REF} = 0 V，则输入信号 u_i 每次过零时，输出电压都会发生变化，其传输特性曲线的转折点在坐标原点，如图 8.13（a）所示，这样的比较器叫做“过零比较器”。如果参考电压 U_{REF} 不为零，则其传输特性曲线的转折点也随之改变，如图 8.13（b）、(c）所示。

由图可知，若输入信号为正弦波，根据不同的传输特性曲线，比较器输出不同的电压波形，如图 8.14 所示。

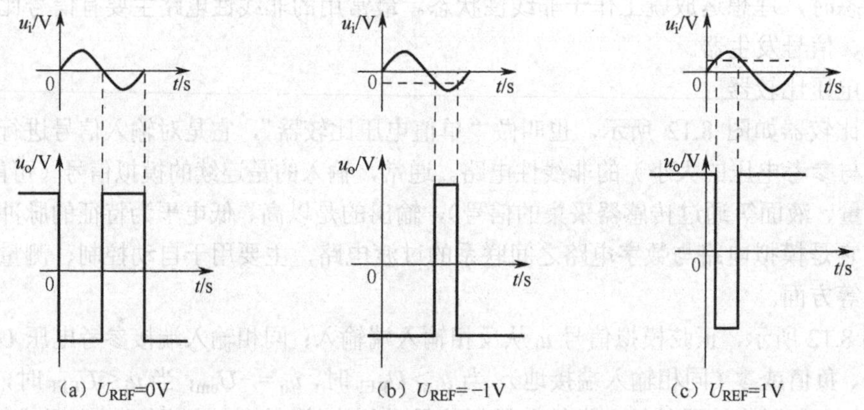

图 8.14　利用电压比较器将正弦波变成不同的波形

（2）滞回比较器

单值电压比较器，如果输入信号在阈值电压附近发生抖动或者受到干扰时，比较器的输

出电压就会发生不应有的跳变，会使后续电路发生误动作，为了提高比较器的抗干扰能力，实际应用中常采用具有滞回特性的比较器，称为“滞回比较器”，也叫做“迟滞比较器”或者“施密特触发器”，如图 8.15 所示。这种比较器也被广泛应用于自动控制系统中，如电冰箱中的电子温度控制器。

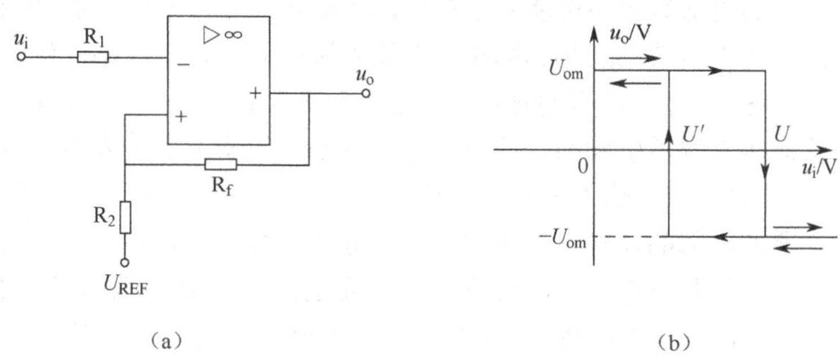

图 8.15　滞回比较器及其传输特性

如图 8.15（a）所示，测量的信号通过 R_1 接到反向输入端，参考电压 U_{REF} 通过 R_2 接到同相输入端，同时输出电压 u_o 通过 R_f 接到同相输入端，构成正反馈。若开始时 u_i 足够小，电路输出正饱和电压（U_{om}），此时运放同相端对地的电压等于 U。根据叠加定理得到“上限触发电平（U）”为

$$U = R_fU_{REF}/(R_f + R_2)+ R_2U_{om}/(R_f + R_2) \tag{8.12}$$

当输入信号 u_i 逐渐增大到刚超过上限触发电平 U 时，电路立即翻转，输出电压由 U_{om} 跃变为$-U_{om}$。u_i 继续增大，输出电压 u_o 保持为$-U_{om}$，此时运放同相端对地的电压等于 U'。如图 8.15（b）所示，若现在 u_i 开始减小，输出电压 u_o 继续保持为$-U_{om}$，当 u_i 减小到略小于下限触发电平 U' 时，电路又发生翻转，输出电压由$-U_{om}$ 跃变为 U_{om}。根据叠加定理得到“下限触发电平（U'）”为

$$U' = R_fU_{REF}/(R_f + R_2)- R_2U_{om}/(R_f + R_2) \tag{8.13}$$

由此可见，当输入电压 $u_i > U$ 时，电路翻转而输出负饱和电压（$-U_{om}$）；当输入电压 $u_i < U'$ 时，电路再次翻转而输出正饱和电压（U_{om}）。

由于 $U > U'$，使电路的输入输出关系曲线具有滞回特性，故这种电路称为滞回比较器电路。其中，$\Delta U = U - U' = 2U_{om}R_2/(R_f + R_2)$，$\Delta U$ 称为回差电压（简称回差）。所以，改变 U_{REF} 可调节触发电平而不影响回差电压（ΔU 与 U_{REF} 无关），这就使设计者可根据预计的最大噪声电压的值而选比较大些的回差宽度 ΔU，使电路具有等于回差宽度的抗噪声能力。每当比较器切换时，小于回差宽度的干扰将不会再引起切换，不会造成错误的动作。这一优越的特性使具有滞回特性的比较器得到广泛运用。

8.2.3　使用集成运放时应该注意的几个问题

目前，集成运放应用很广，在选型、使用和调试时应该注意下列问题，以达到使用要求及精度，同时避免调试过程中损坏器件。

（1）合理选用集成运放的型号

集成运放按照其性能指标可分为通用型、低功耗型、高精度低漂移型、高速型、高输入阻抗型、高压型、大功率型等。

集成运放按照其每一集成片中运算放大器的数目，又可分为单运算放大器、双运算放大

器、四运算放大器等。

因此，使用集成运放时应该认清型号、引脚，熟悉每个引脚的功能；使用前对集成运放的基本参数进行测试（如使用万用表测量各引脚间的典型电阻，可判断其好坏）。

（2）集成运放的调零和消振

由于运算放大器的内部参数不可能完全对称，以致当输入信号为零时，仍然有输出信号。因此，在使用时除了要求运放的反相和同相两个输入端的外接直流通路等效电阻保持平衡之外，还要外接调零电路。调零方法有两种：一种是在无输入的情况下，将两个输入端接“地”，按照说明书把电位器接入调零引脚间，调节调零电位器，使输出电压为零。另一种是“内部调零”，即按照理论计算出已知输入信号电压时的输出电压，然后将实际值调到计算值。

由于运算放大器的内部晶体管存在极间电容和分布参数，很容易产生自激振荡，破坏正常工作。因此使用时要采取消除自激振荡的措施，通常是外接 RC 消振电路来破坏产生自激振荡的条件。检查是否存在自激振荡，可将输入端接“地”，用示波器观察输出端有无自激振荡输出。目前很多运放的内部已有消振元件，不需要外接消振电路。

（3）集成运放的保护措施

① 输入保护。在闭环工作状态下，容易因共模电压超出极限值而损坏；在开环工作状态下，容易因差共模电压超出极限值而损坏。因此一般在两个输入端间接入两个反向并联的二极管，将输入电压限制在二极管的正向压降之内，如图 8.16（a）所示。

② 输出过压保护。它可防止输出碰到过压时输出级击穿。通常在反馈支路两端并联一只双向稳压二极管 VD_z，当输出正常时，双向稳压二极管未击穿，VD_z 相当于开路，对电路没有影响；当输出大于双向稳压二极管稳压值时，VD_z 被击穿，反馈支路电阻大大减小，负反馈加深，把输出电压限制在$\pm U_z$的范围内，如图 8.16（b）所示。

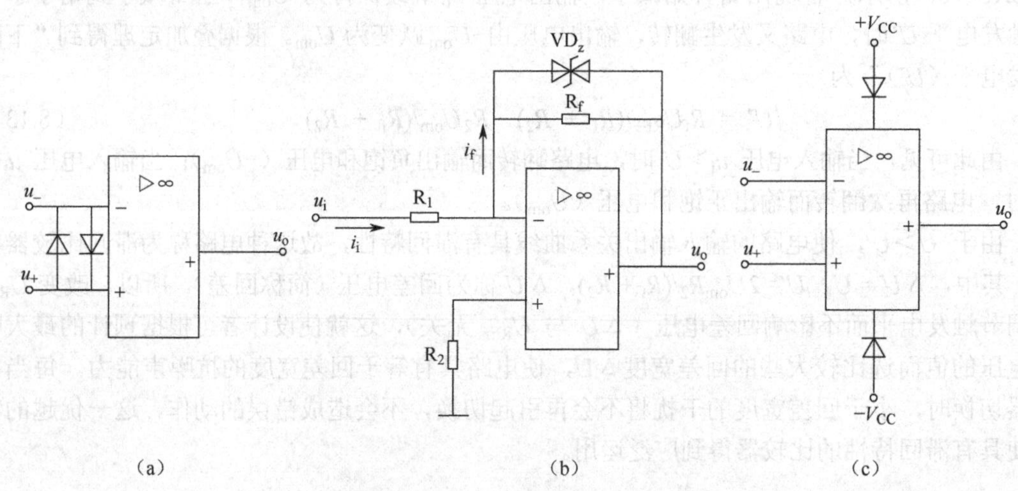

图 8.16　集成运放的保护示意图

③ 电源保护。为了防止电源极性接反，在电源连接线中串联二极管实现保护，电源接错，二极管反向截止，集成运放上无电压，如图 8.16（c）所示。另外，电源电压不能过高。

8.2.4　集成运放应用举例

【例 8.1】　试设计一个自动加热电路。

如图 8.17 所示是一个鱼缸水温自动加热电路。LM35D 是一个温度传感器，其输出电压

（mV）与温度（℃）存在关系：$U = 7 + 10t$，即其灵敏度为 10 mV/℃，当水温为 100℃时，其输出电压约为 1 V；μA741 是通用运算放大器，单运放，特点是宽输入电压、低功耗；KA 是继电器线圈，KA_1 是其常开（动合）辅助触头；KA_1 与电加热器串联接于交流 220 V 电源上。

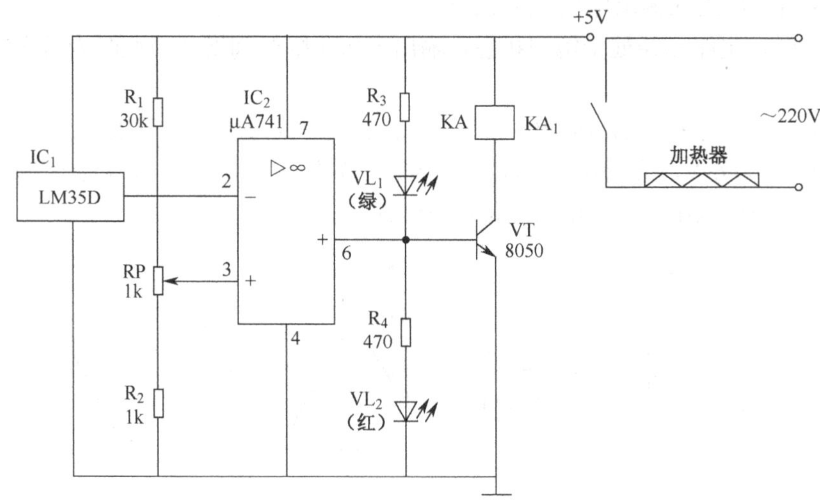

图 8.17　鱼缸水温自动加热电路示意图

由图 8.17 可知，如果 RP 的滑动头滑到上端，则电压比较器 IC_2 的参考电压 $U_{REF}≈0.3$ V。由上可知，当水温低于 30℃时，$u_-<0.3$ V，即 $u_-<u_+$，此时电压比较器输出高电平。那么三极管 VT 导通，继电器线圈 KA 得电，KA_1 辅助触头闭合，加热器加热；此时绿灯亮、红灯也亮。

当水温高于 30℃时，$u_->0.3$ V，即 $u_+<u_-$，此时电压比较器输出低电平。那么，三极管 VT 截止，继电器线圈 KA 失电，KA_1 辅助触头断开，加热器停止加热；此时绿灯亮、红灯不亮。

【例 8.2】　如图 8.18 所示电路，运算放大器的最大输出电压 $U_{om} = ±12$ V，$u_i = 3$ V。分别求 $t = 1$ s、2 s、3 s 时的输出电压 u_o。

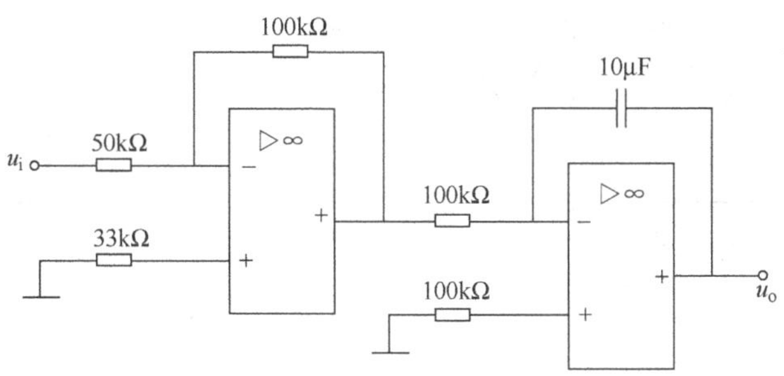

图 8.18　例 8.2 图

解：由图可知，电路由反相比例运算放大器和反相积分运算放大器两级电路组成。根据反相比例运算放大器得第一级输出电压为

$$u_{o1} = -u_i 100/50 = -2u_i = -2×3 = -6\ \text{V}$$

根据反相积分运算放大器得第二级输出电压为

$$u_o = -(1/10\times10^{-6}\times100\times10^3)\int u_{o1}\,dt = 6t$$

当 $t = 1$ s 时，电路的输出电压 $u_o = 6$ V。

当 $t = 2$ s 时，电路的输出电压 $u_o = 12$ V。

当 $t = 3$ s 时，电路已经处于饱和状态，输出电压不随时间变化，此时为最大输出电压，即 $u_o = U_{om} = 12$ V。

【例 8.3】 如图 8.19（a）所示电路中，运算放大器的最大输出电压 $U_{om} = \pm12$ V，双向稳压管 VD_Z 的 U_Z 为 6 V，参考电压 U_{REF} 为 2 V，已知输入电压波形如图 8.19（b）所示，试画出电路相应的输出电压波形和电路的传输特性曲线。

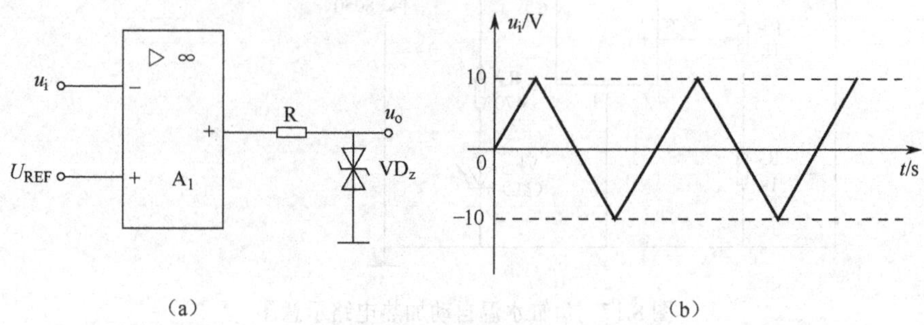

图 8.19 例 8.3 图 1

解：电压比较器可以将输入的其他交流波形变换为矩形波输出，其输出的幅值取决于限幅电路。由于 $u_+ = U_{REF} = 2$ V，$u_- = u_i$，故 $u_i < 2$ V 时，集成运放输出电压为 12 V，经限幅电路限幅后，输出电压 $u_o = +U_Z = 6$ V；当 $u_i > 2$ V 时，集成运放输出电压为−12 V，经限幅电路限幅后，输出电压 $u_o = -U_Z = -6$ V。输入电压 u_i 和输出电压 u_o 的波形关系如图 8.20（a）所示，电路的电压传输特性曲线如图 8.20（b）所示。

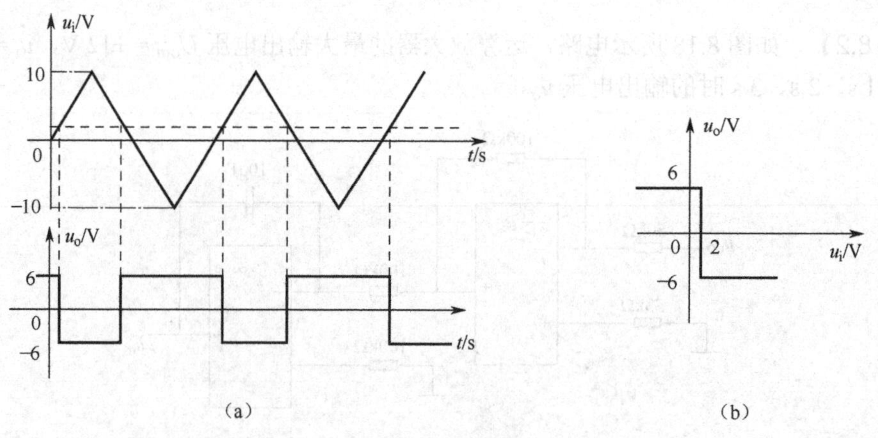

图 8.20 例 8.3 图 2

*任务 8.3 相关知识扩展

【工作任务及任务要求】 了解集成运放典型应用的工作原理，掌握集成运放典型应用电路的结构及功能。

知识摘要：

➢ 矩形波发生器
➢ 三角波发生器
➢ 锯齿波发生器

任务目标：

➢ 掌握集成运放典型应用电路的结构及功能

集成运放在波形产生方面的作用：产生一定频率、幅值的方波、三角波、锯齿波等波形。特点：不用外加输入信号，就有信号输出。

8.3.1　矩形波发生器

如图 8.21 所示，矩形波发生器由滞回比较器和 RC 充放电反馈电路组成。电容电压 u_C 为比较器的输入电压 u_i，电阻 R_1 两端的电压为比较器的参考电压 U_{REF}，VD_z 是比较器输出端双向限幅稳压二极管，保证 $u_o = \pm U_z$，U_z 是 VD_z 两端的电压。

当电路接通电源时，假设 $u_o = U_z$，$u_c(0)= 0$，之后 u_o 通过 R 给电容 C 充电，电容两端的电压按照指数规律增加，$U_{REF} = R_1U_z/(R_1 + R_f)$，当 $u_C = U_{REF}$ 时，u_o 由 U_z 跳变为$-U_z$。

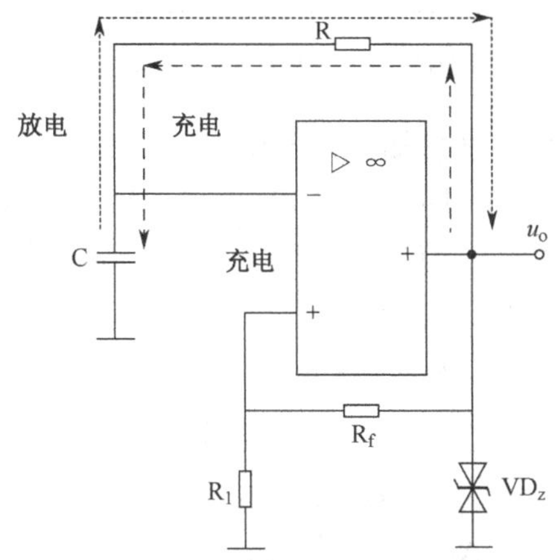

图 8.21　矩形波产生电路

当 $u_o = -U_z$ 时，电容 C 开始放电，u_C 减小，$U_{REF} = -R_1U_z/(R_1 + R_f)$，当 $u_C = -U_{REF}$ 时，u_o 又由$-U_z$跳变为 U_z；之后电容 C 又重新充电，重复上述两个过程。这样，在输出端就获得矩形波输出，如图 8.22 所示。

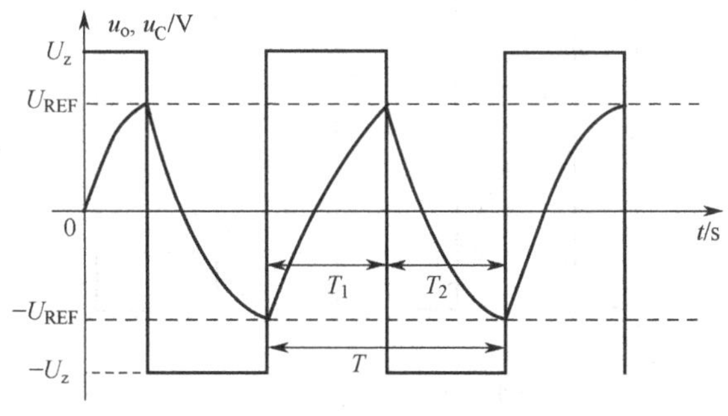

图 8.22　u_o 和 u_C 波形图

矩形波周期 $T = T_1 + T_2 = 2RC\ln(1 + 2R_1/R_f)$，数字电路中常采用矩形波作为信号源。

8.3.2 三角波发生器

如图 8.23 所示，三角波发生器由滞回比较器 A_1 和一个反相积分电路 A_2 组成。比较器的输入电压 $u_i= 0$，电阻 R_1 两端的电压为比较器的参考电压 U_{REF}，VD_z 是比较器输出端双向限幅稳压二极管，保证 $u_{o1} = \pm U_z$，U_z 是 VD_z 两端的电压。

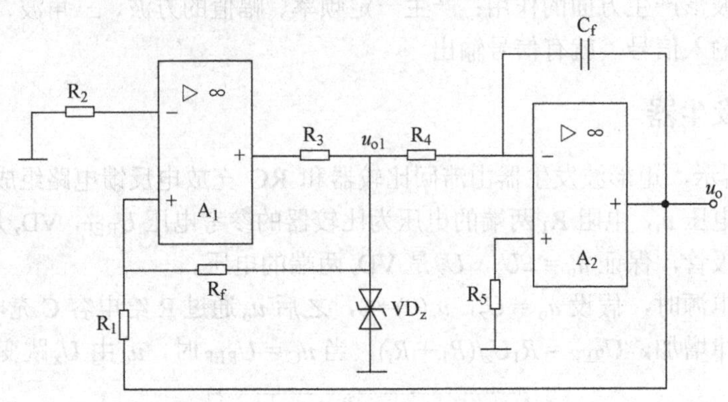

图 8.23 三角波产生电路

对于滞回比较器 A_1，由 8.23 图可知，$u_- = 0$，所以当 $u_- = u_+ = 0$ 时，A_1 状态改变。由于 $u_{+1} = R_1U_z/(R_1 + R_f)+ R_f\, u_o/(R_1 + R_f)$，即 $u_o = -U_zR_1/R_f$时，A_1 状态改变。

当电路接通电源时，假设 $u_{o1} = -U_z$，$u_C(0)= 0$，之后$-U_z$通过 R_4 给电容 C_f 充电，电容两端的电压按照积分规律增加，即

$$
\begin{aligned}
u_o &= -(1/C_fR_4)\int u_{o1}\,dt \\
&= 1/C_fR_4\int U_z\,dt \\
&=(U_z/C_fR_4)t \qquad (8.14)
\end{aligned}
$$

当 u_o 增加到 $u_o = U_zR_1/R_f$时，A_1 状态改变，$u_{o1} = U_z$，之后 U_z 通过 R_4 给电容 C_f 放电，电容两端的电压按照积分规律减小，即 $u_o=-(U_z/C_fR_4)t$；当 $u_o = -U_zR_1/R_f$时，A_1 状态再次改变，$u_{o1} = -U_z$。之后电容 C_f 又重新充电，重复上述两个过程。这样，在输出端就获得三角波输出，如图 8.24 所示。

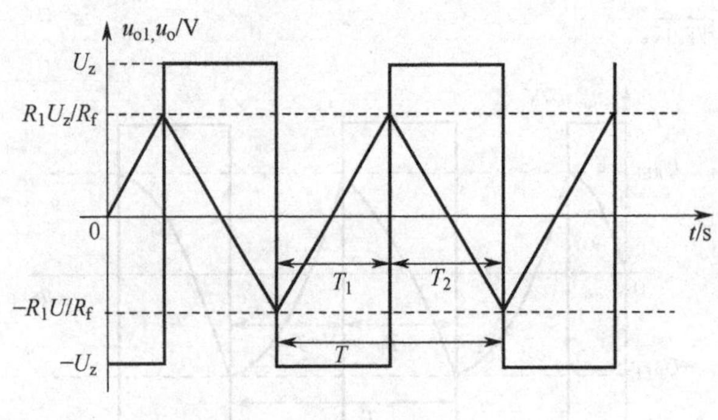

图 8.24 u_o 和 u_{o1} 波形图

三角波周期 $T = T_1 + T_2 = 2T_1 = 2T_2$；由图可得 $T_1 = T_2 = 2R_1R_4C_f/R_f$，$T = 4R_1R_4C_f/R_f$。由此可见，改变比较器的输出 u_{o1} 及电阻 R_1、R_f 即可改变三角波的幅值；改变 R_1 与 R_f 的比值，或者改变积分电路的时间常数 R_4C_f，均可改变三角波的周期 T（或者频率 f）。

8.3.3　锯齿波发生器

如图 8.25 所示，锯齿波发生器还是由滞回比较器 A_1 和一个反相积分电路 A_2 组成的。只是使反相积分电路 A_2 的正、反向积分时间常数不同，即可使其输出锯齿波，如图 8.26 所示。

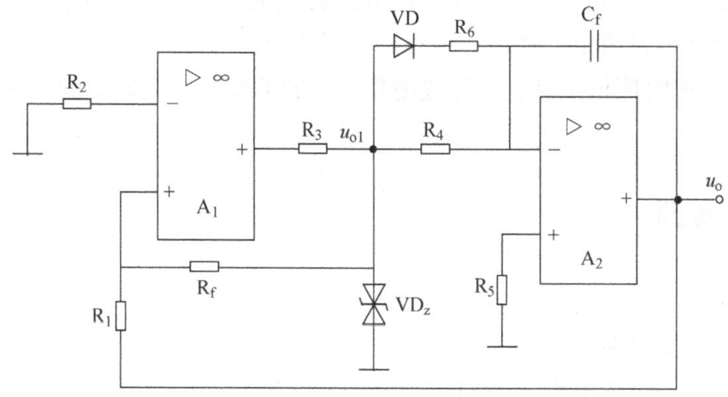

图 8.25　锯齿波产生电路

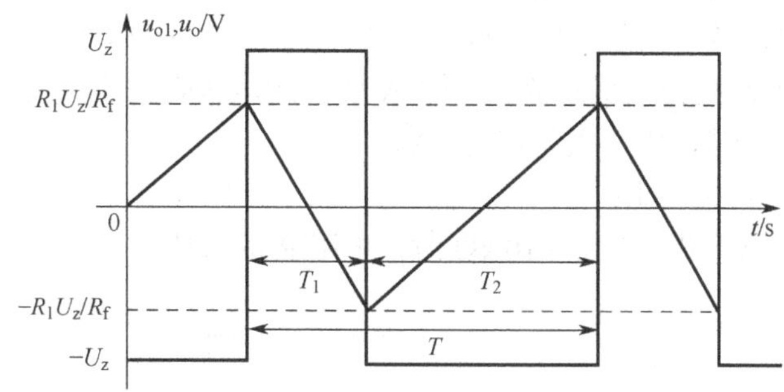

图 8.26　u_o 和 u_{o1} 波形图

当电路接通电源时，假设 $u_{o1} = -U_z$，$u_C(0) = 0$，二极管 VD 不导通，之后 $-U_z$ 通过 R_4 给电容 C_f 充电，u_o 随时间 t 线性增加，充电时间常数大，充电时间较长。

当 u_o 增加到 $u_o = U_zR_1/R_f$ 时，A_1 状态改变，$u_{o1} = U_z$，二极管 VD 导通，之后 U_z 通过 R_4、VD、R_6 给电容 C_f 放电，u_o 随时间 t 线性减小，放电时间常数小，放电时间较短。

调整锯齿波的幅值和频率的方法同三角波。

项目小结

1．集成运算放大器是用集成工艺制成的，是具有高增益的直接耦合多级放大器。它一般由输入级、中间级、输出级和偏置电路四个部分组成。为了抑制温漂和提高共模抑制比，常采用差动放大器作为输入级；中间为电压增益级；互补对称复合管功放电路常作为输出级。

2．集成运放是模拟集成电路的典型组件。对于它的内部电路只要求定性了解，目的在于掌握它的主要技术指标，能根据电路系统的具体要求正确选用。一般认为理想集成运放参数有：$A_{ud}=\infty$；$R_{id}=\infty$；$R_{od}=0$；$K_{CMR}=\infty$。

3. 集成运放工作在线性区时，运放接成负反馈的电路形式，此时电路可实现比例、加减、积分和微分等多种模拟信号的运算。分析这类电路可利用“虚短”和“虚断”这两个重要依据，求出输出信号与输入信号之间的关系。

4. 集成运放工作在非线性区时，运放接成正反馈或开环的电路形式，此时电路的输出电压受电源电压限制，且 $u_o=\pm U_{om}$（非高即低）。

5. 电压比较器常用于比较信号大小、开关控制、波形整形和非正弦信号发生器等电路中。集成电压比较器由于电路简单、使用方便得到广泛应用。

6. 使用集成运放时应该注意：合理选用集成运放的型号、集成运放的调零和消振、集成运放的保护措施。

思考与练习

8.1　对集成运放的组成部分有哪些要求？

8.2　什么是虚短、虚断？

8.3　理想运放工作在线性区和非线性区各有什么特点？

8.4　为什么运放电路中总要引用深度负反馈？

8.5　为什么运放电路中要采取消振和保护措施？

8.6　画出实现加、减、积分运算的基本电路，写出运算关系。

8.7　如图 8.27 所示是由集成运算放大器 A 和普通电压表构成的线性刻度欧姆表电路，被测电阻 R_x 作为反馈电阻，电压表量程为 2 V。

（1）试证明 R_x 与 u_o 成正比；

（2）计算当 R_x 的测量范围为 0～10 kΩ 时，电阻 R 的取值。

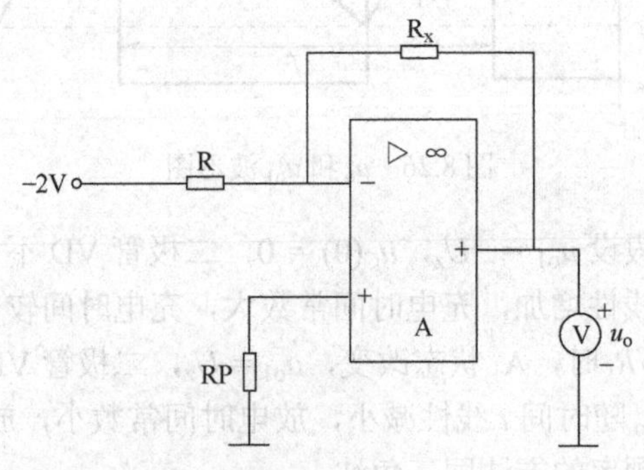

图 8.27　题 8.7 图

8.8　如图 8.28 所示电路中，求 u_o 与 u_{i1}、u_{i2} 的关系。

8.9　按下列运算关系设计运算电路，并计算各偏置电阻的阻值。

（1）$u_o=-2u_i$（已知 $R_f=100\ k\Omega$）；

（2）$u_o=2u_i$（已知 $R_f=100\ k\Omega$）；

（3）$u_o=2u_{i1}-5u_{i2}$（已知 $R_f=100\ k\Omega$）。

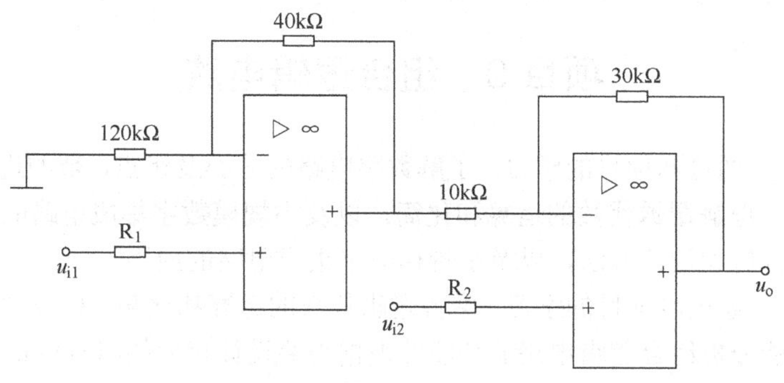

图 8.28 题 8.8 图

8.10 一个监控报警装置如图 8.29 所示，A 是一个电压比较器，U_{REF} 是参考电压，如需要对某一参数（如温度、压力等）进行监控时，可由传感器取得监控信号 u_i。当 u_i 超过正常值时，报警灯亮。试说明电路的工作原理及二极管 VD 和 R_3 的作用。

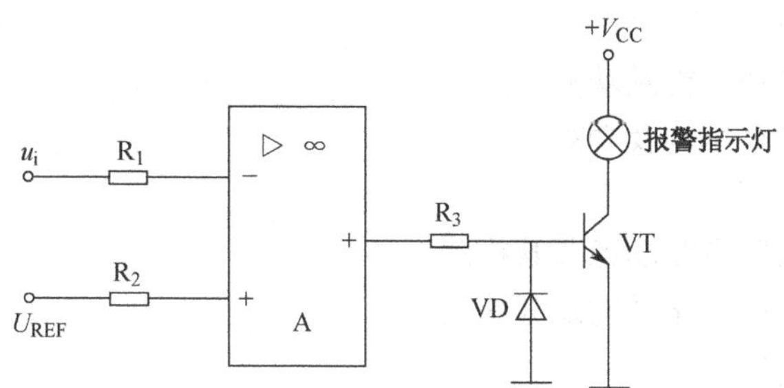

图 8.29 题 8.10 图

项目 9　组合逻辑电路

【学习目标】　通过本项目的学习，了解数字电路的分类及优点，数的进制和码制，基本逻辑门电路功能；理解逻辑代数的运算和化简，以及小规模数字集成电路的功能；掌握组合逻辑电路的基本分析和设计方法，以及小规模数字集成电路的应用。

【能力目标】　通过本项目的学习，掌握逻辑代数的运算和化简，以及常用小规模数字集成电路的功能，能分析组合逻辑电路的功能并根据需要设计相应的组合逻辑电路。

任务 9.1　认识基本门电路

【工作任务及任务要求】了解基本逻辑门的分类及结构，掌握基本逻辑门电路的功能及其检测。

知识摘要：

- 数字电路概述
- 基本逻辑门电路结构及功能
- 复合逻辑门电路结构及功能

任务目标：

- 掌握基本逻辑门电路功能及其检测
- 掌握复合逻辑门电路功能及其检测

9.1.1　数字电路概述

（1）电子电路分类

首先来看如图 9.1 所示的各波形有什么特点。图 9.1（a）为正弦交流电压信号，在时间和数值上的变化都是连续的；图 9.1（b）为矩形波，在时间和数值上的变化是不连续的。因此，在电子电路中将信号分为两类：一类信号在时间和数值上都是连续变化的，称为“模拟信号”；另一类信号在时间和数值上的变化是不连续的、离散的，称为“数字信号”，也叫脉冲信号。处理上述两种信号的电路，分别称为“模拟电路”和“数字电路”。

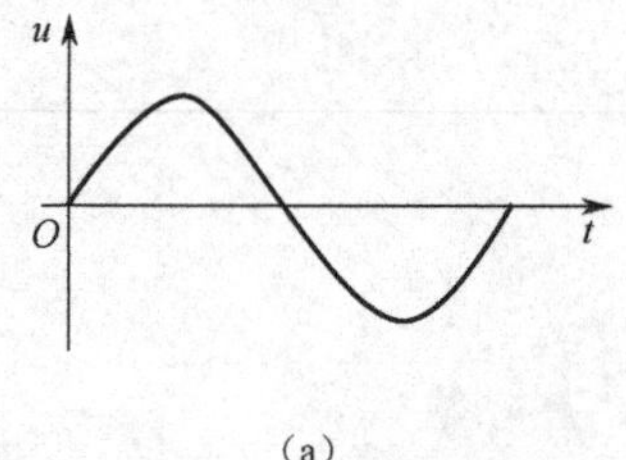

（a）

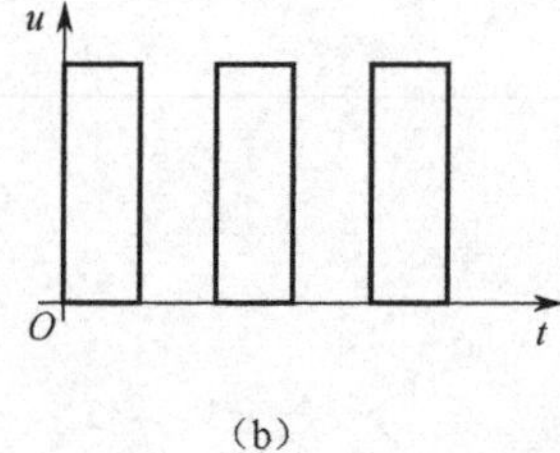

（b）

图 9.1　常见电压信号波形

（2）数字电路特点

① 数字电路处理的是脉冲信号，只有高、低电平两种状态，分别对应二进制中的数字 1 和 0。

② 数字电路分析的主要问题是电路输入和输出之间的逻辑关系。

③ 数字电路分析工具为逻辑代数，表示逻辑关系的方法主要有真值表、逻辑表达式、逻

辑图、波形图和卡诺图等。

④ 数字电路具有结构简单、易于制造、便于集成、工作可靠和精度高等优点。

9.1.2　基本逻辑门电路结构及功能

（1）与门和与逻辑

① 与逻辑关系。下面来说明与逻辑关系，如图 9.2 所示电路，芯片 74LS08 是四路二输入与门。为了使芯片正常工作，引脚 14 接+5V 电源，引脚 7 接地。此外，引脚 1 和 2 分别接逻辑开关，引脚 3 接 LED 指示灯。假设逻辑开关闭合用“1”表示，逻辑开关打开用“0”表示；灯亮用“1”表示，灯不亮用“0”表示，则可以列出如表 9.1 所示真值表。通过实验可以知道，只有两个开关 A 和 B 都闭合灯才会亮。这样的因果关系就是逻辑关系中的“与”关系。

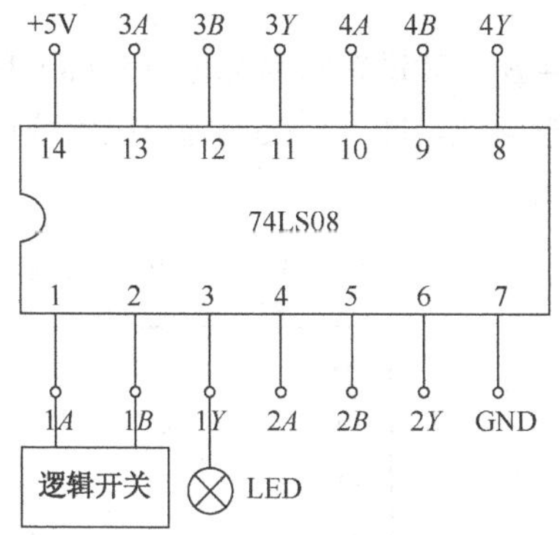

图 9.2　与逻辑关系功能测试示意图

表 9.1　与逻辑真值表

A	B	Y
0	0	0
0	1	0
1	0	0
1	1	1

若用逻辑表达式来描述，则可写为：$Y = A \cdot B$，其逻辑符号如图 9.3（a）所示。

② 与门电路及功能。与门电路可以由二极管组成，图 9.3（b）为二极管与门电路，将其工作原理列在表 9.2 中。

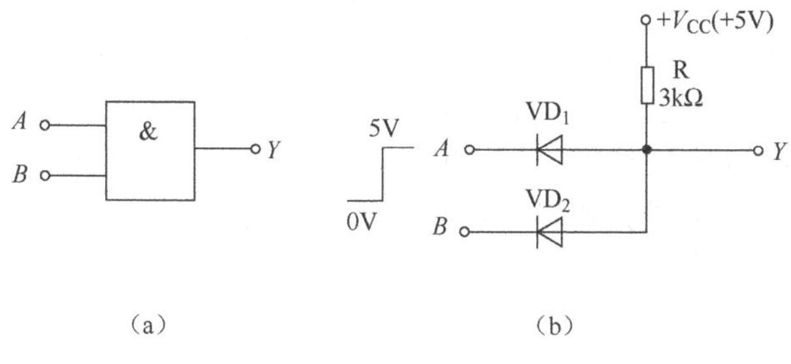

图 9.3　与逻辑符号和二极管与门电路

表 9.2　与门电路工作原理分析

u_A	u_B	u_Y	VD_1	VD_2
0V	0V	0V	导通	导通
0V	5V	0V	导通	截止
5V	0V	0V	截止	导通
5V	5V	5V	截止	截止

与门的逻辑功能可概括为：输入有 0，输出为 0；输入全 1，输出为 1。

（2）或门和或逻辑

① 或逻辑关系。下面来说明或逻辑关系，如图 9.4 所示电路，芯片 74LS32 是四路二输入或门。为了使芯片正常工作，引脚 14 接+5V 电源，引脚 7 接地。此外，引脚 1 和 2 分别接逻辑开关，引脚 3 接 LED 指示灯。假设逻辑开关闭合用“1”表示，逻辑开关打开用“0”表示；灯亮用“1”表示，灯不亮用“0”表示，则可以列出如表 9.3 所示的真值表。通过实验

可以知道，开关A或开关B闭合灯才会亮。这样的因果关系，就是逻辑关系中的“或”关系。

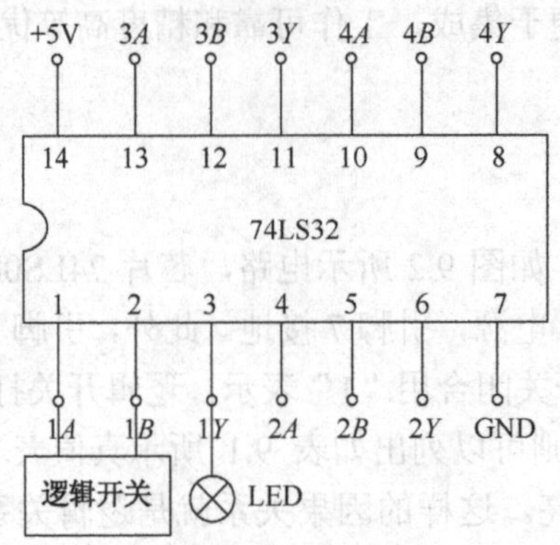

图 9.4 或逻辑关系功能测试示意图

表 9.3 或逻辑真值表

A	B	Y
0	0	0
0	1	1
1	0	1
1	1	1

若用逻辑表达式来描述，则可写为：$Y = A + B$，其逻辑符号如图 9.5（a）所示。

② 或门电路及功能。或门电路可以由二极管组成，图 9.5（b）为二极管或门电路，将其工作原理列在表 9.4 中。

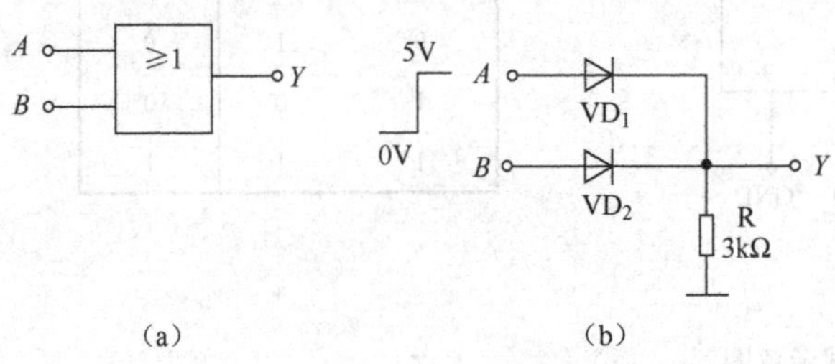

图 9.5 或逻辑符号和二极管或门电路

表 9.4 或门电路工作原理分析

u_A	u_B	u_Y	VD_1	VD_2
0V	0V	0V	截止	截止
0V	5V	5V	截止	导通
5V	0V	5V	导通	截止
5V	5V	5V	导通	导通

或门的逻辑功能可概括为：输入有 1，输出为 1；输入全 0，输出为 0。

（3）非门和非逻辑

① 非逻辑关系。下面来说明非逻辑关系，如图 9.6 所示电路，芯片 74LS04 是一个六非门。为了使芯片正常工作，引脚 14 接 +5 V 电源，引脚 7 接地。此外，引脚 1 接逻辑开关，引脚 2 接 LED 指示灯。假设逻辑开关闭合用“1”表示，逻辑开关打开用“0”表示；灯亮用“1”表示，灯不亮用“0”表示，则可以列出表 9.5 所示的真值表。通过实验可以知道，开关 A 闭合则灯不亮，开关 A 打开则灯亮。这样的因果关系就是逻辑关系中的“非”关系。

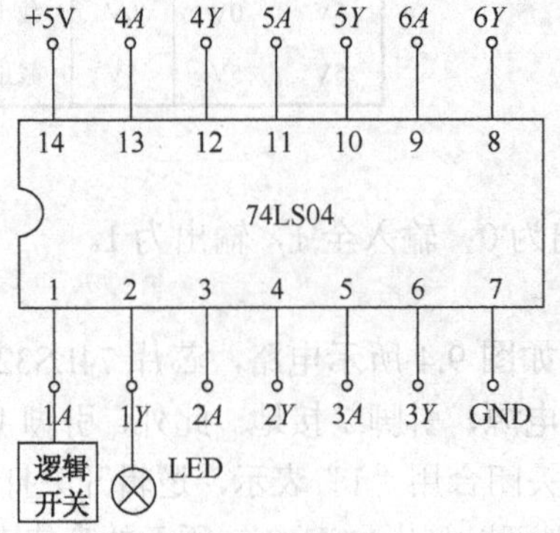

图 9.6 非逻辑关系功能测试示意图

表 9.5 非逻辑真值表

A	Y
0	1
1	0

若用逻辑表达式来描述，则可写为：$Y = \overline{A}$，其逻辑符号如图 9.7（a）所示。

② 非门电路及功能。非门电路可以由三极管组成，图 9.7（b）为三极管非门电路，将其工作原理列在表 9.6 中。

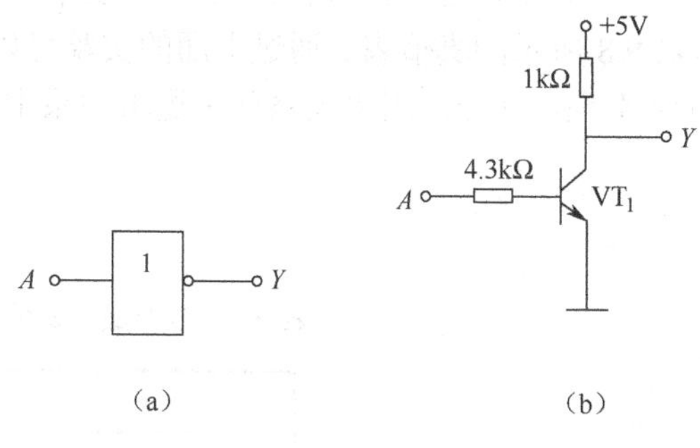

图 9.7　非逻辑符号和三极管非门电路

表 9.6　非门电路工作原理分析

u_A	u_Y	VT_1
0V	5V	截止
5V	0V	饱和

非门的逻辑功能可概括为：输入有 1，输出为 0；输入有 0，输出为 1。

9.1.3　复合逻辑门电路结构及功能

（1）与非门和与非逻辑

下面来说明与非逻辑关系，如图 9.8（a）所示电路，芯片 74LS00 是四路二输入与非门。为了使芯片正常工作，引脚 14 接+5 V 电源，引脚 7 接地。此外，引脚 1 和 2 分别接逻辑开关，引脚 3 接 LED 指示灯。假设逻辑开关闭合用“1”表示，逻辑开关打开用“0”表示；灯亮用“1”表示，灯不亮用“0”表示，则可以列出表 9.7 所示的真值表。通过实验可以知道，只有开关 A 和 B 都闭合时灯不亮，其余情况灯都亮。这样的因果关系就是逻辑关系中的“与非”关系。

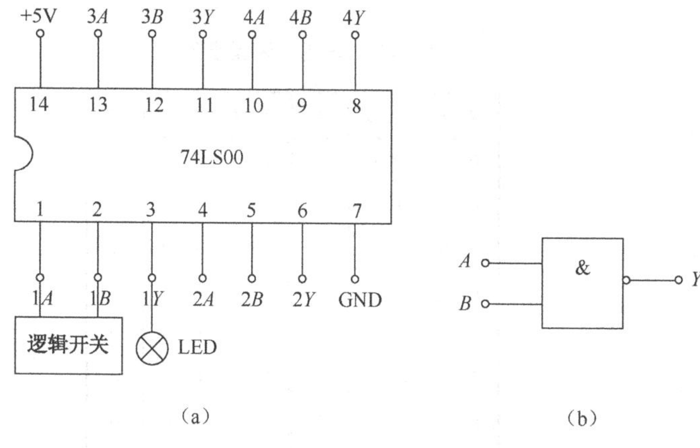

图 9.8　与非逻辑关系功能测试及逻辑符号

表 9.7　与非逻辑真值表

A	B	Y
0	0	1
0	1	1
1	0	1
1	1	0

若用逻辑表达式来描述，则可写为：$Y = \overline{AB}$，其逻辑符号如图 9.8（b）所示。

与非门的逻辑功能可概括为：有 0 出 1；全 1 为 0。

（2）或非门和或非逻辑

下面来说明或非逻辑关系，如图 9.9（a）所示电路，芯片 74LS02 是四路二输入或非门。为了使芯片正常工作，引脚 14 接+5 V 电源，引脚 7 接地。此外引脚 2 和 3 分别接逻辑开关，引脚 1 接 LED 指示灯。假设逻辑开关闭合用“1”表示，逻辑开关打开用“0”表示；灯亮用“1”表示，灯不亮用“0”表示，则可以列出表 9.8 所示的真值表。通过上面的实验可以知道，只有开关 A 和 B 都打开时灯亮，其余情况灯都不亮。这样的因果关系就是逻辑关系中的“或非”关系。

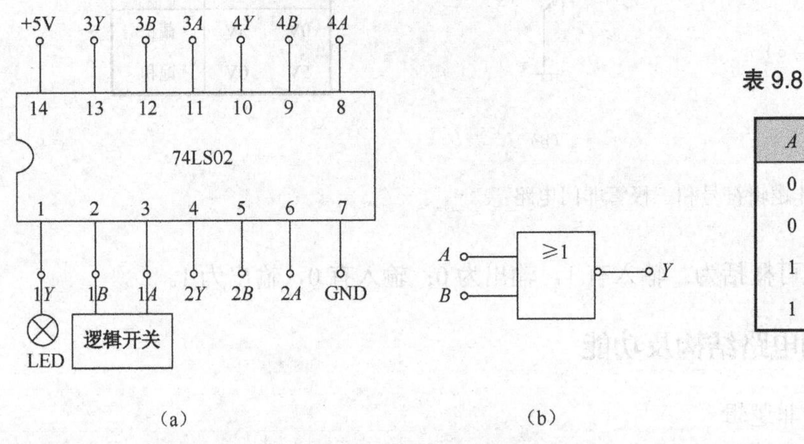

图 9.9　或非逻辑关系功能测试及逻辑符号

表 9.8　或非逻辑真值表

A	B	Y
0	0	1
0	1	0
1	0	0
1	1	0

若用逻辑表达式来描述，则可写为：$Y=\overline{A+B}$，其逻辑符号如图 9.9（b）所示。

或非门的逻辑功能可概括为：有 1 出 0；全 0 为 1。

（3）与或非门

若用逻辑表达式来描述，与或非门可写为：$Y=\overline{AB+CD}$，其逻辑符号如图 9.10 所示，其真值表如表 9.9 所示。

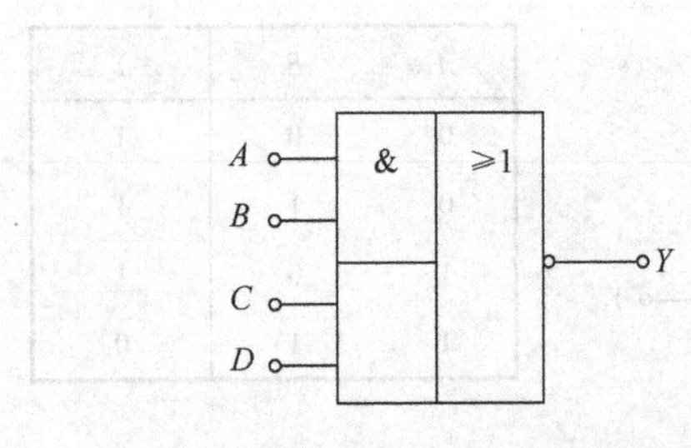

图 9.10　与或非逻辑符号

表 9.9　与或非逻辑真值表

A	B	C	D	Y	A	B	C	D	Y
0	0	0	0	1	1	0	0	0	1
0	0	0	1	1	1	0	0	1	1
0	0	1	0	1	1	0	1	0	1
0	0	1	1	0	1	0	1	1	0
0	1	0	0	1	1	1	0	0	0
0	1	0	1	1	1	1	0	1	0
0	1	1	0	1	1	1	1	0	0
0	1	1	1	0	1	1	1	1	0

（4）异或门

若用逻辑表达式来描述，异或门可写为：$Y=\overline{A}B+A\overline{B}=A\oplus B$，其逻辑符号如图 9.11 所示，其真值表如表 9.10 所示。

异或门的逻辑功能可概括为：相异为 1；相同为 0。

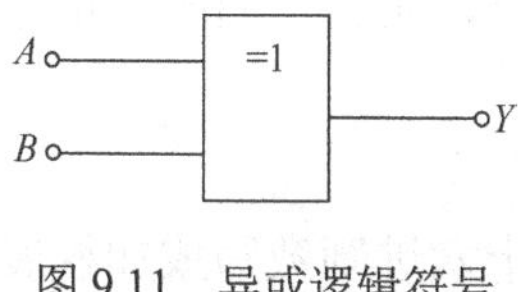

图 9.11 异或逻辑符号

表 9.10 或非逻辑真值表

A	B	Y
0	0	0
0	1	1
1	0	1
1	1	0

任务 9.2 逻辑运算及逻辑电路的化简

【工作任务及任务要求】 了解数的进制和码制，掌握逻辑函数的表示方法、基本逻辑运算规则及逻辑电路的化简。

知识摘要：

- 数制和编码
- 逻辑函数的表示方法
- 基本逻辑运算规则和定律
- 逻辑电路的化简

任务目标：

- 掌握逻辑函数的表示方法
- 掌握基本逻辑运算规则
- 掌握逻辑电路的化简

9.2.1 数制与编码

（1）数制

在日常计数中用得最多的是十进制，但是在科学研究中还要涉及其他进制的计数，如二进制、八进制、十六进制等。所以，下面从熟悉的十进制开始介绍其他的不同进制的计数。

① 十进制。十进制中有 0～9 十个数码，以 10 为基数。运算规律：逢十进一，即 9 + 1 = 10。下面将一个十进制数展开，得到的这个式子以后称做“加权展开式”。

十进制数的加权展开式：$(1234)_{10} = 1\times10^3 + 2\times10^2 + 3\times10^1 + 4\times10^0$

其中，1、2、3、4 称为各个位数上的数码。10^3、10^2、10^1、10^0 称为“权”（权就是 10 的幂次）。数码乘以相应的权再求和，就是加权展开式。

② 二进制。二进制中有 0、1 两个数码，以 2 为基数。运算规律：逢二进一，即 1 + 1 = 10。

二进制数的加权展开式：$(1010.1)_2 = 1\times2^3 + 0\times2^2 + 1\times2^1 + 0\times2^0 + 1\times2^{-1} = (10.5)_{10}$

其中，各位数的权都是 2 的幂次，幂次正好是位数减 1，而且它们的和正好是这个二进制数转成十进制数后的值。

③ 八进制。八进制中有 0～7 八个数码，以 8 为基数。运算规律：逢八进一，即 7 + 1 = 10。

八进制数的加权展开式：$(235.1)_8 = 2\times8^2 + 3\times8^1 + 5\times8^0 + 1\times8^{-1} = (157.125)_{10}$

其中各位数的权都是 8 的幂次，幂次正好是位数减 1，而且它们的和正好是这个八进制数转成十进制数后的值。

④十六进制。十六进制中有 0～9、A～F 十六个数码，以 16 为基数。运算规律：逢十六进一，即 F + 1 = 10。

十六进制数的加权展开式：$(D8.A)_{16}=13\times16^1+8\times16^0+10\times16^{-1}=(216.625)_{10}$

其中，各位数的权都是 16 的幂次，幂次正好是位数减 1，而且它们的和正好是这个十六进制数转成十进制数后的值。

（2）数制转换

① 二、八、十六进制数转换成十进制数。将二、八、十六进制数写成加权展开式，即可换成十进制数，如上面的各进制数加权展开式所示。

② 十进制数转换为二、八、十六进制数。方法是将整数部分连除相应基数取余。

【例 9.1】 $(44)_{10}=(101100)_2$；$(237)_{10}=(355)_8$。

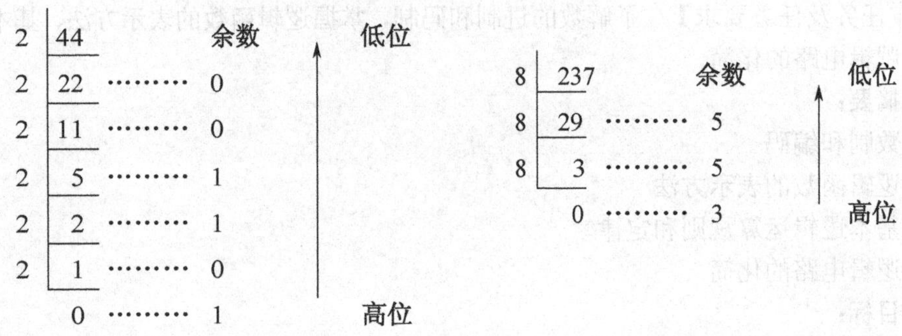

③ 二进制数和八进制数相互转换。方法是将二进制数由小数点开始，整数部分向左、小数部分向右，每 3 位分成一组，不够 3 位补零，则每组二进制数便是一位八进制数。

【例 9.2】 $(1101010.01)_2=001|101|010|.010|=(152.2)_8$。

八进制数转换为二进制数：将每位八进制数用 3 位二进制数表示。

【例 9.3】 $(374.26)_8=011|111|100|.010|110=(11111100.010110)_2$。

④ 二进制数与十六进制数的相互转换。方法是将二进制数由小数点开始，整数部分向左、小数部分向右，每 4 位分成一组，不够 4 位补零，则每组二进制数便是一位十六进制数。

【例 9.4】 $(111010100.0110)_2=0001|1101|0100|.0100|=(1D4.6)_{16}$。

十六进制数转换为二进制数：将每位十六进制数用 4 位二进制数表示。

【例 9.5】 $(AF.7)_{16}=1010|1111|.0111=(10101111.0111)_2$。

（3）码制

数字系统只能识别 0 和 1，怎样才能表示更多的数码、符号、字母呢？用编码可以解决这个问题。“编码”就是用一定位数的二进制数来表示十进制数码、字母、符号等信息。这些有特定信息的二进制数就称做“代码”。如果用 4 位二进制数来表示十进制数，则称为二－十进制代码，简称为 BCD 码。常用的十进制数的 BCD 码有 8421 码、2421 码、5421 码、余 3 码等编码。8421 BCD 码是一种使用最广泛的 BCD 码，是有权码，从高位到低位的权分别是 8（2^3）、4（2^2）、2（2^1）、1（2^0），与 4 位二进制数的位权完全一致，从而取名 8421 BCD 码。

9.2.2 逻辑函数的表示方法

一个逻辑函数，通常可以由多种表示形式，常用的表示方法有真值表、逻辑表达式、逻辑图、波形图和卡诺图。每种表示方法有各自的特点，各表示方法之间还可以相互转换。

下面以三人表决的例子来说明各表示方法及其相互间的转换。

（1）真值表

现有三个人对某件作品投票，当三人中多数人同意则表示作品通过。

首先，假设三人分别用 A、B、C 表示，同意用“1”表示，不同意用“0”表示；作品通过用“1”表示，不通过用“0”表示。则将投票的所有可能列出一个表格。这种反映输入和输出之间逻辑组合可能的表称为“真值表”，如表 9.11 所示，表中 A、B、C 为输入变量，Y 为输出变量。

表 9.11　三人表决真值表

A	B	C	Y
0	0	0	0
0	0	1	0
0	1	0	0
0	1	1	1
1	0	0	0
1	0	1	1
1	1	0	1
1	1	1	1

（2）逻辑表达式

逻辑表达式也称为函数式或逻辑式，就是将逻辑关系用与、或、非等公式的形式表示出来。如上面的真值表，可以用式子 $Y = AB + BC + AC$ 表示。下面介绍怎么将真值表表示成逻辑表达式的形式。

① 将输出量中为“1”的情况列出，有几个“1”最后的式子中就有几项相加。如上面的真值表中，输出量 Y 为“1”的情况有 4 种，最后 Y 的式子就有 4 项相加，即：$Y=[\ ]+[\ ]+[\ ]+[\ ]$。

② 表示输出量为“1”时的输入变量的组合（输入量为“1”时，用原变量 A、B、C 表示；输入量为“0”时，用反变量 $\overline{A}$、$\overline{B}$、$\overline{C}$ 表示），各变量之间为“乘”的形式。填入第一步中的格子，即：$Y=[\overline{A}BC]+[A\overline{B}C]+[AB\overline{C}]+[ABC]$。上述步骤可用图 9.12 表示。

根据表 9.11 所示的真值表，可以写出逻辑表达式：$Y=\overline{A}BC+A\overline{B}C+AB\overline{C}+ABC$，经过化简后，可以得到 $Y = AB + BC + AC$。后面将介绍化简的方法。

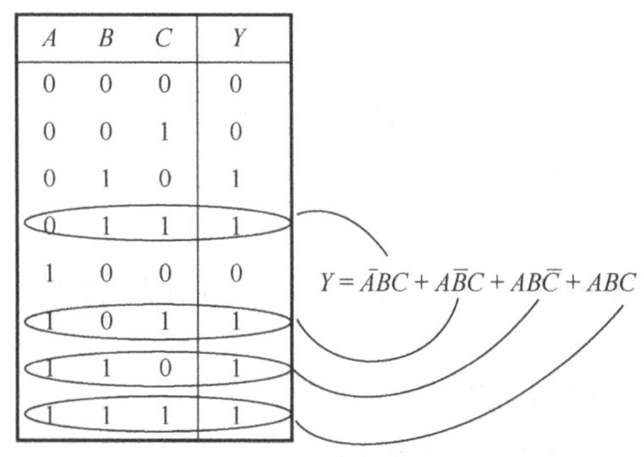

图 9.12　真值表转换成逻辑表达式示意图

（3）逻辑图

如图 9.13 所示为式子 $Y = AB + BC + AC$ 用与、或的逻辑符号表示的电路，称为“逻辑图”。

根据逻辑表达式画出逻辑图的方法：按照逻辑表达式的运算，依次使用相应的逻辑符号。式子中第一项为 AB 变量相“与”，选用一个与门；第二项为 BC 变量相“与”，选用一个与门；第三项为 AC 变量相“与”，选用一个与门。三个与门的输出再进行“或”运算，则完成了逻辑图。

（4）波形图

如图 9.14 所示为式子 $Y = AB + BC + AC$ 用高、低电平的形式表示的图，称为“波形图”。

根据逻辑表达式画出波形的方法：根据已知的输入波形 A、B、C，按照相应的逻辑运算法则，对应画出输出 Y 的波形。图中波形高的地方代表高电平，用“1”表示；波形低的地方代表低电平，用“0”表示。

图 9.14 所示波形表示式子 $Y = AB + BC + AC$，根据“与”运算规则，只有当 A、B 都为“1”时，AB 才为“1”，只有当 B、C 都为“1”时，BC 才为“1”；只有当 A、C 都为“1”时，AC 才为“1”；根据“或”运算规则，AB 或 BC 或 AC 中，有一个为“1”，则 Y 为“1”。

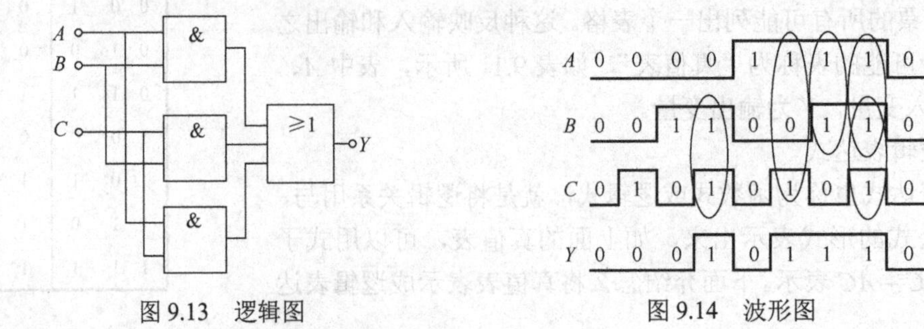

图 9.13　逻辑图　　　　图 9.14　波形图

9.2.3　基本逻辑运算规则和定律

分析和设计逻辑电路的数学工具是“逻辑代数”，又叫“布尔代数”。

逻辑代数有 3 种基本运算：与运算（逻辑乘）、或运算（逻辑加）和非运算（逻辑非）。下面分别介绍基本的运算规则和定律。

（1）常量之间运算规则

与运算：$0\cdot 0=0$；$0\cdot 1=0$；$1\cdot 0=0$；$1\cdot 1=1$。

或运算：$0+0=0$；$0+1=1$；$1+0=1$；$1+1=1$。

非运算：$\bar{1}=0$；$\bar{0}=1$。

（2）基本运算规则

与运算：$A\cdot 0=0$；$A\cdot 1=A$；$A\cdot A=A$；$A\cdot \bar{A}=0$。

或运算：$A+0=A$；$A+1=1$；$A+A=A$；$A+\bar{A}=1$。

非运算：$\bar{\bar{A}}=A$。

分别将 $A=0$ 及 $A=1$ 代入这些公式，即可证明它们的正确性。

（3）基本定律

交换律：$A\cdot B=B\cdot A$；$A+B=B+A$。

结合律：$(A\cdot B)\cdot C=A\cdot(B\cdot C)$；$(A+B)+C=A+(B+C)$。

分配律：$A\cdot(B+C)=A\cdot B+A\cdot C$；$A+B\cdot C=(A+B)\cdot(A+C)$。

反演律（摩根定律）：$\overline{A\cdot B}=\bar{A}+\bar{B}$；$\overline{A+B}=\bar{A}\cdot\bar{B}$。

吸收律：$A+A\cdot B=A$；$A\cdot B+A\cdot\bar{B}=A$；$A+\bar{A}\cdot B=A+B$；

$A\cdot B+\bar{A}\cdot C+B\cdot C\cdot D=A\cdot B+\bar{A}\cdot C$。

9.2.4　逻辑电路的化简

实际的电路要尽可能减少元件的使用和接线，通常根据真值表得到的逻辑函数表达式需要经过化简，才能得到最简的逻辑图。

化简的方法有公式法和图示法。利用逻辑代数的基本定律公式进行的化简，称为公式法化简。通常符合下面两个条件的函数表达式称为最简表达式：第一，函数表达式中所包含的

“与项”最少；第二，每个“与项”中的变量最少。

公式法化简常有以下几种方法：

① 利用公式 $A+\overline{A}=1$，合并两项成一项。

$$Y=BC+AB\overline{C}+\overline{A}B\overline{C}\quad=BC+(A+\overline{A})B\overline{C}=BC+B\overline{C}=B(C+\overline{C})=B$$

② 利用公式 $A+AB=A$，消除多余项。

$$Y=\overline{A}BD+\overline{A}B\overline{C}+\overline{A}BC\quad=\overline{A}BD+\overline{A}B(\overline{C}+C)=\overline{A}BD+\overline{A}B=\overline{A}B$$

③ 利用公式 $A+\overline{A}B=A+B$，消除多余变量。

$$Y=A+\overline{A}BC+\overline{C}=A+BC+\overline{C}=A+\overline{C}+B$$

④ 利用公式 $A=A(B+\overline{B})$，为某项配上缺省变量。

$$Y=\overline{A}C+A\overline{B}+\overline{B}C=\overline{A}C+A\overline{B}+(A+\overline{A})\overline{B}C=\overline{A}C+A\overline{B}+A\overline{B}C+\overline{A}\overline{B}C=\overline{A}C+A\overline{B}$$

⑤ 利用公式 $A=A+A$，为某项配上其所能合并的项。

$$\begin{aligned}Y&=AB\overline{C}+A\overline{B}C+\overline{A}BC+ABC\\&=(AB\overline{C}+ABC)+(A\overline{B}C+ABC)+(\overline{A}BC+ABC)\\&=AB+AC+BC\end{aligned}$$

公式化简法需要熟练掌握各个基本公式，并在化简中综合运用上述各种方法。

任务 9.3　分析和设计组合逻辑电路

【工作任务及任务要求】　了解组合逻辑电路特点，掌握组合逻辑电路分析和设计方法。

知识摘要：

- 组合逻辑电路分析
- 组合逻辑电路设计

任务目标：

- 掌握组合逻辑电路分析方法
- 掌握组合逻辑电路设计方法

逻辑电路按照结构和功能的不同，通常分为两类：一类称为“组合逻辑电路”；另一类称为“时序逻辑电路”。前一种电路的特点：输出仅由输入决定，与电路当前状态无关，电路结构中无反馈回路，无记忆功能；后一种电路的特点：输出不仅取决于输入信号，还和电路的原状态有关，电路结构中有反馈回路，具有记忆功能。本任务以常用组合逻辑电路为例介绍这种电路的分析和设计方法。

9.3.1　组合逻辑电路分析

如图 9.15 所示电路，试说出该电路的特点，并说明这个电路的功能。

由图可知，该电路由基本逻辑门组成，输入和输出之间没有反馈回路，是一个组合逻辑电路。组合逻辑电路的功能分析，需经过一定步骤完成，如图 9.16 所示。具体步骤为：

① 根据逻辑图，从左到右依次写出各基本逻辑门的输出逻辑表达式。

② 将逻辑表达式化成最简表达式，或化简成要求的表达形式。

③ 将化简后的表达式，用真值表的形式表示。

④ 根据真值表，分析电路的功能。有些电路根据逻辑表达式就可以分析出电路功能，可以省略列真值表的步骤。

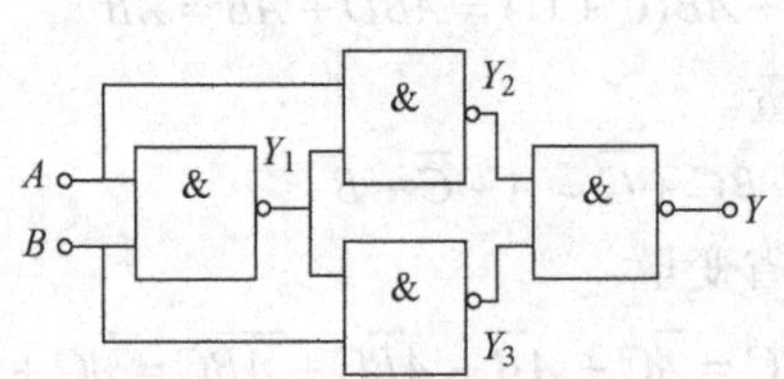

图 9.15　组合逻辑电路分析

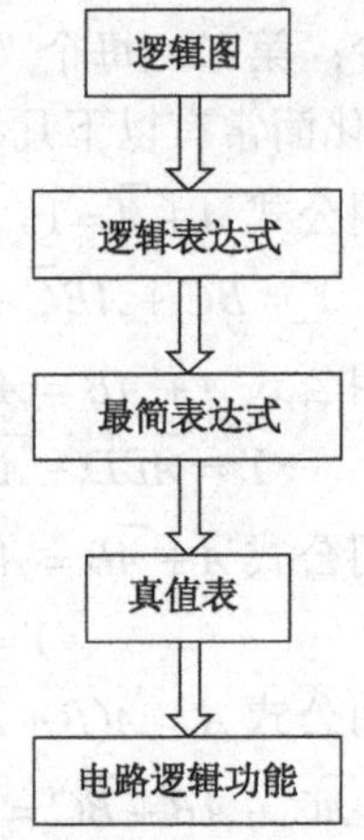

图 9.16　组合逻辑电路分析步骤示意图

根据以上步骤，电路的分析过程如下：

① 根据 9.15 所示逻辑图，从左到右依次写出各基本逻辑门的输出逻辑表达式为

$$Y_1=\overline{AB}，\ Y_2=\overline{A\overline{AB}}，\ Y_3=\overline{B\overline{AB}}，\ Y=\overline{Y_2Y_3}$$

② 将逻辑表达式化成最简表达式，即

$$Y=\overline{\overline{A\overline{AB}}\ \overline{B\overline{AB}}}=\overline{\overline{A\overline{AB}}}+\overline{\overline{B\overline{AB}}}=A\overline{AB}+B\overline{AB}=\overline{AB}(A+B)=(\overline{A}+\overline{B})(A+B)=\overline{A}B+A\overline{B}$$

③ 上述化简后的表达式为异或逻辑。所以，该电路的功能为异或功能。

9.3.2　组合逻辑电路设计

组合逻辑电路的设计过程是组合逻辑电路分析的逆过程。它根据实际中提出的要求，设计出相应的电路。下面通过一个具体的例子来说明组合逻辑电路的设计步骤。

【例 9.6】　现要求设计一个三人表决器，当多数人“同意”时，表示“表决通过”。

首先，假设三个人分别为 A、B、C，同意用“1”表示，不同意用“0”表示。表决通过，用“1”表示；表决不通过，用“0”表示。

表 9.12　三人表决器真值表

A	B	C	Y
0	0	0	0
0	0	1	0
0	1	0	0
0	1	1	1
1	0	0	0
1	0	1	1
1	1	0	1
1	1	1	1

根据要求列写真值表，如表 9.12 所示。

由真值表可以得到逻辑表达式：$Y=\overline{A}BC+A\overline{B}C+AB\overline{C}+ABC$。

把上式进行化简，得

$$\begin{aligned}Y&=\overline{A}BC+A\overline{B}C+AB\overline{C}+ABC\\&=\underline{\overline{A}BC}+\underline{\underline{A\overline{B}C}}+\underline{\underline{\underline{AB\overline{C}}}}+\underline{ABC}+\underline{\underline{ABC}}+\underline{\underline{\underline{ABC}}}\text{（增加两项）}\\&=BC+AC+AB\end{aligned}$$

根据最简式：$Y=AB+BC+AC$，可以得到逻辑图，见图 9.13。

若电路用“与非门”实现，则将上述表达式变换为

$$Y=\overline{\overline{AB+BC+AC}}=\overline{\overline{AB}\ \overline{BC}\ \overline{AC}}$$

可以得到逻辑图，如图 9.17 所示。

总结上述分析过程，如图 9.18 所示，得到组合逻辑电路设计步骤：

① 根据功能要求进行逻辑假设，并列写真值表。

② 根据真值表，写出逻辑表达式。

③ 将逻辑表达式化成最简表达式，或化简成要求的表达形式。

④ 根据最简表达式，选用相应的逻辑门电路，画出对应的逻辑图。

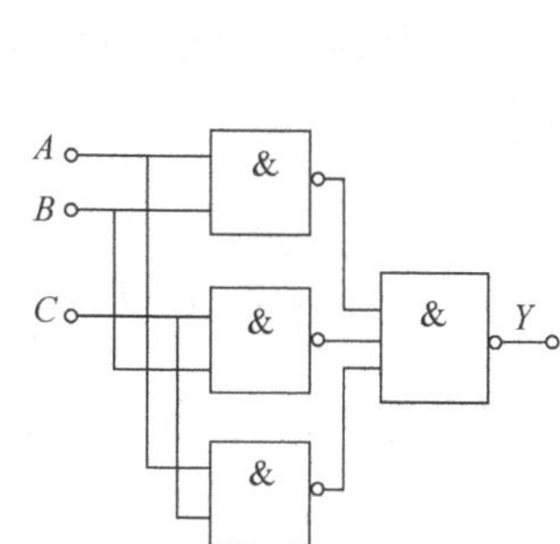

图 9.17 三人表决器逻辑电路图

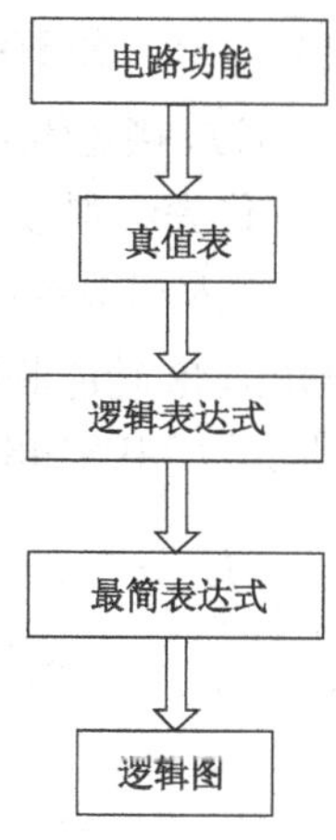

图 9.18 组合逻辑电路设计步骤示意图

任务 9.4 认识编码器、译码器、加法器

【工作任务及任务要求】 了解编码器、译码器、加法器的结构，掌握编码器、译码器、加法器的功能及应用。

知识摘要：

➢ 编码器结构及功能

➢ 译码器结构及功能

➢ 加法器结构及功能

任务目标：

➢ 掌握集成编码器的应用及其功能检测

➢ 掌握集成译码器的应用及其功能检测

9.4.1 编码器结构及功能

编码是将具有特定意义的信息编成相应二进制代码的过程，实现编码功能的电路称为“编码器”。编码器分为“普通编码器”和“优先编码器”。普通编码器任何时刻只有一个输入信号有效；优先编码器同一时刻可以出现多个输入信号，只对优先级别高的输入信号进行编码。

下面以常用的 8 线—3 线优先编码器为例来说明编码过程。74LS148 为 8 线—3 线优先编码器，共有 54/74148 和 54/74LS148 两种线路结构形式，将 8 条数据线（0～7）进行 3 线（4-2-1）二进制（八进制）优先编码，即对最高位数据线进行编码。利用选通端（$\overline{ST}$）和输出选通端（Y_S）可进行八进制扩展。如图 9.19 所示为 8 线—3 线优先编码器 74LS148 功能测试接线图。图中 $\overline{ST}$ 为输入使能端，当 $\overline{ST}=1$ 时，芯片禁止编码；当 $\overline{ST}=0$ 时，芯片允许进行编码。在 $\overline{I}_7$～$\overline{I}_0$ 输入中，输入 $\overline{I}_7$ 优先级最高，其余依次为 $\overline{I}_6$、$\overline{I}_5$、$\overline{I}_4$、$\overline{I}_3$、$\overline{I}_2$、$\overline{I}_1$、$\overline{I}_0$ 按等级排列。$\overline{I}_7$～

$\overline{I}_0$为代码输入端，$\overline{Y}_2 \sim \overline{Y}_0$为编码输出端，$\overline{Y}_{EX}$为扩展输出端，有编码输出时为 0。$\overline{ST}$、$Y_S$组合可以实现多片芯片级联。

当$\overline{ST}$接逻辑开关高电平时，输入端不论接逻辑开关高电平或低电平，输出四盏灯都点亮，即$\overline{Y}_2\overline{Y}_1\overline{Y}_0=111$，$\overline{Y}_{EX}=1$。没有编码输出。

当$\overline{ST}$接逻辑开关低电平，输入端$\overline{I}_7 \sim \overline{I}_0$接逻辑开关高电平时，输出四盏灯都点亮，即$\overline{Y}_2\overline{Y}_1\overline{Y}_0=111$，$\overline{Y}_{EX}=1$。没有编码输出。

当$\overline{ST}$和输入端$\overline{I}_7$接逻辑开关低电平时，其余$\overline{I}_6 \sim \overline{I}_0$任意接逻辑开关高电平或低电平。根据芯片功能，$\overline{I}_7$优先级别最高，对其进行编码。输出的四盏灯都不亮，即$\overline{Y}_2\overline{Y}_1\overline{Y}_0=000$（反码为 111，正好是输入端编号对应的二进制数），$\overline{Y}_{EX}=0$。依次对各输入端编码得到 8 线—3 线优先编码器 74LS148 功能测试结果，如表 9.13 所示。

如图 9.20 所示为 74LS148 引脚图。

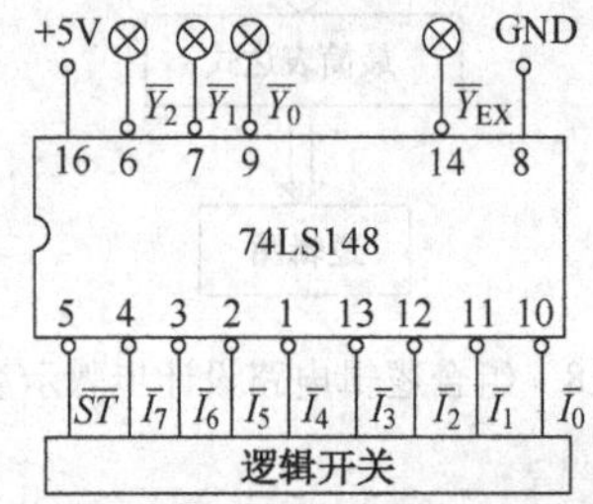

图 9.19　74LS148 功能测试接线图

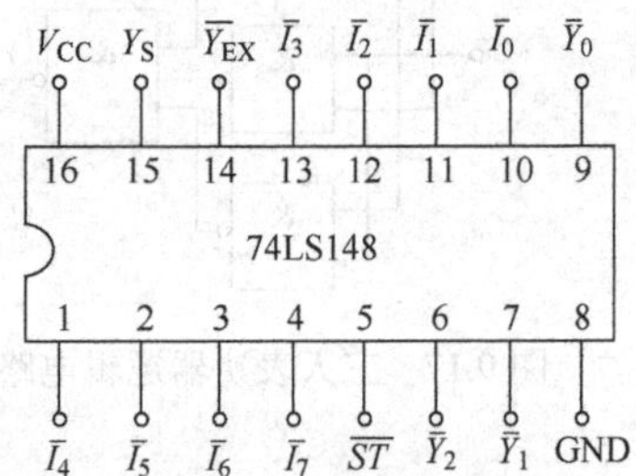

图 9.20　74LS148 引脚图

表 9.13　74LS148 功能表

输入									输出			
$\overline{ST}$	$\overline{I}_7$	$\overline{I}_6$	$\overline{I}_5$	$\overline{I}_4$	$\overline{I}_3$	$\overline{I}_2$	$\overline{I}_1$	$\overline{I}_0$	$\overline{Y}_2$	$\overline{Y}_1$	$\overline{Y}_0$	$\overline{Y}_{EX}$
1	×	×	×	×	×	×	×	×	1	1	1	1
0	1	1	1	1	1	1	1	1	1	1	1	1
0	0	×	×	×	×	×	×	×	0	0	0	0
0	1	0	×	×	×	×	×	×	0	0	1	0
0	1	1	0	×	×	×	×	×	0	1	0	0
0	1	1	1	0	×	×	×	×	0	1	1	0
0	1	1	1	1	0	×	×	×	1	0	0	0
0	1	1	1	1	1	0	×	×	1	0	1	0
0	1	1	1	1	1	1	0	×	1	1	0	0
0	1	1	1	1	1	1	1	0	1	1	1	0

根据功能表得出如下结论：

（1）74LS148 输入端优先的次序依次为$\overline{I}_7$、$\overline{I}_6$、$\overline{I}_5$、$\overline{I}_4$、$\overline{I}_3$、$\overline{I}_2$、$\overline{I}_1$、$\overline{I}_0$。

（2）当某一输入端有低电平输入，且比它优先级别高的输入端没有低电平输入时，输出端才输出相应输入端的代码。所以，74LS148 输入是低电平有效，即输入端为 0 时，表示有输入。例如：$\overline{I}_5=0$且$\overline{I}_7=\overline{I}_6=1$（$\overline{I}_7$、$\overline{I}_6$优先级别高于$\overline{I}_5$），则此时输出代码 010（为 $(5)_{10}$=

$(101)_2$的反码)，这就是优先编码器的工作原理。

（3）74LS148 输出低电平有效，即输出端为 0 时，表示有输出，且为反码输出。

9.4.2　译码器结构及功能

译码是编码的逆过程，即把代码状态的特定含义翻译出来的过程。实现译码功能的电路称为“译码器”，译码器根据功能分为变量译码器、显示译码器等。

（1）变量译码器

设译码器的输入端为 n 个，则输出端为2^n个，且对应于输入代码的每一种状态，2^n个输出中只有一个为 1（或为 0)，其余全为 0（或为 1)。这种译码器可以译出输入变量的全部状态，故又称为“变量译码器”。

下面以常用的 3 线—8 线译码器为例来说明译码过程。如图 9.21 所示为 3 线—8 线译码器 74LS138 功能测试接线图。该译码器输入为 3 位二进制代码，输出为 8 个互斥的信号。图中 ST_A、$\overline{ST_B}$、$\overline{ST_C}$ 为输入使能端，当 $ST_A=1$，$\overline{ST_B}=\overline{ST_C}=0$ 时，芯片进行译码。$\overline{A}_2\sim\overline{A}_0$ 为译码输入端，$\overline{Y}_7\sim\overline{Y}_0$ 为译码输出端。

如图 9.22 所示为 74LS138 引脚图。

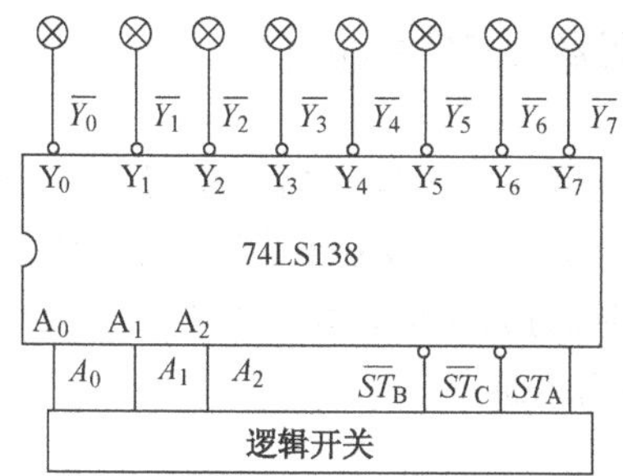

图 9.21　74LS138 功能测试接线图

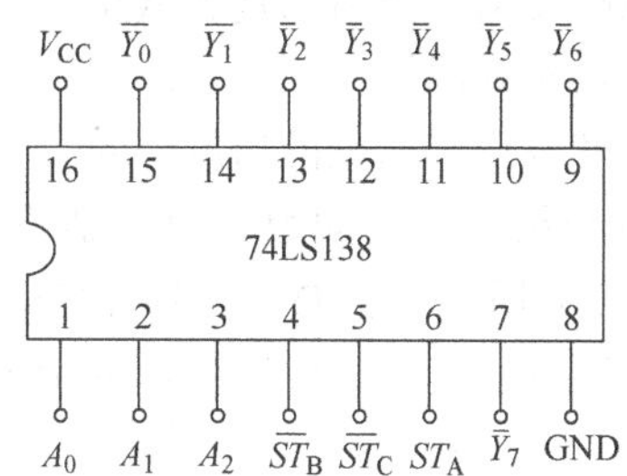

图 9.22　74LS138 引脚图

当$\overline{ST_B}$、$\overline{ST_C}$ 接逻辑开关高电平时，输入端不论接逻辑开关高电平或低电平，输出八盏灯都点亮，即 $\overline{Y}_7\overline{Y}_6\overline{Y}_5\overline{Y}_4\overline{Y}_3\overline{Y}_2\overline{Y}_1\overline{Y}_0=11111111$。没有译码输出。

当 ST_A 接逻辑开关高电平时，输入端不论接逻辑开关高电平或低电平，输出八盏灯都点亮，即 $\overline{Y}_7\overline{Y}_6\overline{Y}_5\overline{Y}_4\overline{Y}_3\overline{Y}_2\overline{Y}_1\overline{Y}_0=11111111$。没有译码输出。

当 ST_A 接逻辑开关高电平，$\overline{ST_B}$、$\overline{ST_C}$ 接逻辑开关低电平时，输入端 $\overline{A}_2\overline{A}_1\overline{A}_0$ 接逻辑开关高电平，输出八盏灯中只有 $\overline{Y}_7$ 不亮，即输入代码 $\overline{A}_2\overline{A}_1\overline{A}_0=111$ 时，对应翻译的十进制数是 7。依次对输入端其他组合进行译码得到 3 线—8 线译码器 74LS138 功能测试结果，如表 9.14 所示。

表 9.14　74LS138 功能表

输入					输出							
使能		选择										
ST_A	$\overline{ST}_B+\overline{ST}_C$	A_2	A_1	A_0	$\overline{Y}_7$	$\overline{Y}_6$	$\overline{Y}_5$	$\overline{Y}_4$	$\overline{Y}_3$	$\overline{Y}_2$	$\overline{Y}_1$	$\overline{Y}_0$
×	1	×	×	×	1	1	1	1	1	1	1	1
0	×	×	×	×	1	1	1	1	1	1	1	1
1	0	0	0	0	1	1	1	1	1	1	1	0

续表

输入					输出							
使能		选择										
ST_A	$\overline{ST}_B+\overline{ST}_C$	A_2	A_1	A_0	$\overline{Y}_7$	$\overline{Y}_6$	$\overline{Y}_5$	$\overline{Y}_4$	$\overline{Y}_3$	$\overline{Y}_2$	$\overline{Y}_1$	$\overline{Y}_0$
1	0	0	0	1	1	1	1	1	1	1	0	1
1	0	0	1	0	1	1	1	1	1	0	1	1
1	0	0	1	1	1	1	1	1	0	1	1	1
1	0	1	0	0	1	1	1	0	1	1	1	1
1	0	1	0	1	1	1	0	1	1	1	1	1
1	0	1	1	0	1	0	1	1	1	1	1	1
1	0	1	1	1	0	1	1	1	1	1	1	1

根据功能表得出如下结论：

① 3 线—8 线译码器 74LS138 输出低电平有效，即输出端为 0 时，表示有输出；输出端为 1 时，表示无输出。

② 3 线—8 线译码器 74LS138，当 $ST_A=0$ 或者 $\overline{ST_B}=\overline{ST_C}=1$ 时，译码器处于禁止状态，不论输入端如何，输出都是无效电平（高电平），译码器没有信号输出。

（2）显示译码器

由于变量译码出来的情况不符合通常的阅读习惯，所以变量译码器后还需接显示译码器，方便查看结果。常用的数码显示器件有半导体数码管，简称“LED 管”。LED 管的引脚如图 9.23（a）所示。LED 管根据内部发光二极管的连接方式不同，可以分为共阳接法和共阴接法，如图 9.23（b）、（c）所示分别为它们的内部结构示意图。

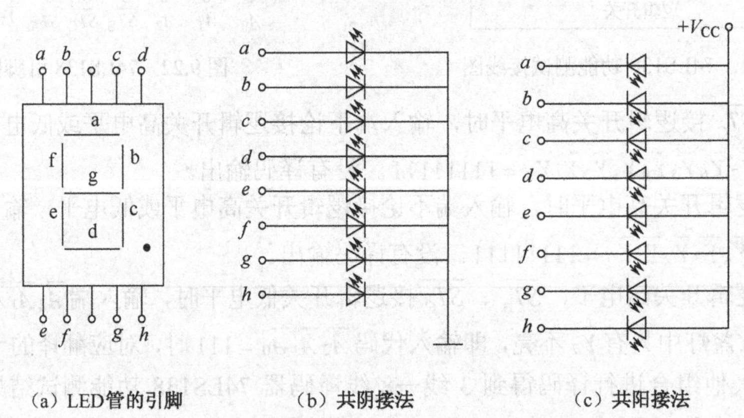

图 9.23　LED 管的引脚及内部结构示意图

当 a～f 相应的段被点亮，就可以显示数字 0～9，该显示器件通常需要相应的驱动译码器，常用的有芯片 74LS48，其引脚如图 9.24 所示，功能表如表 9.15 所示。

从功能表可以看出，为了增强器件的功能，在 74LS48 中还设置了一些辅助端。这些辅助端的功能如下：

① 试灯输入端 $\overline{LT}$。本输入端用于测试数码管的好坏，当 $\overline{LT}=0$ 且 $\overline{BI}=1$ 时，数码管的七段应全亮，即显示“8”，表示数码管的各段工作正常，与输入的译码信号无关。

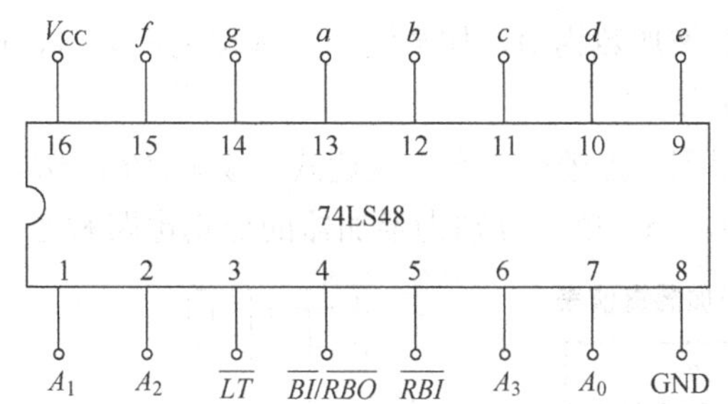

图 9.24 74LS48 引脚图

② 动态灭零输入端 $\overline{RBI}$。本输入端用于消隐无效的 0，当 $\overline{LT}=1$、$\overline{RBI}=0$，且译码输入全为 0 时，该位输出不显示，即各段熄灭，称“灭 0”，用来将不必显示的零字熄灭掉；当译码输入不全为 0 时，该位正常显示，如数据“012.50”可显示为“12.5”。

当 $\overline{LT}=1$、$\overline{RBI}=1$ 且 $\overline{BI}=1$ 时，译码输入全为 0，则显示 0。

③ 灭灯输入/动态灭零输出端 $\overline{BI}/\overline{RBO}$。这是一个特殊的端钮，有时用于输入，有时用于输出。当 $\overline{BI}/\overline{RBO}$ 作为输入使用，且 $\overline{BI}/\overline{RBO}=0$ 时，数码管七段全灭（称“灭灯”），与译码输入无关。当 $\overline{BI}/\overline{RBO}$ 作为输出使用时，受控于 $\overline{LT}$ 和 $\overline{RBI}$。当 $\overline{LT}=1$ 且 $\overline{RBI}=0$ 时，$\overline{BI}/\overline{RBO}=0$；其他情况下 $\overline{BI}/\overline{RBO}=1$。本端钮主要用于显示多位数字时多个译码器之间的连接。

表 9.15 74LS48 功能表

功能或十进制数	输入						输出							
	$\overline{LT}$	$\overline{RBI}$	A_3	A_2	A_1	A_0	$\overline{BI}/\overline{RBO}$	a	b	c	d	e	f	g
$\overline{BI}/\overline{RBO}$（灭灯）	×	×	×	×	×	×	0（输入）	0	0	0	0	0	0	0
$\overline{LT}$（试灯）	0	×	×	×	×	×	1	1	1	1	1	1	1	1
$\overline{RBI}$（动态灭零）	1	0	0	0	0	0	0	0	0	0	0	0	0	0
0	1	1	0	0	0	0	1	1	1	1	1	1	1	0
1	1	×	0	0	0	1	1	0	1	1	0	0	0	0
2	1	×	0	0	1	0	1	1	1	0	1	1	0	1
3	1	×	0	0	1	1	1	1	1	1	1	0	0	1
4	1	×	0	1	0	0	1	0	1	1	0	0	1	1
5	1	×	0	1	0	1	1	1	0	1	1	0	1	1
6	1	×	0	1	1	0	1	0	0	1	1	1	1	1
7	1	×	0	1	1	1	1	1	1	1	0	0	0	0
8	1	×	1	0	0	0	1	1	1	1	1	1	1	1
9	1	×	1	0	0	1	1	1	1	1	0	0	1	1

9.4.3 加法器结构及功能

加法运算是数字系统中的基本运算，能实现加法功能的电路称为“加法器”。

（1）半加器

能实现两个一位二进制数相加，不考虑低位进位的运算电路称为“半加器”。半加器的运算：设一位二进制半加器被加数为 A，加数为 B，本位之和为 S_i，向高一位的进位为 C_i，可以用如表 9.16 所示的真值表表示。

根据真值表，可以得到半加器的"和"表达式：$S_i = \overline{A}B + A\overline{B} = A \oplus B$；"进位"表达式：$C_i = AB$。如图 9.25（a)、（b）所示分别为半加器的逻辑电路和逻辑符号。

表 9.16　半加器真值表

A	B	S_i	C_i
0	0	0	0
0	1	1	0
1	0	1	0
1	1	0	1

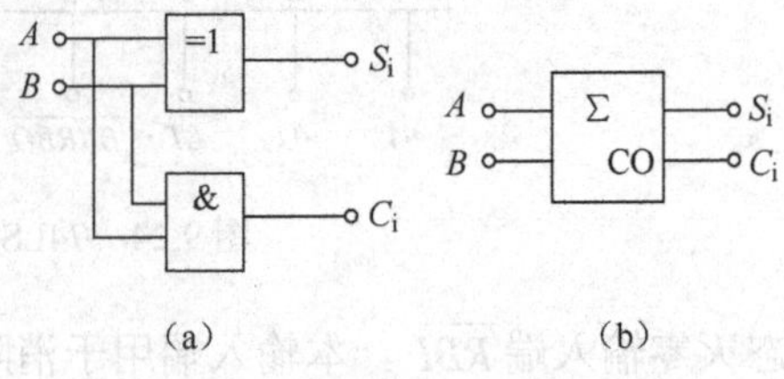

图 9.25　半加器的逻辑电路和逻辑符号

（2）全加器

不仅考虑两个数的相加，而且考虑低位的进位运算的电路称为"全加器"。全加器的运算可以用表 9.17 所示的真值表表示。如图 9.26 所示为全加器的逻辑符号。

表 9.17　全加器真值表

A	B	C_{i-1}	S_i	C_i
0	0	0	0	0
0	0	1	1	0
0	1	0	1	0
0	1	1	0	1
1	0	0	1	0
1	0	1	0	1
1	1	0	0	1
1	1	1	1	1

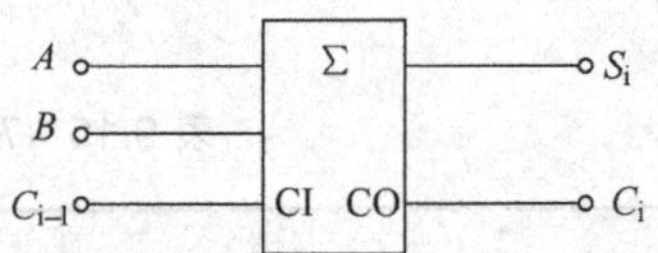

图 9.26　全加器逻辑符号

根据真值表，可以得到全加器的"和"与"进位"表达式为

$$
\begin{aligned}
S_i &= \overline{A}\,\overline{B}C_{i-1} + \overline{A}B\overline{C}_{i-1} + A\overline{B}\,\overline{C}_{i-1} + ABC_{i-1} \\
&= \overline{A}(\overline{B}C_{i-1} + B\overline{C}_{i-1}) + A(\overline{B}\,\overline{C}_{i-1} + BC_{i-1}) \\
&= A \oplus B \oplus C_{i-1}
\end{aligned}
$$

$$
\begin{aligned}
C_i &= \overline{A}BC_{i-1} + A\overline{B}C_{i-1} + AB\overline{C}_{i-1} + ABC_{i-1} \\
&= C_{i-1}(\overline{A}B + A\overline{B}) + AB = C_{i-1}(A \oplus B) + AB
\end{aligned}
$$

*任务 9.5　相关知识扩展

【工作任务及任务要求】　了解数据选择器和分配器的结构、功能及应用，掌握数字电路的一般故障检测方法。

知识摘要：

- 数据选择器和分配器结构及功能
- 用译码器实现组合逻辑函数
- 用数据选择器实现组合逻辑函数

➢ 数字电路的一般故障检测方法

任务目标：

➢ 掌握数据选择器和分配器功能及其检测

➢ 掌握数字电路常见故障的检测方法

9.5.1 数据选择器和分配器结构及功能

在多路数据传送中，需要挑选出一路来传送，这就需要“数据选择器”。而数据分配则是数据选择的逆过程。

（1）数据选择器

数据选择器是根据输入的地址，从多路数据中选出一路作为输出的电路。输入端分为两类：地址输入端和数据输入端。如果是 4 选 1 的数据选择器，则有 2 个（$2^2=4$）地址输入端。同理，8 选 1 的数据选择器，则有 3 个（$2^3=8$）地址输入端。常用的 8 选 1 的数据选择器 74LS151 芯片引脚如图 9.27 所示，其功能表如表 9.18 所示。

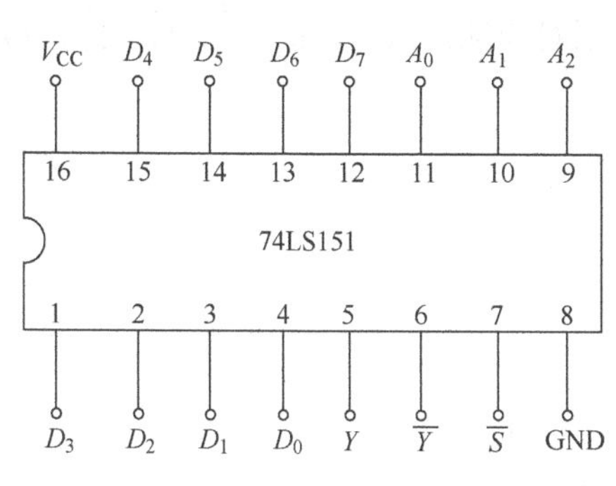

图 9.27 74LS151 引脚图

表 9.18 74LS151 功能表

输入					输出	
$\overline{S}$	A_2	A_1	A_0	D	Y	$\overline{Y}$
1	×	×	×	×	0	1
0	0	0	0	D_0	D_0	$\overline{D_0}$
0	0	0	1	D_1	D_1	$\overline{D_1}$
0	0	1	0	D_2	D_2	$\overline{D_2}$
0	0	1	1	D_3	D_3	$\overline{D_3}$
0	1	0	0	D_4	D_4	$\overline{D_4}$
0	1	0	1	D_5	D_5	$\overline{D_5}$
0	1	1	0	D_6	D_6	$\overline{D_6}$
0	1	1	1	D_7	D_7	$\overline{D_7}$

由功能表 9.18 可知：

① 当 $\overline{S}=1$ 时，数据选择器不工作，禁止数据输入，输出 $Y=0$。

② 当 $\overline{S}=0$ 时，数据选择器工作，允许数据选通，输出逻辑表达式为

$$Y=\overline{A_2}\,\overline{A_1}\,\overline{A_0}D_0+\overline{A_2}\,\overline{A_1}A_0D_1+\overline{A_2}A_1\overline{A_0}D_2+\overline{A_2}A_1A_0D_3+A_2\overline{A_1}\,\overline{A_0}D_4+$$
$$A_2\overline{A_1}A_0D_5+A_2A_1\overline{A_0}D_6+A_2A_1A_0D_7$$

（2）数据分配器

数据分配器有一个输入端，多个输出端，其工作原理是数据选择器的逆过程。它根据输入的地址，将一路输入数据分配到多路接收设备中的某一路输出。通常可以用译码器来实现数据分配的功能，将译码器的使能端作为数据输入端，二进制代码输入端作为地址端即可。用 74LS138 实现数据分配器的电路如图 9.28 所示。

9.5.2 用译码器实现组合逻辑函数

由于译码器的每一个输出对应一个最小项，所以用译码器和门电路可以很方便地实现函数。

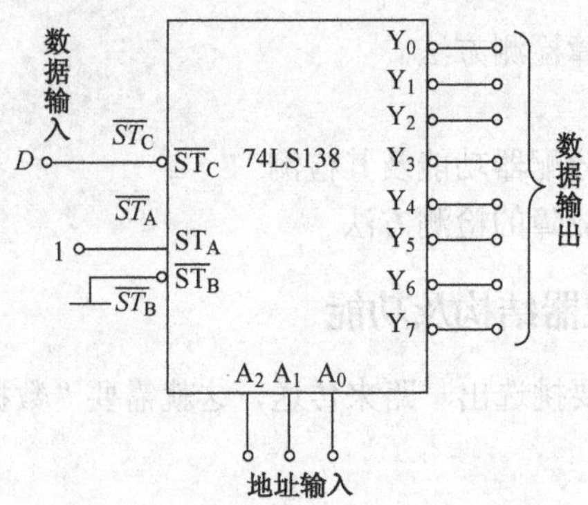

图 9.28 用 74LS138 实现数据分配器示意图

【例 9.7】 实现函数 $Y = \overline{A}\,\overline{B}C + \overline{A}BC + A\overline{B}$ 。

首先，将式子化成最小项表达式为

$$Y = \overline{A}\,\overline{B}C + \overline{A}BC + A\overline{B}(C + \overline{C}) = \overline{A}\,\overline{B}C + \overline{A}BC + A\overline{B}\,\overline{C} + A\overline{B}C$$

$$= \overline{\overline{\overline{A}\,\overline{B}C + \overline{A}BC + A\overline{B}\,\overline{C} + A\overline{B}C}} = \overline{\overline{\overline{A}\,\overline{B}C}\quad\overline{\overline{A}BC}\quad\overline{A\overline{B}\,\overline{C}}\quad\overline{A\overline{B}C}}$$

然后设译码器的输入端 $A_2 = A$，$A_1 = B$，$A_0 = C$，则对应输出端 $Y = \overline{\overline{Y_1}\quad\overline{Y_3}\quad\overline{Y_4}\quad\overline{Y_5}}$，接线图如图 9.29 所示。

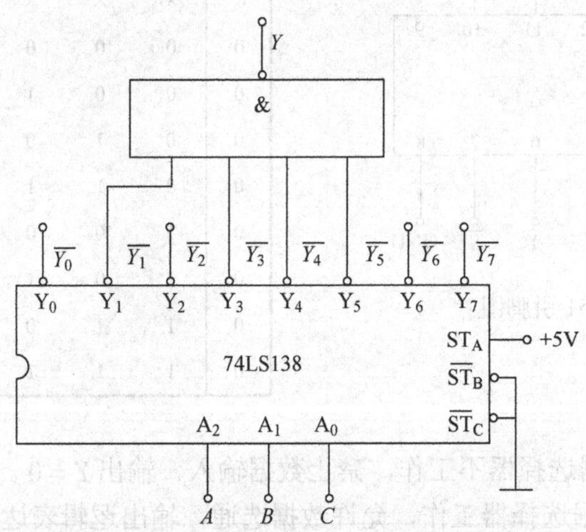

图 9.29 译码器实现逻辑函数接线示意图

9.5.3 用数据选择器实现组合逻辑函数

由于数据选择器的输出表达式是一个变量最小项之和的形式，所以用数据选择器可以很方便地实现函数。

【例 9.8】 实现函数 $Y = AB + BC$ 。

首先，将式子化成最小项表达式为

$$Y = AB + BC = AB(C + \overline{C}) + (A + \overline{A})BC = ABC + AB\overline{C} + \overline{A}BC$$

然后将此式子与 8 选 1 的数据选择器输出表达式比较，上式中出现最小项的，则该项数据 D 即为 1；没有出现的数据项即为 0。即 $D_3 = D_6 = D_7 = 1$，$D_0 = D_1 = D_2 = D_4 = D_5 = 0$，接

线图如图 9.30 所示。

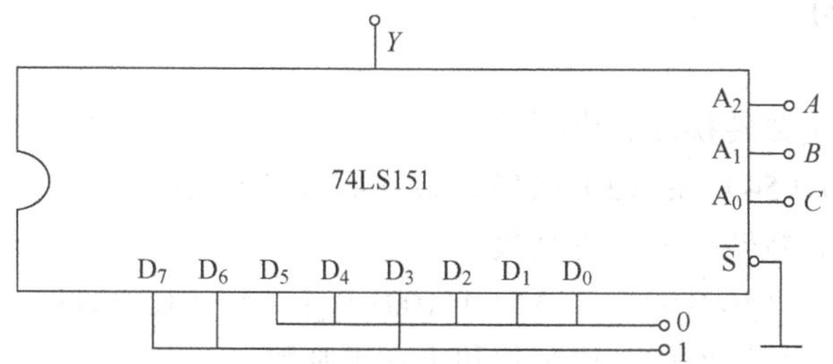

图 9.30 数据选择器实现逻辑函数接线示意图

9.5.4 数字电路的一般故障检测方法

数字电路通常由多个模块组成，结构复杂。实际中也经常出现故障，所以下面介绍查找故障的一般方法。

（1）直观检查法

观察电路中的接线和焊点是否有松动或脱落；器件是否有松动和变色；特别是通电后是否有异常现象，如有元件发烫、有器件烧毁产生异味或冒烟等。

（2）元件取代法

初步确定电路的某一部分元件有故障后，也可以用相同型号的器件进行替换，从而排除故障。

（3）参数比较法

为了快速确定故障所在点，可以通过测试电路中关键点的电压、电流及观测波形等办法来进行，将测试的参数和正常参数进行比较，从而确定故障。

项目小结

1．数字信号在时间和幅度上都是不连续、离散的，在数字电路中通常采用二进制数。本项目中还介绍了其他常用的进制：十进制、八进制、十六进制，以及它们之间的转换。

2．数字电路主要研究输入信号和输出信号之间的逻辑关系，分析工具为逻辑代数。逻辑关系的主要表示方法有真值表、逻辑函数、逻辑图、波形图和卡诺图等。

3．基本的逻辑关系有与、或、非。在此基础上形成复合的逻辑关系有与非、或非、异或等。

4．正确应用逻辑的基本定律、规则进行化简，是逻辑电路设计的基本技能。

5．组合逻辑电路的特点：任何时候的输出只和该时刻的输入有关，不具有记忆功能。电路的基本单元是逻辑门电路。

6．组合逻辑电路的分析方法：根据电路图写出表达式→化简表达式→列出真值表→说明电路功能。组合逻辑电路的设计方法：根据要求列出真值表→写出表达式→化简表达式→画出逻辑图。

7．本项目主要介绍了常用的集成组合逻辑电路——编码器、译码器、加法器等的功能、应用及其功能检测方法。

8．数字电路常见故障的检测方法：直观检查法、元件替代法、参数比较法等。

思考与练习

9.1　将下列十进制数转换成二进制数。

（1）$(12)_{10}$；（2）$(54)_{10}$；（3）$(115)_{10}$；（4）$(228)_{10}$。

9.2　将下列二进制数转换成十进制数。

（1）$(1100)_2$；（2）$(10010)_2$；（3）$(111001)_2$；（4）$(1011111)_2$。

9.3　将下列二进制数转换成八进制数和十六进制数。

（1）$(1010)_2$；（2）$(10110)_2$；（3）$(110100)_2$；（4）$(1111111)_2$。

9.4　将下列八进制数或十六进制数转换成二进制数和十进制数。

（1）$(65)_8$；（2）$(123)_8$；（3）$(4F)_{16}$；（4）$(AD)_{16}$。

9.5　证明下列恒等式成立。

（1）$AB+\overline{A}C+BC=AB+\overline{A}C$；

（2）$A\oplus B=\overline{A}\oplus\overline{B}$；

（3）$(A+\overline{C})(B+\overline{D})(B+D)=AB+B\overline{C}$。

9.6　化简下列各式。

（1）$Y=AC+ADE+\overline{C}D$；

（2）$Y=\overline{A\overline{\overline{C}}}B+\overline{A\overline{C}+B}+BC$；

（3）$Y=\overline{A}\,\overline{B}\,\overline{C}+B\overline{C}+A\overline{C}$；

（4）$Y=A+ABC+\overline{B}C+BC$；

（5）$Y=\overline{\overline{(A+B+\overline{C})}\,\overline{C}D}+(B+\overline{C})(A\overline{B}D+\overline{B}\,\overline{C})$。

9.7　根据下列逻辑表达式，画出如图 9.31 所示输入波形的输出波形图。

（1）$Y=AB$；

（2）$Y=A+C$；

（3）$Y=A(B+C)$。

图 9.31　题 9.7 图

9.8　试设计能实现下列表达式的逻辑电路图。

（1）$Y=A(B+C)+BC$；

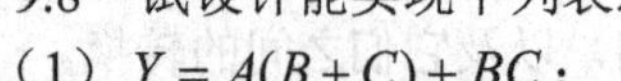

（2）$Y=\overline{A\overline{B+\overline{C}}}$。

9.9　根据如图 9.32 所示逻辑电路图，写出其逻辑表达式并化简。

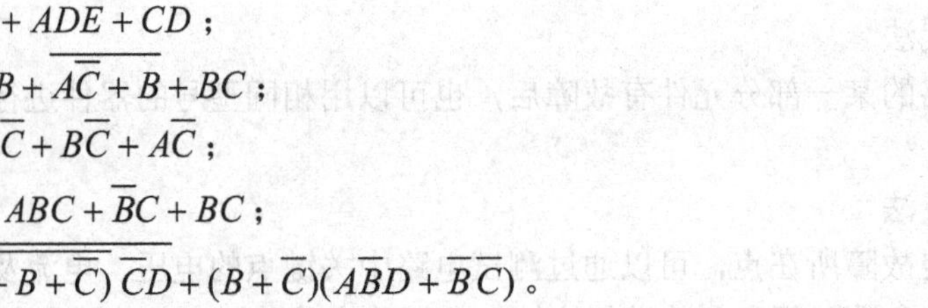

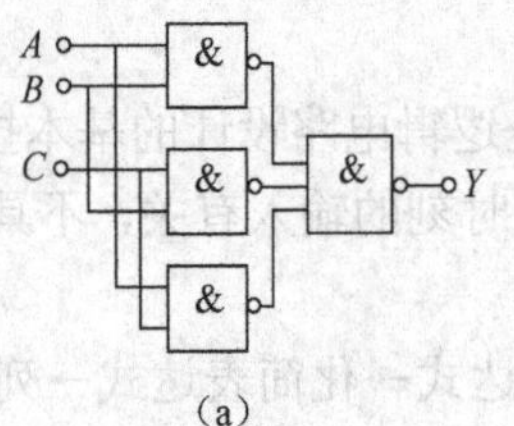

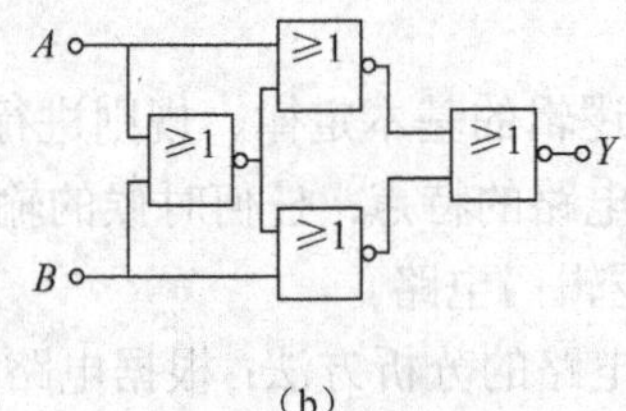

图 9.32　题 9.9 图

9.10　试分析如图 9.33 所示电路的逻辑功能。

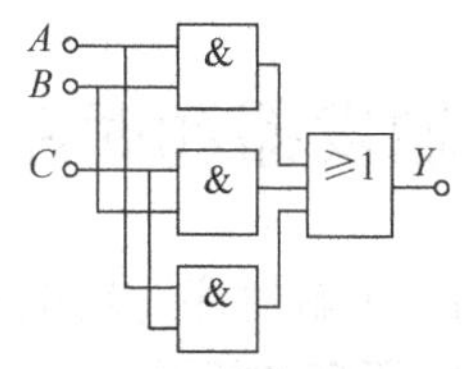

图 9.33　题 9.10 图

9.11　有一组交通信号灯共三个，若灯都不亮或两个以上的灯同时亮，都认为是故障。试设计出该逻辑电路。

9.12　试设计一个判断电路，当三个输入中有奇数 1 个时，输出为 1；否则输出为 0。

9.13　写出如图 9.34 所示电路的编码输出 $\overline{Y_2}\,\overline{Y_1}\,\overline{Y_0}$ 。

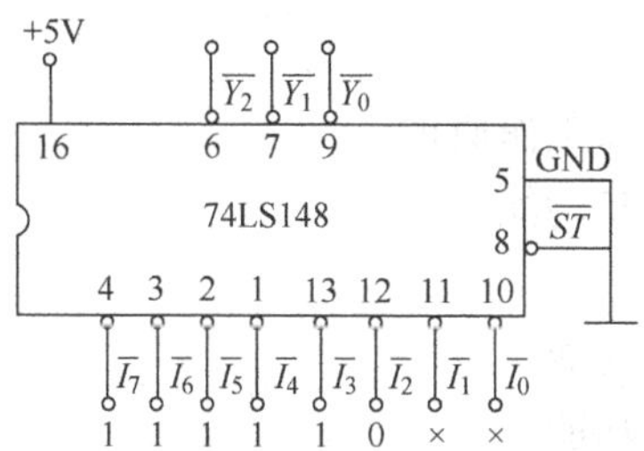

图 9.34　题 9.13 图

9.14 写出如图 9.35 所示电路的译码输出。

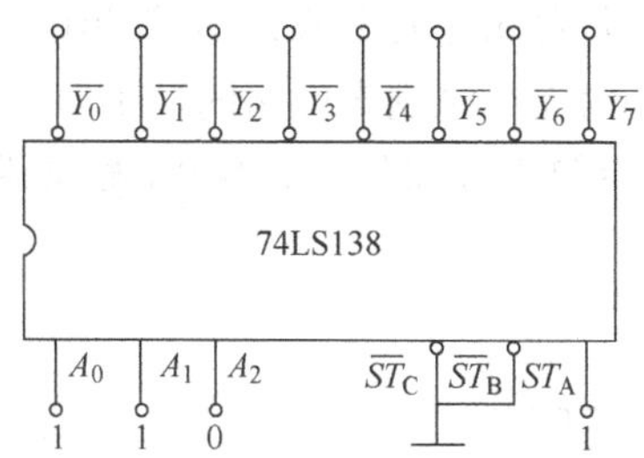

图 9.35　题 9.14 图

9.15　根据半加器的原理，试设计一个半减器。

9.16　用译码器 74LS138 实现下列函数，并画出接线图。

（1） $Y = \overline{A}BC + AB\overline{C} + ABC$ ；

（2） $Y = \overline{A}\,\overline{B} + \overline{A}BC + ABC$ 。

9.17　用数据选择器 74LS151 实现下列函数，并画出接线图。

（1） $Y = \overline{A}\,\overline{B}C + \overline{A}BC + AB\overline{C} + ABC$ ；

（2） $Y = \overline{A}BC + A\overline{B} + ABC$ 。

项目 10　触发器和时序逻辑电路

【学习目标】　通过本项目的学习，了解时序逻辑电路的组成与特点，理解触发器的工作原理，掌握计数器、寄存器及存储器的原理和设计。

【能力目标】　通过本项目的学习，掌握时序逻辑电路的特点、触发器的原理，能应用触发器设计和分析相关的时序逻辑电路。

任务 10.1　认识触发器

【工作任务及任务要求】　了解基本 RS 触发器的原理，掌握基本 RS 触发器和可控触发器的功能。

知识摘要：

- 基本 RS 触发器的组成和工作原理
- 可控 RS 触发器的组成和功能

任务目标：

- 掌握基本 RS 触发器的功能
- 掌握可控 RS 触发器的功能

10.1.1　基本 RS 触发器的组成及工作原理

（1）基本 RS 触发器的组成

在数字系统中，除了能够进行逻辑运算和算术运算的组合逻辑电路外，还需要具有存储功能的时序逻辑电路。触发器是构成时序逻辑电路的最小单元，它能够存储 1 位的二进制代码。基本 RS 触发器是构成触发器的核心部分。基本 RS 触发器由 2 个与非门构成，如图 10.1 所示。

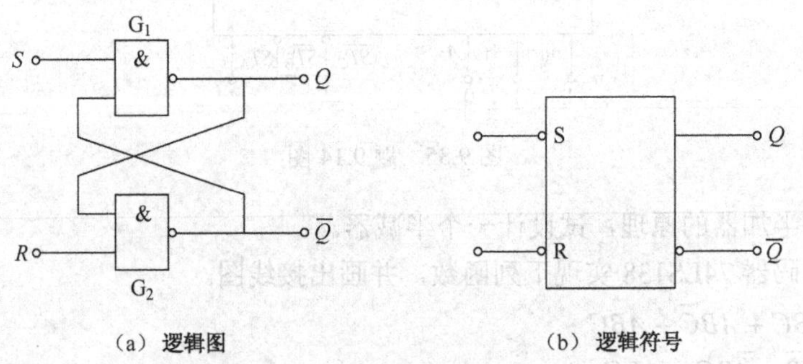

（a）逻辑图　　（b）逻辑符号

图 10.1　与非门组成的基本 RS 触发器

（2）基本 RS 触发器的工作原理

由图 10.1 可知，基本 RS 触发器的逻辑表达式为

$$Q=\overline{S\overline{Q}} \tag{10.1}$$

$$\overline{Q}=\overline{RQ} \tag{10.2}$$

根据输入信号 R、S 的状态不同，可以得到以下 4 种基本 RS 触发器的工作状态：

① $R=1$，$S=0$ 状态。当 $R=1$，$S=0$ 时，由式（10.1）可知，此时 Q 为 1，称触发器置

1 状态。由于决定触发器置 1 状态由输入端 S 决定，所以称 S 为“置 1 端（低电平有效）”。

② $R=0$，$S=1$ 状态。当 $R=0$，$S=1$ 时，由式（10.2）可知，此时 Q 为 0，称触发器置 0 状态。由于决定触发器置 0 状态由输入端 R 决定，所以称 R 为“置 0 端（低电平有效）”。

③ $R=S=1$ 状态。当 $R=S=1$ 时，由式（10.1）和（10.2）可知，此时 Q 的状态保持不变，直到 R 端或 S 端出现低电平，Q 才发生变化。所以，可以看出基本的 RS 触发器在 $R=S=1$ 时具有对上一个状态输出有记忆存储（保持原状态）作用。

④ $R=S=0$ 状态。当 $R=S=0$ 时，由式（10.1）和（10.2）可知，此时两个与非门的输出端全为 1，这时触发器处于不正常的工作状态。在两个输入信号都同时撤去（回到 1）后，由于两个与非门的延迟时间无法确定，触发器的状态不能确定是 1 还是 0，因此称这种情况为不定状态，这种情况应当避免，即不允许 R 与 S 同时收到触发信号（也就是二者不能同时为 0）。

表 10.1　由 2 个与非门构成的基本 RS 触发器功能表

R	S	Q
1	0	1
0	1	0
1	1	保持不变
0	0	不确定

【例 10.1】 基本 RS 触发器的 R、S 波形如图 10.2 所示，试画出 Q 和 $\bar{Q}$ 的波形。触发器的原始状态为 $Q=0$，$\bar{Q}=1$。

解： 根据题意，画出 Q 和 $\bar{Q}$ 的波形如图 10.2 所示。

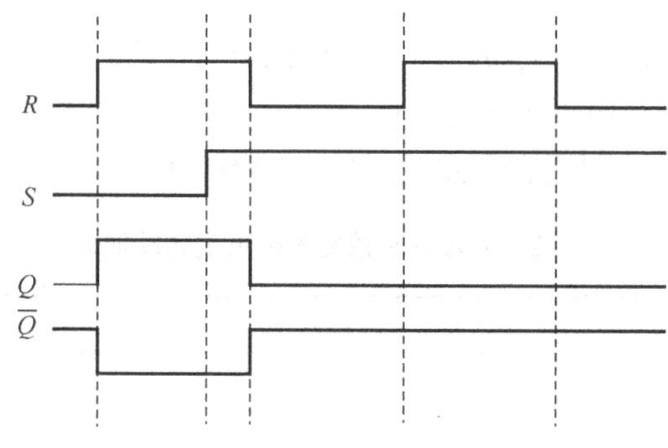

图 10.2　例 10.1 图

由基本 RS 触发器逻辑功能表可知，当 $R=1$，$S=0$ 时基本 RS 触发器处于置 1 状态，因此输出端 Q 翻转为 1；在 $R=S=1$ 时，触发器处于保持不变状态，因此输出端 Q 保持前一状态，即 $Q=1$；在 $R=0$，$S=1$ 时，触发器处于置 0 状态，因此输出端 Q 从 1 翻转为 0。

10.1.2　可控 RS 触发器的组成及功能

（1）同步 RS 触发器

虽然基本 RS 触发器具有记忆存储功能，但它的输出状态直接由输入端 R、S 决定。在数字处理系统中，常常需要系统中的触发器能够在规定的时刻按各自的输入信号所决定的状态同步触发翻转，这时可以加入一个 CP 脉冲信号来决定。与非门组成的同步 RS 触发器如图 10.3 所示。

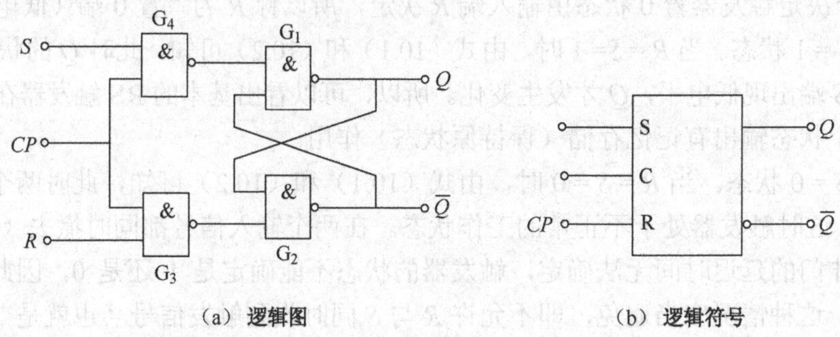

（a）逻辑图　　（b）逻辑符号

图 10.3　与非门组成的同步 RS 触发器

由图可知，当 CP 脉冲为 0 时，G_3 和 G_4 两个与非门的输出 Q_3、Q_4 为 1；G_1、G_2 所组成的基本 RS 触发器，Q_3 和 Q_4 就作为它的输入端。此时基本 RS 触发器为保持状态，即不论输入端 R、S 变化为何值，对输出端都没有影响。

当 CP 脉冲为 1 时，G_3 和 G_4 两个与非门的输出 Q_3、Q_4 由输入端 R 和 S 所决定，此时基本 RS 触发器的输出端状态由输入信号 R 和 S 决定。由此可见，控制了 CP 脉冲的触发时间，就控制了输入信号对输出信号的影响，CP 脉冲可看成一个输入信号是否对输出信号产生影响的控制开关。同步 RS 触发器的逻辑表达式如式（10.3）和式（10.4）所示（CP 脉冲信号为 1 时）。

$$Q^{n+1}=\overline{\overline{S}\,\overline{Q}^{n}} \tag{10.3}$$

$$\overline{Q^{n+1}}=\overline{\overline{R}Q^{n}} \tag{10.4}$$

在式（10.3）和式（10.4）中，Q^n 为触发器的“现态”，Q^{n+1} 为触发器的“次态”。从式（10.3）和式（10.4）中可以看出当 $R=S=1$ 时，触发器为不定状态，应当避免。

根据以上分析，同步 RS 触发器电路的逻辑功能表如表 10.2 所示。

表 10.2　同步 RS 触发器电路逻辑功能表

S	R	Q^n	Q^{n+1}
0	0	0	0
		1	1
0	1	0	0
		1	0
1	0	0	1
		1	1
1	1	—	输出状态不定

【例 10.2】　同步 RS 触发器的 R、S、CP 波形如图 10.4 所示，试画出 Q 和 $\overline{Q}$ 的波形。触发器的原始状态为 $Q=0$，$\overline{Q}=1$。

解： 根据 RS 触发器工作原理和已知条件，画出 Q 和 $\overline{Q}$ 的波形，如图 10.4 所示。

同步 RS 触发器的输入端 R 和 S 受到 CP 脉冲的控制。由图 10.4 可知，CP 的第一个脉冲作用时，当 CP 脉冲为 1 时，$R=0$，$S=1$，使 $Q_3=1$、$Q_4=0$，同步 RS 触发器输出端 Q 变为 1；当 CP 脉冲为 0 时，$Q_3=1$、$Q_4=1$，触发器输出端 Q 保持前一状态不变（Q 为 1）；CP 的第三个脉冲作用时，当 CP 脉冲为 1 时，$R=1$，且 $S=0$，使 $Q_3=0$、$Q_4=1$，触发器输出端变为 0。

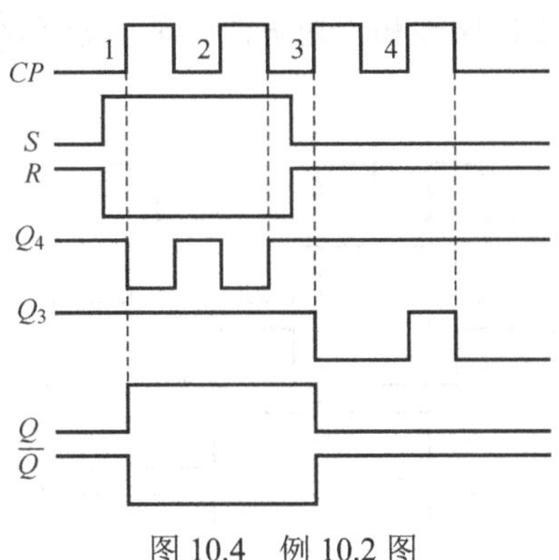

图 10.4　例 10.2 图

通过例 10.2 可知，CP 脉冲控制了触发器输入端 R 和 S，只有在 CP 脉冲为 1 时，输出端才能接收到输入端的变化，而当 CP 为 0 时，$Q_3=1$ 和 $Q_4=1$ 输出信号保持不变。由于输入端 R 和 S 是通过与非门与基本 RS 触发器相连的，所以同步 RS 触发器的置 1 端 S 和置 0 端 R 变为高电平有效。

（2）主从触发器

主从触发器结构如图 10.5 所示。主从触发器由两个同步触发器组成，这两个同步触发器分别是主触发器和从触发器。主触发器与输入端相连，用于直接接受输入信号，其状态由输入信号 R、S 决定。从触发器与输出端相连，其输出信号由主触发器的输出信号决定。

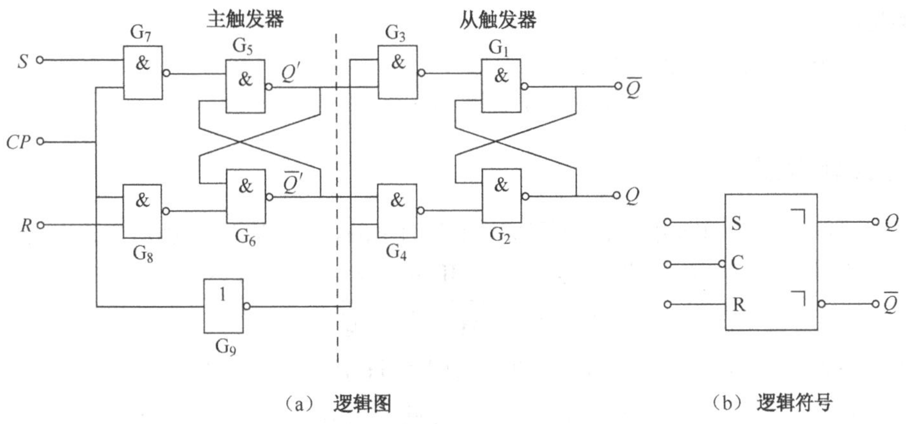

（a）逻辑图　　　　（b）逻辑符号

图 10.5　与非门组成的主从 RS 触发器

当 CP 脉冲为 1 状态时，主触发器通过 G_7 和 G_8 接收输入信号 R、S 的状态，并通过 G_5、G_6 得到主触发器的输出信号。主触发器的输出信号 Q' 和 $\bar{Q}'$ 由输入信号决定。此时，CP 脉冲通过非门 G_9 后得到状态为 0 的控制脉冲，使从触发器的输出信号不受主触发器影响被封锁。

当 CP 脉冲由 1 跳变到 0 时，主触发器被封锁，其输入信号 R、S 不能影响到主触发器的输出状态。此时，CP 脉冲经过非门 G_9 后变为 1，使从触发器能够接收主触发器的信号，输出端 Q 和 $\bar{Q}$ 由主触发器的输出端 Q' 和 $\bar{Q}'$ 决定。从触发器的翻转是在 CP 由 1 变 0 时刻（CP

的下降沿）发生的，CP 一旦达到 0 电平后，主触发器被封锁，其状态不受 R、S 的影响，故从触发器的状态也不可能再改变，即它只在 CP 由 1 变 0 时刻触发翻转。

【例 10.3】 主从 RS 触发器的 R、S、CP 波形如图 10.6 所示，试画出 Q 和 $\overline{Q}$ 的波形。触发器的原始状态为 $Q=0$，$\overline{Q}=1$。

解：根据主从 RS 触发器工作原理和已知条件，画出 Q 和 $\overline{Q}$ 的波形，如图 10.6 所示。

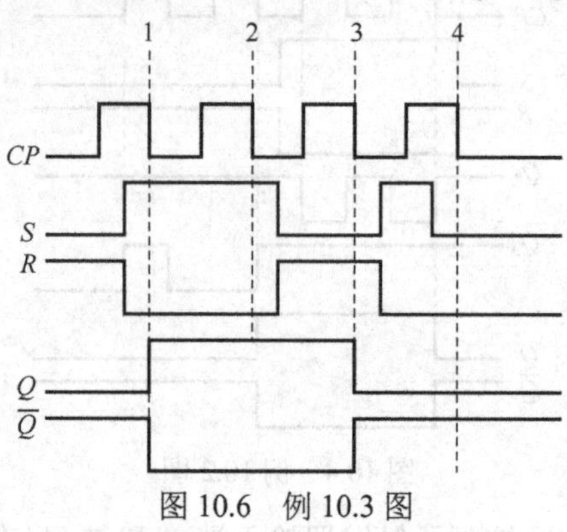

图 10.6 例 10.3 图

任务 10.2 常见 JK、D、T 触发器

【工作任务及任务要求】 了解 JK、D、T 触发器的结构，掌握 JK、D、T 触发器的功能及相互间的转换。

知识摘要：

- JK 触发器
- D 触发器
- T 触发器

任务目标：

- 掌握 JK、D、T 触发器的功能
- 掌握 RS、JK、D、T 触发器相互转换方式

10.2.1 JK 触发器

JK 触发器是在主从 RS 触发器的基础上改变而来的，其 CP 脉冲触发方式也为下降沿触发，如图 10.7 所示。当 CP 脉冲为下降沿时，JK 触发器的逻辑表达式为

$$Q^{n+1}=J\overline{Q^n}+\overline{KQ^n}Q^n=J\overline{Q^n}+\overline{K}Q^n \quad (10.5)$$

由式（10.5）可知，当 $J=1$，$K=0$ 时，$Q^{n+1}=1$；$J=0$，$K=1$ 时，$Q^{n+1}=0$；$J=K=1$ 时，$Q^{n+1}=\overline{Q^n}$；$J=K=0$ 时，$Q^{n+1}=Q^n$。由此可见，在 JK 触发器中不存在约束条件。JK 触发器电路逻辑功能表如表 10.3 所示。

表 10.3 JK 触发器电路逻辑功能表

J	K	Q^n	Q^{n+1}
0	0	0	0
		1	1
0	1	0	0
		1	0

续表

J	K	Q^n	Q^{n+1}
1	0	0	1
		1	1
1	1	0	1
		1	0

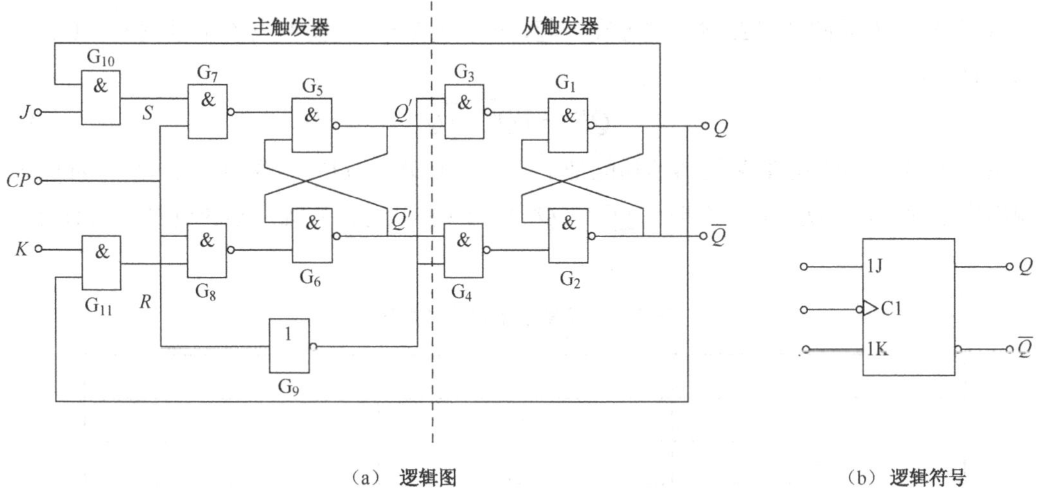

（a）逻辑图　　（b）逻辑符号

图 10.7　与非门组成的 JK 触发器

【例 10.4】　JK 触发器的 J、K、CP（下降沿有效）波形如图 10.8 所示，试画出 Q 和 $\overline{Q}$ 的波形。触发器的原始状态为 $Q=0$，$\overline{Q}=1$。

解：根据 JK 触发器工作原理和已知条件，画出 Q 和 $\overline{Q}$ 的波形，如图 10.8 所示。

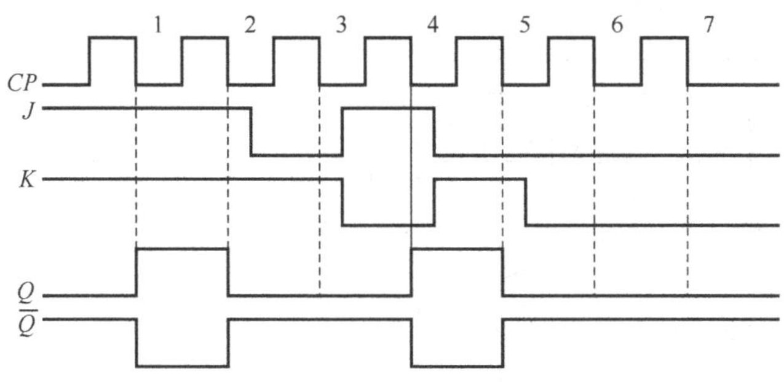

图 10.8　例 10.4 图

由 JK 触发器的逻辑功能表可知：

① 当第一个 CP 的下降沿到来时，JK 触发器在 $J=K=1$ 时，其逻辑功能为每输入一个脉冲输出状态改变一次，所以 $Q^n=0$，$Q^{n+1}=1$。

② 当第二个 CP 的下降沿到来时，$J=K=1$，所以同理可得 $Q^n=1$，$Q^{n+1}=0$。

③ 当第三个 CP 的下降沿到来时，JK 触发器在 $J=0$，$K=1$ 时，其逻辑功能为输出端与输入端 J 同状态，所以 $Q^n=0$，$Q^{n+1}=0$。

④ 当第四个 CP 的下降沿到来时，JK 触发器在 $J=1$，$K=0$ 时，其逻辑功能为输出端与

输入端 J 同状态，所以 $Q^n=0$，$Q^{n+1}=1$。

⑤ 当第五个 CP 的下降沿到来时，JK 触发器在 $J=0$，$K=1$ 时，其逻辑功能为输出端与输入端 J 同状态，所以 $Q^n=1$，$Q^{n+1}=0$。

⑥ 当第六个 CP 的下降沿到来时，JK 触发器在 $J=0$，$K=0$ 时，其逻辑功能为输出端保持不变，即 $Q^n=Q^{n+1}=0$。

10.2.2 T 触发器

若把 JK 触发器的 J 和 K 输入端连在一起，即 $J=K=T$，就形成了 T 触发器。T 触发器的逻辑表达式为

$$Q^{n+1}=T\overline{Q^n}+\overline{T}Q^n \tag{10.6}$$

由式（10.6）可知，T 触发器的功能是 $T=1$ 时（$Q^{n+1}=\overline{Q^n}$），每到一个 CP 脉冲的下降沿输出信号就翻转一次。$T=0$ 时（$Q^{n+1}=Q^n$）为保持状态。T 触发器的逻辑功能如表 10.4 所示。

表 10.4　T 触发器逻辑功能表

T	Q^n	Q^{n+1}
0	0	0
0	1	1
1	0	1
1	1	0

10.2.3 D 触发器

D 触发器如图 10.9 所示。

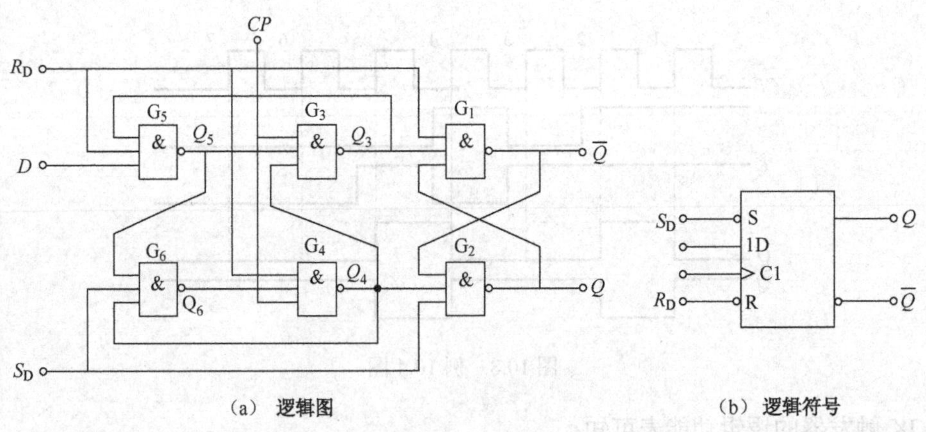

图 10.9　D 触发器

图中 R_D 和 S_D 分别是 D 触发器的置 0 端和置 1 端，R_D 和 S_D 直接接到基本 RS 触发器的输入端。当 $R_D=0$，$S_D=1$ 时，不论 D 为何种状态，输出端 $Q=0$，即触发器置 0；当 $R_D=1$，$S_D=0$ 时，不论 D 为何种状态，输出端 $Q=1$，即触发器置 1；R_D 和 S_D 通常称为“直接置 0 端”和“直接置 1 端”（低电平有效）。同时，在 D 触发器正常工作时，要把 R_D 和 S_D 置为高

电平。下面分析 D 触发器的工作原理（设此时 R_D 和 S_D 都已置为高电平）：

① $CP=0$ 时，与非门 G_3 和 G_4 被封锁，输出端 Q_3 和 Q_4 输出为 1；此时 Q_3 和 Q_4 又作为 G_5 和 G_6 的输入信号，使 G_5 和 G_6 打开，输入信号 D 进入 G_5，使 $Q_5=\overline{D}$，$Q_6=D$。

② 当 CP 由 0 变为 1 时，G_3 和 G_4 打开，Q_5 和 Q_6 能够通过 G_3 和 G_4 把输入信号 D 送到基本 RS 触发器中，此时 $Q_3=\overline{Q_5}=D$，$Q_4=\overline{Q_6}=\overline{D}$。由基本 RS 触发器的逻辑功能可知 $Q=D$。

任务 10.3　认识计数器

【工作任务及任务要求】　了解时序逻辑电路的分析和设计方法，掌握计数器、计时器的功能和设计。

知识摘要：

- 时序逻辑电路
- 计数器

任务目标：

- 掌握不同的计数器的设计方法
- 掌握计数器的常用集成电路芯片的功能及特点

10.3.1　时序逻辑电路

（1）时序逻辑电路的基本概念

时序逻辑电路在任一时刻的输出信号不仅与当时输入信号有关，而且还与电路的前一个输出状态有关。因此，时序逻辑电路由组合逻辑电路和存储电路两部分组成，如图 10.10 所示。

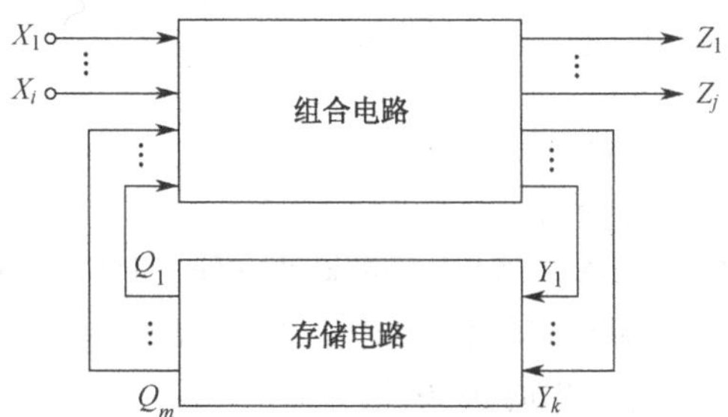

图 10.10　时序逻辑电路结构的框图

其中 X 为时序逻辑电路的输入信号，Z 为时序逻辑电路的输出信号，Y 为存储电路的输入信号，Q 为存储电路的输出信号。根据图 10.10 可以得到这些信号之间的逻辑关系为

$$Z=F_1（X，Q^n） \tag{10.7}$$

$$Y=F_1（X，Q^n） \tag{10.8}$$

$$Q^{n+1}=F_2（Y，Q^n） \tag{10.9}$$

式（10.7）称为“输出方程”；式（10.8）称为“存储电路的驱动方程”；式（10.9）称为“时序逻辑电路的状态方程”，其中 Q^{n+1} 称为“次态”，Q^n 称为“现态”。

（2）时序逻辑电路的分类

按照存储单元状态变化的特点，时序逻辑电路可以分成同步时序逻辑电路和异步时序逻辑电路两大类。

在同步时序逻辑电路中，所有触发器的状态变化都是在同一时钟信号作用下同时发生的。

而在异步时序逻辑电路中，各触发器状态的变化不是同时发生，而是有先有后的。异步时序逻辑电路根据电路的输入是脉冲信号还是电平信号，又可分为脉冲异步时序逻辑电路和电平异步时序逻辑电路。

（3）时序逻辑电路功能的描述方法

① 逻辑方程式。用输出方程、驱动方程和状态方程等三个方程来描述时序逻辑电路功能的方法称为“逻辑方程描述法”。

② 状态表。时序逻辑电路的状态表，就是通过表格的形式描述时序逻辑电路的输入信号、输出信号及现态之间的关系变化，如表 10.5 所示。

表 10.5 时序逻辑电路的状态表

输入 / 次态/输出 / 现态	X		
Q^n		Q^{n+1}/Z	

③ 状态图。用图形的方式表达时序逻辑电路状态转换及相应输入、输出取值关系的方法称为“状态图”，如图 10.11 所示。

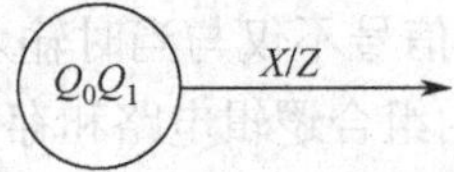

图 10.11 时序逻辑电路状态图

（4）时序逻辑电路的分析方法

时序逻辑电路的分析步骤可分为：

① 从给定的逻辑图中，写出每个触发器的驱动方程、时钟方程和电路的输出方程。

② 求电路的状态方程。把驱动方程代入相应触发器的特性方程，可求出每个触发器的次态方程，即电路的状态方程，并标出时钟条件。

③ 列出完整的状态转换真值表。画出状态转换图或时序图。依次假设初态，代入电路的状态方程，输出方程，求出次态。列出完整的状态转换真值表，简称状态转换表。

④ 确定时序电路的逻辑功能。

10.3.2 计数器

在数字电路中，能够记忆输入脉冲个数的电路称为“计数器”。计数器是一种累计脉冲个数的逻辑部件，它不仅用于计数，而且还用于计时、分频、产生节拍脉冲和脉冲系列等，用途非常广泛，几乎所有数字系统中都有计数器。

计数器可按多种方式来进行分类。按计数过程数字增减趋势，可分为加法计数器、减法计数器及加减均可的可逆计数器。按照进制方式不同，可分为二进制计数器、十进制计数器及任意进制计数器。根据各个计数单元动作的次序，又可将计数器分为同步计数器和异步计数器两大类。

（1）二进制计数器

① 二进制异步加法计数器。图 10.12 为 4 位二进制异步加法计数器。它由 4 个上升沿触发的 D 触发器所构成。由图可知，每个 D 触发器的清零端都与清零脉冲 CR 相连，在触发器正常工作前做清零，低电平有效。每个 D 触发器的输入端 D 与本触发器的 $\bar{Q}$ 输出端相连，同时 $\bar{Q}$ 又作为下一个 D 触发器的 CP 脉冲信号。计数脉冲 CP 与 FF_0 的 CP 脉冲输入端相连。

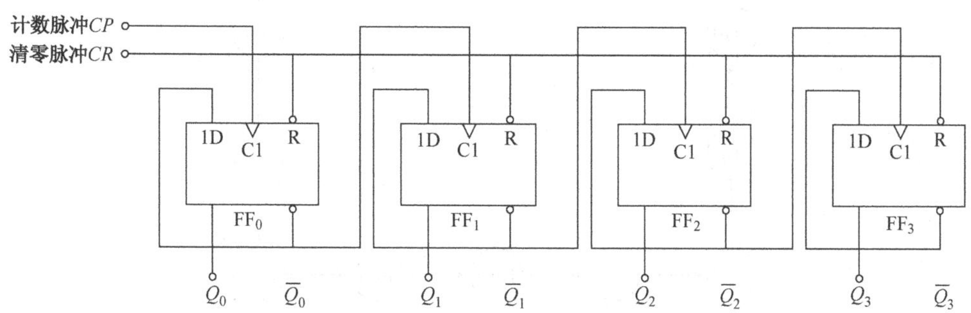

图 10.12　4 位二进制异步加法计数器

在计数器工作之前先对计数器进行清零（清零后保持 CR 为高电平），此时所有触发器的输出端 Q 为 0，$\bar{Q}$ 为 1。当计数脉冲 CP 的第一个上升沿到来时，FF_0 触发开始工作，根据 D 触发器的逻辑表达式可知，$Q_0 = D_0 = 1$，$\bar{Q}_0$ 从 1 翻转为 0，D_0 也从 1 翻转为 0。对于 FF_1 触发器，$\bar{Q}_0$ 为下降沿，所以 FF_1 触发器不工作，输出保持不变。以此类推，FF_2、FF_3 都不触发，输出保持不变。

当计数脉冲的第二个上升沿到来时，FF_0 触发工作，根据 D 触发器的逻辑表达式可知，此时 $Q_0 = D_0 = 0$，$\bar{Q}_0$ 从 0 又翻转为 1，D_0 也从 0 翻转为 1。此时对于 FF_1 触发器，$\bar{Q}_0$ 为上升沿，所以 FF_1 触发器触发工作，$Q_1 = D_1 = 1$，$\bar{Q}_1$ 从 1 翻转为 0，D_1 也从 1 翻转为 0。此时对于 FF_2 触发器，$\bar{Q}_1$ 为下降沿，所以 FF_2 触发器输出保持不变，FF_3 也不触发，输出保持不变。根据以上分析不难得出 4 位的二进制异步加法计数器的时序图和状态图，如图 10.13、图 10.14 所示。

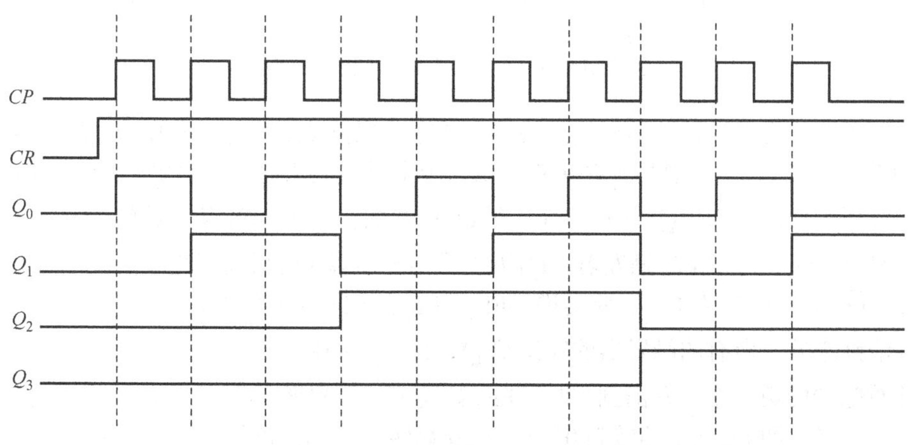

图 10.13　4 位二进制异步加法计数器时序图

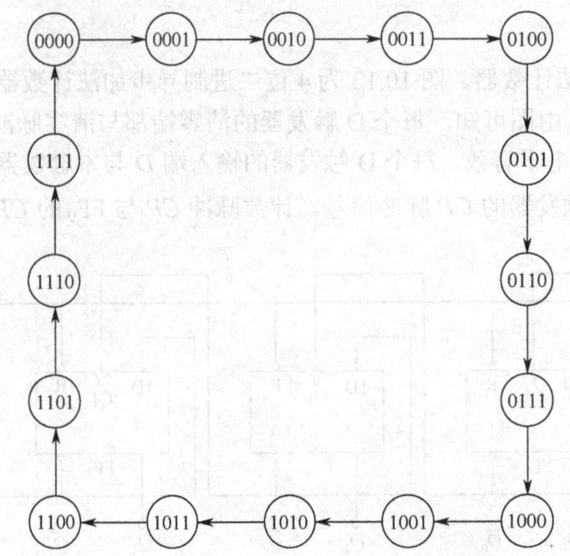

图 10.14　4 位二进制异步加法计数器状态图

② 二进制异步减法计数器。图 10.15 为 4 位二进制异步减法计数器，它由 4 个上升沿触发的 D 触发器所构成。由图可知，每个 D 触发器的清零端都与清零脉冲 CR 相连，在触发器正常工作前做清零，低电平有效。每个 D 触发器的输入端 D 与本触发器的 $\bar{Q}$ 输出端相连，同时每个触发器的输出端 Q 作为下一个 D 触发器的 CP 脉冲信号。计数脉冲 CP 与 FF_0 的 CP 脉冲输入端相连。

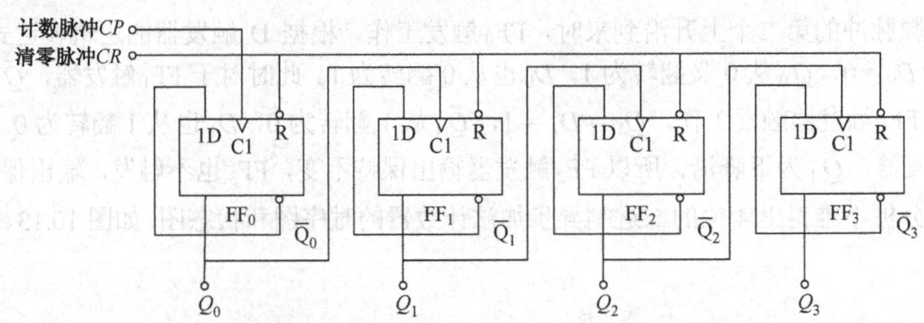

图 10.15　4 位二进制异步减法计数器

在计数器工作之前先对计数器进行清零（清零后保持 CR 为高电平），此时所有触发器的输出端 Q 为 0，$\bar{Q}$ 为 1。当计数脉冲 CP 的第一个上升沿到来时，FF_0 触发开始工作，根据 D 触发器的逻辑表达式可知，$Q_0 = D_0 = 1$，即 Q_0 从 0 翻转为 1，$\bar{Q}_0$ 从 1 翻转为 0，此时 D_0 也随之从 1 翻转为 0。对于 FF_1 触发器，Q_0 为上升沿，所以 FF_1 触发器也触发工作，即 Q_1 从 0 翻转为 1，$\bar{Q}_1$ 从 1 翻转为 0。以此类推，FF_2、FF_3 状态与 FF_1 触发器一样。当第一个 CP 脉冲的上升沿到来后，所有的触发器的输出端 $Q=1$，$\bar{Q}=0$。

当计数脉冲的第二个上升沿到来时，FF_0 触发工作，根据 D 触发器的逻辑表达式可知，此时 $Q_0 = D_0 = 0$，即 Q_0 从 1 翻转为 0，$\bar{Q}_0$ 从 0 翻转为 1，D_0 也从 0 翻转为 1。此时对于 FF_1 触发器，Q_0 为下降沿，所以 FF_1 触发器不工作，$Q_1 = D_1 = 1$。此时对于 FF_2 触发器，Q_1 为下降沿，所以 FF_2 触发器输出保持不变，FF_3 也不触发，输出保持不变。根据以上分析不难得出

4 位二进制异步减法计数器的时序图和状态图，如图 10.16、图 10.17 所示。

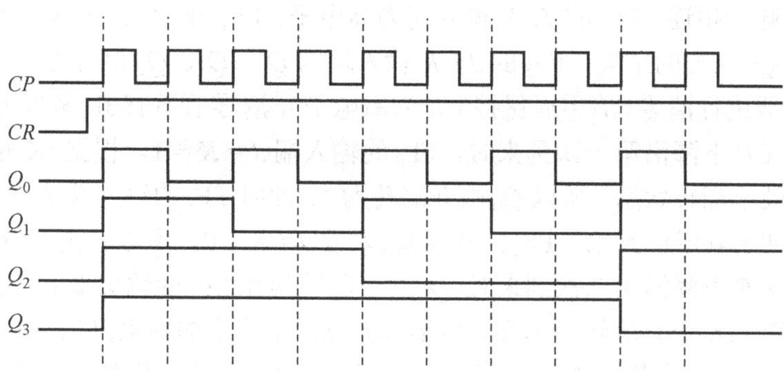

图 10.16　4 位二进制异步减法计数器时序图

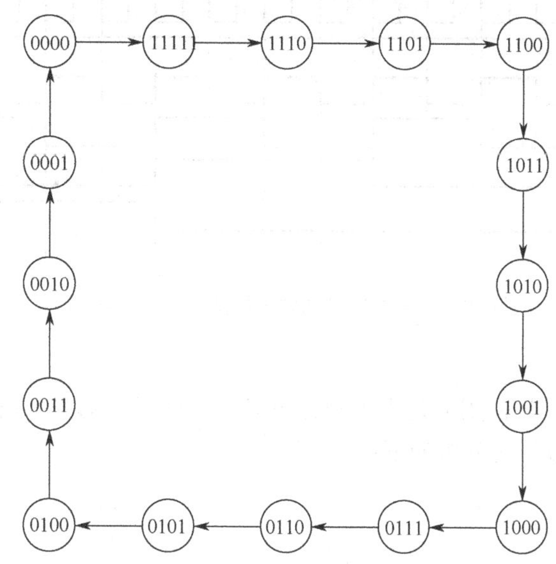

图 10.17　4 位二进制异步减法计数器状态图

③ 二进制同步加法计数器。4 位二进制同步加法计数器如图 10.18 所示。同步计数器的计数脉冲同时接于各位触发器的时钟脉冲输入端，当计数器脉冲到来时，应该翻转的触发器同步翻转，同步翻转可以使计数器计数速度得到提高。二进制同步加计数器原理分析如下：

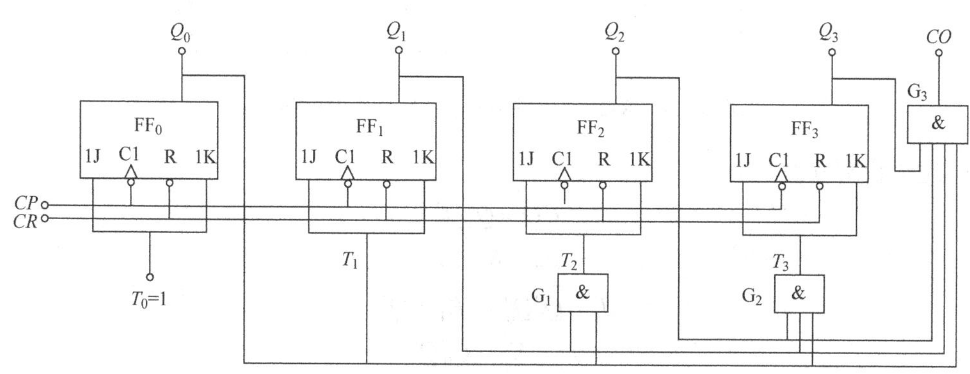

图 10.18　4 位二进制同步加法计数器

4 位二进制同步加法计数器由 4 个 JK 触发器组成（下降沿有效），所有 JK 触发器的 CP 脉冲端都与计数脉冲相连。FF_0 的 J、K 输入端为高电平；FF_1 的 J、K 输入端为 Q_0，FF_2 的 J、K 输入端为 Q_0、Q_1 相与的结果；FF_3 的 J、K 输入端为 Q_0、Q_1、Q_2 相与的结果。在计数器工作之前先对计数器进行清零（清零后保持 CR 为高电平），清零后所有 JK 触发器输出端 $Q=0$。

当计数脉冲 CP 下降沿第一次到来时，FF_0 的输入端 $J=K=1$，根据 JK 触发器的逻辑功能可知，触发器处于翻转状态，所以 Q_0 由 0 翻转为 1；此时 FF_1 的输入端 J、K 由 0 翻转为 1，等待下次 CP 脉冲下降沿的到来；FF_2、FF_3 的输入端 $J=K=0$，所以输出保持 0 不变。

当计数脉冲 CP 下降沿第二次到来时，Q_0 由 1 翻转为 0；FF_1 的输出端 Q_1 也由 0 翻转为 1；此时 FF_2 的输入端 J、K 由 0 翻转为 1，等待下次 CP 脉冲下降沿的到来；FF_3 的输入端 $J=K=0$，所以输出保持 0 不变；剩余状态请自行分析。4 位同步二进制加法计数器时序图如图 10.19 所示。

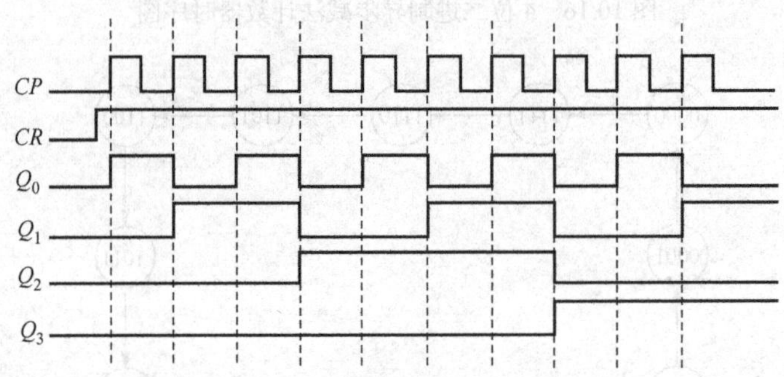

图 10.19　4 位二进制同步加法计数器时序图

（2）十进制计数器

在时序逻辑电路中，最常用的是十进制计数器，下面介绍 8421 码十进制同步计数器，如图 10.20 所示。对该计数器的分析如下：

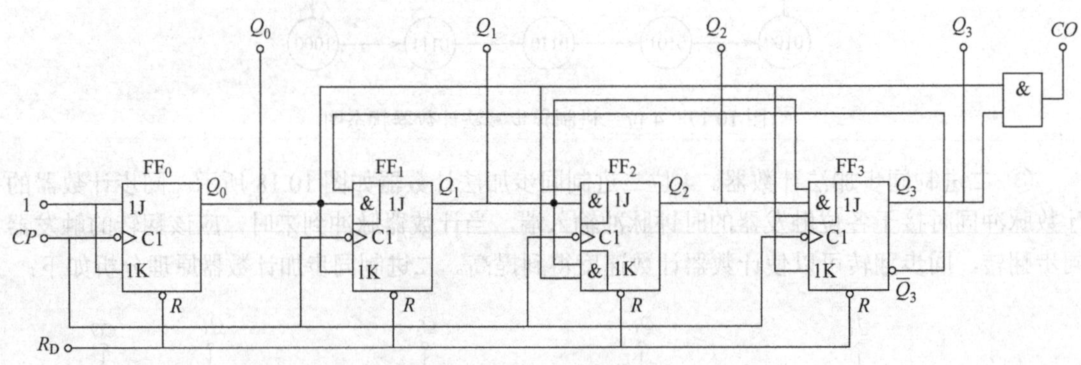

图 10.20　8421 码十进制同步计数器逻辑电路图

① 逻辑状态方程。

$$CO = Q_0^n Q_3^n$$

$$J_0 = K_0 = 1$$

$$J_1 = \overline{Q_3^n} Q_0^n ，\ K_1 = Q_0^n$$

$$J_2 = K_2 = Q_0^n Q_1^n$$

$$J_3 = Q_0^n Q_1^n Q_2^n \text{，} \quad K_3 = Q_0^n$$

$$Q_0^{n+1} = J_0 \overline{Q_0^n} + \overline{K_0} Q_0^n = \overline{Q_0^n}$$

$$Q_1^{n+1} = J_1 \overline{Q_1^n} + \overline{K_1} Q_1^n = \overline{Q_3^n} Q_0^n \overline{Q_1^n} + Q_1^n \overline{Q_0^n}$$

$$Q_2^{n+1} = J_2 \overline{Q_2^n} + \overline{K_2} Q_2^n = Q_0^n Q_1^n \overline{Q_2^n} + Q_2^n \overline{Q_0^n Q_1^n}$$

$$Q_3^{n+1} = J_3 \overline{Q_3^n} + \overline{K_3} Q_3^n = Q_0^n Q_1^n Q_2^n \overline{Q_3^n} + Q_3^n \overline{Q_0^n}$$

② 根据上面的逻辑状态返程可得状态转换表，如表 10.6 所示。设初始状态为 $Q_3Q_2Q_1Q_0 =$ 0000。

表 10.6　同步十进制加法计数器的状态转换表

计数脉冲	现　态				次　态				进位输出
序号	Q_3^n	Q_2^n	Q_1^n	Q_0^n	Q_3^{n+1}	Q_2^{n+1}	Q_1^{n+1}	Q_0^{n+1}	CO
0	0	0	0	0	0	0	0	1	0
1	0	0	0	1	0	0	1	0	0
2	0	0	1	0	0	0	1	1	0
3	0	0	1	1	0	1	0	0	0
4	0	1	0	0	0	1	0	1	0
5	0	1	0	1	0	1	1	0	0
6	0	1	1	0	0	1	1	1	0
7	0	1	1	1	1	0	0	0	0
8	1	0	0	0	1	0	0	1	0
9	1	0	0	1	0	0	0	0	1

（3）常用的计数器集成电路简介

计数器集成芯片在一些小型数字系统中被广泛使用，它们具有体积小、功耗低、功能灵活等优点。下面介绍几种常用的计数器集成电路。

① 计数器集成电路 74161。4 位同步二进制可预置计数器 74161 的引脚图，如图 10.21 所示。

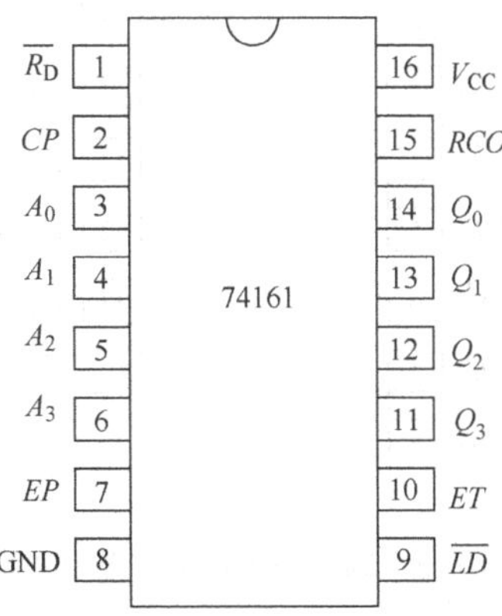

图 10.21　74161 集成电路引脚图

其中 $\overline{R}_D$ 是直接清零端，$\overline{LD}$ 是预置数控制端，A_3、A_2、A_1、A_0 是预置数据输入端，EP

和 ET 是计数控制端，Q_3、Q_2、Q_1、Q_0 是计数输出端，RCO 是进位输出端。74161 型计数器的功能表如表 10.7 所示。

表 10.7　74161 型计数器功能表

清零	预置	使能		时钟	预置数据输入				输出				工作模式
$\bar{R}_D$	$\overline{LD}$	EP	ET	CP	A_3	A_2	A_1	A_0	Q_3	Q_2	Q_1	Q_0	
0	×	×	×	×	×	×	×	×	0	0	0	0	异步清零
1	0	×	×	↑	a_3	a_2	a_1	a_0	a_3	a_2	a_1	a_0	同步置数
1	1	0	×	×	×	×	×	×	保持				数据保持
1	1	×	0	×	×	×	×	×	保持（而且 $RCO=0$）				数据保持
1	1	1	1	↑	×	×	×	×	计数				加法计数

由表可知，74161 具有以下功能：

a．异步清零。$\bar{R}_D=0$ 时，计数器输出被直接清零，与其他输入端的状态无关。

b．同步并行预置数。在 $\bar{R}_D=1$ 条件下，当 $\overline{LD}=0$ 且有时钟脉冲 CP 的上升沿作用时，A_3、A_2、A_1、A_0 输入端的数据 a_3、a_2、a_1、a_0 将分别被 Q_3、Q_2、Q_1、Q_0 所接收，即 $Q_3Q_2Q_1Q_0=a_3a_2a_1a_0$。置数功能可以为计数器设置初始值。所谓同步是指置数与 CP 的上升沿同步。

c．保持。在 $\bar{R}_D=\overline{LD}=1$ 条件下，当 $ET\cdot EP=0$，不管有无 CP 脉冲作用，计数器都将保持原有状态不变，即计数器的输出数据不变。需要注意的是，当 $EP=0$，$ET=1$ 时，进位输出 RCO 也保持不变；而当 $ET=0$ 时，不管 EP 状态如何，进位输出 $RCO=0$。

d．同步计数。当 $\bar{R}_D=\overline{LD}=1$，$EP\cdot ET=1$ 时，74161 处于计数状态，此时计数器对时钟脉冲进行同步二进制计数，输入端的数据无效。

e．输出端。输出端 $RCO=EP\cdot Q_3Q_2Q_1Q_0$，当计数至 $Q_3Q_2Q_1Q_0=1111$，且 $EP=1$ 时，输出端 $RCO=1$，产生进位。

② 计数器集成电路 74LS193。它是双时钟 4 位二进制同步可逆计数器，具有预置数码，加法、减法的同步计数功能，其引脚图如图 10.22 所示。

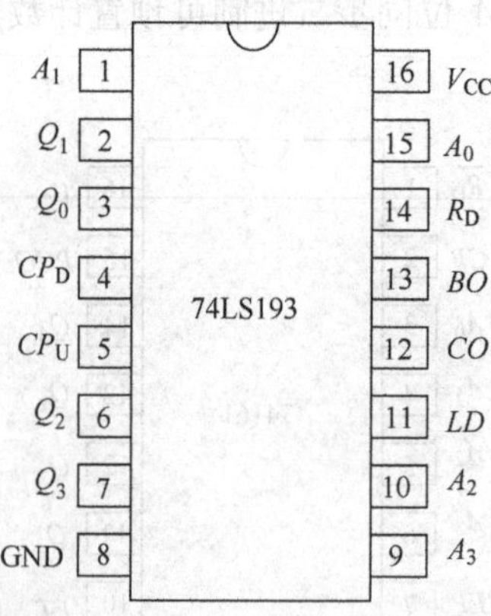

图 10.22　74LS193 集成电路引脚图

74LS193 有 2 个时钟脉冲输入端 CP_U 和 CP_D。在 $R_D=0$、$LD=1$ 时，若 $CP_D=1$，计数器脉冲从 CP_U 端输入，此时计数方式为加法计数器；若 $CP_U=1$，计数器脉冲从 CP_D 端输入，此时计数方式为减法计数器，二者都是上升沿计数。当清零信号 $R_D=1$ 时，计数器输出端将

被直接清零；当 $R_D = 0$，$LD = 0$ 时，计数器将立即把预置数据输入端的 a_3、a_2、a_1、a_0 状态置入计数器的 Q_3、Q_2、Q_1、Q_0 端。CO 为进位输出端（加法计数上溢时，该端输出低电平）；BO 为借位输出端（减法计数下溢时，该端输出低电平）。74LS193 集成计数器功能表如表 10.8 所示。

表 10.8　74LS193 集成计数器功能表

清零	预置	时　钟		预置数据输入				输　出			
R_D	LD	CP_U	CP_D	A_3	A_2	A_1	A_0	Q_3	Q_2	Q_1	Q_0
1	×	×	×	×	×	×	×	0	0	0	0
0	0	×	×	a_3	a_2	a_1	a_0	a_3	a_2	a_1	a_0
0	1	↑	1	×	×	×	×	加计数器			
0	1	1	↑	×	×	×	×	减计数器			

（4）任意进制计数器

尽管集成计数芯片的种类很多，但也不可能任意进制计数器都有对应的集成芯片，因此可以借助一些现有的计数器集成芯片来完成不同进制的计数器。

下面通过例题分别介绍几种常用进制的计数器设计。

【例 10.5】　利用 74LS161 计数器，设计一个二十四进制异步加法计数器。

解：根据题意设计二十四进制计数器电路连接图，如图 10.23 所示。

设计分析如下：

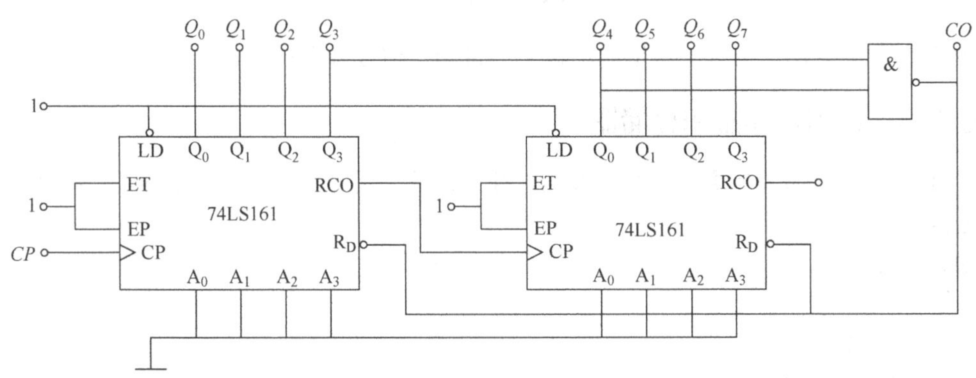

图 10.23　74LS161 组成的二十四进制计数器

① 集成计数器芯片片数计算。在设计计数器时，若设计 M 进制计数器，则所选择的集成计数器芯片片数计算公式为

$$K \geqslant M/2^n$$

其中 K（取整数）为所需要的集成芯片片数，n 为所选集成芯片所具有的输出信号个数。二十四进制计数器需要 24 个状态，74LS161 一片共有 4 个输出信号，所以计算出 K 为 2。

② 集成计数器芯片之间的连接。设计异步加法计数器时，只要把低位的进位标志 RCO 连接到高位的计数脉冲信号 CP 端即可。设计时，注意集成芯片 CP 是上升沿还是下降沿触发，若是上升沿触发直接相连；若是下降沿触发则需要加入非门，用于改变触发边沿状态。

③ 计数器最大计数状态时的清零和进位设计。当计数器为最大计数状态时，计数器的每位输出端都需要清零，同时进位标志 CO 为 1。所以，设计时把计数的最大计数状态中所有为

1 的输出信号作为一个与非门的输入，该与非门的输出与各片计数集成芯片的清零端相连（假设计数集成芯片清零端为低电平有效），同时与非门的输出信号为进位标志 CO。若清零端为高电平有效，则把与非门换为与门即可。

二十四进制计数器最高计数状态为 24，即 Q_4 和 Q_3 为 1，其他输出为 0，所以把 Q_4 和 Q_3 作为与非门输入端，其输出端与清零端相连。同时，与非门的输出信号即为进位信号 CO。

以上介绍为一般异步加法计数器的设计步骤，各式各样的计数器集成芯片引脚功能不同，需要灵活设计，不可一概而论。

【例 10.6】 利用 74LS161 计数器，设计一个六十进制异步加计数器。

解：根据题意设计六十进制计数器电路连接图，如图 10.24 所示。

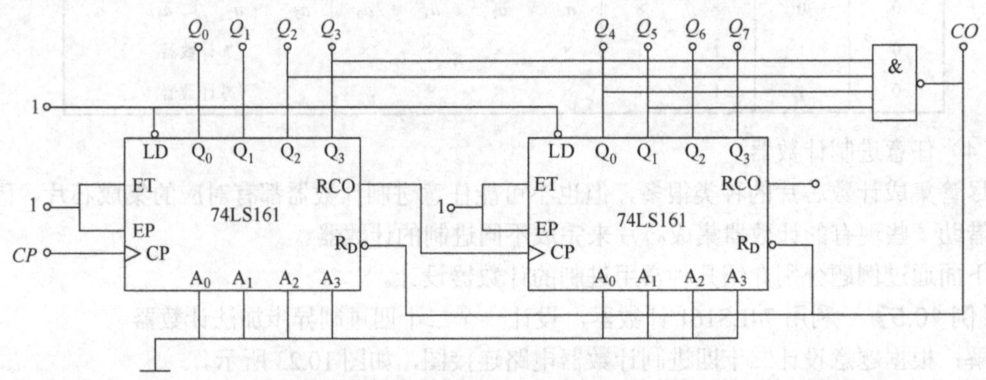

图 10.24 74LS161 组成的六十进制计数器

设计步骤如例 10.5 所示，这里就不再一一说明，请读者自行分析。

*任务 10.4 认识寄存器和存储器

【工作任务及任务要求】 了解寄存器、存储器的作用与用途，掌握寄存器、存储器的设计和分析方法。

知识摘要：

➢ 寄存器

➢ 存储器

任务目标：

➢ 掌握寄存器、存储器的存储原理

➢ 掌握寄存器、存储器的设计和分析方法

10.4.1 寄存器

（1）寄存器

在数字系统中，寄存器是用来存储代码或数据的逻辑部件。寄存器中的存储数据核心部分由触发器组成，一个触发器只能存储 1 位二进制代码，所以要存储 n 位二进制代码的寄存器，就需要 n 个触发器。

一个 4 位寄存器的逻辑电路和集成芯片 74LS175 引脚图如图 10.25、图 10.26 所示。它由 4 个 D 触发器构成。其中 R_D 是异步清零端；D_0～D_3 是数据输入端（需要存储的数据）；Q_0～Q_3 是数据输出端（被存储下来的数据），数据输出也可以通过 $\bar{Q}_0$～$\bar{Q}_3$ 端引出反码输出。

74LS175 功能表如表 10.9 所示。

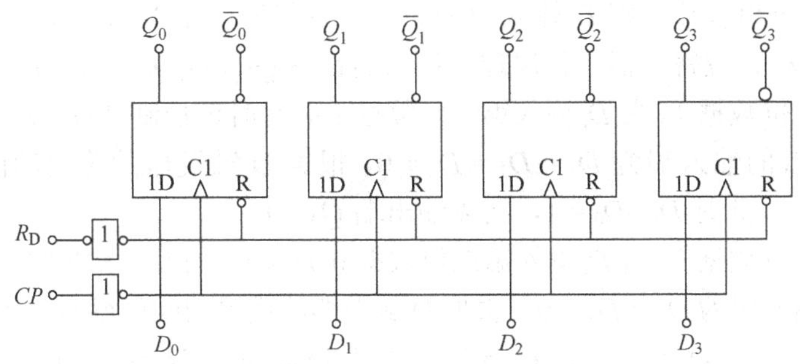

图 10.25　4 位寄存器逻辑电路图

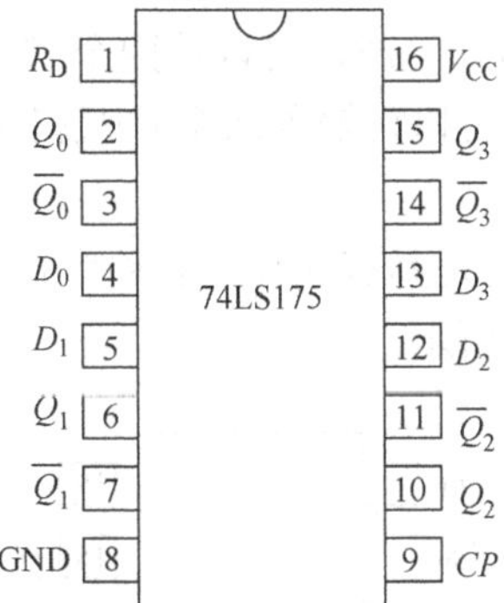

图 10.26　集成寄存器 74LS175 引脚图

表 10.9　74LS175 功能表

清零	时钟	数据输入				数据输出输出			
R_D	CP	D_3	D_2	D_1	D_0	Q_3	Q_2	Q_1	Q_0
0	×	×	×	×	×	0	0	0	0
1	↑	d_3	d_2	d_1	d_0	d_3	d_2	d_1	d_0
1	1	×	×	×	×	保持			
1	0	×	×	×	×				

（2）移位寄存器

① 移位寄存器。上述介绍的寄存器只能寄存数据或代码，有时为了处理数据，需要把寄存器中寄存的数据或代码，按照由高位到低位或由低位到高位依次移出。具有移位功能的寄存器称为“移位寄存器”。4 位移位寄存器逻辑图如图 10.27 所示。

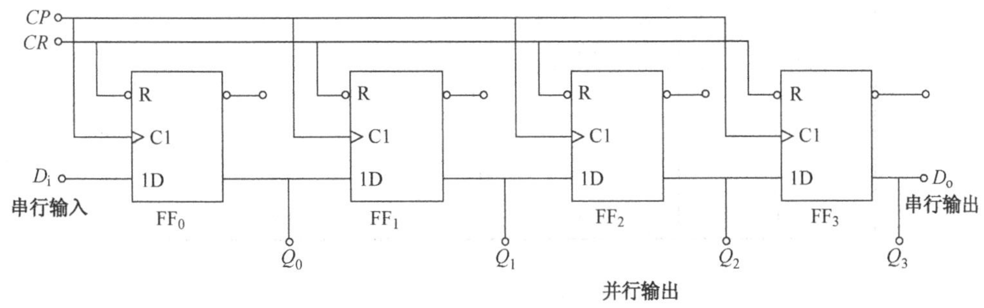

图 10.27　4 位移位寄存器逻辑图

数据从 D_i 端串行输入，从 D_o 端串行输出，每个 D 触发器的输出端 $Q_3Q_2Q_1Q_0$ 可以形成并行输出。下面通过串行输入端 D_i 输入 1011，而从串行输出端 D_o 串行输出 1011，从得到的并行输出结果来分析移位寄存器工作原理。设初始状态 $Q_3Q_2Q_1Q_0$ 为 0000。

a. D_i 输入第一位数据 1。当 D_i 输入第一位数据 1 并且时钟控制脉冲 CP 为上升沿到来时，由于 FF_1、FF_2、FF_3 的输入端为 $D_1 = D_2 = D_3 = 0$，根据 D 触发器的逻辑功能可得 $Q_1 = Q_2 = Q_3 = 0$。而对于 FF_0，此时 $D_i = D_0 = 1$，所以输出端 $Q_0 = 1$。

b. D_i 输入第二位数据 0。当 D_i 输入第二位数据 0 并且时钟控制脉冲 CP 为上升沿到来时，由于 FF_2、FF_3 的输入端为 $D_2 = D_3 = 0$，根据 D 触发器的逻辑功能可得 $Q_2 = Q_3 = 0$。当第一位数据输入后使 $Q_0 = 1$，即 $D_1 = 1$，所以 $Q_1 = 1$。而对于 FF_0，此时 $D_i = D_0 = 0$，所以输出端 $Q_0 = 0$。

以此类推，移位一次存入一个新数码，直到第四个 CP 为上升沿到来时，D_i 输入 4 位数据完成，即 $Q_3Q_2Q_1Q_0$ 分别为 1011。这时，可以从四个 Q 输出端由并行输出控制取出存入的 4 位二进制数码，实现并行输出。也可以再输入四个 CP 脉冲，从 D_o 串行输出端顺序输出 1011，实现串行输出数据。

② 集成移位寄存器 74194。它是具有左移、右移串行输入、并行输入和并行输出的多状态移位寄存器，引脚图如图 10.28 所示。

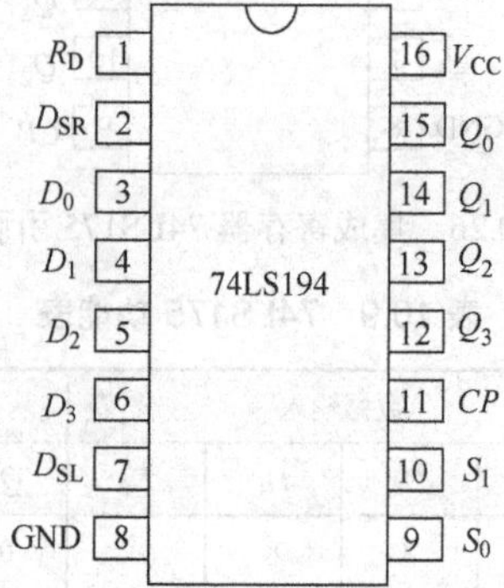

图 10.28　集成移位寄存器 74194 引脚图

图中 D_0～D_3、Q_0～Q_3 为集成移位寄存器 74194 的并行输入端和并行输出端。R_D 为清零端，D_{SL} 和 D_{SR} 分别是左移数据输入端和右移数据输入端，S_1 和 S_0 是寄存器工作状态控制端，其逻辑功能如表 10.10、表 10.11 所示。

表 10.10　74194 控制端逻辑功能表

控制信号		功　能
S_1	S_0	
0	0	保　持
0	1	右　移
1	0	左　移
1	1	并行输入

表 10.11　74194 逻辑功能表

清零	时钟	控制信号		并行数据输入				输　出				说明
R_D	CP	S_1	S_0	D_3	D_2	D_1	D_0	Q_3	Q_2	Q_1	Q_0	
0	×	×	×	×	×	×	×	0	0	0	0	置 0
1	1（0）	×	×	×	×	×	×	Q_3^n	Q_2^n	Q_1^n	Q_0^n	保持
1	↑	1	1	d_3	d_2	d_1	d_0	d_3	d_2	d_1	d_0	并行置数
1	↑	1	0	×	×	×	×	1	Q_3^n	Q_2^n	Q_1^n	左移输入 1
1	↑	1	0	×	×	×	×	0	Q_3^n	Q_2^n	Q_1^n	左移输入 0
1	↑	0	1	×	×	×	×	Q_2^n	Q_1^n	Q_0^n	1	右移输入 1
1	↑	0	1	×	×	×	×	Q_2^n	Q_1^n	Q_0^n	0	右移输入 0
1	×	0	0	×	×	×	×	Q_3^n	Q_2^n	Q_1^n	Q_0^n	保持

10.4.2　存储器

半导体存储器具有集成度高、体积小、可靠性高、价格低、外围电路简单、易于接口和便于批量生产等特点。半导体存储器主要用于电子计算机和某些数字系统中，用来存放程序和数据，是数字系统中不可缺少的组成部分。

根据使用功能的不同，半导体存储器可分为随机存储器（RAM）和只读存储器（ROM）。

（1）随机存储器 RAM

随机存储器 RAM 在工作过程中，数据可以随时写入和读出，使用灵活方便，但所存数据在断电后消失。RAM 按照工作原理分为静态随机存储器 SRAM 和动态随机存储器 DRAM 两种。RAM 电路的基本结构如图 10.29 所示，主要由存储矩阵、地址译码器和读写控制电路组成。

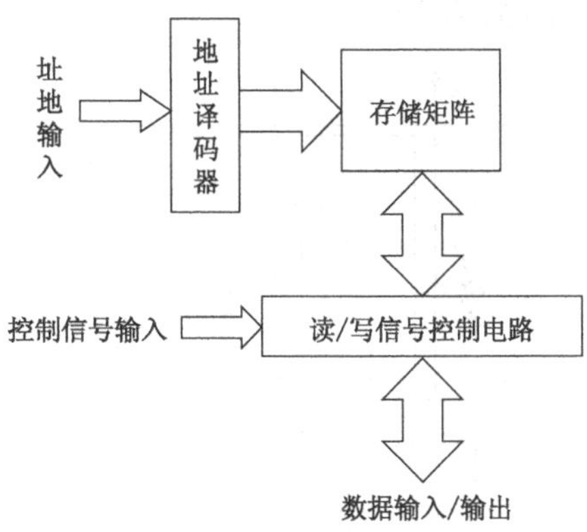

图 10.29　RAM 电路的基本结构

① 随机存储器存储单元。半导体存储器的最小记忆单位是存储单元，每个存储单元能够存储一位二进制数。在半导体存储器芯片中，把这些存储单元按照一定规则排列就形成了存储矩阵。

a．静态 RAM 存储单元。静态 RAM 存储单元结构如图 10.30 所示。

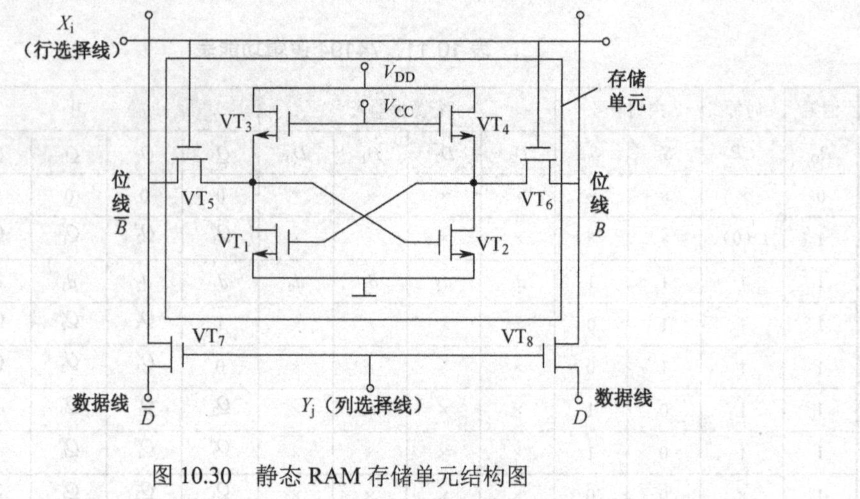

图 10.30　静态 RAM 存储单元结构图

MOS 管 VT_1～VT_4 构成一个基本 RS 触发器，用来存储 1 位二进制数据。VT_5 与 VT_6 为本单元控制门，由行选择线 X_i 控制。$X_i = 1$ 使 VT_5、VT_6 导通，触发器与位线接通；$X_i = 0$，VT_5、VT_6 截止，触发器与位线隔离。VT_7、VT_8 为一列存储单元公用控制门，用于控制位线与数据线的连接状态，由列选择线 Y_j 控制。显然，$X_i = Y_j = 1$ 时，VT_5～VT_8 都导通，触发器的输出才与数据线接通，该单元才能通过数据线传送数据。因此，存储单元能够进行读/写操作的条件为：$X_i = Y_j = 1$。

静态 RAM 的特点：数据由触发器记忆，只要不断电，数据就能永久保存。

b. 动态 RAM 存储单元。它是由 MOS 管的栅极电容 C 和门控管组成的。数据以电荷的形式存储在栅极电容上，电容上的电压高，表示存储数据 1；电容没有储存电荷，电压为 0，表明存储数据 0。由于存在漏电，电容存储的信息不能长久保持，为防止信息丢失，就必须定时给电容补充电荷，这种操作称为“刷新”，由于要保持不断刷新，所以称为“动态存储”。动态 RDM 三管存储单元如图 10.31 所示。

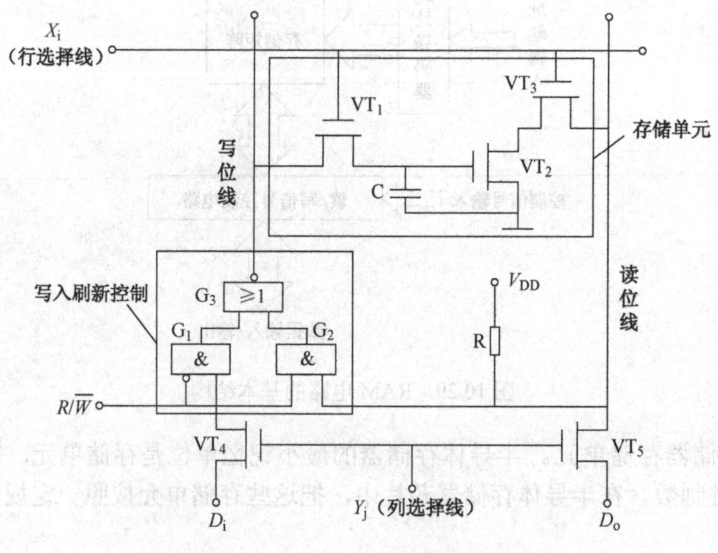

图 10.31　动态 RDM 三管存储单元电路图

存储单元是以 MOS 管 VT_2 及其栅极电容 C 为基础构成的，数据存于栅极电容 C 中。若

电容 C 充有足够的电荷，使 VT_2 导通，这一状态为逻辑 0，否则为逻辑 1。图 10.31 中除了存储单元外，还画出了该列存储单元公用的写入刷新控制电路。

图 10.31 中，行、列选择线 X_i、Y_j 均为高电平时，存储单元被选中；读/写控制信号 $R/\overline{W}$ 为高电平时进行读操作，低电平进行写操作；G_1 门输入端的小圆圈表示反相。在进行读操作时，地址信号使门控管 VT_3 导通，此时若 C 上充有电荷且使 VT_2 导通，则读出数据为 0；反之，VT_2 截止，使“读”位线获得高电平，输出数据为 1。由图可以看出，“读”位线信号分为两路：一路经 VT_5 由 D_o 输出；另一路经写入刷新控制电路对存储单元刷新。

进行写操作时，$R/\overline{W}$ 为低电平（$R/\overline{W}=0$），此时 G_2 被封锁，由于 Y_j 为高电平，VT_4 导通，输入数据 D_i 经 VT_4 并由写入刷新控制电路反相，再经 VT_1 写入到电容器 C 中。这样，当输入数据为 0 时，电容充电；而输入数据为 1 时，电容放电。

除了读/写操作可以进行刷新外，刷新操作也可以通过只选通行选择线来实现。例如，当行选择线 X_i 为高电平，且 $R/\overline{W}$ 读有效时（$R/\overline{W}=1$），C 上的数据经 VT_2、VT_3 到达“读”位线，然后经写入刷新控制电路对存储单元刷新。此时 X_i 有效的整个一行存储单元被刷新。由于列选择线 Y_j 无效，因此数据不被读出。

动态存储单元的优点：元件少，功耗低，适用于构成大容量存储器；缺点：需要进行周期性刷新。

② 地址译码器。通常 RAM 以字为单位进行数据的读出与写入（每次写入或读出一个字），为了区别各个不同的字，将存放同一个字的存储单元编为一组，并赋予一个号码，称为“地址”。不同的字单元具有不同的地址，在进行读写操作时，可以按照地址选择要访问（读写操作）的单元。字单元也称为地址单元。

地址译码电路实现地址的选择。在大容量的存储器中，通常采用双译码结构，即将输入地址分为行地址和列地址两部分，分别由行、列地址译码电路译码。行、列地址译码电路的输出作为存储矩阵的行、列地址选择线，由它们共同确定要选择的地址单元。地址单元的个数 N 与二进制地址码的位 n 满足关系式 $N=2^n$。它是最小项译码器，也称为 N 中取一译码器，一个地址码对应一条字线。当某条字线被选中时，与该字线相联系的存储单元就与数据线相通，以便实现读取数据或写入数据，如图 10.32 所示。

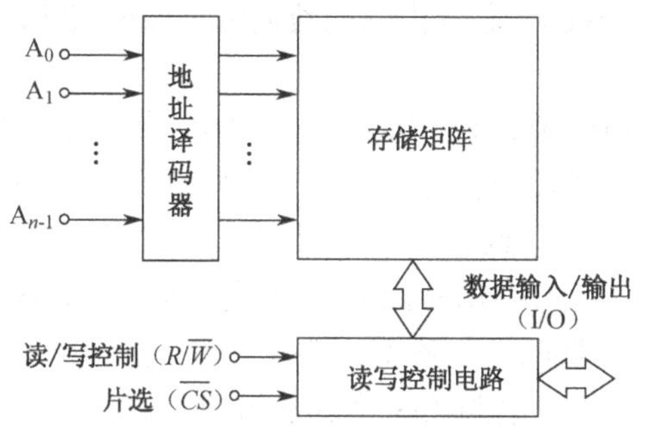

图 10.32　地址译码器

③ 读/写控制电路。当一个地址码选中相应的存储单元时，是读还是写，可采用高电平或低电平作为读写控制信号。当读/写控制信号 $R/\overline{W}=1$ 时，执行读操作，RAM 将存储矩阵中的内容送到输入/输出端（I/O）；当 $R/\overline{W}=0$ 时，执行写操作，RAM 将输入/输出端上的输入数据写入存储矩阵中。在同一时间内不可能把读/写指令同时送 RAM 芯片，读和写的功能

只能一项一项地执行。因此，可以将输入线和输出线放在一起，合用一条双向数据线（I/O），利用读/写控制信号和读/写控制电路，通过 I/O 线读出或写入数据，如图 10.33 所示。

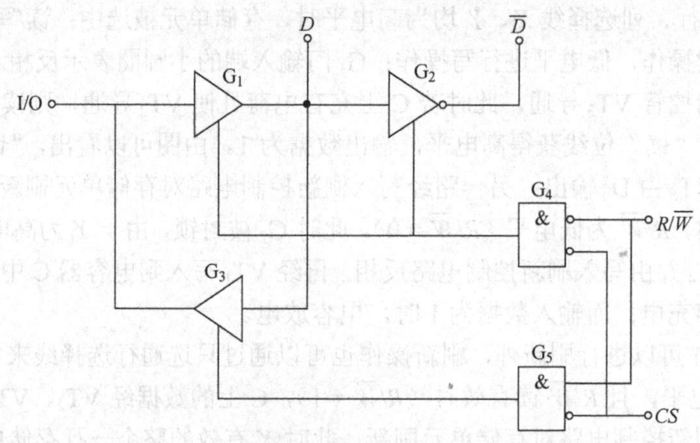

图 10.33　读/写控制电路图

（2）只读存储器 ROM

只读存储器是一种非易失性的存储器，把需要长期保存的程序、数据等信息固定于这种存储器中，即使切断电源也能保存所储存的数据。在正常工作时，只能读取存储在其中的数据，而不能更改其内容，故称为“只读存储器”。

ROM 器件的种类很多，根据是否可以写入，以及写入方式的不同，ROM 分为以下四类：

① 掩模 ROM，又叫固定 ROM。其采用掩模工艺制造，制造时就将数据固定写入，出厂后其存储的数据不能再改变，只能进行读操作。特点：可靠性高，集成度高，但不能改写。该类电路仅适用于大批量且数据固定的情况，如一些点阵打印机的点阵字库。

② 一次可编程 ROM（PROM）。其采用熔丝编程工艺，PROM 在产品出厂时所有存储单元均置成全 0 或全 1，用户根据需要可自行将某些存储单元改为 1 或 0。特点：只能进行一次性改写，一旦编程完毕，其内容便是永久性的。其可靠性差，目前较少使用。

③ 紫外线可擦除 ROM（EPROM）。其正中间有一个玻璃窗口，该窗口可让紫外线通过，在紫外线的照射下（10～20 min），芯片内部的数据将全部被擦除，这时可以再通过编程的方法写入数据。

④ 电可擦除 ROM（EEPROM 或 E^2PROM）。采用 E^2CMOS 编程工艺，可以在加电情况下擦除存储器的全部或部分内容，然后在电路上直接改写其擦除过的单元内容。特点：不但可以多次擦除，而且擦除时间短，编程简单，存取速度快，功耗低，因此得到广泛使用。

⑤ 闪存 ROM。制造工艺与 E^2PROM 相似，但它不象 E^2PROM 那样按字擦除，而是类似 EPROM 那样整片擦除或分块擦除。一般整片擦除只需几分钟，不象 EPROM 那样需要照射 10～20 min。快闪存储器中数据的擦除和写入是分开进行的，数据写入方式与 EPROM 相同，需要输入一个较高的电压，因此要为芯片提供两组电源。一个字的写入时间约为 200 ms，一般可以擦除/写入 100 次以上。所以，其具有 E^2PROM 的特点，密度高，容量大，体积小，价格低，既可写入也可擦除数据，是一种全新的存储结构。

*任务 10.5　相关知识扩展

【工作任务及任务要求】　掌握基本的时序逻辑电路功能，根据已有的时序逻辑电路功能

和集成芯片设计数字电路。

知识摘要：

- 数字电子钟
- 八路抢答器

任务目标：

- 掌握计数器的应用
- 掌握锁存器的应用

10.5.1　数字电子钟

数字电子钟由振荡器、分频器、计数器、译码器及显示器等几部分组成。石英振荡器产生的时标信号送到分频器，分频器将时标信号分成秒脉冲，秒脉冲送入计数器进行计数，并把累计结果以“时”、“分”、“秒”的数字形式显示出来。“秒”的显示由两级计数器和译码器组成的六十进制计数器电路实现，“分”的显示电路与“秒”的相同。“时”的显示由两级计数器和译码器组成的二十四进制计数器电路实现。数字电子钟的电路如图 10.34 所示。

图中电容器 C_1、C_2、石英晶体 B 和电阻 R_5 组成石英振荡电路，为数字钟提供一个频率为 32 768 Hz 的方波信号。该方波信号经过集成芯片 CD4060 进行 14 分频后得到 2 Hz 的方波信号，再经过一个 D 触发器进行 2 分频后得到 1 Hz 的秒信号，该信号送入到秒计时端（*SEC* 端）。

数字钟的秒、分、时的计数功能由 6 片 74LS290 异步十进制计数器构成。其中 U6、U8 的 CLK_2 与 Q_0 相连，形成十进制计数器，CLK_1 分别连接秒脉冲和分脉冲，形成数字钟秒和分的个位。U5 与 U7 连接成六进制计数器，形成数字钟秒和分的十位。U3 和 U4 连接成数字钟的时计数。

U9～U14 为集成芯片 CD4511（七段码译码器），CD4511 是一个用于驱动共阴极 LED（数码管）显示器的 BCD 码—七段码译码器，它是具有 BCD 转换、消隐和锁存控制、七段译码及驱动功能的 CMOS 电路，能提供较大的拉电流，可直接驱动 LED 显示器。时、分、秒所得的 8421 码通过 U9～U14 后，在七段数码显示器（DS1～DS6）中显示数字时间。

10.5.2　八路抢答器

（1）八路抢答器的功能

设计一个智力竞赛抢答器，可同时供 8 名选手或 8 个代表队参加比赛，要求抢答器具有以下几个基本功能：

① 设计一个八路智力抢答器，同时供 8 个选手参赛，编号分别为 1 到 8。每位选手用一个答题按钮。

② 给主持人一个控制开关，实现系统的清零和抢答的开始。

③ 具有数据锁存和显示功能。抢答开始后，如果有选手按下了抢答按钮，其编号立即锁存并显示在 LED 数码管上，同时扬声器报警。此外，禁止其他选手再次抢答。选手的编号保存直到主持人清除。

扩展功能：

① 具有定时抢答功能，可由主持人设定抢答时间。当抢答开始后，定时器开始倒计时，并显示在 LED 上，同时扬声器发声提醒。

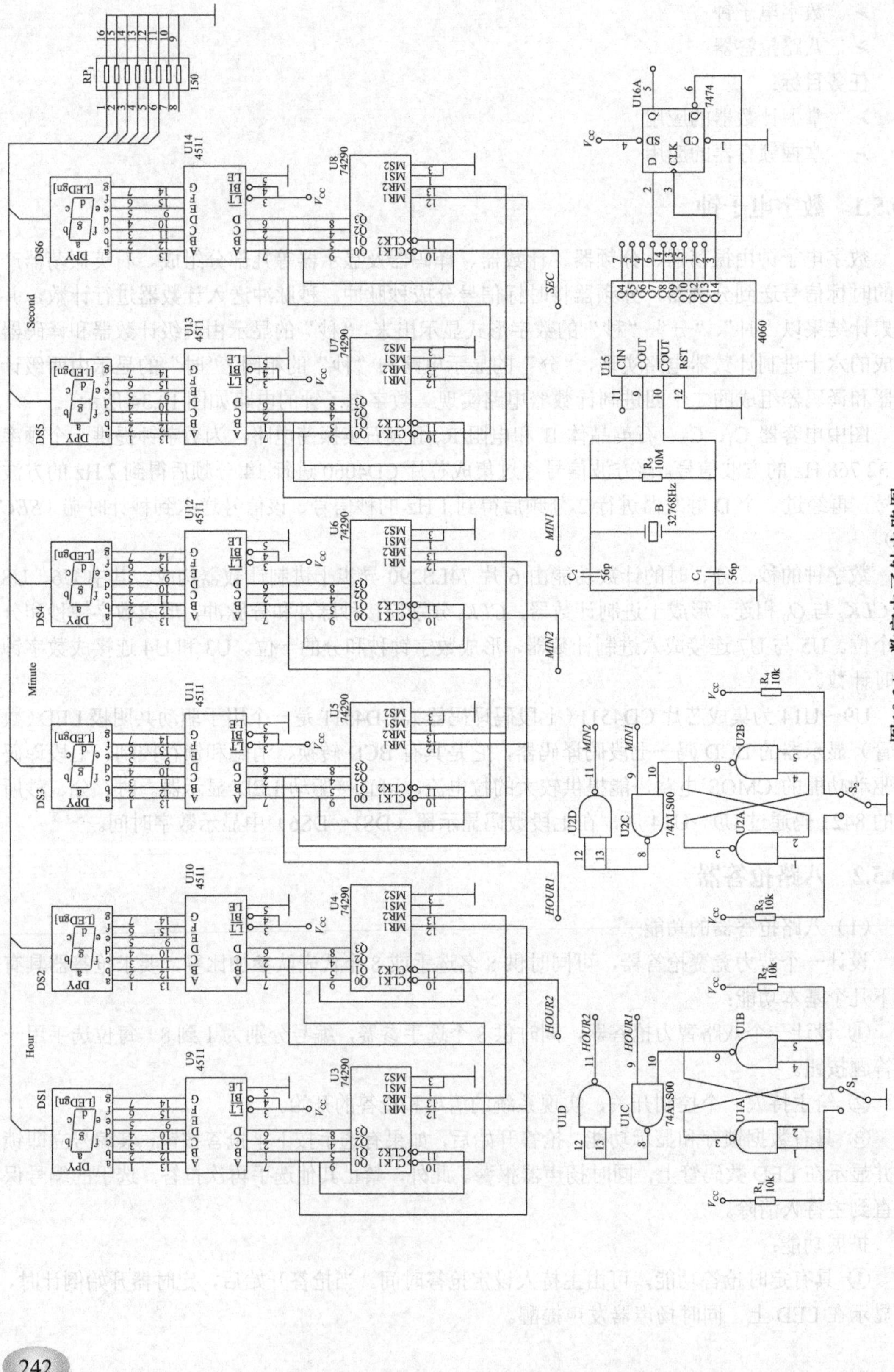

图10.34 数字电子钟电路图

② 选手在规定时间内抢答有效，停止倒计时，并将倒计时时间显示在 LED 上，同时报警。

③ 在规定时间内无人抢答时，电路报警提醒主持人，此后的抢答按键无效。

④ 选手“抢中”后，开始答题。规定答题时间为 10 s，在规定的时间内，选手答完题，手动报警。若在规定时间内，未完成答题，报警提示。答题时，显示答题剩余时间。

⑤ 报警时间定为 100 ms。

（2）八路抢答器的组成电路及设计分析

抢答器总体结构由两大部分组成：主体电路和扩展电路。主体电路完成基本的抢答功能，扩展电路完成定时抢答功能。八路抢答器原理框图如图 10.35 所示。

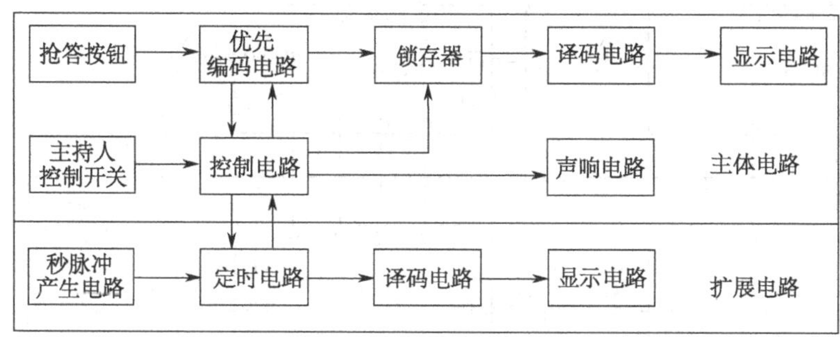

图 10.35　八路抢答器原理框图

八路抢答器的整机电路图如图 10.36 所示，它由抢答、定时、声响、时序控制电路组成。

① 抢答电路。电路如图 10.37 所示，它的功能有两个：一是分辨出选手按键的先后，并锁存优先抢答者的编号供显示译码器使用；二是要使其他选手的按键操作无效。根据功能分析，选用优先编码器 74LS148 和 RS 锁存器 74LS279 来完成上述功能。

抢答电路的工作原理：当主持人控制开关处于“清除”位置时，RS 触发器的 $\overline{R}$ 端为低电平，输出端 Q_1～Q_4 全为低电平，于是 74LS148 的 $\overline{BI}/\overline{RBO}=0$，显示器灭灯；74LS148 的选通输入端 $\overline{ST}=0$，74LS148 处于工作状态，此时锁存电路不工作。当主持人将开关拨到“开始”位置时，优选编码器和锁存器同时处于工作状态，即抢答器处于等待工作状态，等待输入端 $\overline{I_0}\sim\overline{I_7}$ 输入信号，当有选手将键按下时（如按下 S_5），74LS148 的输出 $\overline{Y_2}\ \overline{Y_1}\ \overline{Y_0}=010$，$\overline{Y_{EX}}=0$，经 RS 锁存器后，$\overline{BI}/\overline{RBO}=1$，$Q_4Q_3Q_2=101$，经 74LS48 译码后，显示器显示“5”。此时，$\overline{ST}=1$，使 74LS148 处于禁止工作状态，封锁了其他按键的输入。当按下的键松开后，74LS148 的 $\overline{Y_{EX}}=1$，但由于 Q_1 维持高电平不变，所以 74LS148 仍处于禁止工作状态，其他按键的输入信号不会被接收，这就保证了抢答者的优胜性及抢答电路的准确性。当优先抢答者回答完问题后，由主持人操作控制开关 S，使抢答电路复位，以便进行下一轮抢答。

② 定时电路。节目主持人根据抢答题的难易程度，预先设定一次抢答的时间，并通过预置的时间电路对计数器进行预置，开始后，计数器做减法计数，减至 0 时，计时时间到，选用十进制同步加减法可预置计数器 74LS192 进行设计。计数的时钟由秒脉冲电路提供，显示译码器选用 74LS48 芯片。定时电路图如图 10.38 所示。

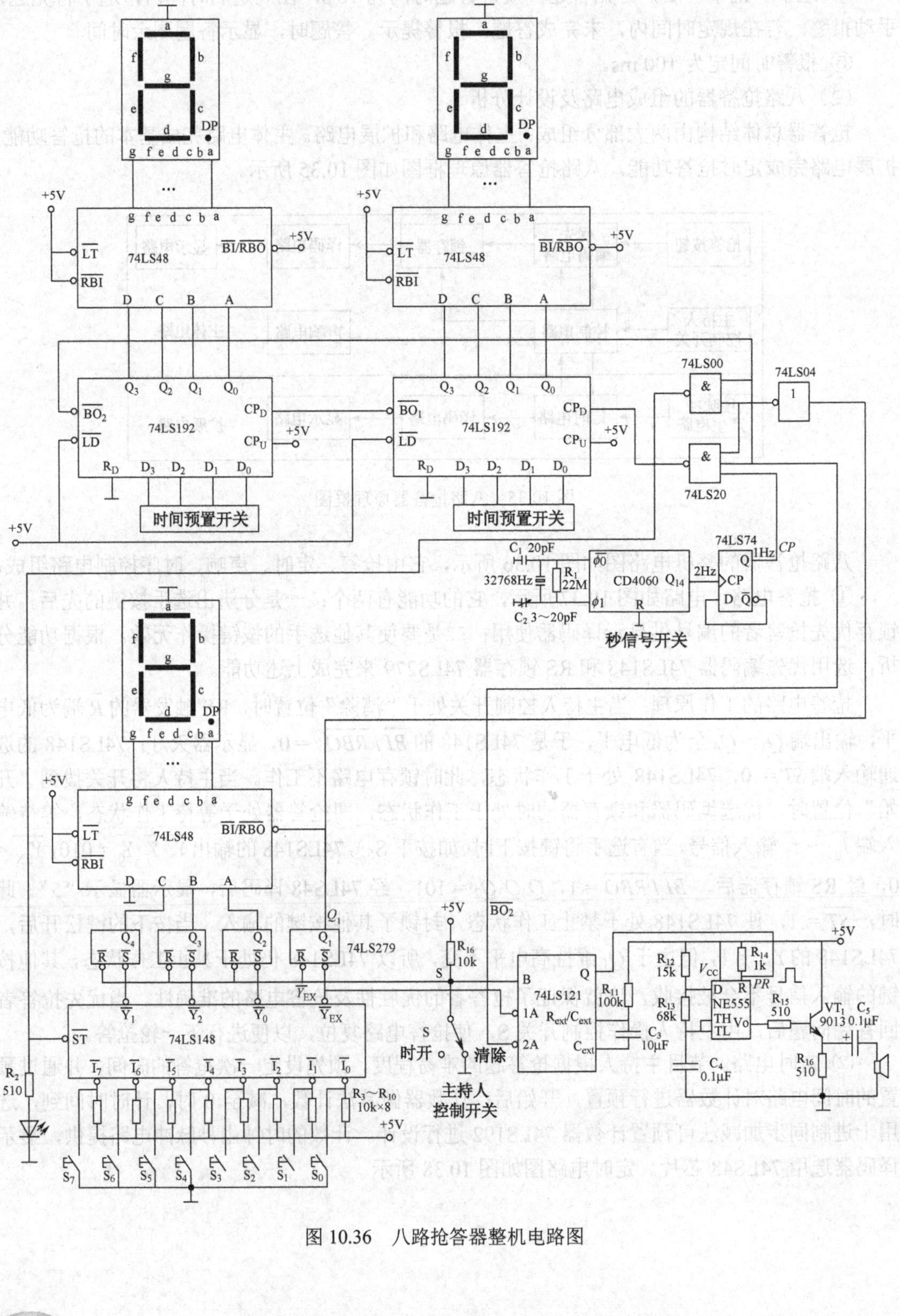

图 10.36　八路抢答器整机电路图

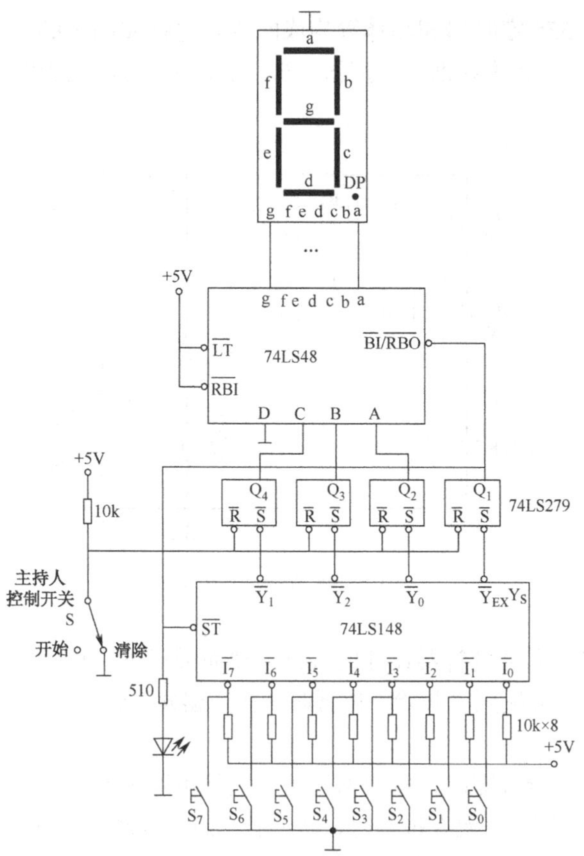

图 10.37　抢答电路图

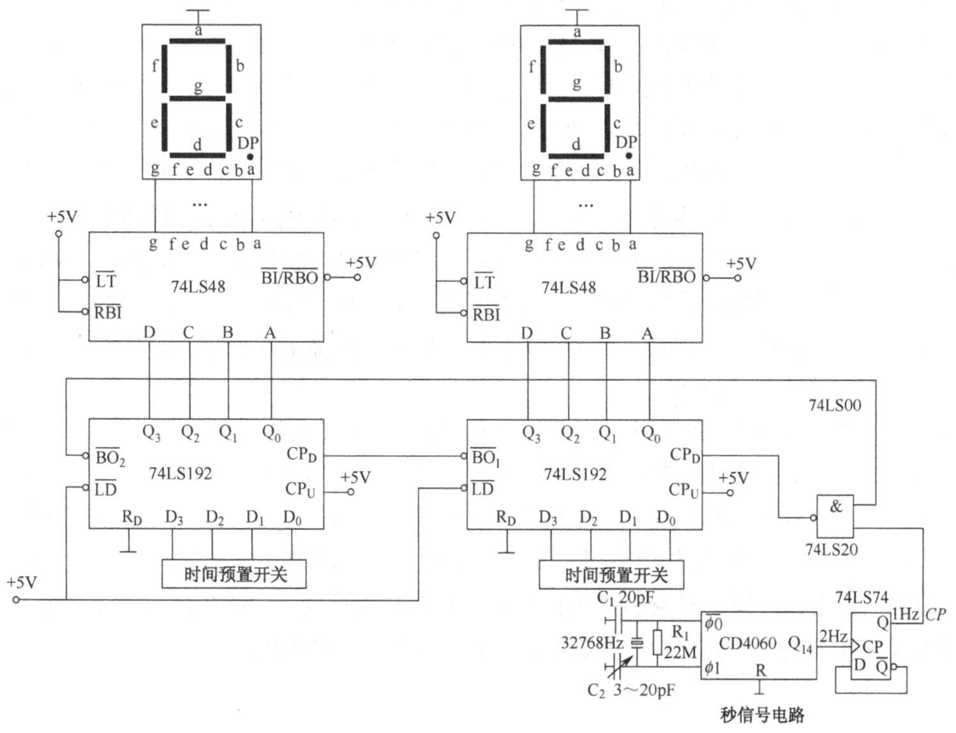

图 10.38　定时电路图

③ 声响电路。由 555 定时器和晶体管构成的声响电路如图 10.39 所示，其中 555 构成多谐振荡器，其输出信号经晶体管推动扬声器。*PR* 为控制信号，当 *PR* 为高电平时，多谐振荡器工作，反之，电路停振。

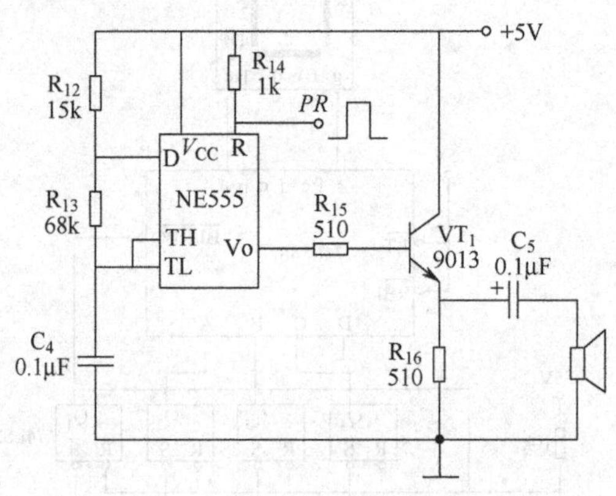

图 10.39　声响电路图

④ 时序控制电路。它是抢答器设计的关键，要完成以下三项功能：

a．主持人将控制开关拨到“开始”位置时，扬声器发声，抢答电路和定时电路进入正常抢答工作状态。

b．当参赛选手按动抢答键时，扬声器发声，抢答电路和定时电路禁止工作。

c．当设定的抢答时间到，无人抢答时，扬声器发声，同时抢答电路和定时电路停止工作。

抢答与定时的时序控制电路如图 10.40 所示，图中门 G_1 的作用是控制时钟信号 *CP* 的放行与禁止，门 G_2 的作用是控制 74LS148 的输入使能端 $\overline{ST}$。其工作原理：主持人控制开关从“清除”位置拨到“开始”位置时，来自于 74LS279 的输出 $Q_1=0$，经 G_3 反相，G_3 输出为 1，则从秒脉冲电路输出端来的 *CP* 能够加到十进制同步加减法可预置计数器 74LS192 的 CP_D 时钟输入端，定时电路进行递减计时。同时，在定时时间未到之前，来自 74LS279 的借位输出控制端 $\overline{BO_2}=1$，门 G_2 的输出 $\overline{ST}=0$，使 74LS148 处于正常状态，从而实现功能（a）的要求。当选手在定时时间内按动抢答键时，$Q_1=1$，经 G_3 反相，G_3 输出为 0，封锁 *CP* 信号，定时器处于保持工作状态。同时，门 G_2 的输出 $\overline{ST}=1$，74LS148 处于禁止工作状态，从而实现功能（b）的要求。当定时时间到，来自 74LS192 的 $\overline{BO_2}=0$，$\overline{ST}=1$，74LS148 处于禁止工作状态，禁止选手进行抢答。同时，门 G_1 处于关门状态，封锁 *CP* 信号，使定时器保持 00 状态不变，从而实现功能（c）的要求。

图 10.41 是声响电路的时序控制电路，74LS121 为单稳态集成触发器，用于控制声响电路及声响的时间。主持人将控制开关拨到“清除”位置时，$B=0$，触发器输出 $Q=0$，声响电路停止工作。主持人控制开关从“清除”位置拨到“开始”位置时，$B=1$，抢答器处于等待工作状态，当有选手将键按下时，$\overline{Y_{EX}}$ 由 1 变为 0，触发器触发进入暂稳态，*Q* 端输出一正脉冲，声响电路工作，扬声器发出声响信号，声响的时间持续 $t\approx 0.7R_1C=0.7\ \text{s}$。当定时时间到，$\overline{BO_2}$ 又由 1 变为 0，触发器再次触发，扬声器又发出声响信号。

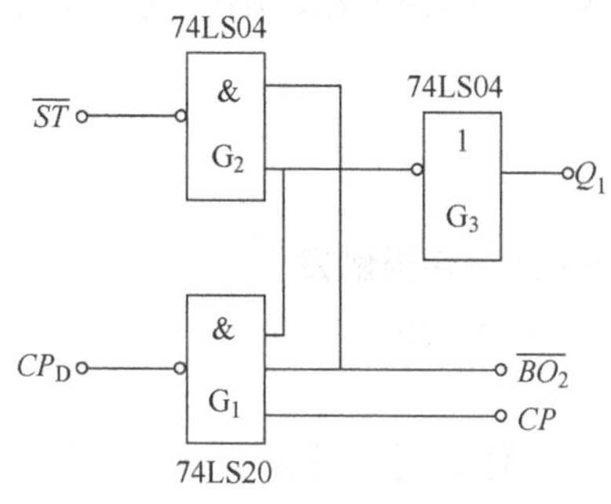

图 10.40　抢答与定时的时序控制电路

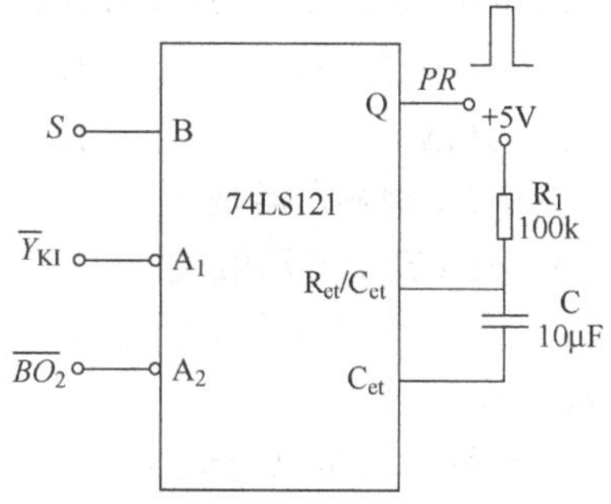

图 10.41　声响电路的时序控制电路

项目小结

1．在数字系统中，除了能够进行逻辑运算和算术运算的组合逻辑电路外，还需要具有存储功能的时序逻辑电路。触发器是构成时序逻辑电路的最小单元，它能够存储 1 位的二进制代码。

2．基本 RS 触发器是构成触发器的核心部分。基本 RS 触发器由 2 个与非门构成，它具有置 0、置 1、保持和不定 4 种状态。

3．JK、D、T 触发器具有存储和记忆功能，能够形成不同的时序逻辑电路。

4．在数字电路中，能够记忆输入脉冲个数的电路称为“计数器”。计数器是一种累计脉冲个数的逻辑部件，它不仅用于计数，而且还用于计时、分频、产生节拍脉冲和脉冲系列等，用途极为广泛。

5．半导体存储器具有集成度高、体积小、可靠性高、价格低、外围电路简单、易于接口和便于批量生产等特点。半导体存储器主要用于电子计算机和某些数字系统中，用来存放程序和数据，是数字系统中不可缺少的组成部分。

思考与练习

一、单选题

10.1　存在一次变化问题的触发器是（　　）。

A．RS 触发器　　B．D 触发器

C．主从 JK 触发器　　D．边沿 JK 触发器

10.2　若 JK 触发器的现态为 0，欲使 CP 作用后仍保持为 0 状态，则 J、K 的值应是（　　）。

A．$J=1$，$K=1$　　B．$J=0$，$K=0$

C．$J=\overline{Q^n}$，$K=1$　　D．$J=1$，$K=Q^n$

10.3　存在约束条件的触发器是（　　）。

A．RS 触发器　　B．D 触发器

C．JK 触发器　　D．T 触发器

10.4　T 触发器特性方程为（　　）。

A．$Q^{n+1}=TQ^n+\overline{TQ^n}$　　B．$Q^{n+1}=T\overline{Q^n}$

C．$Q^{n+1}=T\overline{Q^n}+\overline{T}Q^n$　　D．$Q^{n+1}=\overline{Q^n}$

10.5 已知 R、S 是 2 个与非门构成的基本 RS 触发器的输入端，则约束条件为（　　）。

A. $\overline{R}_D+\overline{S}_D=1$　　B. $\overline{R}_D+\overline{S}_D=0$

C. $\overline{R}_D\overline{S}_D=1$　　D. $\overline{R}_D\overline{S}_D=0$

10.6 主从 JK 型触发器是（　　）。

A. 在 CP 上升沿触发　　B. 在 CP 下降沿触发

C. 在 $CP=1$ 的稳态下触发　　D. 与 CP 无关的

二、填空题

10.7 一个触发器可以记忆（　）二进制信息，1 位二进制信息有（　　）和（　　）2 种状态。

10.8 JK 触发器的特性方程是（　　　　）。

10.9 主从型触发器的一次变化问题是指在 $CP=1$ 期间，主触发器存在只能（　　）而带来的问题。

10.10 N 个触发器可以记忆（　　）种不同的状态。

10.11 一个模为 24 的计数器，能够记录到的最大计数值是（　　）。

10.12 异步时序电路中的各触发器的状态转换（　　）同一时刻进行的。

10.13 时序逻辑电路可分为（　　）和（　　）两大类。

10.14 构成时序电路的各触发器的时钟输入端都接在一起，这种时序电路称为（　　）。

三、计算分析题

10.15 用 74LS160 设计同步 31 进制计数器。74LS160 功能表如表 10.12 所示。

表 10.12　74LS160 功能表

输入									输出	
$\overline{CR}$	$\overline{LD}$	CT_T	CT_P	CP	D_3	D_2	D_1	D_0	$Q_3\ Q_2\ Q_1\ Q_0$	CO
0	×	×	×	×	×	×	×	×	0　0　0　0	0
1	0	×	×	↑	d_3	d_2	d_1	d_0	$d_3\ d_2\ d_1\ d_0$	
1	1	1	1	↑	×	×	×	×	计数	
1	1	0	×	×	×	×	×	×	保持	
1	1	×	0	×	×	×	×	×	保持	0

10.16 基于 74LS160 用反馈置数法设计一个 7 进制计数器，要求计数范围是 0011.0100～1001。74LS160 功能表如表 10.11 所示。

10.17 电路及输入波形如图 10.42 所示，根据输入波形 R_D、A、B，画出 Q_1 和 Q_2 的输出波形，并说明电路的功能。设触发器的初态均为 0。

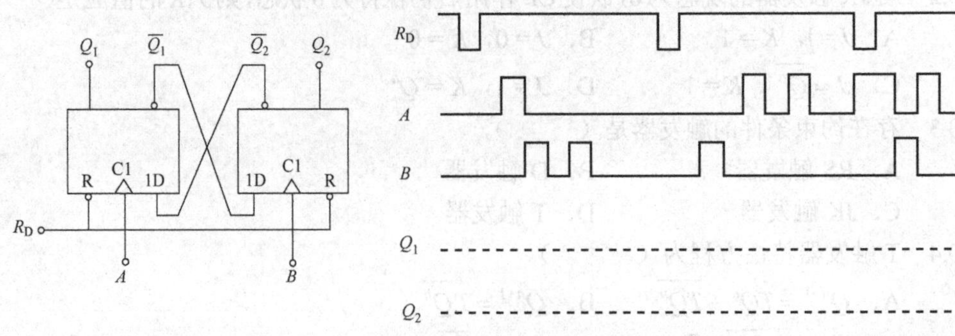

图 10.42　题 10.17 图

10.18 电路及输入波形如图 10.43 所示，其中 FF 是边沿 JK 触发器，根据 CP 和 A、B 的输入波形，画出输出端 Q 的波形。设触发器的初态均为 0。

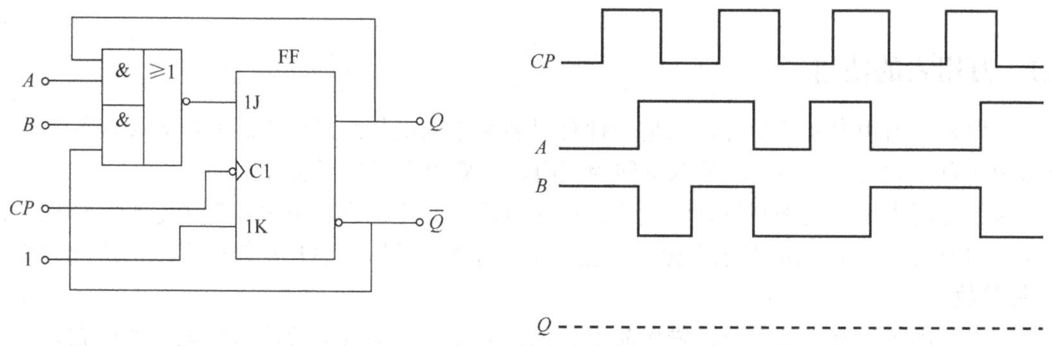

图 10.43 题 10.18 图

附录A 常用电工测量仪表

A.1 万用表的使用

万用表是万用电表的简称，它是一种有很多用途的电气测量仪表。万用表以测量电流、电压和电阻三大物理量为主，所以也称为三用表、繁用表或复用表等。

普通万用表可以用来测量直流电流、直流电压、交流电压、电阻和音频电平等物理量；较高级的万用表还可以测量交流电流、电感量、功率及晶体管的共发射极直流电流放大倍数 h_{FE} 等参数。

由于万用表具有用途广泛、操作简单、携带方便、价格低廉等诸多优点，所以它是从事电气和电子设备的安装、调试和维修的工作人员所必备的电工仪表之一。

万用表有磁电式和数字式两种。磁电式 MF-30 型万用表的面板布置如图 A.1 所示。

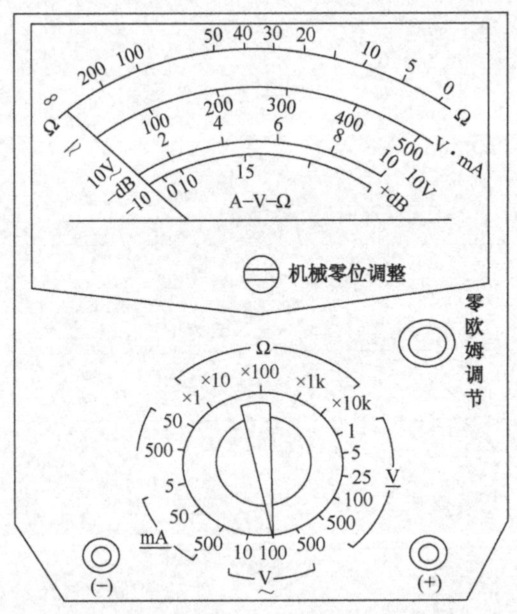

图 A.1 磁电式 MF-30 型万用表的面板图

1. 磁电式万用表的组成

万用表主要由表头、测量线路和转换开关三部分组成。

（1）表头。万用表的表头一般采用磁电系测量机构，并以该机构的满度偏转电流表示万用表的灵敏度。满度偏转电流越小，表头的灵敏度越高，测量电压时表的内阻也越大。一般万用表表头的满度偏转电流为几微安到几百微安。由于万用表是多用途仪表，测量各种不同电量时都合用一个表头，所以在标度盘上有几条标度尺，使用时可根据不同的测量对象进行相应的读数。

（2）测量线路。它是万用表的关键部分，作用是将各种不同的被测电量转换成磁电系表头能接受的直流电流。万用表一般包括多量程直流电流表、多量程直流电压表、多量程交流电压表、多量程电阻表等几种测量线路。测量范围越广，测量线路就越复杂。万用表的原理

示意图如图 A.2 所示。

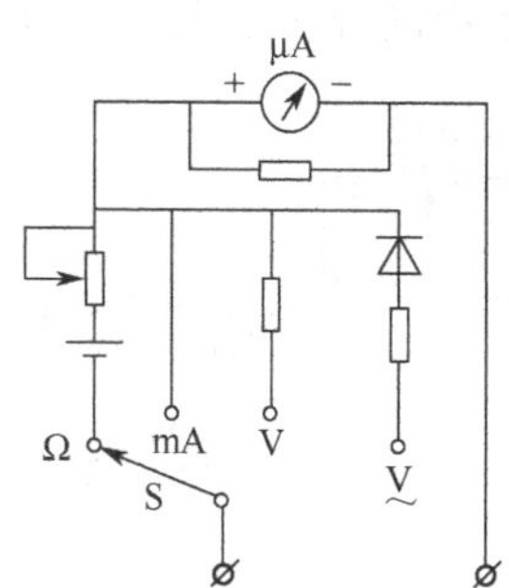

图 A.2 万用表的原理示意图

（3）转换开关。它用于选择万用表的测量种类及其量程，转换开关中有固定触头和活动触头。当转换开关转换到某一位置时，活动触头就与该位置的固定触头闭合，从而接通相应的测量线路。一般转换开关的旋钮都安装在万用表的面板上，操作很方便。

2. 磁电式万用表的工作原理

（1）直流电流的测量。万用表的直流电流挡，实际上是一只采用分流器的多量程直流电流表，常用的原理电路如图 A.3 所示。被测直流电流从“ + ”、“－”两端进出。R_{A1}～R_{A4} 是分流器电阻，它们与微安表组成一个闭合电路。改变转换开关 S 的位置，就可改变分流器的电阻，从而改变直流电流的量程。例如：开关 S 从 5 mA 位置转换到 50 mA 位置时，分流器电阻从 $R_{A1}+R_{A2}+R_{A3}$ 变为 $R_{A1}+R_{A2}$，显然这时分流器电阻减小了，所以直流电流量程扩大了。分流器电阻越小，量程越大，只要适当选择各种量程的分流器电阻，就可以制成多量程的直流电流表。图中 RP_0 为直流调整电位器。

由于各分流器电阻串联后再与表头并联，形成一个闭合回路，所以称为闭路式分流器。其特点是：变换量程时，分流器中的电阻和表头支路电阻是同时变化的，而闭合回路的总电阻始终保持不变。这样，假如某量程挡因转换开关接触不良而造成该挡电路不通时，表头却可以因闭合回路中电阻不变而不受影响。

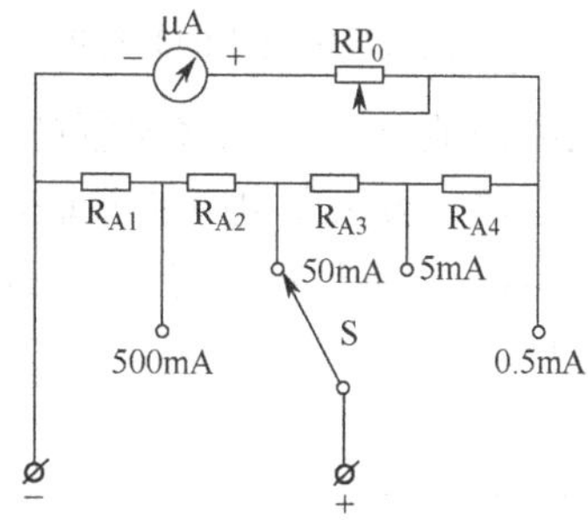

图 A.3 测量直流电流的原理电路

（2）直流电压的测量。万用表的直流电压挡，实际上是一只采用附加电阻的多量程直流电压表，常用的原理电路如图 A.4 所示。被测直流电压加在“ + ”、“－”两端。R_{V1}～R_{V3} 是分压电阻。当转换开关 S 换接到不同位置时，由于与表头串联的分压电阻不同，因此直流电压的量程也就不同。例如：当开关 S 接到 25 V 位置时，分压电阻为 $R_{V1}+R_{V2}+R_{V3}$；而开关S换接到5V位置时，分压电阻变为$R_{V1}+R_{V2}$，由于分压电阻减小，所以直流电压的量程也减小。因此，只要适当选择各种量程的分压电阻，就可以制成多量程的直流电压表。

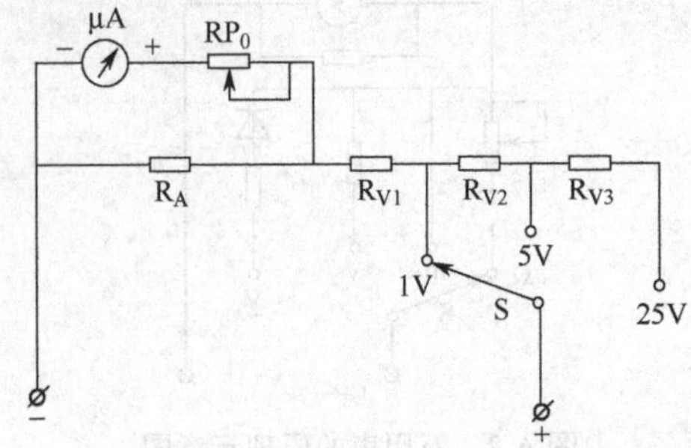

图 A.4 测量直流电压的原理电路

在图 A.4 所示的电路中，低量程的分压电阻被高量程挡所利用，因此称为共用式分压电阻电路。采用这种电路可以少用电阻，节约绕制电阻的材料。但是，当低量程挡的分压电阻损坏时，高量程挡将同时受到影响。

（3）交流电压的测量。由于万用表的表头是磁电系测量机构，只能测量直流。因此，测量交流电压时，必须采取整流措施，万用表的交流电压挡，实际上是一只多量程的整流系交流电压表，即在带有表头的半波整流或全波整流电路中，再接入各种数值的附加分压电阻，其原理图如图 A.5 所示。使用交流电压挡测量时，仪表的读数为交流电压的有效值。普通万用表只适用于测量频率为45～1 000 Hz 的交流电压。

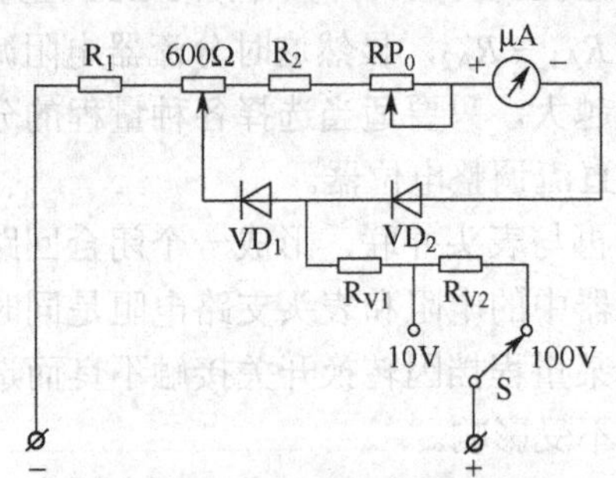

图 A.5 测量交流电压的原理电路

（4）电阻的测量。万用表电阻挡实际上是一只多量程的电阻表，测量时的原理电路如图 A.6 所示。图中电源E为干电池，电源、表头和电阻 R 串联，被测电阻 R_x 从 a、b 端钮接入，与表头并联的电位器 RP_0 是调零电阻。这个调零电阻仅在万用表的电阻挡起作用，所以称为欧姆表调零电位器，R_c 是表头内阻。

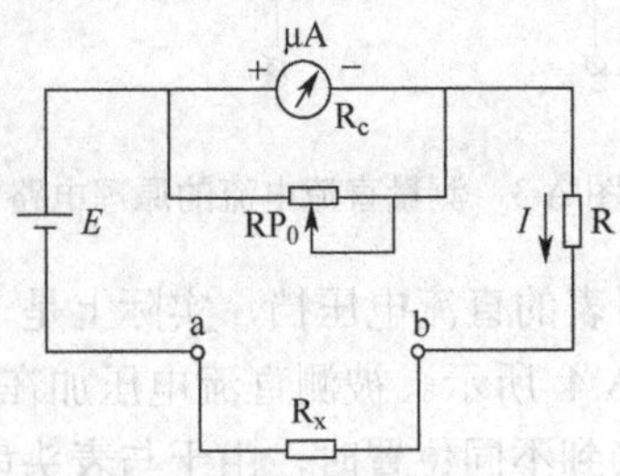

图 A.6 测量电阻的原理电路

3. 万用表的使用方法

万用表的测量机构和测量线路都比较复杂，使用中又需要经常变换测量挡，因此使用时应仔细小心，并注意以下几点：

（1）熟悉表型：使用万用表之前，应仔细了解面板结构，并熟悉各旋钮的作用。

（2）调零：万用表应根据要求放置（水平或竖直），测量前先检查表头指针是否在零点；若不在零点，应先调零。

（3）选挡：将红表笔插入正极插孔，黑表笔插入负极插孔。按被测量的种类和量程，正确选择挡位。

（4）接入线路与读取数值：

① 测量直流电压：将两个表笔与被测两点（电压）并联，即红表笔（+）接待测电压的高电位；黑表笔（−）接待测电压的低电位，电表指针正偏，读取的电压读数记为正电压；电表指针反偏，对调两表笔的接入点后，再读取电压的指示值，记为负电压。

② 测量交流电压：将两个表笔与被测两点（电压）并联，电表指针指示为电压的有效值。

③ 测量直流电流：将万用表串联接入被测电路，电流应从红表笔（+）流入，从黑表笔（−）流出，电表指针正偏，读取的电流的读数记为正电流；电表指针反偏，对调两表笔的接入点后，再读取的电流的指示值，应记为负电流。实际电流的测量常借助于拾音插座和插头，使测量更为方便。

④ 测量电阻：如电阻挡的量程有 $R\times1\ \Omega$、$R\times10\ \Omega$、$R\times100\ \Omega$、$R\times1\ \text{k}\Omega$等数挡，测量前根据被测电阻值，拨动旋钮，选择适当的量程（一般以电阻刻度的中间位置接近被测电阻值为宜）。选定量程后，短接两个表笔，调节调零旋钮，使指针指在电阻刻度的零位上，并且每次调换电阻挡时，都应重新调零。将两个表笔分别与待测电阻两端相接（注意：两只手不能与待测电阻构成并联关系），读取电阻：阻值=表头指示×倍率。

（5）测量完毕后，将转换开关转到交流电压挡最大量程位置或空挡上。

（6）不允许在电流挡或电阻挡测量电压，不允许带电测量电阻。

4. 数字式万用表

数字式万用表是采用数字化的测量技术，把连续的模拟量转换成不连续的、离散数字形式加以显示的仪表。因为数字万用表具有显示清晰、读数准确、测量范围宽、测量速度快、输入阻抗高等优点，所以被广泛应用于电子测量中。

下面以 DT-830 型数字万用表为例来说明它的主要特点、测量范围和使用方法。

（1）主要特点

① 测量精度高。

② 采用数字显示，没有人为读数误差。

③ 测量速度快，读数时间短，一般可达 2～5 次/s。

④ 输入阻抗高，一般可达 10 MΩ，可用来测量内阻较高的信号电压。

⑤ 采用大规模集成电路，体积小、重量轻、抗干扰性能好、过载能力强。

⑥ 不能迅速观察出被测量的变化趋势，这是其不足之处。

（2）测量功能

数字万用表主要用来测量直流电压、直流电流、交流电压、交流电流及电阻等。此外，还可用来检查半导体二极管的导电性能，并能测量晶体管的电流放大系数 h_{FE} 和检查线路通断，主要功能的测量范围如下：

① 直流电压分五挡：200 mV、2 V、20 V、200 V、1 000 V，输入电阻为 10 MΩ。

② 交流电压分五挡：200 mV、2 V、20 V、200 V、750 V，输入阻抗为 10 MΩ，频率范围为 40～500 Hz。

③ 直流电流分五挡：200 μA、2 mA、20 mA、200 mA、10 A。

④ 交流电流分五挡：200 μA、2 mA、20 mA、200 mA、10 A。

⑤ 电阻分六挡：200 Ω、2 kΩ、20 kΩ、200 kΩ、2 MΩ、20 MΩ。

（3）面板说明

DT-830 型数字万用表的面板布置如图 A.7 所示。

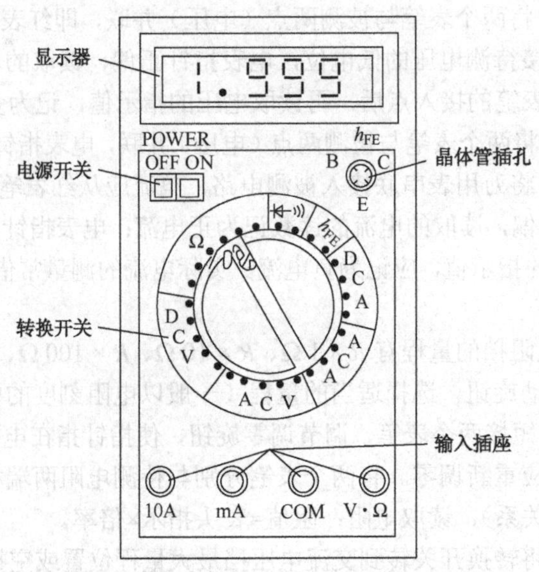

图 A.7 DT-830 型数字万用表的面板图

① 显示器：显示四位数字，最高位只能显示 1 或不显示数字，算半位，故称三位半（$3\frac{1}{2}$位）；最大指示值为 1 999 或−1 999；当被测量超过最大指示值时，显示“1”或“−1”。

② 电源开关：使用时将电源开关置于“ON”位置；使用完毕置于“OFF”位置。

③ 转换开关：用以选择功能和量程。根据被测的电量（电压、电流、电阻等）选择相应的功能位；按被测量的大小选择适当的量程。

④ 输入插座：将黑色测试笔插入“COM”插座。红色测试笔有如下三种插法：测量电压和电阻时，插入“V·Ω”插座；测量小于 200 mA 的电流时，插入“mA”插座；测量大于 200 mA 的电流时，插入“10 A”插座。

（4）使用数字万用表的注意事项

① 使用数字万用表之前，应该仔细阅读有关的使用说明书，以确保正确、安全使用仪表。

② 刚进行测量时，仪表会出现跳数现象，应等显示值稳定之后再读数。

③ 如果预先无法估计被测电压或电流的大小，则应先拨至最高量程挡测量一次，再视情况逐渐减小到合适量程挡。

④ 假如只在最高位上显示数字“1”，其余位均消隐，这表明仪表已过载，应选择更高的

量程挡。

⑤ 测量完毕，应将量程开关拨至最高电压挡，并且关闭电源，以防止下次开始测量时不慎损坏仪表。

A.2 钳形电流表的使用

钳形电流表简称钳形表，它利用电流互感器扩大电流表量程的原理来工作。测量电流时，有些场合不能断开电路，这时可以使用钳形电流表。钳形电流表用来测量正在运行中的设备的电流，使用非常方便。

钳形表由电流互感器和整流系电流表组成，其外形如图 A.8 所示，它的铁芯如同钳子一样，可以分开、压紧。测量时将钳口压开套入被测导线，这时该导线就是电流互感器的一次绕组（单匝），电流互感器的二次绕组在铁芯上经整流器与电流表接通。根据电流互感器的一次、二次绕组间的电流比关系，其刻度是乘以变流比的换算值，电流表的指示值就是被测量的数值。

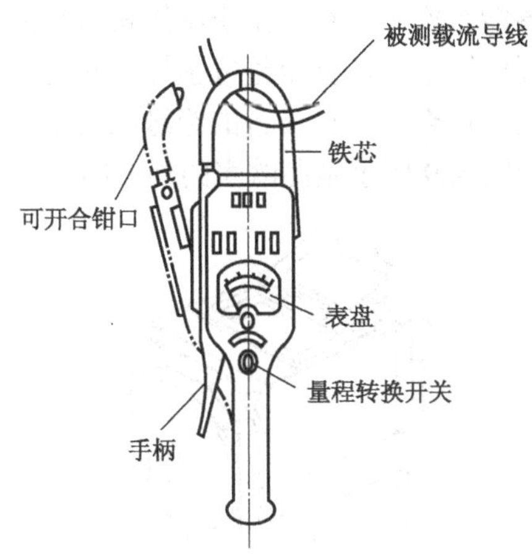

图 A.8 钳形电流表

1. 钳形电流表的使用方法

（1）测量前，先机械调零。

（2）估计被测电流的大小，选择合适量程。

（3）若无法估计，应从最大量程开始测量，逐步变换。

（4）测量时，手持胶木手柄，用食指等四指按下压块，打开铁芯开关，将被测导线从铁芯开口处置于钳形窗口中央，松开铁芯开关使铁芯闭合，钳形电流表指针偏转，当指针稳定时，读取测量值。

2. 使用钳形电流表时的注意事项

（1）测量前，检查钳形电流表铁芯的橡胶绝缘是否完好，钳口应清洁、无锈，闭合后无明显的缝隙。

（2）不可用小量程挡测量大电流，以防止损坏仪表。

（3）如果被测电流值较小，读数不明显，可将被测导线在钳口上多绕几圈进行测量，但应将读数除以所绕的圈数才是实际的电流值。

（4）不要在测量过程中变换量程挡。

（5）改变量程时应将钳形电流表的钳口断开。

（6）为减小误差，测量时被测导线应尽量位于钳口的中央，并垂直于钳口。

（7）测量结束，应将量程开关置于最高挡位，以防下次使用时疏忽，未选准量程进行测量而损坏仪表。

（8）不允许用钳形表去测量高压电路的电流，以免发生事故。

（9）操作时应戴绝缘手套和绝缘垫。

A.3　兆欧表的使用

1. 兆欧表的用途

兆欧表又称高阻表或摇表，主要用来测量绝缘电阻，以判定电机、电气设备和线路的绝缘是否良好，这些关系到设备能否安全运行。由于绝缘材料常因发热、受潮、污染、老化等原因导致其电阻值降低，泄漏电流增大，甚至绝缘损坏，从而造成漏电和短路等事故，因此必须对设备的绝缘电阻进行定期检查。各种设备的绝缘电阻都有具体要求。一般来说，绝缘电阻越大，绝缘性能越好。如图 A.9 所示是兆欧表的外形图。

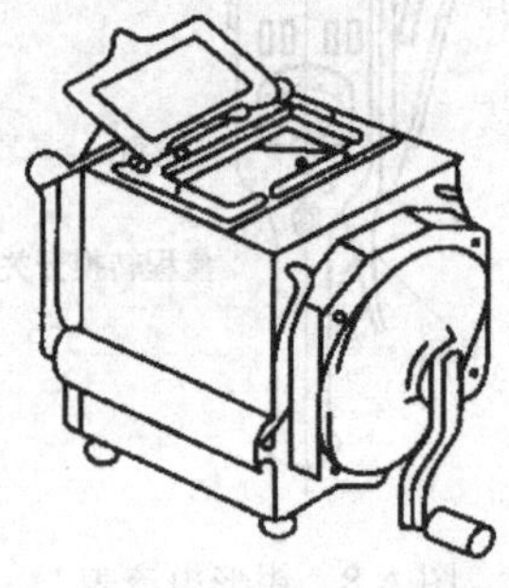

图 A.9　兆欧表的外形图

2. 兆欧表的结构

兆欧表主要由两部分组成：磁电式比率表和手摇发电机。手摇发电机能产生 500 V、1 000 V、2 500 V 或 5 000 V 的直流高压，以便与被测设备的工作电压相对应。目前，有的兆欧表采用晶体管直流变换器，可以将电池的低压直流转换成高压直流。

3. 兆欧表的工作原理

兆欧表的主要组成部分是手摇直流发动机和磁电式流比计的测量线路，其构造如图 A.10 所示。在永久磁铁的磁极间放置着固定在同一轴上而相互垂直的两个线圈，一个线圈与电阻 R 串联，另一个线圈与被测电阻 R_x 串联，然后将两者并联于直流电源。电源安置在仪表内，是一个手摇直流发电机，其端电压为 U。

在测量时，两个线圈中通过的电流分别为

$$I_1 = U/(R_1 + R)，\ I_2 = U/(R_2 + R_x)$$

式中 R_1 和 R_2 分别为两个线圈中的电阻。两个通电线圈因受磁场的作用，产生两个方向相反的转矩为

$$T_1 = k_1 I_1 f_1(\alpha),\quad T_2 = k_2 I_2 f_2(\alpha)$$

式中 $f_1(\alpha)$和 $f_2(\alpha)$分别为两个线圈所在处的磁感应强度与偏转角α之间的函数关系。因为磁场是不均匀的，所以这两个函数关系并不相等。

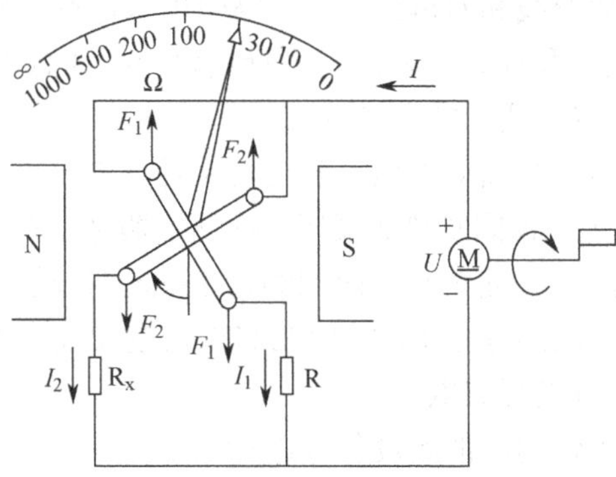

图 A.10　兆欧表的构造

仪表的两个通电线圈在转矩作用下带动指针发生偏转，直到两个线圈产生的转矩相平衡为止。这时有 $T_1 = T_2$，即 $I_1/I_2 = k_2 f_2(\alpha)/k_1 f_1(\alpha)= f_3(\alpha)$，其反函数为$\alpha = f(I_1/I_2)$，

此式表明偏转角α与两线圈中电流之比有关，故称为流比计。

又因为

$$I_1/I_2 =(R_2 + R_x)/(R_1 + R)$$

所以

$$\alpha = f(I_1/I_2)= F(R_x)$$

可见，偏转角α与被测电阻 R_x 有一定的函数关系。因此，兆欧表的刻度尺就可以直接按电阻来分度。这种仪表的读数与电源电压 U 无关，所以手摇发电机转动的快慢不影响读数。

线圈中的电流是由不会产生阻转矩的柔韧金属带引入的，所以当线圈中无电流时，指针将处于随机平衡状态（良好的表其指针基本停在中间位置）。

4. 兆欧表的选择与使用

（1）兆欧表的选择

选择兆欧表要根据所测量的电气设备的工作电压来决定，测量额定电压在 500 V 以下的设备时，宜选用 500 V 或 1 000 V 的兆欧表；而测量额定电压在 500 V 以上的电气设备时，应选用 1 000～2 500 V 的兆欧表。

一般应注意不要使其量程过多地超出所需测量的绝缘电阻值，以免测量误差过大。例如：一般测量低压电气设备绝缘电阻时，可选用 0～500 MΩ量程的兆欧表，测量高压电气设备或电缆时，可选用 0～2 500 MΩ量程的兆欧表。有一种兆欧表，刻度不是从零开始，而是从 1 MΩ或 2 MΩ开始的，一般不宜用来测量低压电气设备的绝缘电阻。

（2）测量前的准备

① 测量前应切断被测设备的电源，对于电容量较大的设备应该进行接地放电，消除设备的残存电荷，防止发生人身和设备事故。

② 测量前应该将绝缘电阻表进行一次开路和短路试验，若开路时指针不指向“∞”处，短路时指针不指向“0”处，说明表不准，需要调换、检修后再进行测量。若使用的是半导体型绝缘电阻表，不宜用短路的方法进行校验。

③ 从绝缘电阻表到被测设备的引线，应使用绝缘较好的单芯导线，不得使用双股线，否则有可能因导线绝缘不良而引起误差。

④ 同杆架设的双回路架空线和双母线，当一路带电时，不得测试另一路的绝缘电阻，以免感应高压电，危害人身安全和损坏仪表；对平行线路也要注意不要感应高压电，若必须在这种情况下进行测量，应采取必要的安全措施。

⑤ 测量时要由慢到逐渐加快摇动手柄，若发现指针为零，表明被测对象存在短路现象，这时不得继续摇动手柄，以免表计因发热而损坏。摇动手柄时，不得时快时慢，以免指针摆动过大引起误差。手柄要摇到指针稳定为止，时间约为 1 min，摇动速度一般在 120 r/min 左右。

⑥ 测量电容性电器设备的绝缘电阻时，应在取得稳定读数后先取下测量线，再停止摇动手柄，测完后立即对被测设备进行放电。

⑦ 在绝缘电阻表未停止转动和被测设备未进行放电前，不得用手触摸测量部分和绝缘电阻表的接线柱或进行拆除所连接的导线，以免发生触电事故。

⑧ 测量前将被测设备表面擦干净，以免造成触电事故。

⑨ 有可能感应出高压电的设备，在这种可能消除之前，不可进行测量。

⑩ 表的放置地点应该远离大电流的导体和有外磁场的场合，并放在平稳的地方，以免摇动手柄时影响读数。

（3）兆欧表的接线

兆欧表有三个测量端钮：线路端钮 L、接地端钮 E 和屏蔽端钮 G。测量电路绝缘电阻时，可将被测的两端分别接 E 和 L 两个端钮；测量电机绝缘电阻时，将电机绕组接 L 端钮，机壳接 E 端钮，测量电缆的导线芯与电缆外壳的绝缘电阻时，除将被测两端分别接 E 和 L 两端钮外，还需要将电缆壳芯之间的内层绝缘接在屏蔽端钮 G 上，以消除因表面漏电而引起的误差。测量绝缘电阻接线如图 A.11 所示。

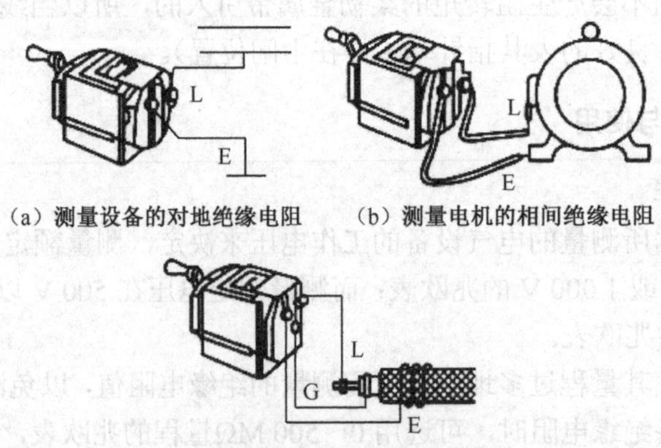

图 A.11 测量绝缘电阻接线图

（4）测量

摇动直流发动机手柄时，注意保持在 120 r/min 左右，允许有 20%的变化。由于绝缘电阻加上电压后，其阻值会随时间而有所变化，因此规定以摇测 1 min 后的读数为准。如果在摇

测过程中，发现指针指零，就不能再继续摇动手柄，以防表内线圈过热而损坏。

（5）兆欧表的拆线

测量完毕后，在兆欧表没有停止转动和被测电气设备没有放电之前，不要用手去触及被测电气设备的测量部分或待拆除的导线，以防触电。

A.4　示波器的使用

示波器是实验中广泛使用的一种电子仪器。它可以用来观察各种电信号的波形，还能从波形图上计算被测量波形的幅值（峰-峰值或 u_{p-p}、i_{p-p}）、周期（频率），两个同频率波形的相位差及脉冲宽度等。示波器种类、型号很多，功能也不同，但这些示波器的用法大同小异。下面以 SR-8 型双踪示波器为例来说明示波器的主要功能及使用方法。

SR-8 型双踪示波器是一种晶体管示波器，它既能定性、定量观测某一待测信号，又能将两个不同信号在屏幕上同时显示，以便对它们进行分析和对比。与一般通用示波器不同，SR-8 型双踪示波器的 Y 轴输入具有两个通道，受到机内电子开关控制，共有五种不同的工作状态，即 Y_A、Y_B、Y_A+Y_B、交替和断续五种。

①“Y_A”工作状态：Y_B 通道被阻塞，仅 Y_A 通道单踪显示。

②“Y_B”工作状态：Y_A 通道被阻塞，仅 Y_B 通道单踪显示。

③“Y_A+Y_B”工作状态：两个信号均通过放大器，示波器显示出两个信号叠加后的波形。

④“交替”工作状态：电子开关使 Y_A、Y_B 通道轮流工作，用于待测信号频率较高时的双踪显示。

⑤“断续”工作状态：电子开关以 200 kHz 固定频率轮流接通 Y_A、Y_B 通道，可以实现较低频率信号的双踪显示。

1. 主要技术指标

（1）垂直系统

① 频率宽度：AC 为 10 Hz～15 MHz；DC 为 0～15 MHz。

② Y 轴灵敏度：10 mV/div～20 V/div，共分 11 挡，还有灵敏度“微调”装置，灵敏度连续可调。

③ 输入阻抗：直接输入 1 MΩ/50 pF；经探头输入 10 MΩ/15 pF。

④ 最大允许输入电压：400 V（DC/AC_{p-p}）。

（2）水平系统

① 频带宽度：100 Hz～250 kHz。

② X 轴灵敏度：≤3 V/div。

③ 输入阻抗：1 MΩ/40 pF。

④ 扫描时基：0.2 μs/div～1 s/div 共分 21 挡。

（3）其他

① 校准信号：1 V/1 000 Hz 方波。

② 触发灵敏度：内触发不大于 1 div；外触发不大于 0.5 V。

2. SR-8 型双踪示波器旋钮及作用

SR-8 型双踪示波器的面板布置如图 A.12 所示。

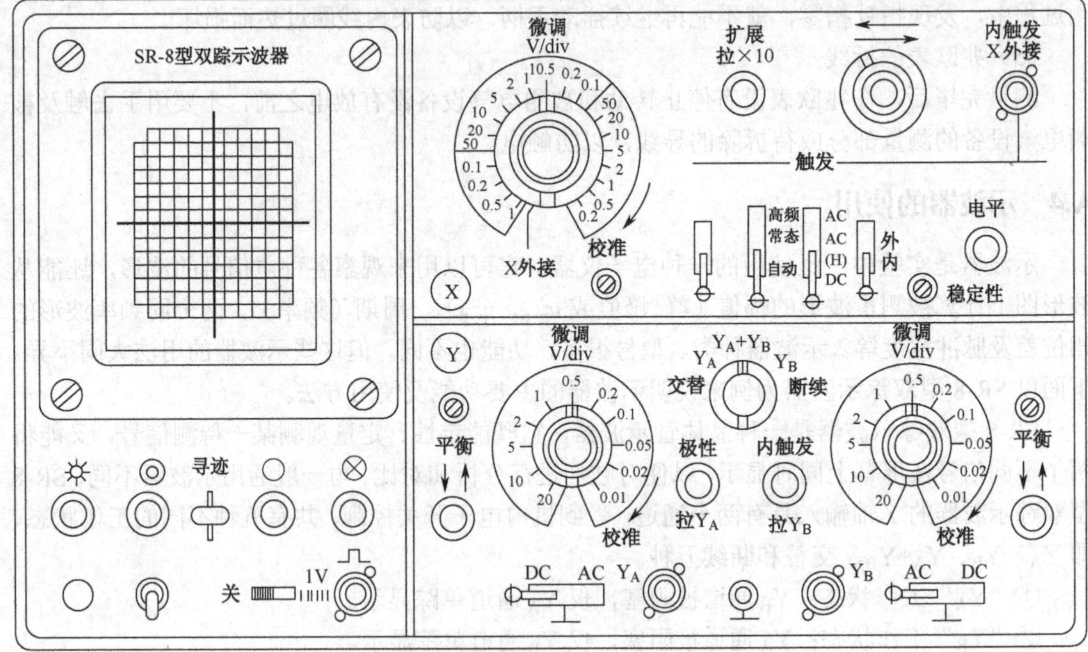

图 A.12　SR-8 型双踪示波器的面板布置图

（1）显示部分

①“◎”聚焦、“☼”辉度、“○”辅助聚焦：能分别调节光点的大小和亮度，适当调节旋钮，可获得清晰的波形。

②“⊗”标尺亮度：调节坐标刻度线亮度。

③ 寻迹：按下此键时，能使偏离荧光屏的光迹回到显示屏上，帮助寻迹。

（2）垂直（Y轴）系统

① 显示方式选择开关：用以选择 Y_A、Y_B、Y_A+Y_B、交替和断续五种不同的工作状态。

②“AC、⊥、DC”输入端耦合方式选择开关：测量交流信号置于“AC”位；测直流或缓慢变化信号时置于“DC”位；置于“⊥”位时，输入端接地。可确定输入为零时光迹在屏幕上的基准位置。

③“↑↓”Y轴移位旋钮：可使波形上下移动。

④“V/div 微调”：灵敏度选择旋钮（黑色），从 10 mV/div～20 V/div 分 11 挡，里层的微调（红色）旋钮为灵敏度细调，将它顺时针旋到底，即为校准位置。

⑤“平衡”：当 Y 轴放大器输入电路出现不平衡时，显示的光点或波形就会随“V/div”开关的“微调”旋转在 Y 轴方向发生位移，调节“平衡”电位器能将这种位移减至最小。

⑥“极性、拉 Y_A”：Y_A 通道的极性转换拉式开关。在按的位置，波形正常显示；在拉的位置，Y_A 做倒相显示。

⑦“内触发、拉 Y_B”：触发源选择开关。在按的位置，触发信号分别取自 Y_A 和 Y_B 的输入信号，适合于单踪或双踪显示，但不能对双踪波形做时间比较；在拉的位置，触发信号只取自 Y_B 通道的输入信号，因而它适合于双踪显示时，对比两个被测信号的时间和相位差。

⑧“Y”轴输入插座：被测信号由此直接或经探头输入。

（3）水平（X轴）系统

①“V/div 微调”：扫描速度选择旋钮（黑色）及其微调（红色），微调旋钮顺时针旋到底即为校准位置。

②“扩展、拉×10”：在按的位置为正常显示；在拉的位置，将被测信号的波形在X轴方向扩展 10 倍，一般用于测量重复率较高的信号。

③“外触发、X 外接”插座：外触发信号和X轴外接信号共用的输入端。

④“⇄”移位旋钮：可使波形左右移动。

（4）触发系统

①“内、外”：触发源选择开关。置于“内”时，可取自机内Y轴通道的被测信号；置于“外”时，来自机外X轴外触发信号。

②“十、一”：触发极性选择开关。可选择触发信号的上升沿或下降沿对扫描进行触发控制。

③“AC、AC（H）、DC”：触发耦合方式开关。当信号为直流或极低频率时，置 DC；信号为交流时，置 AC；当信号频率较高时，置 AC（H）。

④“高频、常态、自动”：触发方式开关。一般置于常态；信号频率高时，置高频位置；信号频率低时，置自动位置。

⑤“稳定性”：波形同步不稳时，可调节该旋钮使波形稳定（正常情况下一般不需要调节）。

⑥“电平”：选择波形触发点的旋钮，可调节触发信号幅度使波形稳定。

3. 示波器的使用方法

① 未加入信号前，检查并接通电源；稍等片刻后（示波管预热大约 15 分钟），调节辉度、聚焦、移位等旋钮，调出清晰的扫描基线。若扫描基线偏离屏幕，可按寻迹旋钮帮助寻迹，并使基线回到屏幕中央。

② Y轴有两种输入，单踪显示时可选 Y_A 或 Y_B 通道；双踪显示时，将两信号分别从 Y_A、Y_B 端输入，并根据信号频率的高低选用合适的显示方式（交替或断续）。

③ 根据信号的性质、大小、频率范围，选择“AC、⊥、DC”、“高频、常态、自动”及Y轴灵敏度、X轴扫描速度等旋钮，配合调节“电平”旋钮，可以获得大小适用的稳定波形。

4. 信号幅度和频率的测量方法

以测试示波器的校准信号为例：

① 将示波器探头插入通道 Y_A 插孔，并将探头上的衰减置于“1”挡。

② 将通道选择置于 Y_A，耦合方式置于 DC 挡。

③ 将探头探针插入校准信号源小孔内，此时示波器屏幕出现光迹。

④ 调节垂直旋钮和水平旋钮，使屏幕显示的波形图稳定，并将垂直微调和水平微调置于校准位置。

⑤ 读出波形图在垂直方向所占格数，乘以垂直衰减旋钮的指示数值，得到校准信号的幅度。

⑥ 读出波形每个周期在水平方向所占格数，乘以水平扫描旋钮的指示数值，得到校准信号的周期（周期的倒数为频率）。

⑦ 一般校准信号的频率为 1 kHz，幅度为 0.5 V，用以校准示波器内部扫描振荡器频率，如果不正常，应调节示波器（内部）相应电位器，直至相符为止。

5. 使用注意事项

① 示波器的工作环境温度为0～40℃，温度范围为20～90%RH。

② 示波器使用电源为220 V ± 5%的交流电源。

③ 若熔丝过载熔断，应仔细检查原因，排除故障，然后按规定换用熔丝。切勿乱用在流量和长度不符合规格的熔丝。

④ 各输入端所加电压不得超过规定值。

A.5 晶体管毫伏表的使用

晶体管毫伏表是一种专门用来测量正弦交流电压有效值的交流电压表。它具有测量精度高、频率特性好、工作性能稳定、电压测量范围广、工作频带宽、外形美观、操作方便等优点，而且具有隔直流功能，特别适合在电子电路中使用。YB2173 型晶体管毫伏表原理框图如图 A.13 所示。

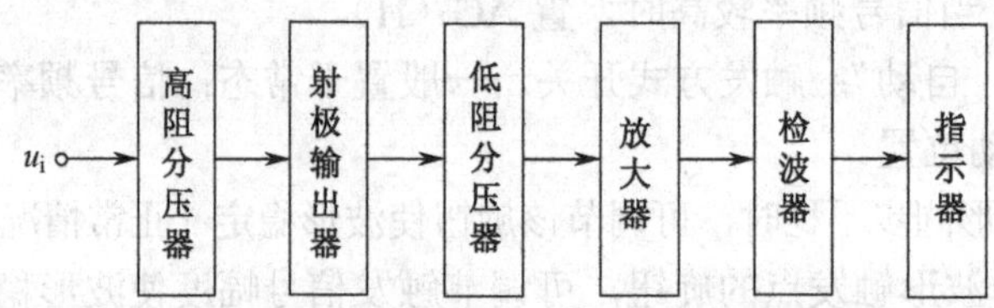

图 A.13 YB2173 型晶体管毫伏表原理框图

被测交流信号经高阻分压器、射极输出器、低阻分压器后送到放大器，放大后的信号再经检波后由指示器指示。低阻分压器选择不同的分压系数，使仪表具有不同的量程。输入级采用低噪声晶体管组成的射级输出器，提高了仪表的输入阻抗，降低噪声。放大器具有高放大倍数，从而提高仪表的灵敏度。

1. 基本技术性能

① 电压测量范围：300 μV～100 V。

② 量程分为12级（300 μV、1 mV、3 mV、10 mV、30 mV、100 mV、300 mV、1 V、3 V、10 V、30 V、100 V）。

③ 被测电压频率：20 kHz～2 MHz。

④ 测量精度：1 kHz，基准满度≤±3%。

⑤ 输入阻抗：1 MΩ。

2. 面板说明

YB2173 型晶体管毫伏表的面板布置如图 A.14 所示。

① 表头 1：可方便地读出输入电压有效值或 dB 值，上排黑指针指示 CH1 的信号，下排红指针指示 CH2 的信号。

② 零点调节 2：指针的零点调节装置，左边黑圆框调节 CH1 指针零点；右边红圆框调节 CH2 指针零点。

③ 量程选择开关 3、4：3 是 CH1 量程选择开关；4 是 CH2 量程选择开关。

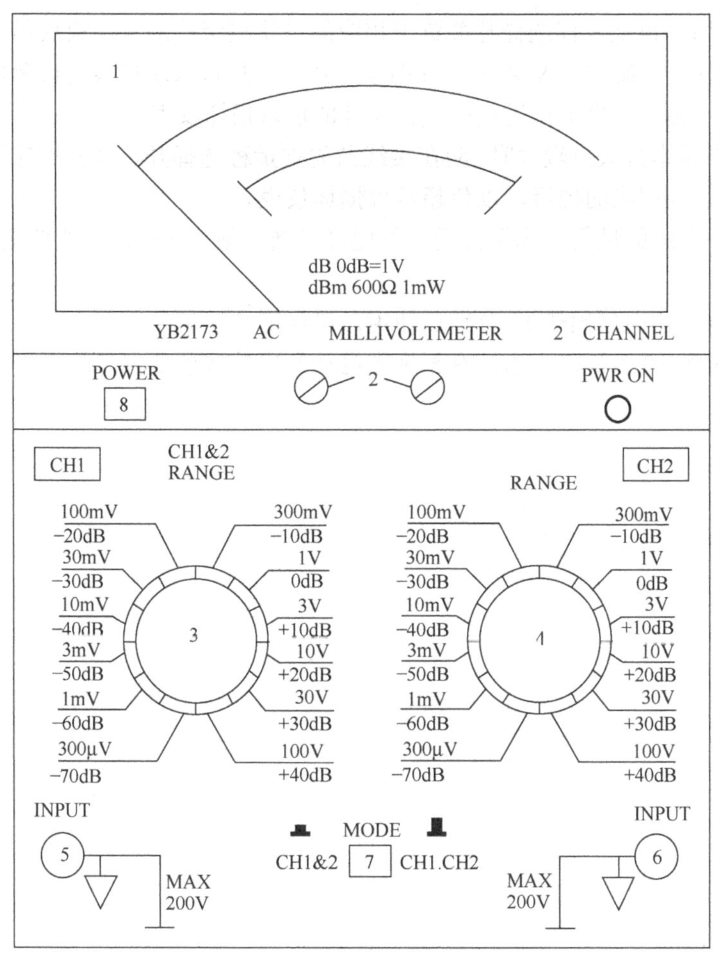

图 A.14　YB2173 型晶体管毫伏表面板布置图

④ 输入接口 5、6：5 是 CH1 的输入接口；6 是 CH2 的输入接口。

⑤ 方式开关 7：当此开关弹出时，CH1、CH2 量程选择开关仅控制各自的量程；当此开关按进时，CH1 的量程开关可控制 CH1、CH2 的电压量程，此时 CH2 的量程选择开关失去作用。

⑥ 电源开关 8。

3. 使用时的注意事项

① 测量精度以毫伏表表面垂直放置为准，使用时应将仪表垂直放置。

② 由于晶体管毫伏表输入端过载能力较弱，所以使用时要防止毫伏表过载。一般在未通电使用前或暂不测试时，将仪表输入端短路或将量程选择开关旋到 3 V 以上挡级。

③ 接通交流 220 V、50 Hz 电源，测量前将输入端短路，待表针摆动稳定时，选择量程，旋转“调零”旋钮，使指针指零。若改变量程，需重新调零。

④ 使用仪表与被测线路必须“共地”，即接线时应把仪表的地线（黑端）接被测线路公共地线，把信号端（红端）接被测端。测量时，先接地线，后接信号线；测量结束后，先拆信号线，后拆地线。

⑤ 由于仪表的灵敏度较高，凡测量毫伏级的低电压时，应尽量避免输入端开路。必须在

输入端接线连好后，再把量程选择开关置于相应的毫伏挡级；测量结束后需改变接线时，必须首先把量程选择开关旋到 3 V 以上量程挡级。然后再把输入端接线与被测电路断开，以免仪表在低量程挡，由于外界干扰过载造成打表针的现象损坏仪表。

⑥ 若被测电压本身数值较大时，应在接线前先把量程选择开关调到相应的挡级或高一些的挡级，测量时调到相应的挡级，以免超量程损坏仪表。

⑦ 注意选择合适的量程。选择合适的量程可以减少测量误差，一般使指针在满刻度 1/3 以上。

⑧ 接通电源，通电后预热 10 分钟后使用，可保证性能可靠。

⑨ 在接通电源 10 秒钟内，指针有无规则摆动几次的现象是正常的。

附录 B　三极管的型号及命名方法

第一部分		第二部分		第三部分		第四部分	第五部分
电极数目		材料和类型		器件类别		序号	规格号
符号	意义	符号	意义	符号	意义		
3	三极管	A	PNP 型，锗	X	低频小功率管		
		B	NPN 型，锗	G	高频小功率管		
		C	PNP 型，硅	D	低频大功率管		
		D	NPN 型，硅	A	高频大功率管		
		E	化合物材料	T	闸流管		
				Y	体效应管		
				B	雪崩管		
				J	阶跃恢复管		

例如：

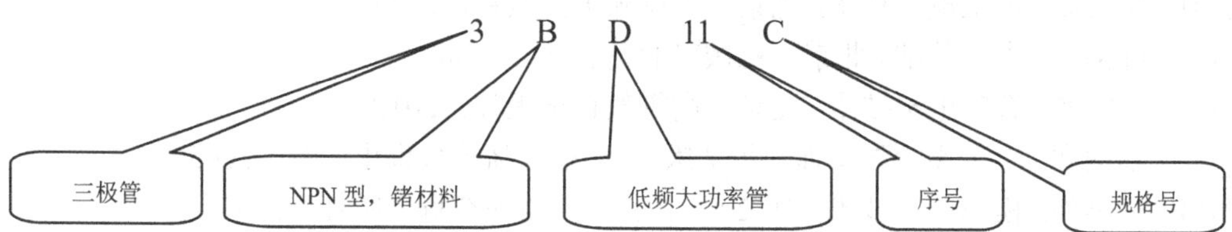

它表示为 NPN 型锗材料的低频大功率三极管，11 是序号，C 是规格号。

参考文献

[1] 罗厚军. 电工电子技术（第2版）. 北京：机械工业出版社，2012.
[2] 林平勇，等. 电工电子技术（第2版）. 北京：高等教育出版社，2007.
[3] 李良仁. 电工与电子技术. 北京：电子工业出版社，2011.
[4] 周元兴. 电工与电子技术基础（第2版）. 北京：机械工业出版社，2009.
[5] 劳振花. 电工技术. 北京：机械工业出版社，2008.
[6] 李妍，等. 数字电子技术（第3版）. 大连：大连理工大学出版社，2009.
[7] 唐巍. 电工电子技术及应用. 北京：北京邮电大学出版社，2006.
[8] 杨素行. 模拟电子技术基础简明教程（第2版）. 北京：高等教育出版社，2004.
[9] 陈小虎. 电工电子技术. 北京：高等教育出版社，2006.
[10] 秦曾煌. 电工学简明教程. 北京：高等教育出版社，2008.
[11] 席时达. 电工技术（第3版）. 北京：高等教育出版社，2009.
[12] 李源生. 实用电工学. 北京：机械工业出版社，2009.
[13] 曾令琴. 电工技术基础. 北京：人民邮电出版社，2007.
[14] 申辉阳. 电工电子技术. 北京：人民邮电出版社，2007.
[15] 陈菊红. 电工基础. 北京：机械工业出版社，2008.
[16] 朱祥贤. 数字电子技术. 北京：高等教育出版社，2010.
[17] 陆国和. 电工实验与实训（第2版）. 北京：高等教育出版社，2005.
[18] 胡宴如. 模拟电子技术（第2版）. 北京：高等教育出版社，2007.
[19] 吕国泰. 电子技术（第2版）. 北京：高等教育出版社，2004.
[20] 刘仁宇. 模拟电子技术. 北京：机械工业出版社，1999.